机械行业高等职业教育教材
高等职业教育教学改革精品教材

# 多轴数控编程与加工案例教程

主　编　石皋莲　季业益
副主编　吴少华　顾　涛
参　编　郑　伟　周　挺　陈宝华　吴泰来　徐　军
主　审　张振亚

机械工业出版社

本书是作者团队从事 CAM 编程与加工工作多年来的经验总结和知识积累，书中实践案例均源自企业真实产品，具有很强的专业性和实用性。

全书共分 3 个模块，模块一通过三轴铣削加工项目，重点介绍了 UG NX CAM 三轴数控加工的基础知识及操作流程，引导读者入门；模块二讲解了四轴铣削加工，重点介绍了 UG NX 多轴数控加工的设置管理与刀具路径生成和验证等；模块三详细讲解了五轴铣削加工编程和 Vericut 加工仿真等。

对于暂时没有五轴机床的读者而言，也可以根据书中介绍的 Vericut 软件进行仿真加工，或者通过阅读本书学习和了解多轴加工的流程、方法和技巧。全书案例典型丰富，代表性和指导性强。案例讲解深入浅出，大大降低了学习门槛，易学易懂。读者即使此前没有基础，也可以迅速实现从入门到精通。

本书不仅可以作为职业院校数控技术专业、模具设计与制造专业、机械制造与自动化专业及相关专业学生的教学用书，而且可以作为在岗从事 CAM 多轴数控编程与加工的工程技术人员的参考用书。

本书配有电子课件，凡使用本书作教材的教师可登录机械工业出版社教材服务网（http://www.cmpedu.com）下载，或发送电子邮件至 cmp-gaozhi@sina.com 索取。咨询电话：010-88379375。

**图书在版编目（CIP）数据**

多轴数控编程与加工案例教程/石皋莲，季业益主编. —北京：机械工业出版社，2013.2（2021.6 重印）

机械行业高等职业教育教材

高等职业教育教学改革精品教材

ISBN 978-7-111-41201-4

Ⅰ.①多… Ⅱ.①石…②季… Ⅲ.①数控机床-程序设计-高等职业教育-教材②数控机床-加工-高等职业教育-教材 Ⅳ.①TG659

中国版本图书馆 CIP 数据核字（2013）第 047618 号

机械工业出版社（北京市百万庄大街 22 号 邮政编码 100037）

策划编辑：崔占军 边 萌 责任编辑：陈 宾 王英杰 边 萌

版式设计：霍永明 责任校对：刘怡丹

封面设计：鞠 杨 责任印制：郜 敏

北京盛通商印快线网络科技有限公司印刷

2021 年 6 月第 1 版第 8 次印刷

184mm×260mm · 14 印张 · 345 千字

标准书号：ISBN 978-7-111-41201-4

定价：45.00 元

电话服务 网络服务

客服电话：010-88361066 机 工 官 网：www.cmpbook.com

010-88379833 机 工 官 博：weibo.com/cmp1952

010-68326294 金 书 网：www.golden-book.com

 机工教育服务网：www.cmpedu.com

# 前　　言

《多轴数控编程与加工案例教程》是作者团队从事UG NX CAM编程与加工工作多年来的经验总结和知识积累，书中实践案例均源自企业真实产品，具有很强的专业性和实用性。本书不仅可以作为职业院校数控技术专业、模具设计与制造专业、机械制造及其自动化专业及相关专业学生的教学用书，而且可以作为在岗从事UG NX CAM多轴数控编程与加工的工程技术人员的参考用书。

本书以UG NX与Vericut软件为平台，与企业合作开发课程内容，实践案例来自于企业真实产品，具有很强的专业性和实用性。本书基于项目任务，在展开任务中教学、在解决问题中学习、在完成任务中提高，有利于激发读者探究性学习的兴趣，培养团队合作和创新精神。

全书共分3个模块12个学习项目，模块一主要以连接块、导板、水壶凹模、玩具相机凸模4个三轴铣削加工项目为例，重点介绍了UG NX CAM三轴数控加工的基础知识及操作流程，引导读者入门；模块二则通过异形轴头、圆柱凸轮、螺杆、星形滚筒4个四轴铣削加工项目，重点介绍了UG NX四轴数控加工的设置管理与刀具路径生成和验证等知识与方法；模块三以按钮、叶片、大力神杯、叶轮4个五轴铣削加工项目，详细讲解了五轴铣削加工编程和Vericut加工仿真等。

本书的每个项目都阐述了教学目标、项目导读、任务描述、工作任务等，并在工作任务中重点介绍了加工工艺制订、加工程序编制、仿真及零件加工等，以便读者进行有针对性的操作，从而掌握学习重点和难点。每个项目后面都配有专家点拨、课后训练，提示和辅助读者加深理解操作要领、使用技巧和注意事项。

对于暂时没有五轴机床的读者而言，也可以根据书中介绍的Vericut软件进行仿真加工，或者通过阅读本书学习和了解多轴加工的流程、方法和技巧。全书案例典型丰富，代表性和指导性强。案例讲解深入浅出，大大降低了学习门槛，易学易懂。读者即使此前没有基础，也可以迅速实现从入门到精通。

本书由校企人员联合创作编写。模块一的项目一、项目二和模块二的项目四由季业益编写；模块一的项目三、项目四和模块二的项目一由吴少华编写；模块二的项目二、项目三和模块三的项目一由顾涛编写；模块三的项目二、项目三、项目四由石皋莲编写；郑伟、周挺、陈宝华、吴泰来、徐军等企业的工程技术人员参与了本书项目的工艺制订、程序编制及操作视频等编写和录制工作。石皋莲和季业益担任本书主编，确定编写大纲并进行统稿工作。本书由张振亚担任主审。

衷心感谢苏州精机机电有限公司等企业无私提供的实践案例和宝贵的应用经验；感谢SIEMENS PLM软件公司的张振亚老师在本书编写过程中给予的指导与帮助；感谢我们团队中每一位成员为编写本书付出的努力。

由于编者水平有限，谬误欠妥之处在所难免，恳请专家和广大读者批评指正，并欢迎通过电子邮件（shigaolian@163.com）或者QQ（843699929）的方式与笔者进行交流。

编　者

# 目　录

# 模块一 三轴铣削加工

本模块以企业真实产品为例讲述 UG NX CAM 三轴铣削数控编程、仿真与加工方法，详细介绍了 UG NX CAM 平面铣、型腔铣、固定轴曲面轮廓铣和点位加工等加工方式，常用参数设置，后置处理方法，编程操作技巧等。通过本模块的学习，学生能完成三轴铣削零件的数控编程与仿真加工。

## 项目一 连接块的数控编程与仿真加工

### 【教学目标】

**能力目标：** 能运用 UG NX 软件完成连接块的编程与仿真加工。
能使用加工中心完成零件加工。

**知识目标：** 掌握 UG NX CAM 的基本操作流程。
基本掌握表面铣、平面铣几何体设置。
基本掌握点位加工的参数设置。

**素质目标：** 激发学生的学习兴趣，培养团队合作和创新精神。

### 【项目导读】

连接块是机械结构中常见的一类零件。这类零件的特点是结构比较简单，零件整体外形成块状，零件上一般会有台阶、圆弧角、连接孔、配合孔等特征。在编程与加工过程中要特别注意台阶面的精度和配合孔的精度。

### 【任务描述】

学生以企业制造部门 MC 数控程序员的身份进入 UG NX CAM 功能模块，根据连接块的特征，制订合理的工艺路线，创建表面铣、平面铣、点位加工操作，设置必要的加工参数，生成刀具路径，检验刀具路径是否正确合理，并对操作过程中存在的问题进行研讨和交流，通过相应的后处理生成数控加工程序，并运用机床加工零件。

### 【工作任务】

按照零件加工要求，制订连接块加工工艺；编制连接块加工程序；完成连接块的仿真加工，后处理得到数控加工程序，完成零件加工。

#### 一、制订加工工艺

**1. 连接块件结构分析**

该连接块结构比较简单，主要由台阶、圆弧过渡面、孔等特征组成，主要加工内容为外形、台阶、孔。

**2. 毛坯选用**

零件材料为厚度为55mm的45钢板切割而成，尺寸为94mm×62mm×55mm。零件四周单边最小余量为3mm，零件厚度方向为了保证零件的装夹，余量为7mm。

**3. 制订加工工序卡**

零件选用立式三轴联动机床加工，平口钳装夹，遵循先粗后精、先面后孔的加工原则。加工工序如表1-1-1所示。

**表1-1-1　加工工序卡**

| 零件号：2655869 | | 工序名称：连接块铣削加工 | 工艺流程卡_工序单 |
|---|---|---|---|
| 材料：45 | 页码：1 | 工序号：01 | 版本号：0 |
| 夹具：平口钳 | 工位：MC | 数控程序号： | |

刀具及参数设置

| 加工内容 | 刀具号 | 刀具规格 | 主轴转速 | 进给速度 |
|---|---|---|---|---|
| 零件粗加工 | T01 | D25R5 | S1800 | F1200 |
| 零件外轮廓精加工 | T02 | D16R0 | S2200 | F1000 |
| 零件台阶侧面精加工 | T02 | D16R0 | S2200 | F1000 |
| 零件顶面和台阶面精加工 | T02 | D16R0 | S2200 | F1000 |
| 圆角加工 | T03 | D8R4 | S2800 | F620 |
| 打中心孔 | T04 | D10点孔钻 | S1500 | F300 |
| 钻ø17通孔 | T05 | ø17麻花钻 | S600 | F80 |
| 钻ø11通孔 | T06 | ø11麻花钻 | S800 | F100 |
| 钻ø11.8孔 | T07 | ø11.8麻花钻 | S800 | F100 |
| 粗铣ø25孔 | T08 | D12R0 | S1800 | F800 |
| 精铰ø12孔 | T09 | ø12H7铰刀 | S300 | F30 |
| 精镗ø25孔 | T10 | ø25H7精镗刀 | S400 | F40 |

| 更改号 | 更改内容 | 批准 | 日期 | | |
|---|---|---|---|---|---|
| D2 | | | | | |
| D1 | | | | | |
| 拟制： | 日期： | 审核： | 日期： | 批准： | 日期： |

××工业职业技术学院

## 二、编制加工程序

(1) 单击【开始】→【所有应用模块】→【加工】，弹出加工环境对话框，CAM会话配置选择“cam_general”；要创建的CAM设置选择“mill_planar”，如图1-1-1所示，然后单击【确定】，进入加工模块。

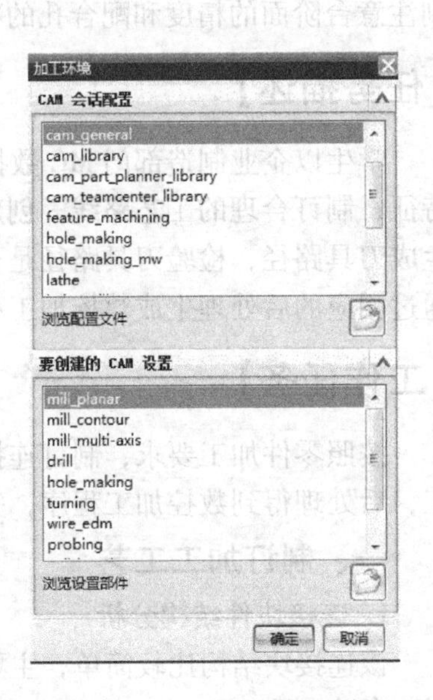

图1-1-1　加工环境对话框

(2) 在加工操作导航器空白处，单击鼠标右键，选择【几何视图】，如图1-1-2所示。

(3) 双击操作导航器中的【MCS_MILL】，弹出Mill Orient（加工坐标系）对话框，设置安全距离为“50”，如图1-1-3所示。

(4) 单击指定MCS中的CSYS按钮，弹出对话框，然后选择参考坐标系中的“WCS”，单击【确定】，使加工坐标系和工作坐标系重合，如图1-1-4所示。再单击【确定】完成加工坐标系设置。

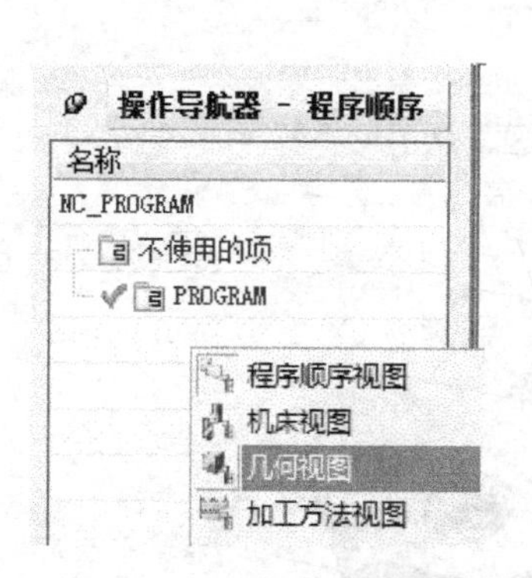


图 1-1-2　几何视图选择

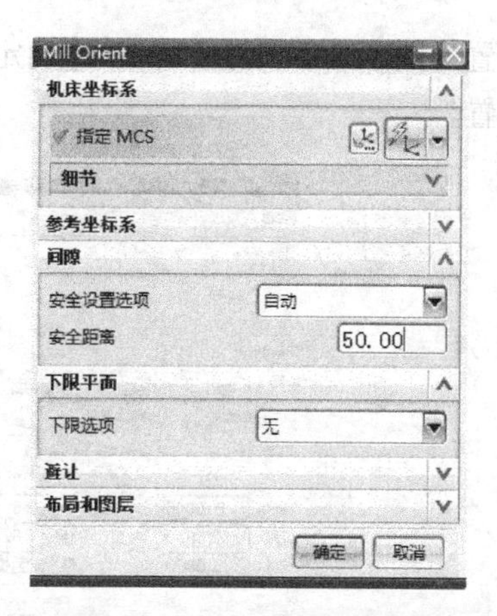


图 1-1-3　加工坐标系设置

（5）双击操作导航器中的 WORKPIECE，弹出铣削几何体对话框，如图 1-1-5 所示。

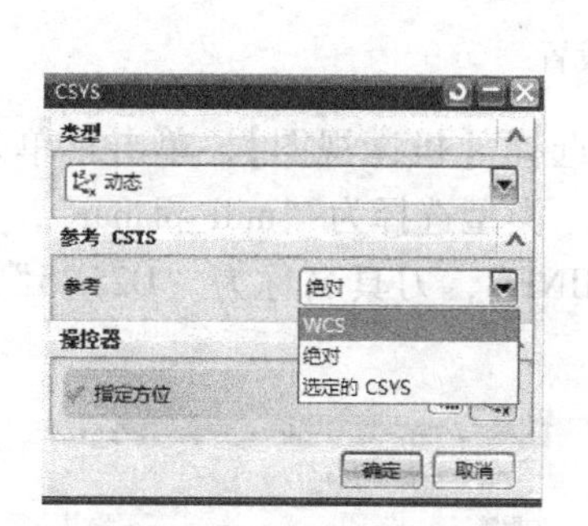


图 1-1-4　加工坐标系设置

图 1-1-5　铣削几何体对话框

（6）单击【指定部件】，弹出部件几何体对话框，选择如图 1-1-6 所示的部件，单击【确定】，完成指定部件。

（7）单击【指定毛坯】，弹出毛坯几何体对话框，选择“自动块”作为毛坯，自动块

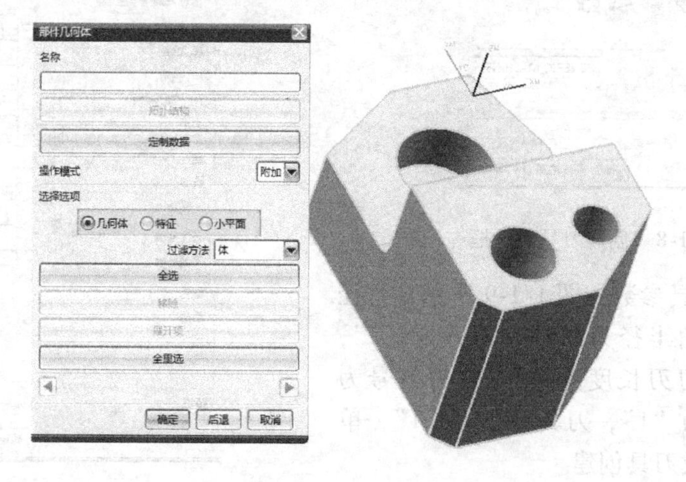


图 1-1-6　指定部件

余量设置如图 1-1-7 所示。单击【确定】完成毛坯几何体设置，单击【确定】完成铣削几何体设置。

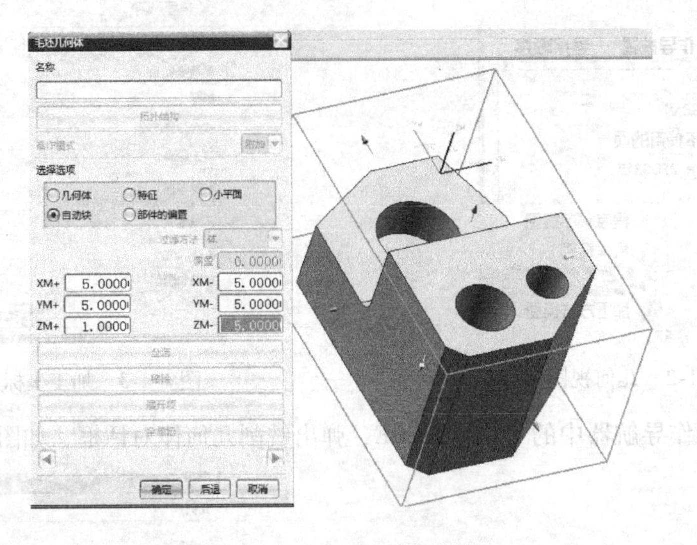


图 1-1-7　毛坯几何体设置

（8）在加工操作导航器空白处，单击鼠标右键，选择【机床视图】，单击菜单条【插入】→【刀具】，弹出创建刀具对话框，如图 1-1-8 所示。类型选择为“mill_planar”，刀具子类型选择为“MILL”，刀具位置为“GENERIC_MACHINE”，刀具名称为“D25R5”，单击【确定】，弹出铣刀 -5 参数对话框。

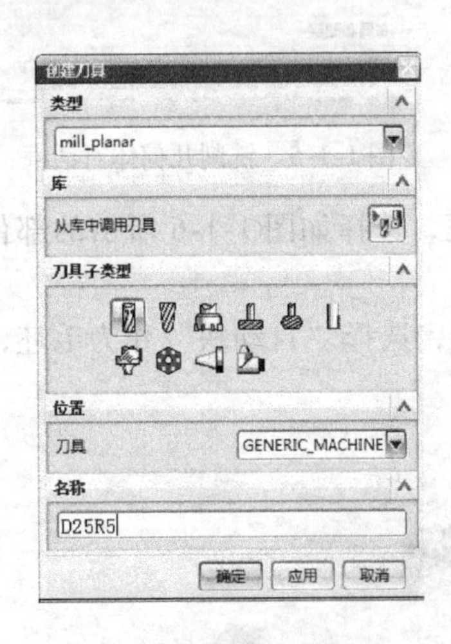


图 1-1-8　创建刀具对话框

（9）设置刀具参数如图 1-1-9 所示，直径为“25”，底圆角半径为“5”，刀刃为“2”，长度为“75”，刀刃长度为“50”，刀具号为“1”，长度补偿为“1”，刀具补偿为“1”，单击【确定】，完成刀具创建。

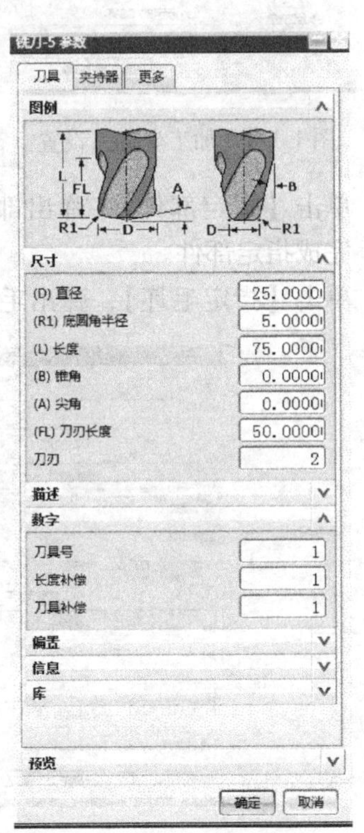


图 1-1-9　刀具参数设置

（10）用同样的方法创建刀具 2。类型选择为“mill_planar”，刀具子类型选择为“MILL”，刀具位置为“GENERIC_MACHINE”，刀具名称为“D16R0”，直径为“16”，底圆角半径为“0”，刀刃为“2”，长度为“75”，刀刃长度为“50”，刀具号为“2”，长度补偿为“2”，刀具补偿为“2”。

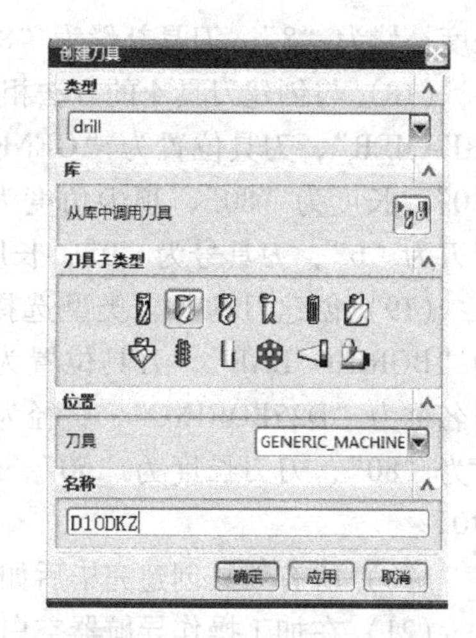


图 1-1-10　创建刀具对话框

（11）用同样的方法创建刀具3。类型选择为“mill_planar”，刀具子类型选择为“MILL”，刀具位置为“GENERIC_MACHINE”，刀具名称为“D8R4”，直径为“8”，底圆角半径为“4”，刀刃为“2”，长度为“75”，刀刃长度为“50”，刀具号为“3”，长度补偿为“3”，刀具补偿为“3”。

（12）创建刀具4。类型选择为“drill”，刀具子类型选择为“SPOTDRILLING_TOOL”，刀具位置为“GENERIC_MACHINE”，刀具名称为“D10DKZ”，如图1-1-10所示，单击【确定】，弹出钻刀[㊀]对话框。

（13）设置刀具4参数，直径为“10”，长度为“50”，顶尖角度为“90”，刀刃长度为“35”，刀刃为“2”，刀具号为“4”，长度补偿为“4”，如图1-1-11所示，单击【确定】，完成刀具4创建。

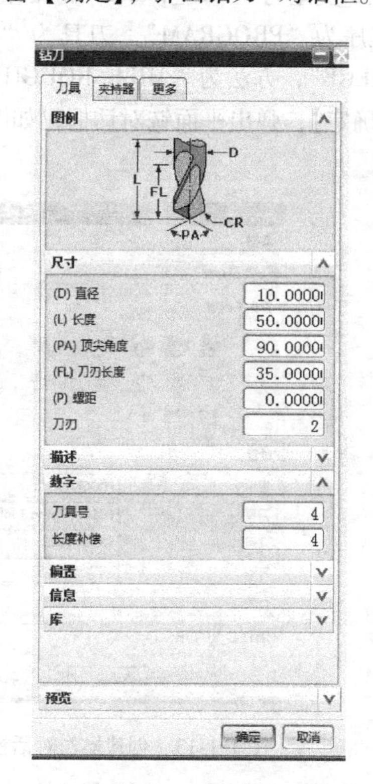


图 1-1-11　钻刀参数

（14）与创建刀具4的方法相同，创建刀具5。类型选择为“drill”，刀具子类型选择为“DRILL_TOOL”，刀具位置为“GENERIC_MACHINE”，刀具名称为“D17DRILL”，直径为“17”，长度为“80”，顶尖角度为“118”，刀刃长度为“50”，刀刃为“2”，刀具号为“5”，长度补偿为“5”。

（15）创建刀具6。类型选择为“drill”，刀具子类型选择为“DRILL_TOOL”，刀具位置为“GENERIC_MACHINE”，刀具名称为“D11DRILL”，直径为“11”，长度为“80”，顶尖角度为“118”，刀刃长度为“50”，刀刃为“2”，刀具号为“6”，长度补偿为“6”。

（16）创建刀具7。类型选择为“drill”，刀具子类型选择为“DRILL_TOOL”，刀具位置为“GENERIC_MACHINE”，刀具名称为“D11.8DRILL”，直径为“11.8”，长度为“80”，顶尖角度为“118”，刀刃长度为“50”，刀刃为“2”，刀具号为“7”，长度补偿为“7”。

（17）与创建刀具1方法相同，创建刀具8。类型选择为“mill_planar”，刀具子类型选择为“MILL”，刀具位置为“GENERIC_MACHINE”，刀具名称为“D12R0”，直径为“12”，底圆角半径为“0”，刀刃为“2”，长度为“75”，刀刃长度为“50”，刀具号为“8”，

㊀ 通用表达为钻头。

长度补偿为“8”，刀具补偿为“8”。

（18）与创建刀具4的方法相同，创建刀具9。类型选择为“drill”，刀具子类型选择为“REAMER”，刀具位置为“GENERIC_MACHINE”，刀具名称为“D12REAMER”，直径为“10”，长度为“80”，顶尖角度为“120”，刀刃长度为“50”，刀刃为“6”，刀具号为“9”，长度补偿为“9”。

（19）创建刀具10。类型选择为“drill”，刀具子类型选择为“BORING_BAR”，刀具位置为“GENERIC_MACHINE”，刀具名称为“D25BORING”，直径为“25”，拐角半径为“0”，长度为“80”，刀刃长度为“50”，刀具号为“10”，长度补偿为“10”。

（20）所有刀具创建完毕后如图1-1-12所示。

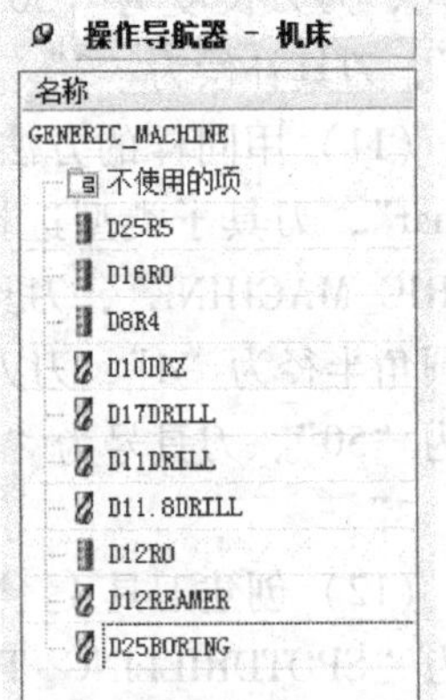


图1-1-12　刀具列表

（21）在加工操作导航器空白处，单击鼠标右键，选择【程序视图】，单击菜单条【插入】→【操作】，弹出创建操作对话框，类型为“mill_planar”，操作子类型为“PLANAR_MILL”，程序为“PROGRAM”，刀具为“D25R5”，几何体为“WORKPIECE”，方法为“MILL_ROUGH”，名称为“MILL_ROUGH-1”，如图1-1-13所示，单击【确定】，弹出平面铣对话框，如图1-1-14所示。

图1-1-13　创建操作对话框

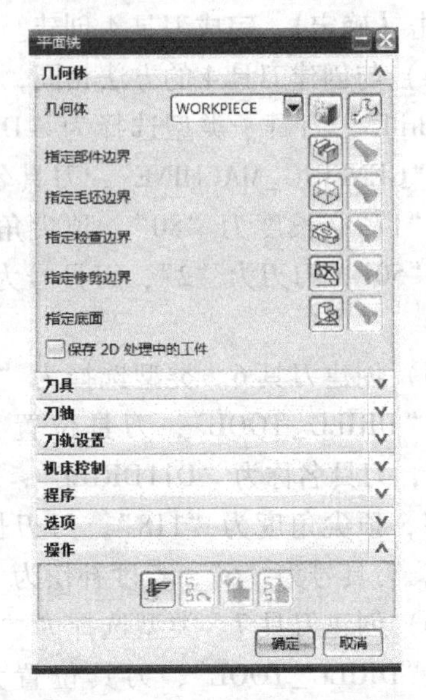


图1-1-14　平面铣对话框

（22）单击【指定部件边界】，弹出边界几何体对话框，如图1-1-15所示，在模式中选择“曲线/边...”，弹出对话框，类型为“封闭的”，平面选择“用户定义”，弹出平面对话框，如图1-1-16所示，输入“1”，单击【确定】，材料侧为“内部”，刀具位置为“相切”，然后顺序选择如图1-1-17所示的边，单击【确定】，再单击【确定】，完成指定部件边界。

（23）单击【指定底面】，弹出平面构造器对话框，选择如图1-1-18所示平面作为此操作的加工底面。

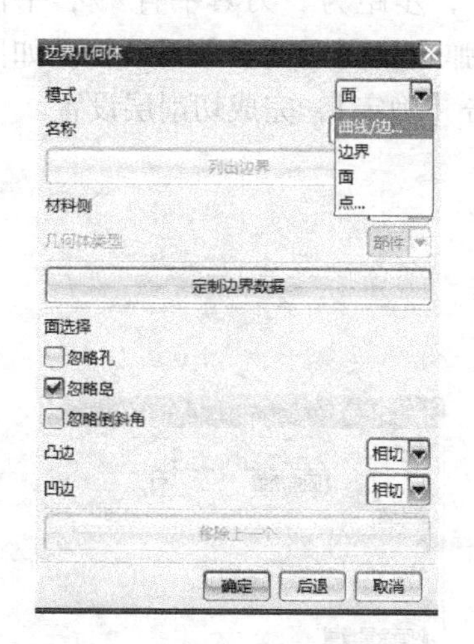


图 1-1-15　边界几何体

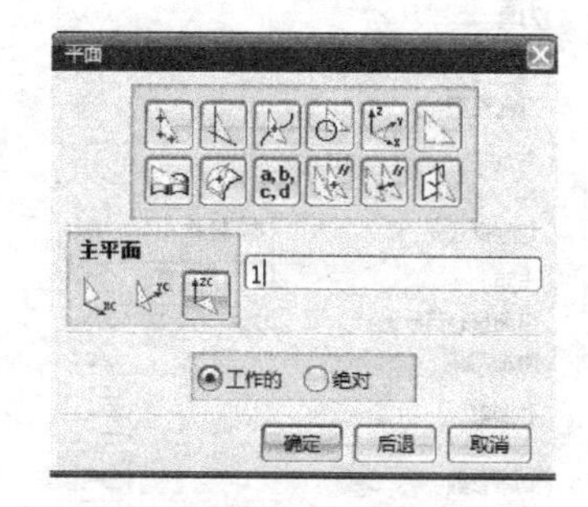


图 1-1-16　平面定义

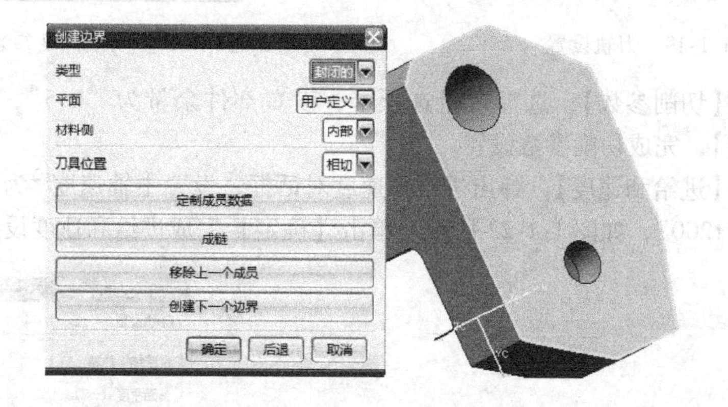


图 1-1-17　创建边界

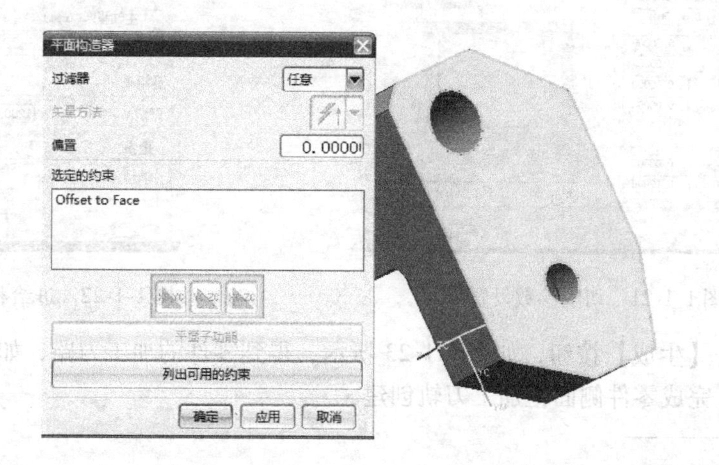


图 1-1-18　设置加工底面

（24）如图1-1-19所示，设置切削模式为“轮廓”，步距为“刀具平直㊀”，平面直径百分比为“50”，附加刀路为“0”。单击【切削层】，弹出切削深度参数对话框，如图1-1-20所示，类型为“固定深度”，最大值为“1.5”，单击【确定】，完成切削层设置。

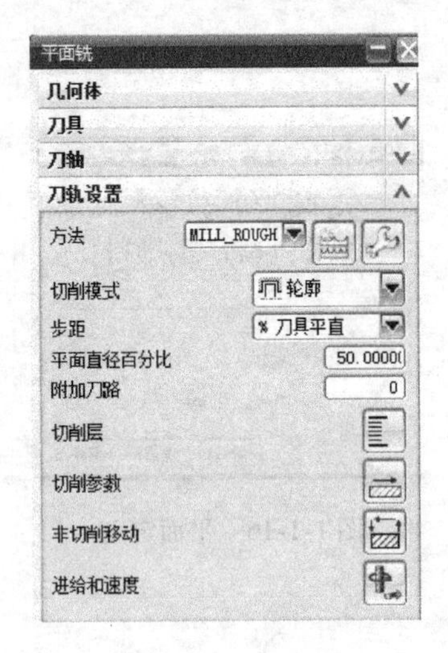


图1-1-19　刀轨设置

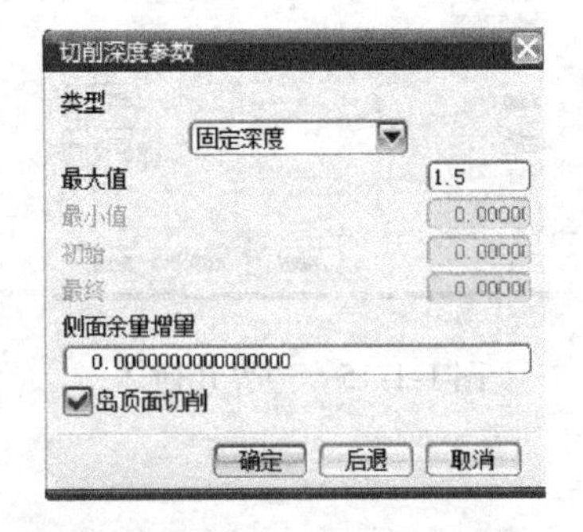


图1-1-20　切削深度参数对话框

（25）单击【切削参数】，选择余量选项卡，设置部件余量为“0.5”，如图1-1-21所示，单击【确定】，完成切削参数设置。

（26）单击【进给和速度】，弹出进给和速度对话框，设置主轴速度㊁为“1800”，设置剪切进给率为“1200”，如图1-1-22所示。单击【确定】完成进给和速度设置。

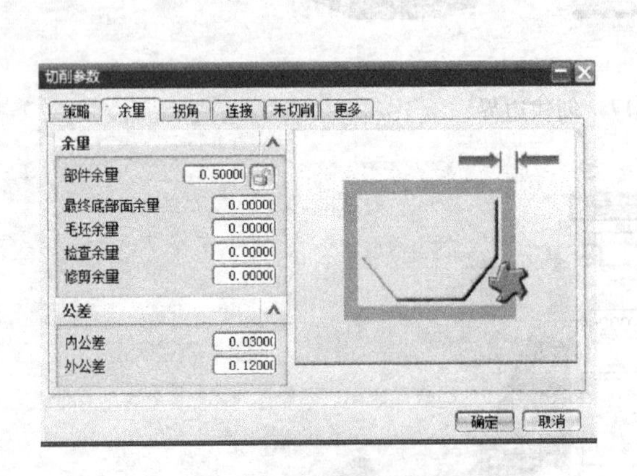


图1-1-21　切削参数设置

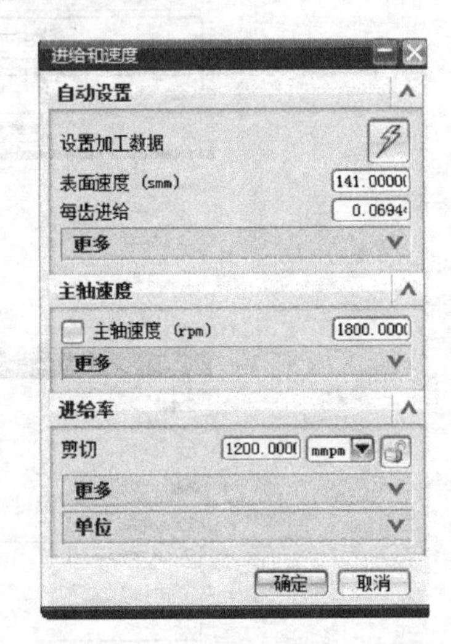


图1-1-22　进给和速度对话框

（27）单击【生成】按钮，如图1-1-23所示，得到零件的加工刀路，如图1-1-24所示。单击【确定】，完成零件侧面粗加工刀轨创建。

---

㊀ 此处软件翻译有误，应为刀具直径。

㊁ 软件中翻译为主轴速度，通用表达为主轴转速。

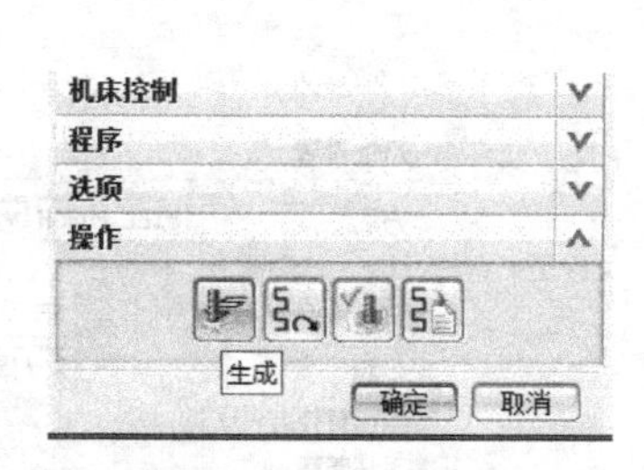


图 1-1-23　生成刀轨

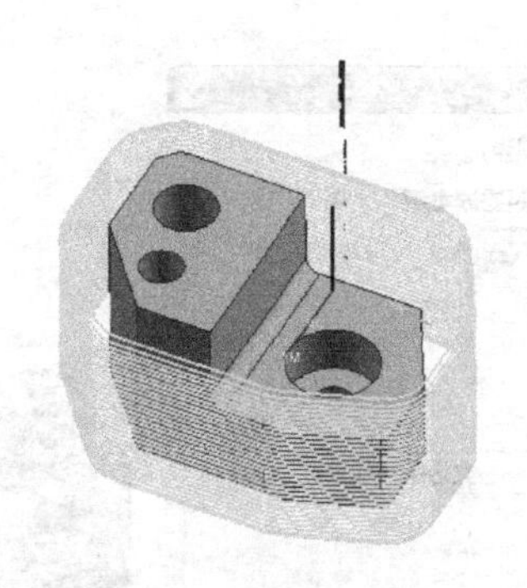

图 1-1-24　加工刀路

（28）单击菜单条【插入】→【操作】，弹出创建操作对话框，类型为“mill_planar”，操作子类型为“FACE_MILL”，程序为“PROGRAM”，刀具为“D25R5”，几何体为“WORKPIECE”，方法为“MILL_ROUGH”，名称为“MILL_ROUGH-2”，如图 1-1-25 所示，单击【确定】，弹出平面铣对话框，如图 1-1-26 所示。

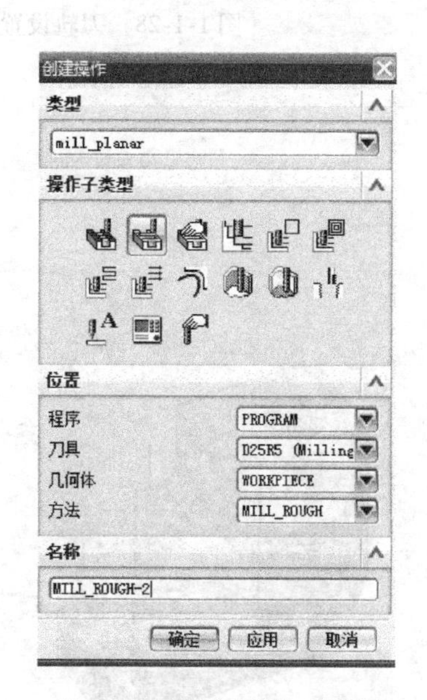


图 1-1-25　创建操作对话框

图 1-1-26　平面铣对话框

（29）单击【指定面边界】，弹出指定面几何体对话框，过滤器类型为“面边界”，勾选“忽略孔”，勾选“忽略倒斜角”，选择如图 1-1-27 所示零件表面，单击【确定】完成。

（30）如图 1-1-28 所示，设置切削模式为“往复”，步距为“刀具平直”，平面直径百分比为“60”，毛坯距离为“25”，每刀深度为“1.5”，最终底部面余量为“0.5”。单击【进给和速度】，弹出进给和速度对话框，设置主轴速度为“1800”，设置剪切进给率为“1200”，如图 1-1-29 所示。单击【确定】完成进给和速度设置。

（31）单击【生成】按钮，得到零件的加工刀路，如图 1-1-30 所示。单击【确定】，完成零件台阶面粗加工刀轨创建。

（32）单击菜单条【插入】→【操作】，弹出创建操作对话框，类型为“mill_planar”，操作子类型为“PLANAR_MILL”，程序为“PROGRAM”，刀具为“D16R0”，几何体为“WORKPIECE”，

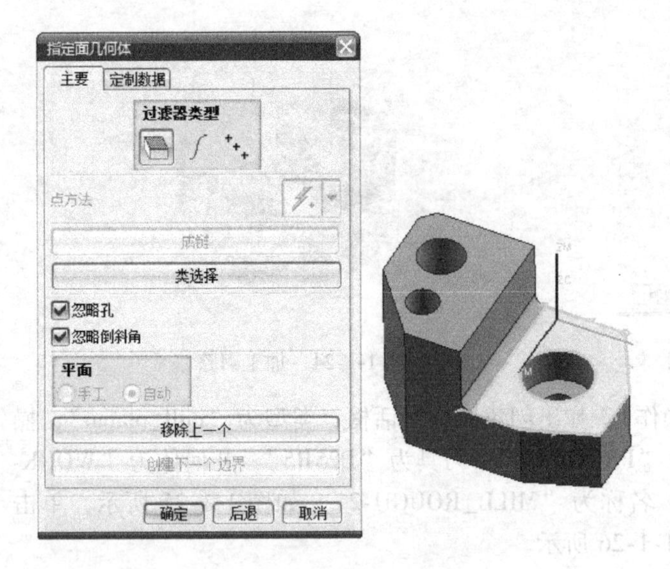


图 1-1-27　指定面几何体

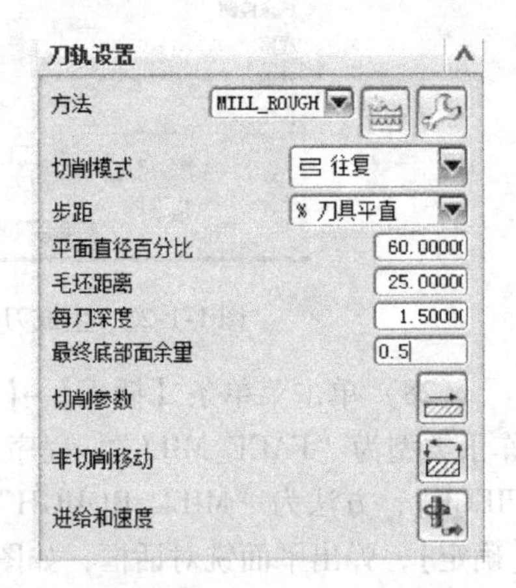


图 1-1-28　刀轨设置

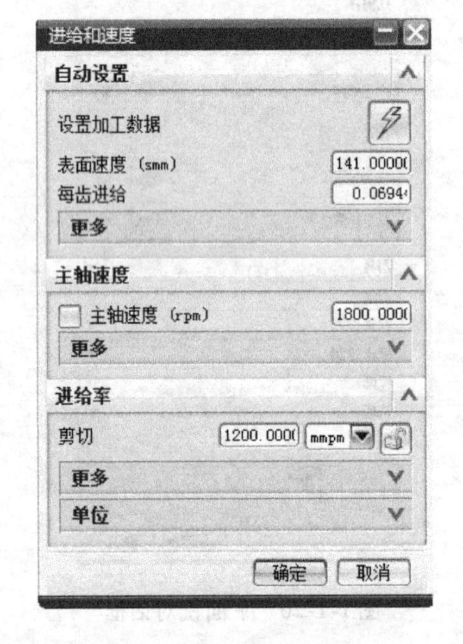


图 1-1-29　进给和速度

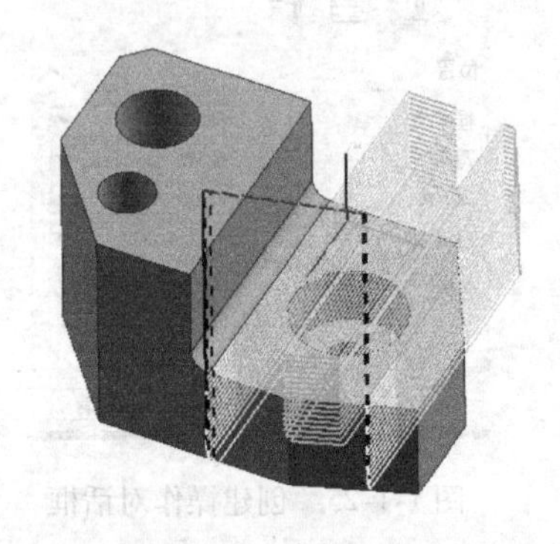

图 1-1-30　生成刀轨

方法为“MILL_FINISH”，名称为“MILL_FINISH-1”，如图 1-1-31 所示，单击【确定】，弹出平面铣对话框，如图 1-1-32 所示。

(33) 单击【指定部件边界】，弹出边界几何体对话框，在模式中选择“曲线/边”，弹出创建边界对话框，类型为“封闭的”，平面为“自动”，材料侧为“内部”，刀具位置为“相切”，然后顺序选择如图 1-1-33 所示的边，单击【确定】，再单击【确定】，完成指定部件边界。

(34) 单击【指定底面】，弹出平面构造器对话框，如图 1-1-34 所示，输入“-21”，单击【确定】完成。进行刀轨设置，设置切削模式为“轮廓”，步距为“刀具平直”，平面直径百分比为“50”，附加刀路为“0”，如图 1-1-35 所示。

图 1-1-31　创建操作对话框

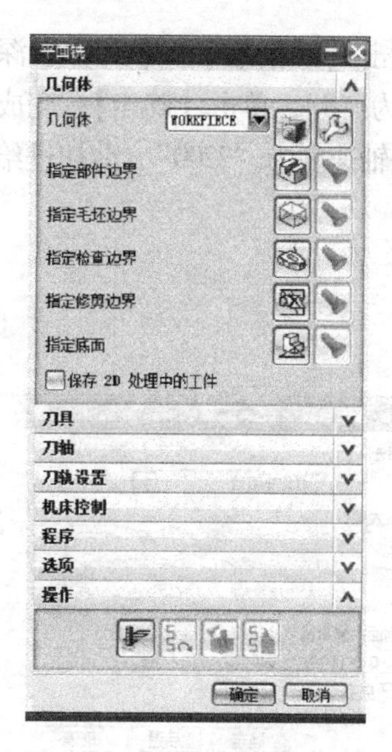


图 1-1-32　平面铣对话框

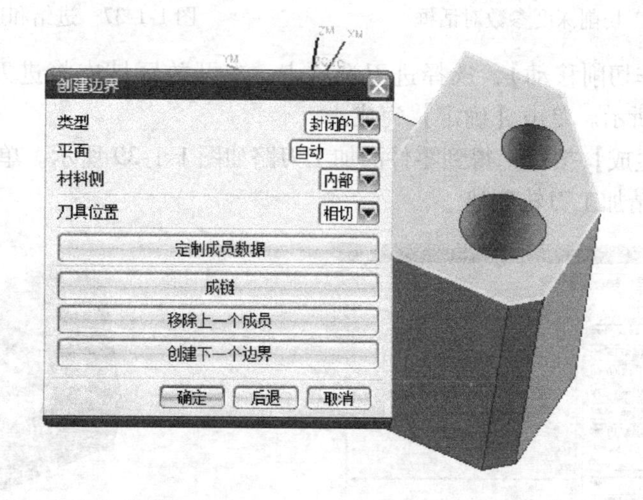


图 1-1-33　创建边界

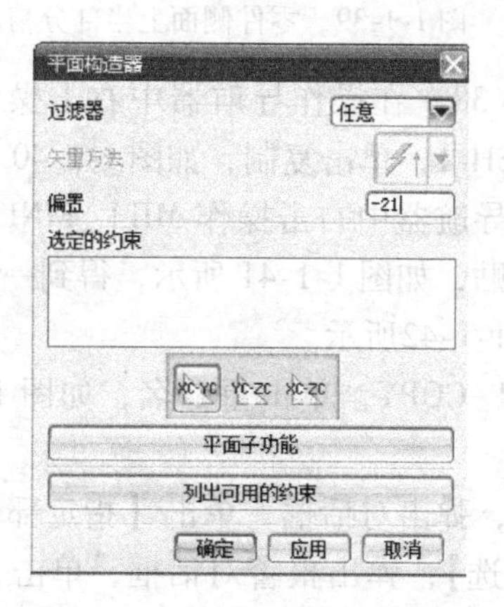


图 1-1-34　平面构造器对话框

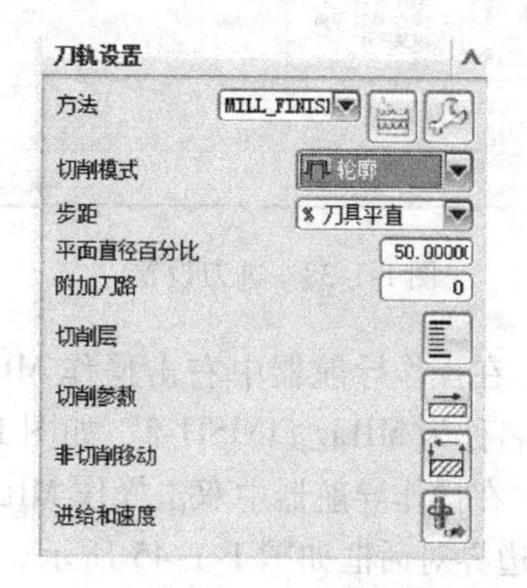


图 1-1-35　刀轨设置

（35）单击【切削层】，弹出切削深度参数对话框，如图 1-1-36 所示，类型为“固定深度”，最大值为“8”，单击【确定】，完成切削层设置。单击【进给和速度】，弹出进给和速度对话框，设置主轴速度为“2200”，剪切进给率为“1000”，如图 1-1-37 所示，单击【确定】完成。

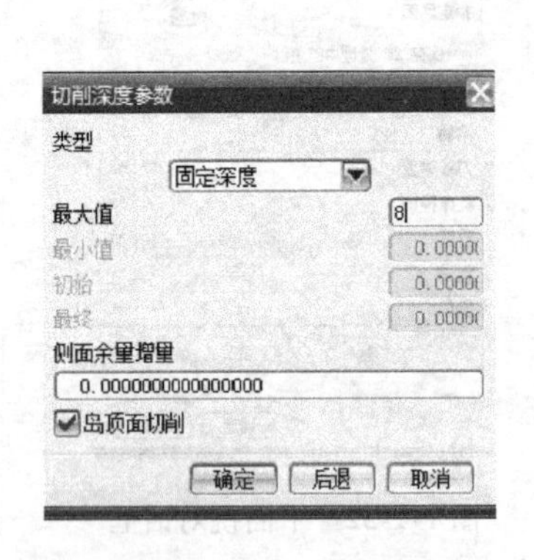


图 1-1-36　切削深度参数对话框

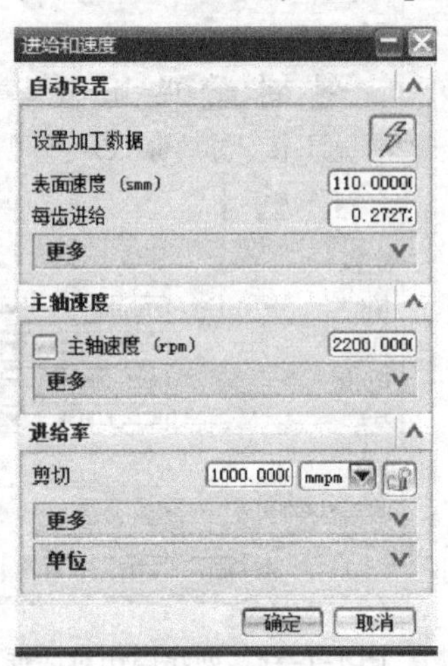


图 1-1-37　进给和速度

（36）单击【非切削移动】，选择进刀选项卡，在开放区域中将进刀类型设置成“圆弧”，如图 1-1-38 所示。单击【确定】完成。

（37）单击【生成】按钮，得到零件的加工刀路如图 1-1-39 所示。单击【确定】，完成零件侧面上半部分精加工刀轨创建。

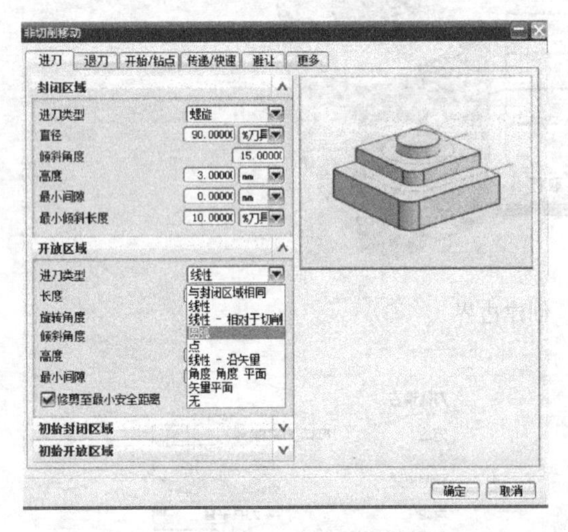


图 1-1-38　进刀设置

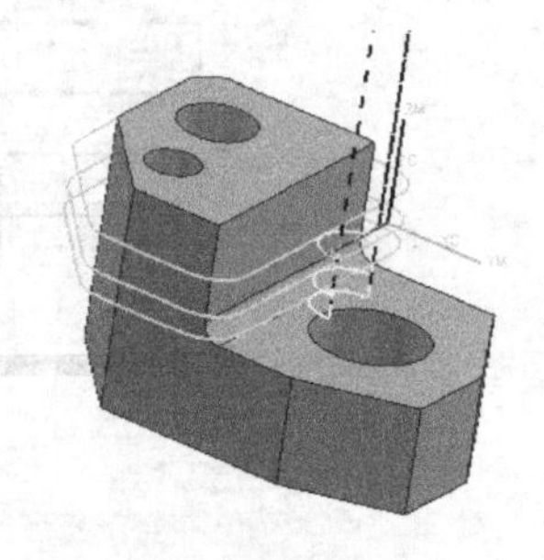

图 1-1-39　零件侧面上半部分精加工刀路

（38）在操作导航器中右击操作 MILL_FINISH-1，单击复制，如图 1-1-40 所示；在操作导航器中右击操作 MILL_FINISH-1，单击粘贴，如图 1-1-41 所示，得到一个新操作如图1-1-42所示。

（39）在操作导航器中右击操作 MILL_FINISH-1_COPY，单击重命名，如图 1-1-43 所示，更改名称为 MILL_FINISH-2，如图 1-1-44 所示。

（40）在操作导航器中双击操作 MILL_FINISH-2，弹出对话框，单击【指定部件边界】，弹出编辑边界对话框如图 1-1-45 所示。单击【全重选】，弹出报警对话框，单击【确定】，弹出如图 1-1-46 所示边界几何体对话框。

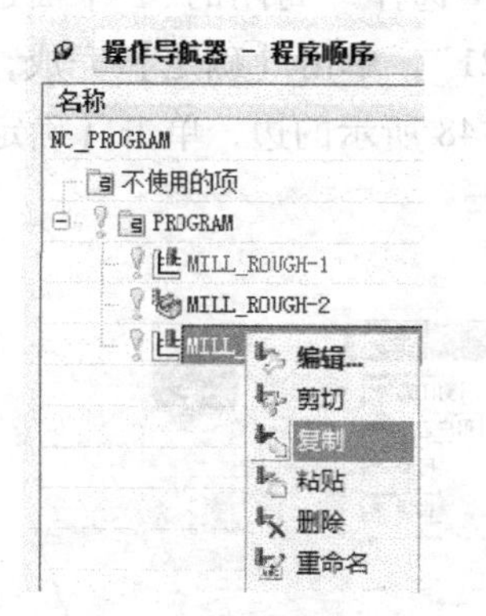


图 1-1-40　复制操作

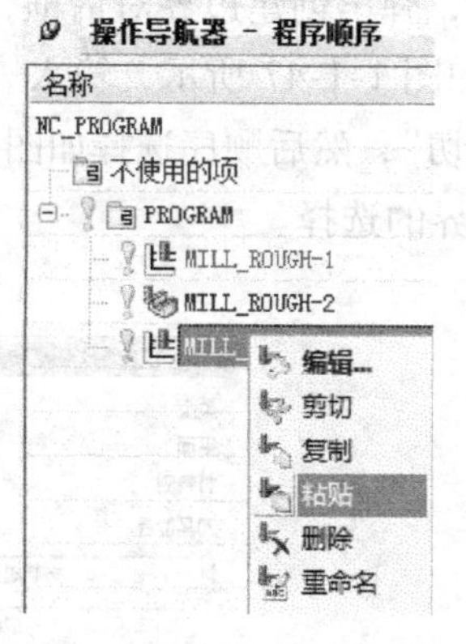


图 1-1-41　粘贴操作

图 1-1-42　新操作

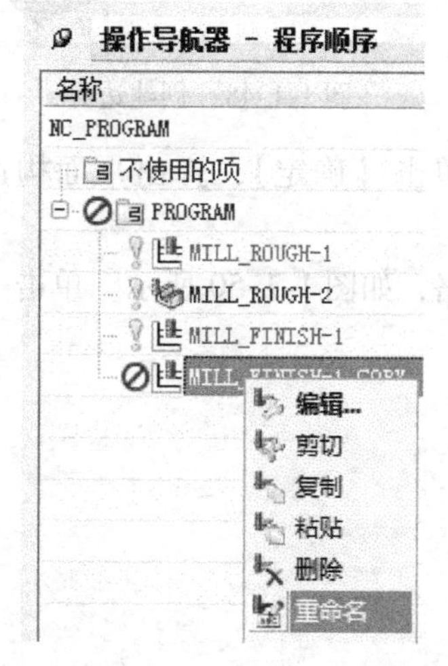


图 1-1-43　重命名

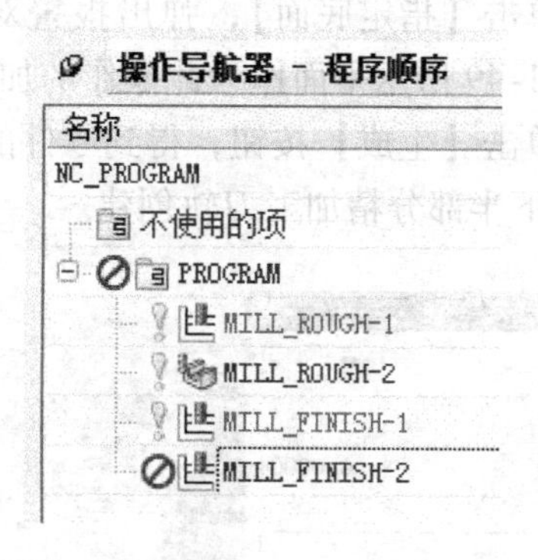


图 1-1-44　重命名结果

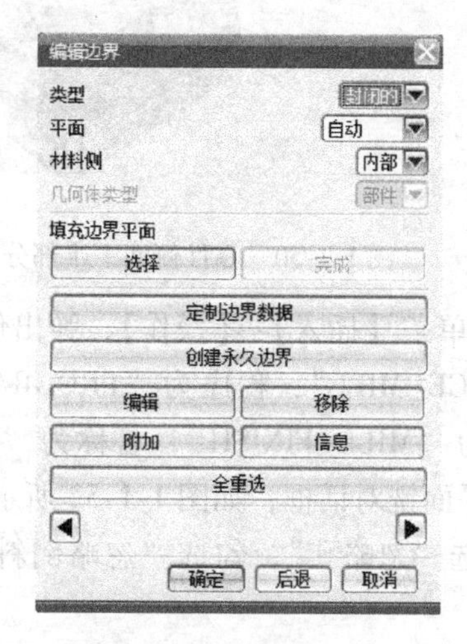


图 1-1-45　编辑边界

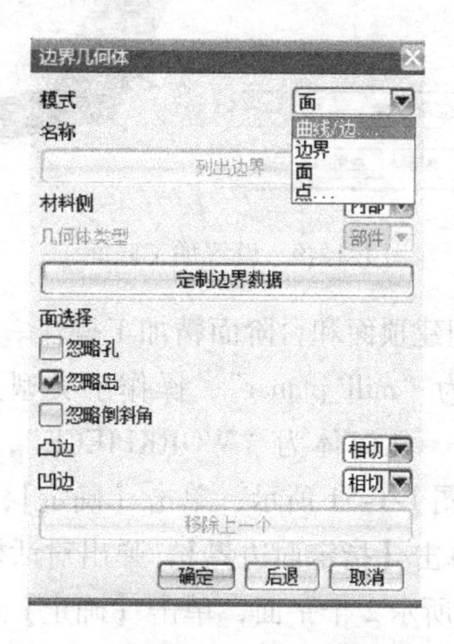


图 1-1-46　边界几何体

（41）设置模式为“曲线/边”，弹出创建边界对话框，类型选择“封闭的”，平面选择“用户定义”，弹出平面对话框，如图 1-1-47 所示，输入“－21”，单击【确定】完成，材料侧为“内部”，刀具位置为“相切”，然后顺序选择如图 1-1-48 所示的边，单击【确定】，再单击【确定】，完成指定部件边界的选择。

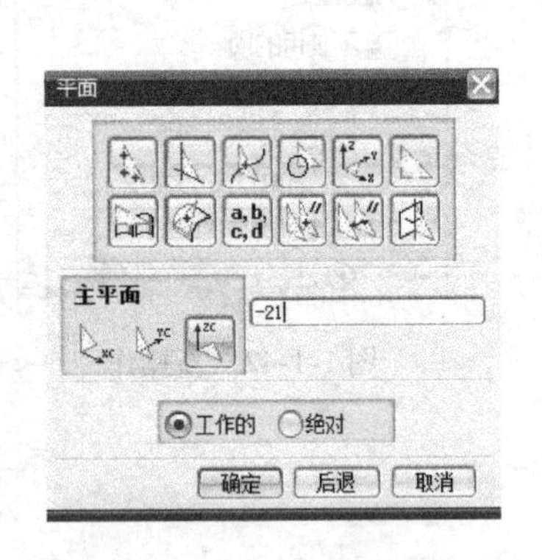


图 1-1-47　平面定义

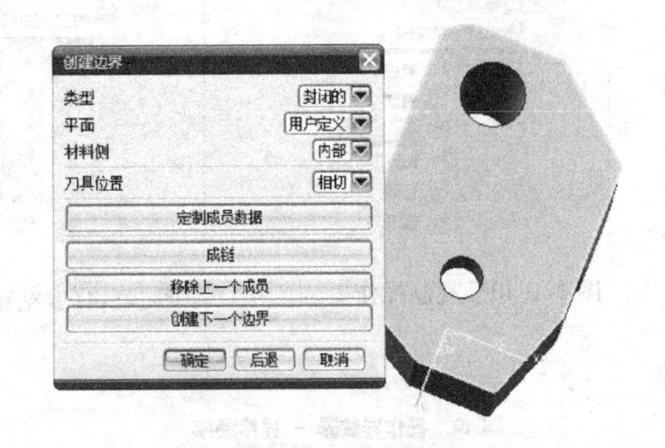


图 1-1-48　创建边界

（42）单击【指定底面】，弹出报警对话框，单击【确定】，弹出平面构造器对话框，选择如图 1-1-49 所示平面作为此操作的加工底面。

（43）单击【生成】按钮，得到零件的加工刀路，如图 1-1-50 所示。单击【确定】，完成零件侧面下半部分精加工刀轨创建。

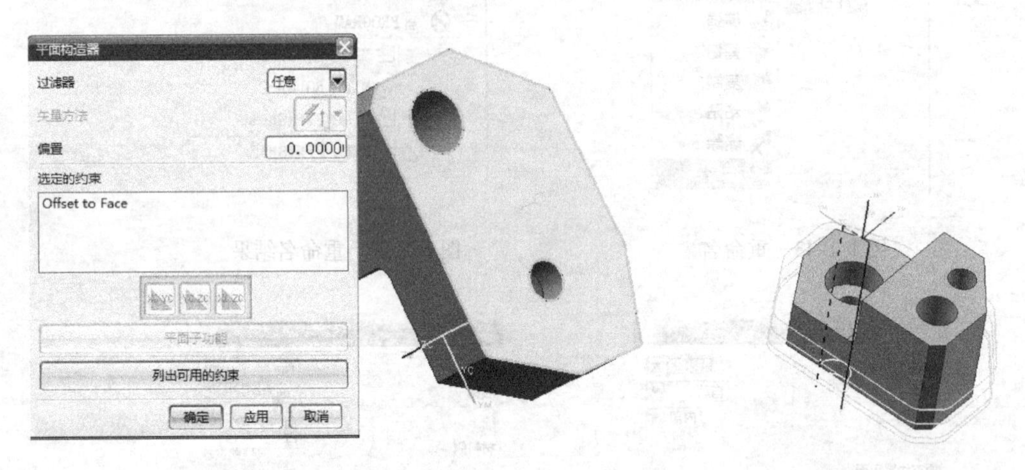


图 1-1-49　设置加工底面　　　　图 1-1-50　零件侧面下半部分精加工刀路

（44）创建顶面和台阶面精加工操作。单击菜单条【插入】→【操作】，弹出创建操作对话框，类型为“mill_planar”，操作子类型为“FACE_MILL”，程序为“PROGRAM”，刀具为“D16R0”，几何体为“WORKPIECE”，方法为“MILL_FINISH”，名称为“MILL_FINISH-3”，如图 1-1-51 所示，单击【确定】，弹出平面铣对话框，如图 1-1-52 所示。

（45）单击【指定面边界】，弹出对话框，勾选“忽略孔”，勾选“忽略倒斜角”，选择如图 1-1-53 所示 2 个平面，单击【确定】完成。

（46）设定刀轨设置如图 1-1-54 所示，设定主轴速度和剪切进给率如图 1-1-55 所示。

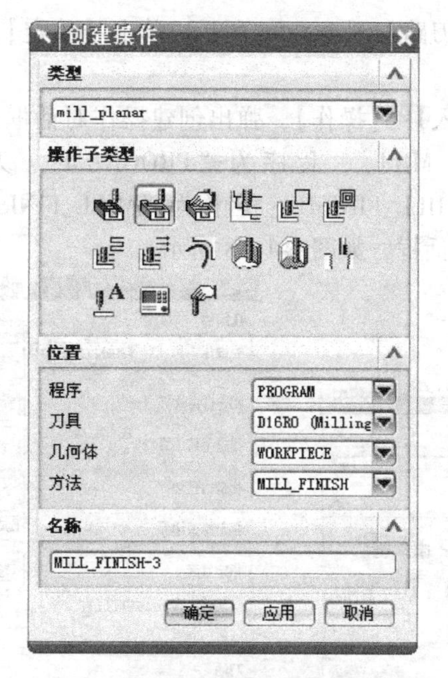


图 1-1-51　创建操作对话框

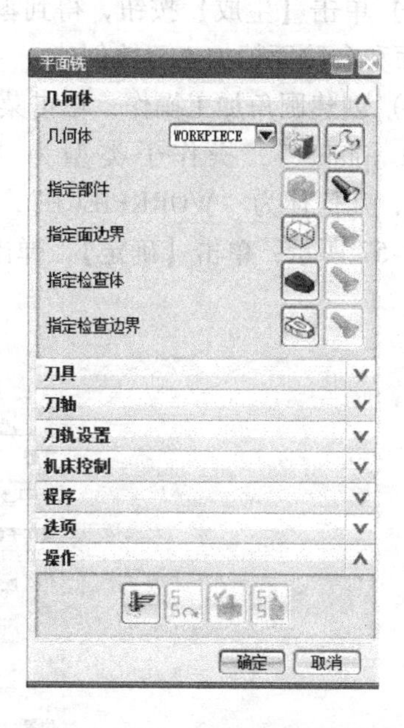


图 1-1-52　平面铣对话框

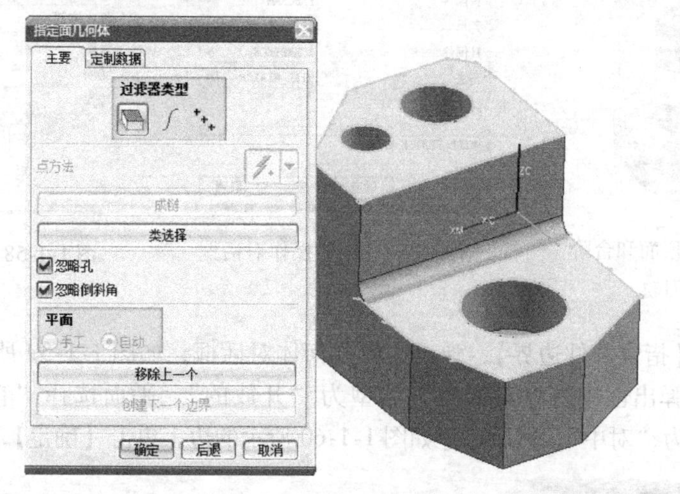


图 1-1-53　指定加工面

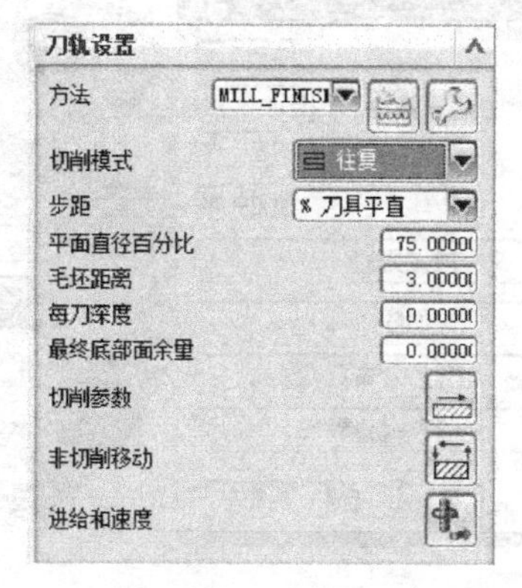


图 1-1-54　刀轨设置

图 1-1-55　进给和速度

（47）单击【生成】按钮，得到零件的加工刀路如图 1-1-56 所示。单击【确定】，完成零件顶面和台阶面精加工刀轨创建。

（48）创建圆角加工操作，单击菜单条【插入】→【操作】，弹出创建操作对话框，类型为“mill_planar”，操作子类型为“PLANAR_MILL”，程序为“PROGRAM”，刀具为“D8R4”，几何体为“WORKPIECE”，方法为“MILL_FINISH”，名称为“MILL_FINISH-4”，如图 1-1-57 所示，单击【确定】，弹出平面铣对话框，如图 1-1-58 所示。

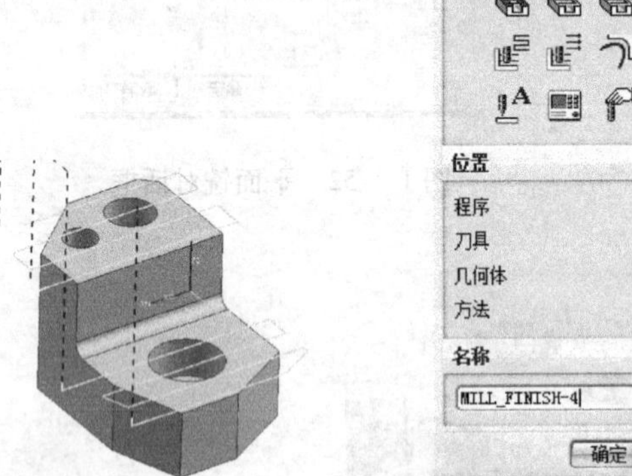

图 1-1-56　零件顶面和台阶面精加工刀轨

图 1-1-57　创建操作对话框

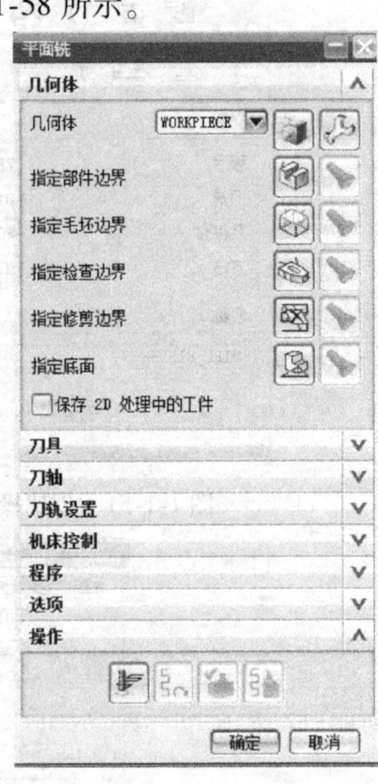


图 1-1-58　平面铣对话框

（49）单击【指定部件边界】，弹出边界几何体对话框，如图 1-1-59 所示，在模式中选择“曲线/边”，弹出创建边界对话框，类型为“开放的”，平面选择“自动”，材料侧为“左”，刀具位置为“对中”，然后选择如图 1-1-60 所示的边，单击【确定】，再单击【确定】，

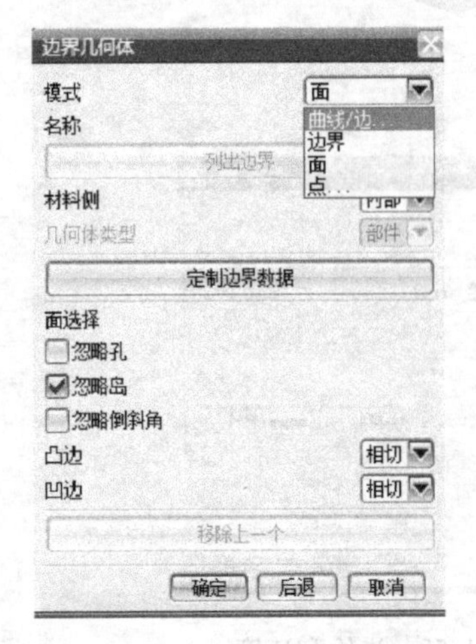


图 1-1-59　边界几何体

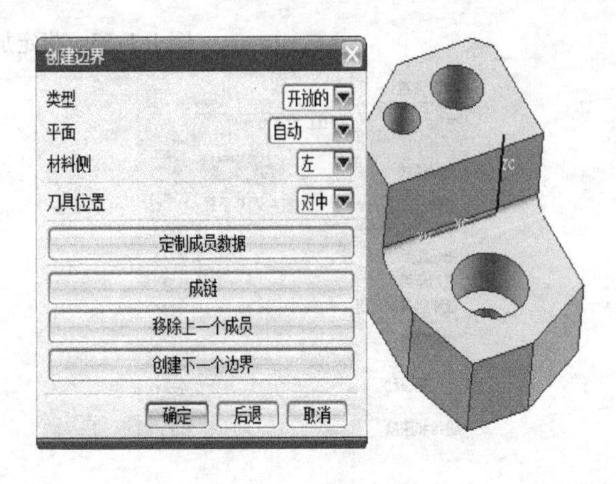


图 1-1-60　创建边界

完成指定部件边界的设置。

（50）单击【指定底面】，弹出报警对话框，单击【确定】，弹出底面设置对话框，选择如图 1-1-61 所示平面作为此操作的加工底面，单击【确定】完成。

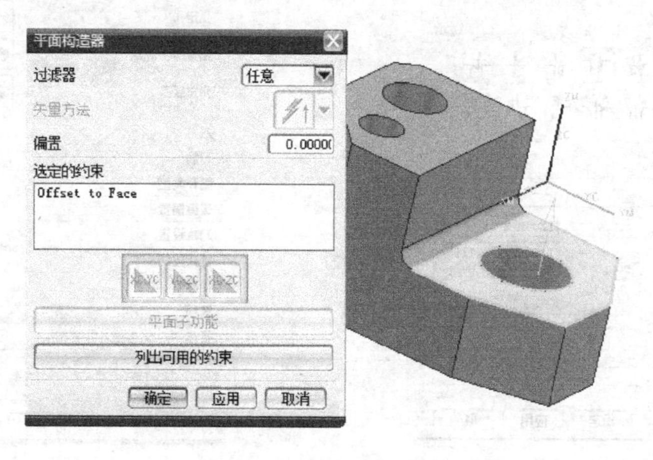


图 1-1-61　设置底面

（51）设定刀轨设置如图 1-1-62 所示，设定主轴速度和剪切进给率如图 1-1-63 所示。

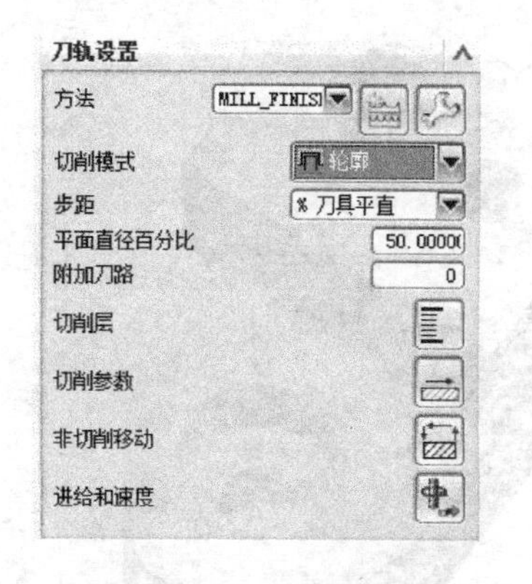


图 1-1-62　刀轨设置

图 1-1-63　进给和速度

（52）单击【生成】按钮，得到零件的加工刀路如图 1-1-64 所示。单击【确定】，完成零件圆弧精加工刀轨创建。

（53）创建钻中心孔操作。单击菜单条【插入】→【操作】，弹出创建操作对话框，类型为“drill”，操作子类型为“DRILLING”，程序为“PROGRAM”，刀具为“D10DKZ”，几何体为“WORKPIECE”，方法为“DRILL_METHOD”，名称为“DRILL-1”，如图 1-1-65 所示，单击【确定】，弹出钻对话框，如图 1-1-66 所示。

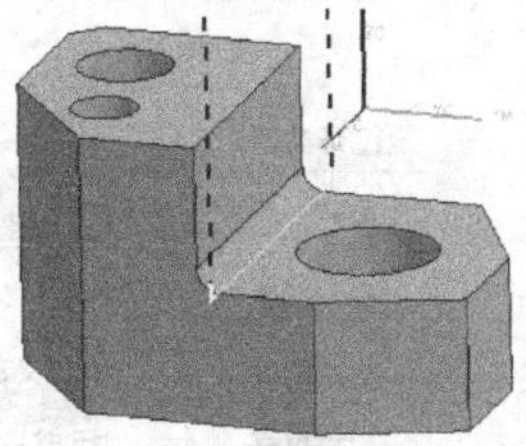

图 1-1-64　零件圆弧精加工刀轨

（54）单击【指定孔】，弹出对话框，单击【选择】，弹出无名对话框，选择如图 1-1-67 所示孔，单击【确定】，再单击【确定】完成孔选择。

（55）单击【循环类型】，选择“标准钻”，如图 1-1-68，弹出指定参数组对话框，输入“1”，单击【确定】，弹出 Cycle 参数对话框，如图 1-1-69 所示。

图 1-1-65　创建操作对话框

图 1-1-66　钻对话框

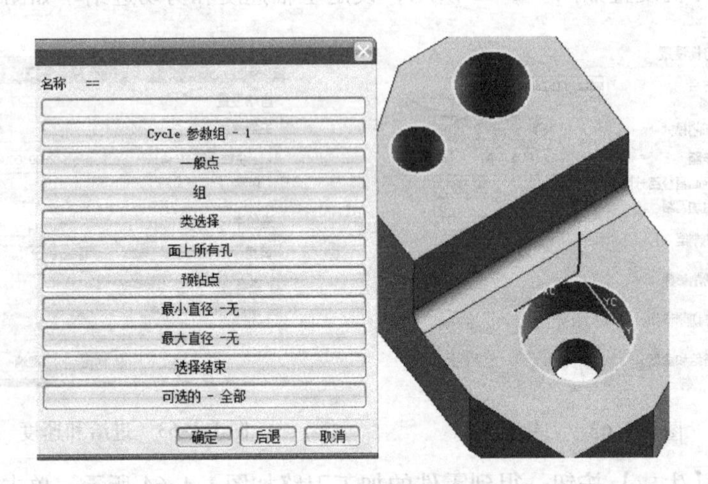


图 1-1-67　孔选择

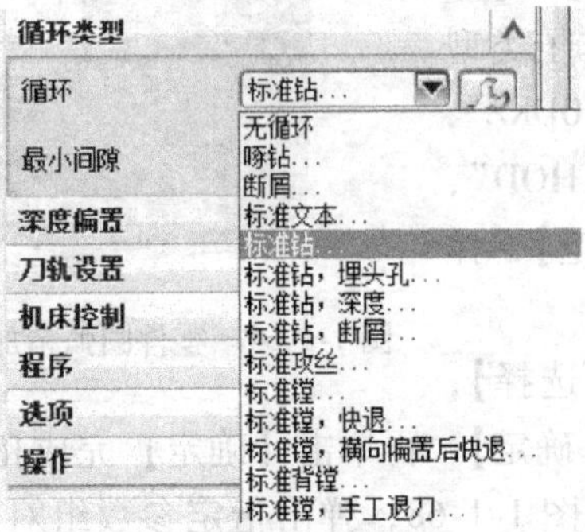

图 1-1-68　循环类型

图 1-1-69　Cycle 参数对话框

（56）单击【Depth】设置钻孔深度，弹出如图 1-1-70 所示 Cycle 深度对话框，选择【刀尖深度】，输入“4”，单击【确定】，完成钻孔深度设置。单击【进给率】，输入“300”，单击【确定】，完成钻孔进给率设置，单击【确定】完成循环参数设置。在刀轨设置中，单击【进给和速度】，设置主轴速度为“1500”，如图 1-1-71 所示，单击【确定】，完成操作。

（57）单击【生成】按钮，得到零件的加工刀路，如图 1-1-72 所示。单击【确定】，完成钻中心孔刀轨创建。

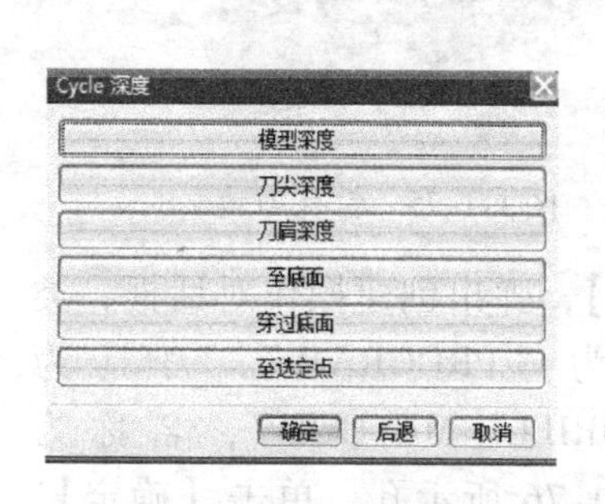


图 1-1-70　深度设置

图 1-1-71　设置主轴速度

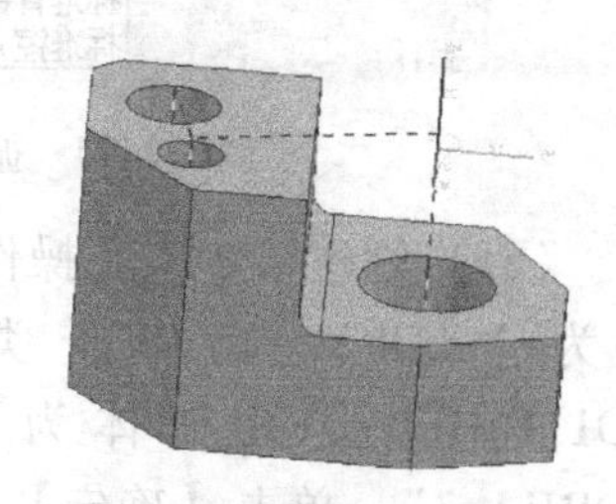

图 1-1-72　钻中心孔刀轨

（58）创建钻 $\phi17$ 孔操作。单击菜单条【插入】→【操作】，弹出创建操作对话框，类型为“drill”，操作子类型为“DRILLING”，程序为“PROGRAM”，刀具为“D17DRILL”，几何体为“WORKPIECE”，方法为“DRILL_METHOD”，名称为“DRILL-2”。单击【确定】，单击【指定孔】，选择如图 1-1-73 所示孔。单击【确定】，再单击【确定】完成操作。

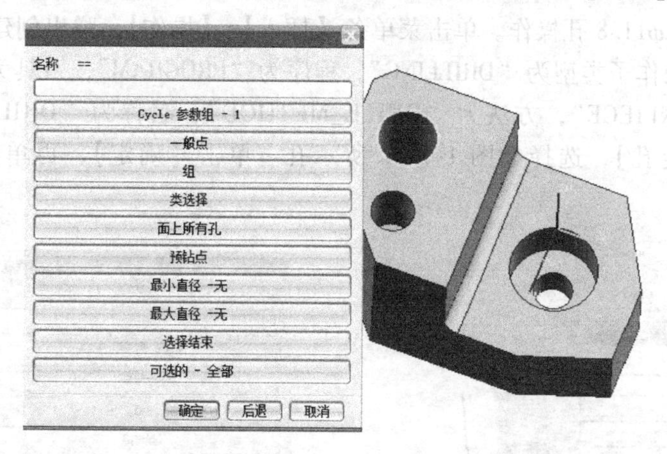


图 1-1-73　孔选择

（59）选择循环类型为“啄钻”，如图 1-1-74 所示，弹出对话框，输入距离为“1.25”，单击【确定】，弹出对话框，输入“1”，单击【确定】，弹出对话框，设置钻孔深度为“刀尖深度”，输入“55”，设置进给率为“80”。

（60）在刀轨设置中，单击【进给和速度】，设置主轴速度为“1500”，单击【确定】完成操作。单击【生成】按钮，得到零件的加工刀路如图 1-1-75 所示。单击【确定】完成钻孔刀轨创建。

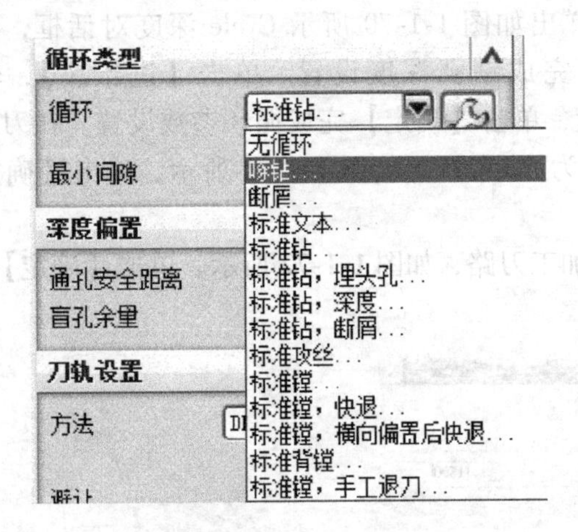

图 1-1-74　循环类型

图 1-1-75　钻孔刀轨

（61）创建钻 $\phi$11 孔操作。单击菜单条【插入】→【操作】，弹出创建操作对话框，类型为“drill”，操作子类型为“DRILLING”，程序为“PROGRAM”，刀具为“D11DRILL”，几何体为“WORKPIECE”，方法为“DRILL _ METHOD”，名称为“DRILL-3”。单击【确定】，单击【指定孔】，选择如图 1-1-76 所示孔。单击【确定】，再单击【确定】完成操作。

（62）选择循环类型为“啄钻”，输入距离为“5”，单击【确定】，弹出对话框，输入“1”，单击【确定】，弹出对话框，设置钻孔深度为“刀尖深度”，输入“28”，设置进给率为“800”。设置主轴速度为“100”。单击【确定】完成操作。单击【生成】按钮，得到零件的加工刀路。

（63）创建钻 $\phi$11. 8 孔操作。单击菜单条【插入】→【操作】，弹出创建操作对话框，类型为“DRILL”，操作子类型为“DRILLING”，程序为“PROGRAM”，刀具为“D11. 8DRILL”，几何体为“WORKPIECE”，方法为“DRILL_METHOD”，名称为“DRILL-4”。单击【确定】，单击【指定孔】，选择如图 1-1-77 所示孔。单击【确定】，再单击【确定】完成操作。

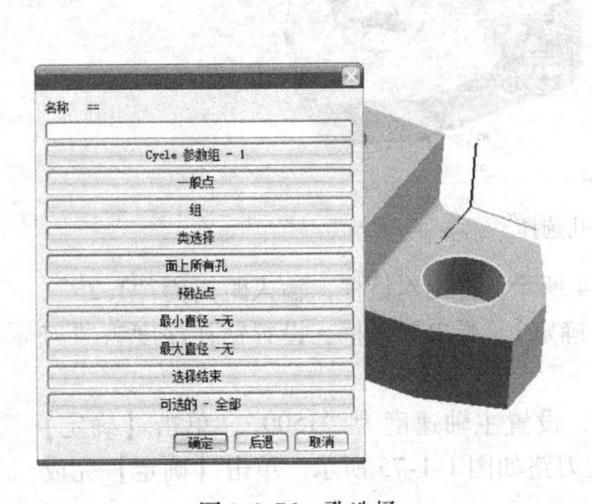


图 1-1-76　孔选择

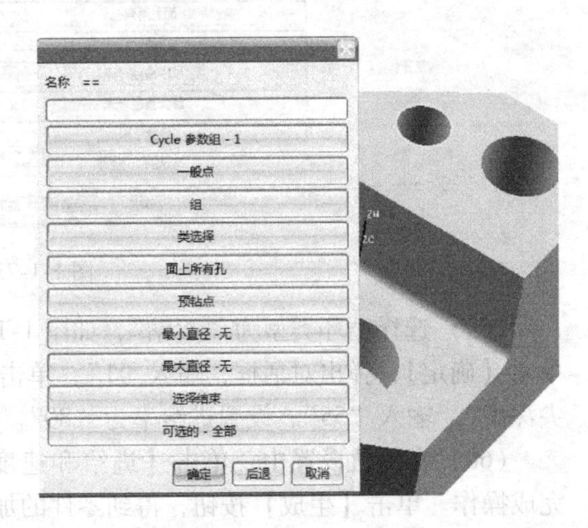


图 1-1-77　孔选择

（64）选择循环类型为“啄钻”，输入距离为“5”，单击【确定】，弹出对话框，输入“1”，单击【确定】，弹出对话框，设置钻孔深度为“刀尖深度”，输入“25”，设置进给率为“800”。设置主轴速度为“100”。单击【生成】按钮，得到零件的加工刀路。

（65）创建粗铣 $\phi25$ 孔操作。单击菜单条【插入】→【操作】，弹出创建操作对话框，类型为“mill_planar”，操作子类型为“PLANAR_MILL”，程序为“PROGRAM”，刀具为“D12R0”，几何体为“WORKPIECE”，方法为“MILL_ROUGH”，名称为“MILL_ROUGH-3”，单击【确定】，弹出操作设置对话框。

（66）单击【指定部件边界】，弹出边界几何体对话框，在模式中选择“曲线/边”，弹出创建边界对话框，类型为“封闭的”，平面选择为“自动”，材料侧为“外部”，刀具位置为“相切”，然后选择如图 1-1-78 所示的边，单击【确定】，再单击【确定】完成指定部件边界的选择。

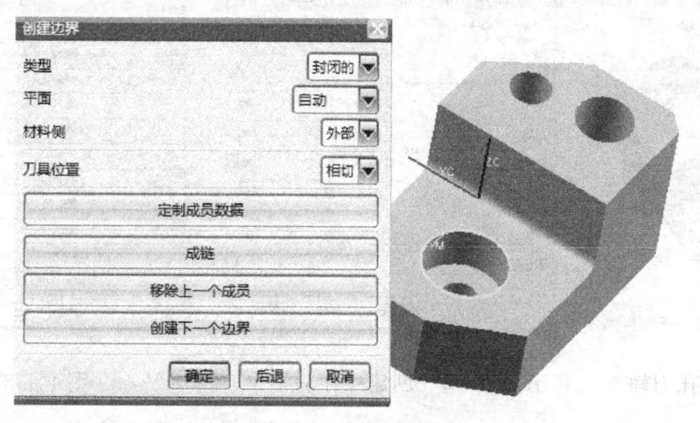


图 1-1-78 创建边界

（67）单击【指定底面】，弹出平面构造器对话框，选择如图 1-1-79 所示平面，单击【确定】完成。进行刀轨设置，切削模式为“跟随周边”，步距为“刀具平直”，平面直径百分比为“50”，如图 1-1-80 所示。

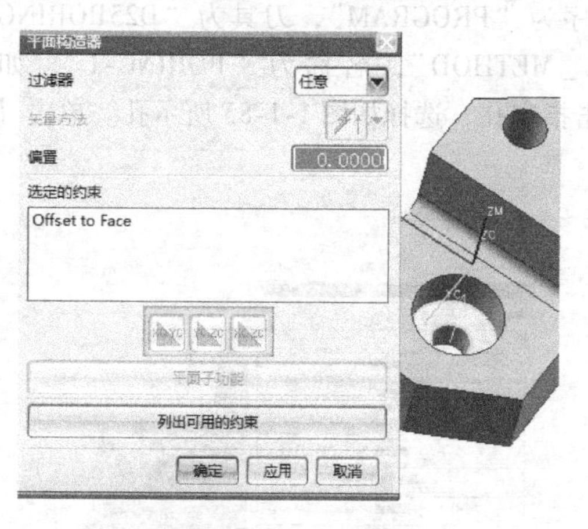


图 1-1-79 指定底面

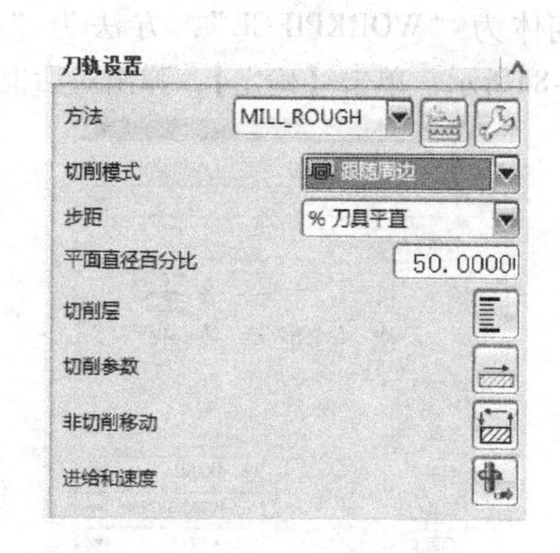


图 1-1-80 刀轨设置

（68）单击【切削层】，弹出对话框，类型为“固定深度”，最大值为“1”，单击【确定】，完成切削层设置。单击【切削参数】，设置部件余量为“0.3”，单击【确定】完成操作。单击【进给和速度】，设置剪切进给率为“800”，设置主轴速度为“1800”，单击【确定】，完成操作。单击【生成】按钮，得到零件的加工刀路，如图 1-1-81 所示。

（69）创建精铰 $\phi$12 孔操作。单击菜单条【插入】→【操作】，弹出创建操作对话框，类型为“drill”，操作子类型为“REAMING”，程序为“PROGRAM”，刀具为“D12REAMER”，几何体为“WORKPIECE”，方法为“DRILL_METHOD”，名称为“REAM-1”，如图 1-1-82 所示，单击【确定】，弹出对话框。单击【指定孔】，选择如图 1-1-83 所示孔。单击【确定】，再单击【确定】完成操作。

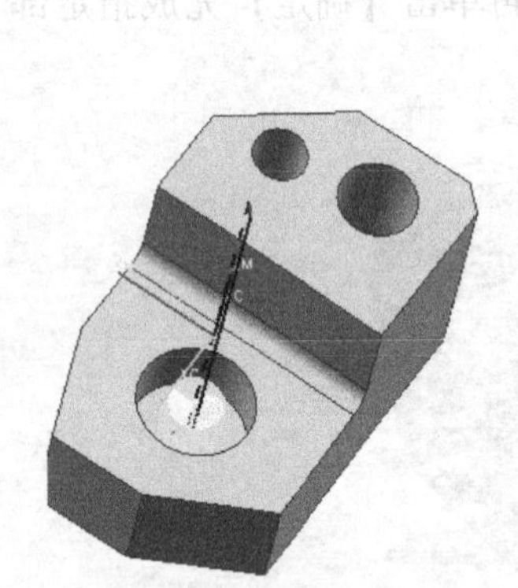

图 1-1-81　粗铣孔刀轨

图 1-1-82　创建操作对话框

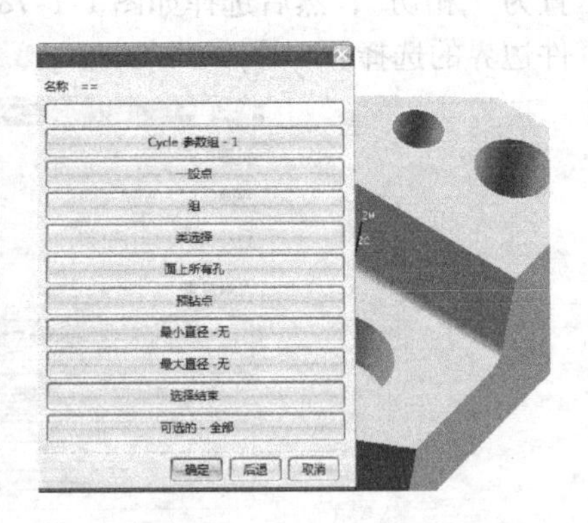


图 1-1-83　孔选择

（70）选择循环类型为“标准钻”，单击【确定】，弹出指定参数组对话框，输入“1”，单击【确定】，弹出对话框，设置钻孔深度为“刀尖深度”，输入“20”，设置剪切进给率为“30”。设置主轴速度为“300”。单击【生成】按钮，得到零件的加工刀路。

（71）创建精镗 $\phi$25 孔操作。单击菜单条【插入】→【操作】，弹出创建操作对话框，类型为“drill”，操作子类型为“BORING”，程序为“PROGRAM”，刀具为“D25BORING”，几何体为“WORKPIECE”，方法为“DRILL_METHOD”，名称为“BORING-1”，如图 1-1-84所示，单击【确定】，弹出对话框。单击指定孔，选择如图 1-1-85 所示孔。单击【确

图 1-1-84　创建操作对话框

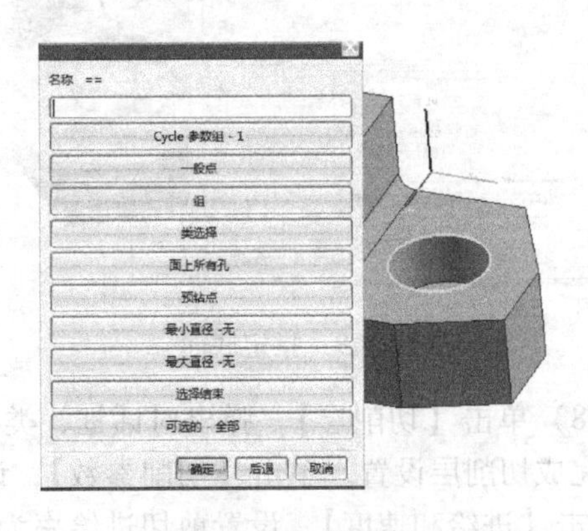


图 1-1-85　孔选择

定】，再单击【确定】完成操作。

（72）选择循环类型为“标准镗”，单击【确定】，弹出对话框，输入“1”，单击【确定】，弹出对话框，设置钻孔深度为“刀尖深度”，输入“13”，设置剪切进给率为“40”。设置主轴速度为“400”。单击【生成】按钮，得到零件的加工刀路。

## 三、仿真加工

在操作导航器中选择 PROGRAM，单击鼠标右键，选择刀轨，选择确认，如图 1-1-86 所示，弹出刀轨可视化对话框，选择 2D 动态选项卡，如图 1-1-87 所示，单击【播放】按钮，开始仿真加工。

仿真结果如图 1-1-88 所示。

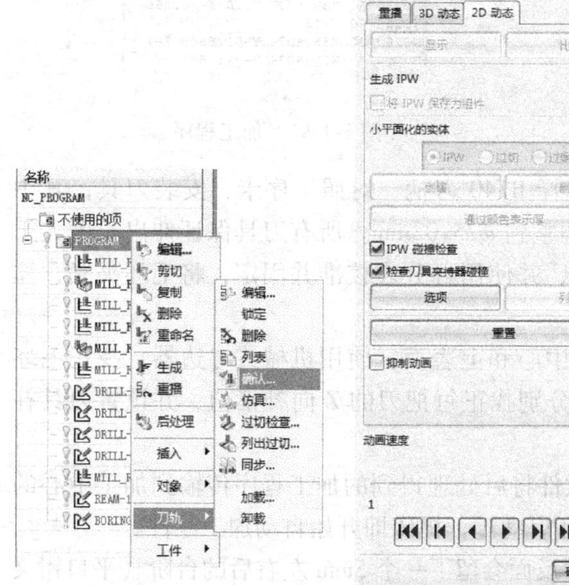


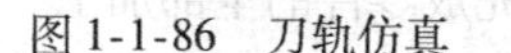

图 1-1-86　刀轨仿真

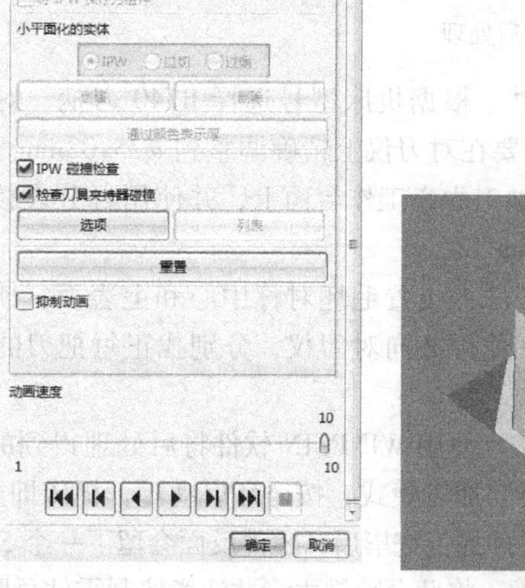


图 1-1-87　刀轨可视化

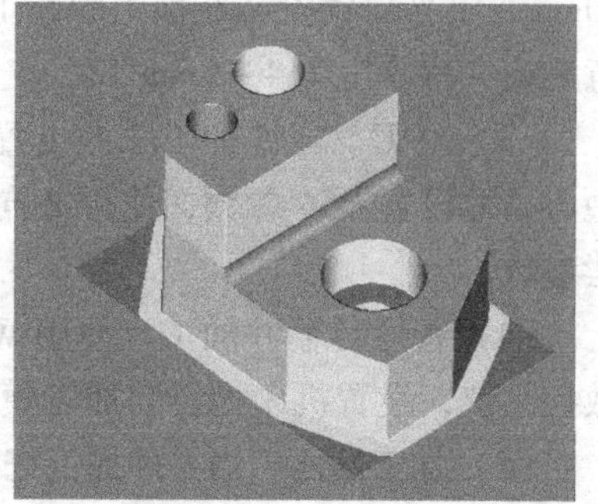

图 1-1-88　仿真结果

## 四、零件加工

（1）后处理得到加工程序。在刀轨操作导航器中选中所有操作，单击【工具】→【操作导航器】→【输出】→【NX POST 后处理】，如图 1-1-89 所示，弹出后处理对话框。

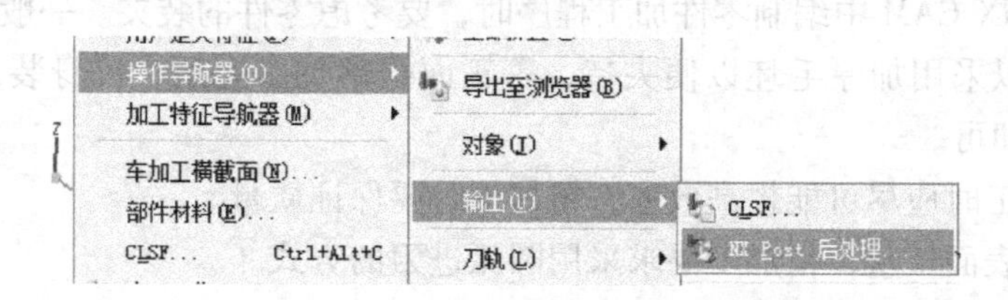


图 1-1-89　后处理命令

后处理器选择“MILL_3_AXIS”，指定合适的文件路径和文件名，单位设置为“公制”，勾选“列出输出”，如图 1-1-90 所示，单击【确定】完成后处理，得到加工程序，如图1-1-91所示。

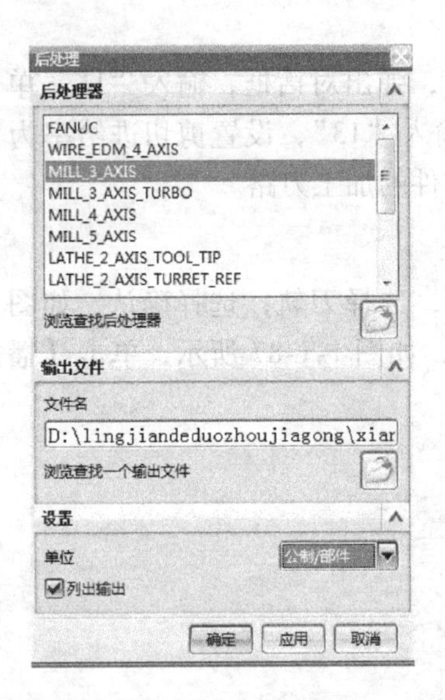


图 1-1-90　后处理

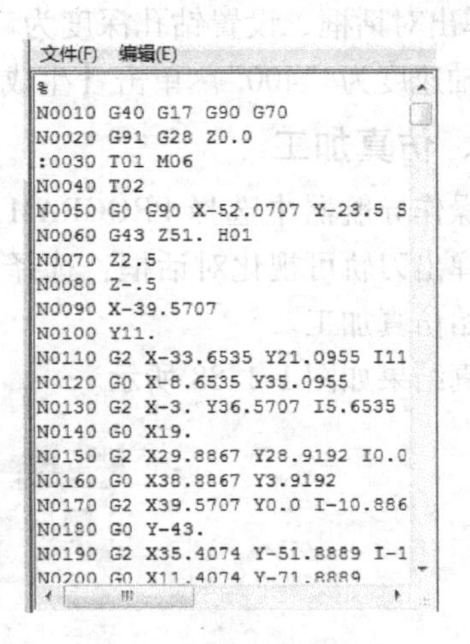


图 1-1-91　加工程序

（2）安装刀具和零件。根据机床型号选择 BT40 刀柄，对照工序卡，安装刀具，其中 T10（$\phi$25H7 精镗刀）需要在对刀仪上精确调整到 $\phi$25. 02mm。所有刀具保证伸出长度大于 50mm。将平口钳安装在加工中心工作台面上，并使用百分表校准并固定，将毛坯夹紧，注意毛坯夹持厚度为 4 ~ 5mm。

（3）对刀。零件加工原点设置毛坯对称中心和上表面。使用机械式寻边器，找正毛坯中心，并设置 G54 参数，使用 Z 向对刀仪，分别找正每把刀的 Z 向补偿值，并设置刀具补偿参数。

（4）程序传输并加工。使用 WINPCIN 软件将后处理得到的加工程序传输到加工中心的数控系统，设置机床为自动加工模式，按循环启动键，机床即开始自动加工零件。

（5）加工反面。当零件加工完毕后，零件反面会留下一个 5mm 左右后的台阶（平口钳夹持部分），反过来装夹零件，将此台阶铣去，并注意控制零件总厚，完成零件的全部加工。

## 【专家点拨】

（1）在编制任何一个零件的加工程序前，必须要仔细分析零件图样和零件模型，并编制合理的加工工艺。

（2）在 UG NX CAM 中编制零件加工程序时，要考虑零件的装夹。一般对于块类零件的小批量生产，可以采用加厚毛坯以便夹持，等正面全部加工完后，反身装夹，铣去夹持部分，并保证总厚即可。

（3）在粗加工时应尽可能提高效率，精加工时要保证质量。

（4）为保证表面质量，精加工要求采用圆弧进刀的方式。

## 【课后训练】

（1）根据图 1-1-92 所示内凹零件的特征，制订合理的工艺路线，设置必要的加工参数，生成刀具路径，通过相应的后处理生成数控加工程序，并运用机床加工零件。

（2）根据图 1-1-93 所示含岛屿零件的特征，制订合理的工艺路线，设置必要的加工参数，生成刀具路径，通过相应的后处理生成数控加工程序，并运用机床加工零件。

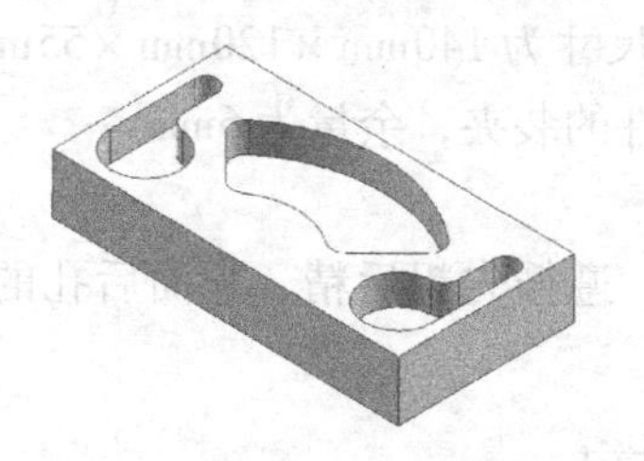

图 1-1-92　内凹零件

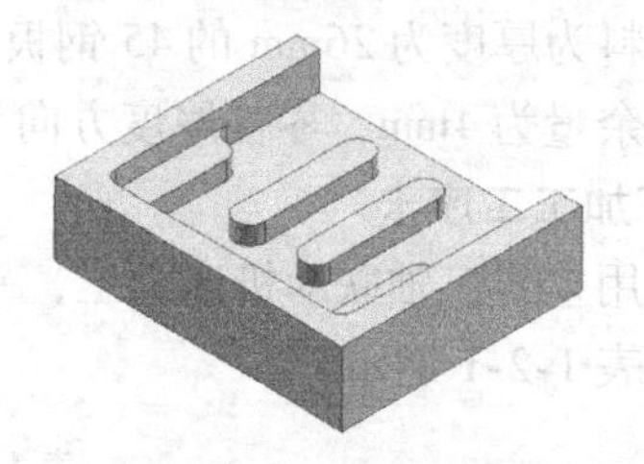

图 1-1-93　含岛屿零件

# 项目二　导板的数控编程与仿真加工

## 【教学目标】

**能力目标：** 能运用 UG NX 软件完成导板的编程与仿真加工。
能使用加工中心完成零件加工。

**知识目标：** 掌握表面铣、平面铣几何体设置。
掌握加工边界创建方法。
掌握切削参数设置方法。
掌握非切削运动设置方法。
掌握点位加工的参数设置。

**素质目标：** 激发学生的学习兴趣，培养团队合作和创新精神。

## 【项目导读】

导板是机械结构中出现频率较高的一类零件。这类零件的特点是结构比较简单，零件整体外形成块状，零件上一般会有导向槽、腔体、连接孔、减轻孔等特征。在编程与加工过程中要特别注意导向槽的加工精度和表面粗糙度。

## 【任务描述】

学生以企业制造部门 MC 数控程序员的身份进入 UG NX CAM 功能模块，根据导板的特征，制订合理的工艺路线，创建表面铣、平面铣、点位加工操作，设置必要的加工参数，生成刀具路径，检验刀具路径是否正确合理，并对操作过程中存在的问题进行研讨和交流，通过相应的后处理生成数控加工程序，并运用机床加工零件。

## 【工作任务】

按照零件加工要求，制订导板加工工艺；编制导板加工程序；完成导板的仿真加工，后处理得到数控加工程序，完成零件加工。

### 一、制订加工工艺

#### 1. 导板结构分析

导板结构比较简单，主要有导向槽、开口腔体、连接孔、减轻孔等特征组成，主要加工内容为外形、槽、腔体和孔。

**2. 毛坯选用**

零件材料为厚度为26mm的45钢板切割而成，尺寸为140mm×120mm×55mm。零件四周单边最小余量为4mm，零件厚度方向为了保证零件的装夹，余量为6mm。

**3. 制订加工工序卡**

零件选用立式三轴联动机床加工，平口钳装夹，遵循先粗后精、先面后孔的加工原则。加工工序如表1-2-1所示。

表1-2-1　加工工序卡

| 零件号：263869 | | 工序名称：导板铣削加工 | | 工艺流程卡_工序单 |
|---|---|---|---|---|
| 材料：45 | 页码：1 | | 工序号：01 | 版本号：0 |
| 夹具：平口钳 | 工位：MC | | 数控程序号： | |

刀具及参数设置

| 加工内容 | 刀具号 | 刀具规格 | 主轴转速 | 进给速度 |
|---|---|---|---|---|
| 外轮廓零件粗加工 | T01 | D20R2 | S1800 | F1200 |
| 零件开口腔粗加工 | T01 | D20R2 | S1800 | F1200 |
| 零件导轨槽粗加工 | T02 | D6R0 | S2800 | F1000 |
| 零件外轮廓精加工 | T03 | D16R0 | S2200 | F1000 |
| 零件顶面和腔底面精加工 | T03 | D16R0 | S2200 | F1000 |
| 零件导轨槽精加工 | T04 | D6R0 | S3600 | F800 |
| 钻中心孔 | T05 | D10点孔钻 | S1200 | F100 |
| 钻ø10孔 | T06 | ø10麻花钻 | S800 | F100 |
| 铣ø24孔 | T07 | D10R0 | S2800 | F800 |

| 更改号 | 更改内容 | | | 批准 | 日期 |
|---|---|---|---|---|---|
| 02 | | | | | |
| 01 | | | | | |
| 拟制： | 日期： | 审核： | 日期： | 批准： | 日期： |

××工业职业技术学院

## 二、编制加工程序

(1) 单击【开始】→【所有应用模块】→【加工】，弹出加工环境对话框，CAM会话配置选择“cam_general”；要创建的CAM设置选择“mill_planar”，如图1-2-1所示，然后单击【确定】，进入加工模块。

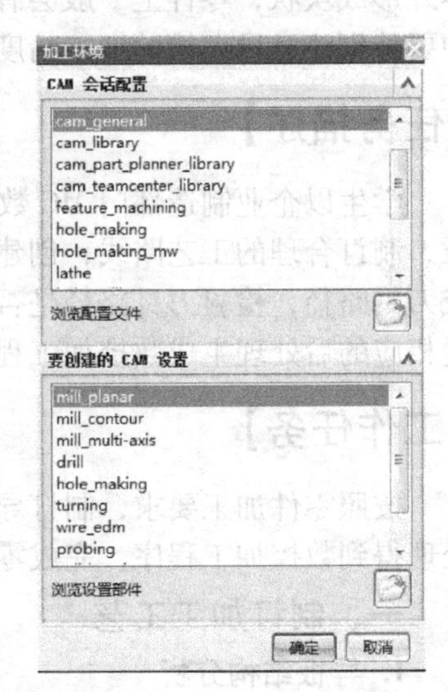

图1-2-1　加工环境对话框

(2) 在加工操作导航器空白处，单击鼠标右键，选择【几何视图】，如图1-2-2所示。

(3) 双击操作导航器中的【MCS_MILL】，弹出Mill Orient（加工坐标系）对话框，设置安全距离为“50”，如图1-2-3所示。单击指定MCS中的CSYS按钮，弹出CSYS对话框，然后选择参考坐标系中的“WCS”，单击【确定】，使加工坐标系和工作坐标系重合，如图1-2-4所示。再单击【确定】完成加工坐标系设置。

(4) 双击操作导航器中的WORKPIECE，弹出铣削几何体对话框，如图1-2-5所示。

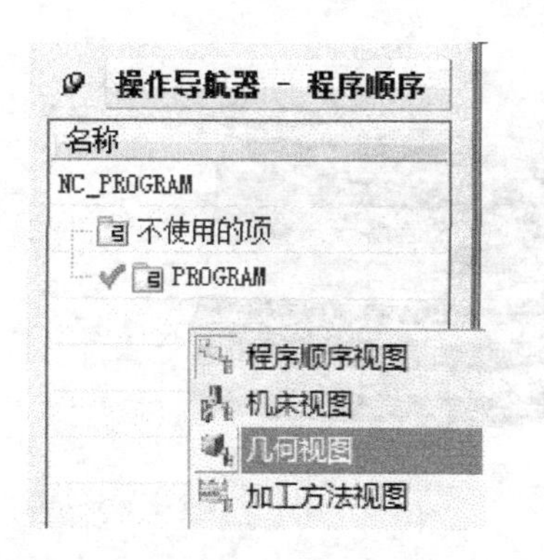


图 1-2-2　几何视图选择

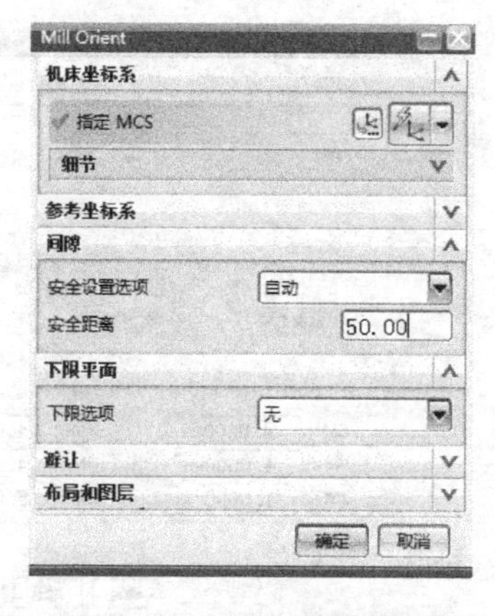


图 1-2-3　加工坐标系设置

图 1-2-4　加工坐标系设置

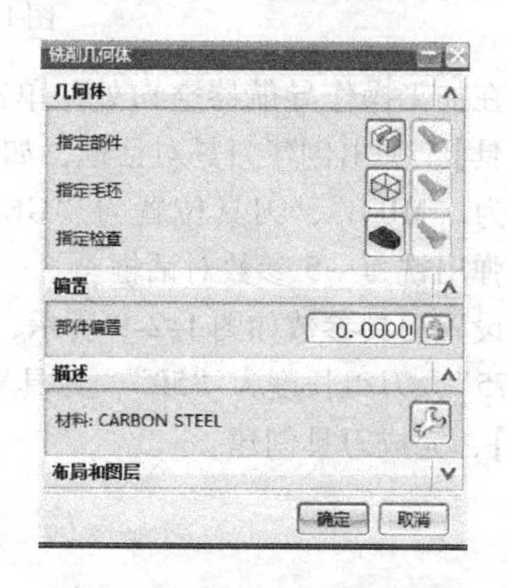


图 1-2-5　铣削几何体对话框

（5）单击【指定部件】，弹出部件几何体对话框，选择如图 1-2-6 所示为部件，单击【确定】，完成指定部件的选择。

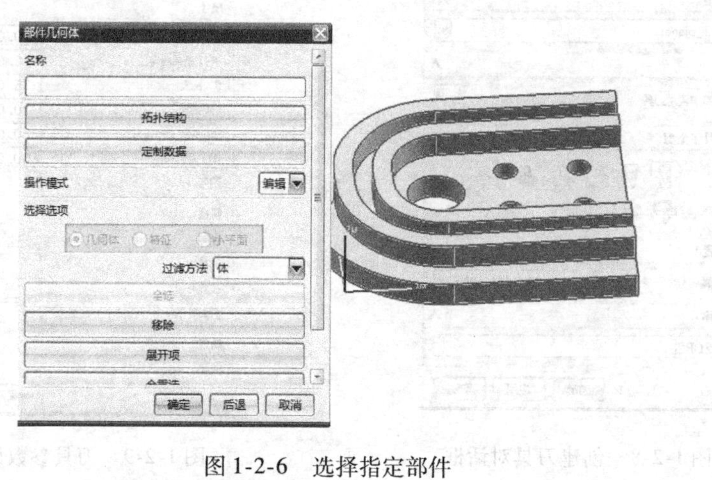


图 1-2-6　选择指定部件

（6）单击【指定毛坯】，弹出毛坯几何体对话框，选择“自动块”作为毛坯，自动块余量设置如图 1-2-7 所示。单击【确定】完成毛坯选择，再单击【确定】完成铣削几何体的设置。

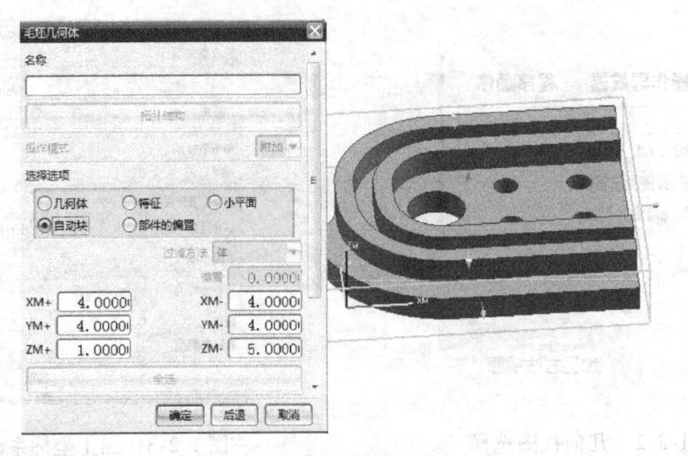


图 1-2-7　毛坯设置

(7) 在加工操作导航器空白处，单击鼠标右键，选择【机床视图】，单击菜单条【插入】→【刀具】，弹出创建刀具对话框，如图 1-2-8 所示。类型选择为 “mill_planar”，刀具子类型选择为 “MILL”，刀具位置为 “GENERIC_MACHINE”，刀具名称为 “D20R2”，单击【确定】，弹出铣刀 -5 参数对话框。

(8) 设置刀具参数如图 1-2-9 所示，直径为 “20”，底圆角半径为 “2”，刀刃为 “2”，长度为 “75”，刀刃长度为 “50”，刀具号为 “1”，长度补偿为 “1”，刀具补偿为 “1”，单击【确定】，完成刀具创建。

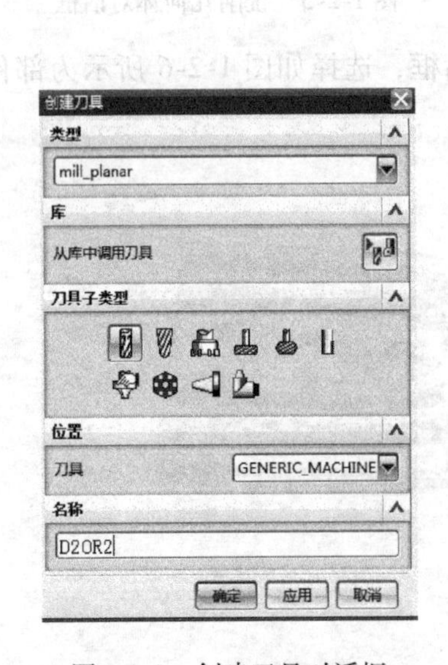


图 1-2-8　创建刀具对话框

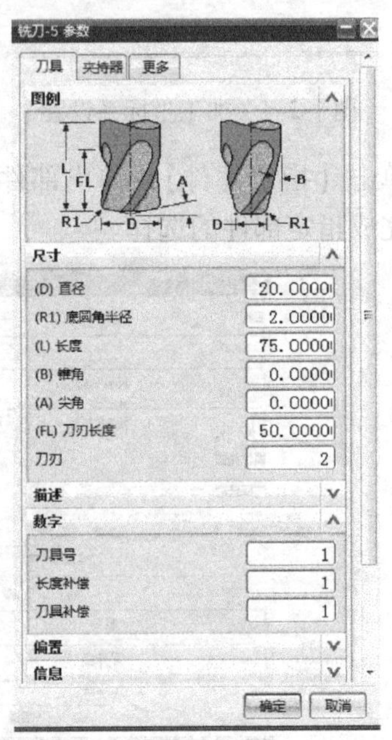


图 1-2-9　刀具参数设置

(9) 用同样的方法创建刀具 2。类型选择为 “mill_planar”，刀具子类型选择为 “MILL”，刀具位置为 “GENERIC_MACHINE”，刀具名称为 “D6R0-ROUGH”，直径为 “6”，底圆角半径为 “0”，刀刃为 “2”，长度为 “75”，刀刃长度为 “50”，刀具号为

“2”，长度补偿为“2”，刀具补偿为“2”。

（10）用同样的方法创建刀具3。类型选择为“mill_planar”，刀具子类型选择为“MILL”，刀具位置为“GENERIC_MACHINE”，刀具名称为“D16R0”，直径为“16”，底圆角半径为“0”，刀刃为“2”，长度为“75”，刀刃长度为“50”，刀具号为“3”，长度补偿为“3”，刀具补偿为“3”。

（11）用同样的方法创建刀具4。类型选择为“mill_planar”，刀具子类型选择为“MILL”，刀具位置为“GENERIC_MACHINE”，刀具名称为“D6R0-FINISH”，直径为“6”，底圆角半径为“0”，刀刃为“2”，长度为“75”，刀刃长度为“50”，刀具号为“4”，长度补偿为“4”，刀具补偿为“4”。注意，此处的T04与上面的T02虽然刀具规格相同，但在实际加工时是2把刀具，一把用来粗加工，一把用来精加工。

（12）用同样的方法创建刀具7。类型选择为“mill_planar”，刀具子类型选择为“MILL”，刀具位置为“GENERIC_MACHINE”，刀具名称为“D10R0”，直径为“10”，底圆角半径为“0”，刀刃为“2”，长度为“75”，刀刃长度为“50”，刀具号为“7”，长度补偿为“7”，刀具补偿为“7”。

（13）创建刀具5。类型选择为“drill”，刀具子类型选择为“SPOTDRILLING_TOOL”，刀具位置为“GENERIC_MACHINE”，刀具名称为“D10DKZ”，如图1-2-10所示，单击【确定】，弹出钻刀对话框。设置刀具5参数，直径为“10”，长度为“50”，顶尖角度为“90”，刀刃长度为“35”，刀刃为“2”，刀具号为“5”，长度补偿为“5”，如图1-2-11所示，单击【确定】，完成刀具创建。

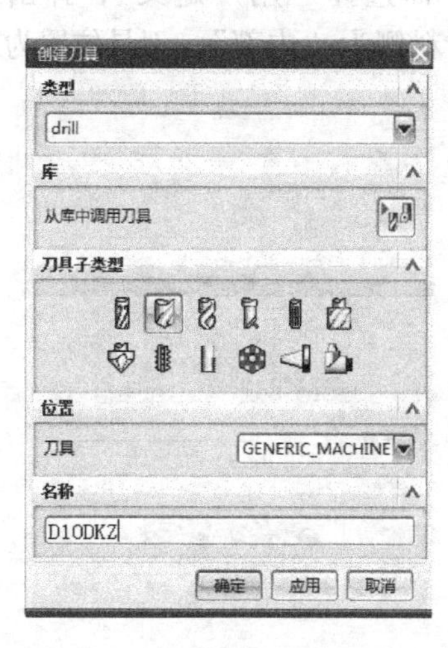


图1-2-10　创建刀具对话框

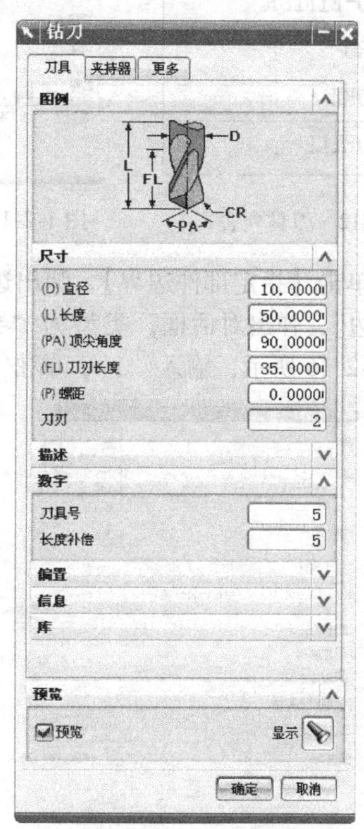


图1-2-11　钻刀参数

（14）与创建刀具5的方法相同，创建刀具6。类型选择为“drill”，刀具子类型选择为“DRILL_TOOL”，刀具位置为“GENERIC_MACHINE”，刀具名称为“D10DRILL”，直径为“10”，长度为“80”，顶尖角度为“118”，刀刃长度为“50”，刀刃为“2”，刀具号为“6”，长度补偿为“6”。

（15）所有刀具创建完毕后如图1-2-12所示。

（16）在加工操作导航器空白处，单击鼠标右键，选择【程序视图】，单击菜单条【插入】→【操作】，弹出创建操作对话框，类型为“mill_planar”，操作子类型为“PLANAR_MILL”，程序为“PROGRAM”，刀具为“D20R2”，几何体为“WORKPIECE”，方法为“MILL_ROUGH”，名称为“MILL_ROUGH-1”，如图1-2-13所示，单击【确定】，弹出平面铣对话框，如图1-2-14所示。

图1-2-12　刀具列表

图1-2-13　创建操作对话框

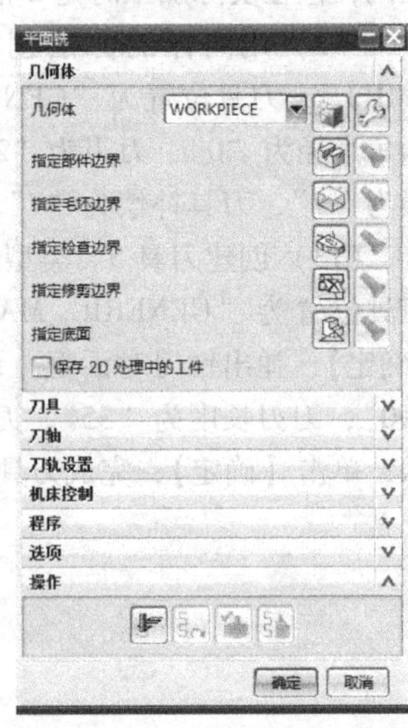


图1-2-14　平面铣对话框

（17）单击【指定部件边界】，弹出边界几何体对话框，如图1-2-15所示，在模式中选择“曲线/边”，弹出对话框，类型为“封闭的”，平面选择“用户定义”，弹出平面对话框，如图1-2-16所示，输入“1”，单击【确定】，材料侧为“内部”，刀具位置为“相切”，

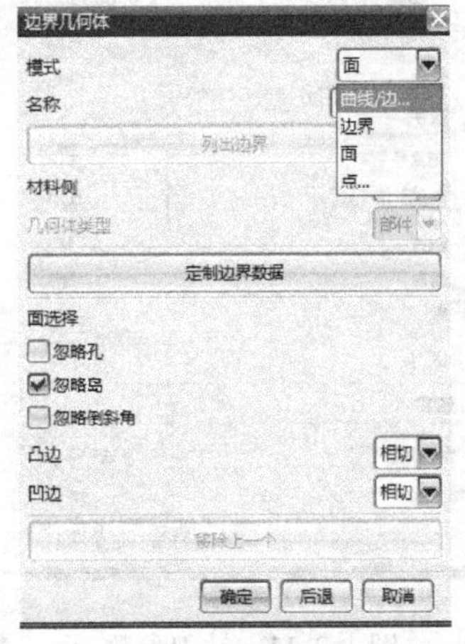


图1-2-15　边界几何体

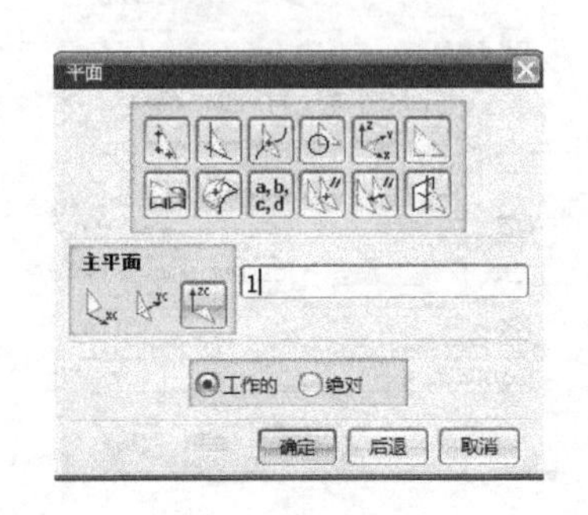


图1-2-16　平面定义

然后顺序选择如图 1-2-17 所示的边。

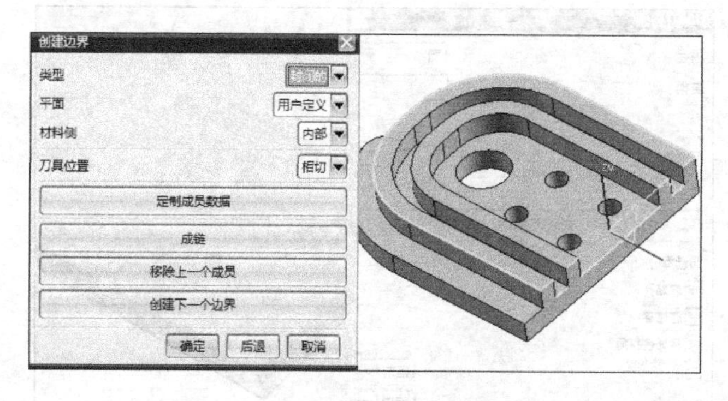


图 1-2-17　创建边界

（18）单击【创建下一个边界】，重新设置平面为“用户定义”，弹出平面对话框，单击对象平面，如图 1-2-18 所示，弹出用户定义平面对话框，选择如图 1-2-19 所示平面，单击【确定】完成操作。设置类型为“封闭的”，材料侧为“内部”，刀具位置为“相切”，依次选择如图1-2-20所示零件边界，单击【确定】完成操作。

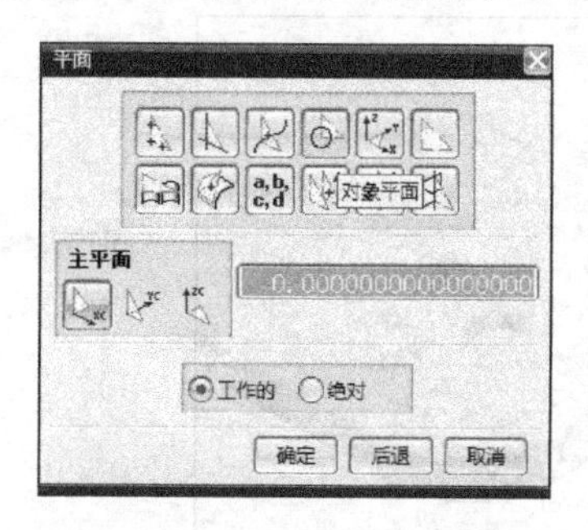


图 1-2-18　用户定义平面

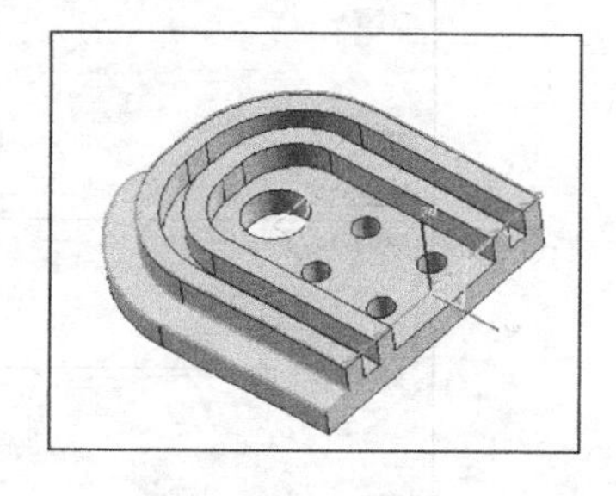

图 1-2-19　平面选择

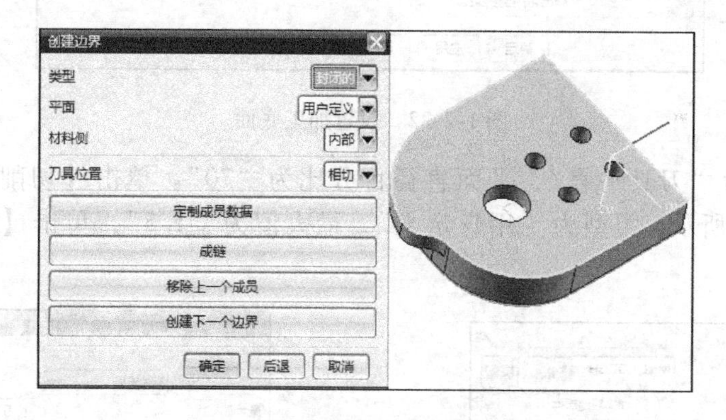


图 1-2-20　创建边界

（19）单击【指定毛坯边界】，弹出边界几何体对话框，选择如图 1-2-21 所示零件表面。单击【确定】完成操作。注意，此实体位于系统后台，可以通过反向隐藏调出。

（20）单击【指定底面】，弹出平面构造器对话框，选择如图 1-2-22 所示平面作为此操作的加工底面。

（21）设置刀轨。如图 1-2-23 所示，设置方法为“MILL_ROUGH”，切削模式为“跟

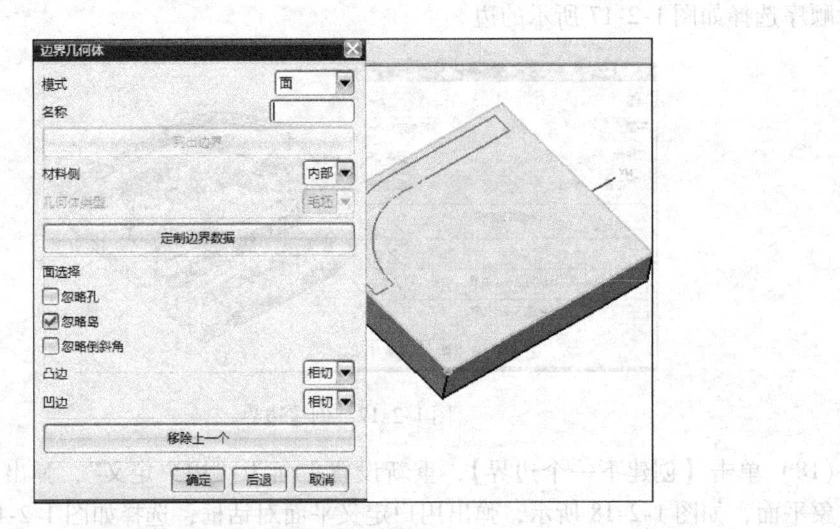


图 1-2-21　毛坯边界

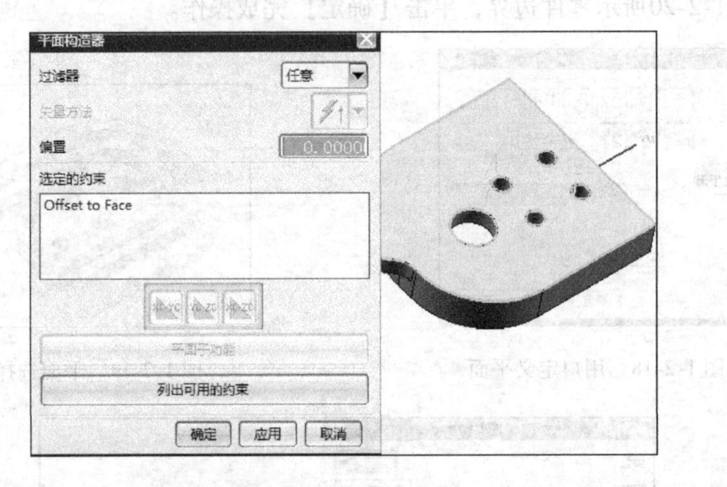


图 1-2-22　设置加工底面

随部件”，步距为“刀具平直”，平面直径百分比为“70”。单击【切削层】，弹出对话框，如图 1-2-24 所示，类型为“用户定义”，最大值为“1.5”，单击【确定】，完成切削层设置。

图 1-2-23　刀轨设置

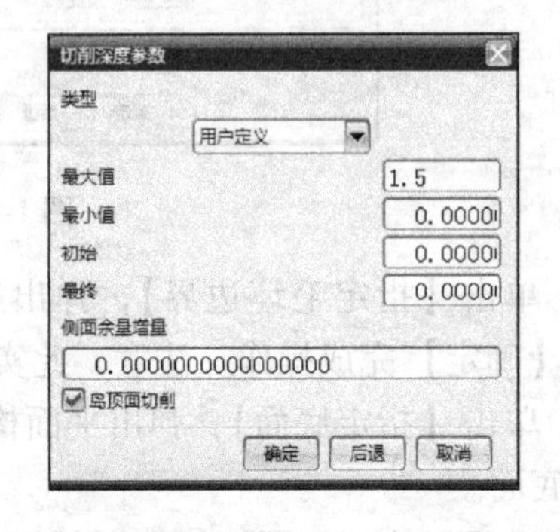


图 1-2-24　切削深度设置

（22）单击【切削参数】，选择余量选项卡，设置部件余量为“0.5”，如图 1-2-25 所示，选择连接选项卡，设定开放刀路为“变换切削方向”，如图 1-2-26 所示。单击【确定】，完成切削参数设置。

图 1-2-25　余量设置

图 1-2-26　连接方式设置

（23）单击【进给和速度】，弹出进给和速度对话框，设置主轴速度为“1800”，设置剪切进给率为“1200”，如图 1-2-27 所示。单击【确定】完成进给和速度设置。单击【生成】按钮，得到零件的加工刀路，如图 1-2-28 所示。单击【确定】，完成零件外形粗加工刀轨创建。

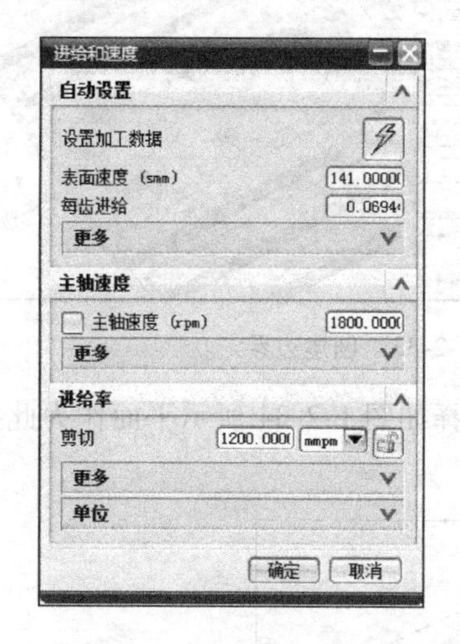


图 1-2-27　进给和速度

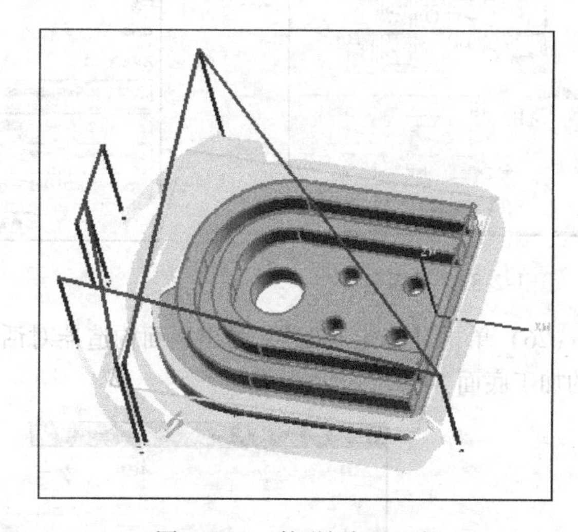

图 1-2-28　外形粗加工刀轨

（24）单击菜单条【插入】、【操作】，弹出创建操作对话框，类型为“mill_planar”，操作子类型为“PLANAR_MILL”，程序为“PROGRAM”，刀具为“D20R2”，几何体为“WORKPIECE”，方法为“MILL_ROUGH”，名称为“MILL_ROUGH-2”，如图 1-2-29 所示，单击【确定】，弹出平面铣对话框，如图 1-2-30 所示。

（25）单击【指定部件边界】，弹出边界几何体对话框，如图 1-2-31 所示，在模式中选择“曲线/边”，弹出创建边界对话框，类型为“封闭的”，平面选择“用户定义”，弹出平

图 1-2-29　创建操作对话框

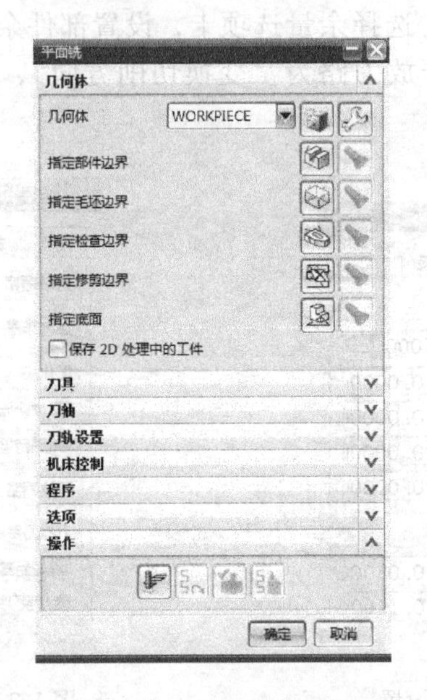


图 1-2-30　平面铣对话框

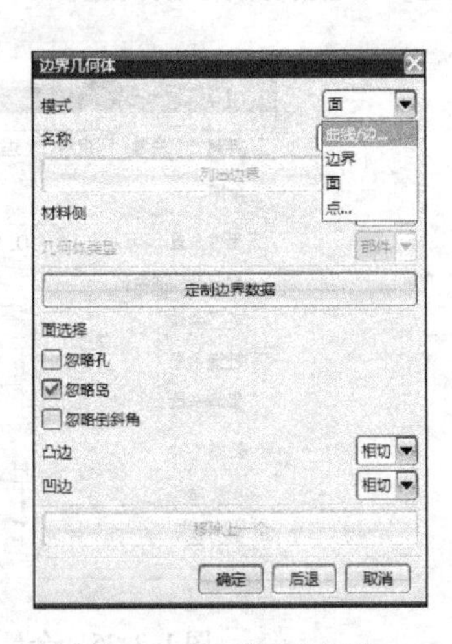


图 1-2-31　边界几何体

面对话框，如图 1-2-32 所示，输入“1”，单击【确定】，材料侧为“外部”，刀具位置为“相切”，然后顺序选择如图 1-2-33 所示的边，单击【确定】，再单击【确定】，完成指定部件边界。

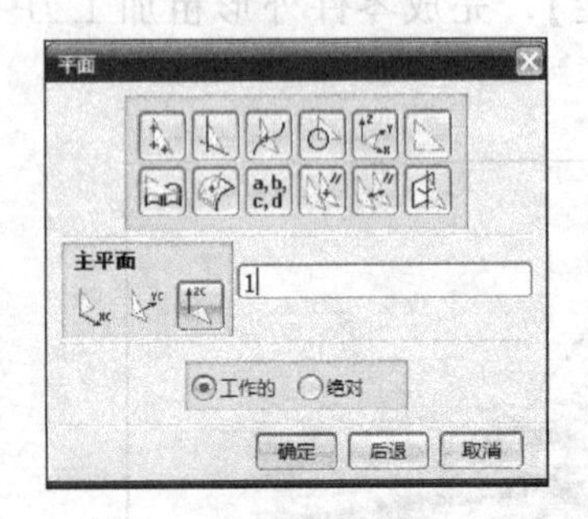


图 1-2-32　平面定义

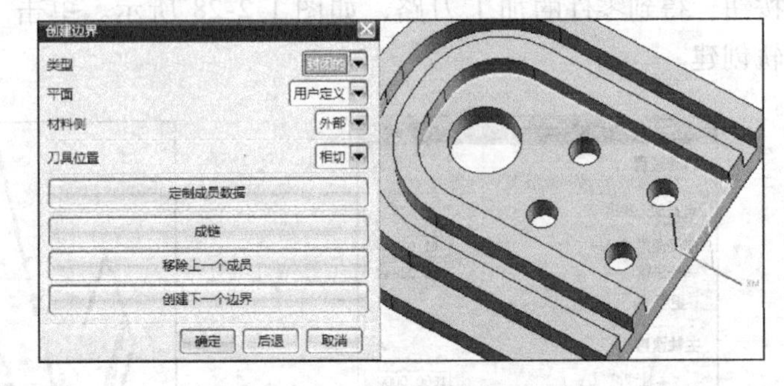


图 1-2-33　创建边界

（26）单击【指定底面】，弹出平面构造器对话框，选择如图 1-2-34 所示平面作为此操作的加工底面。

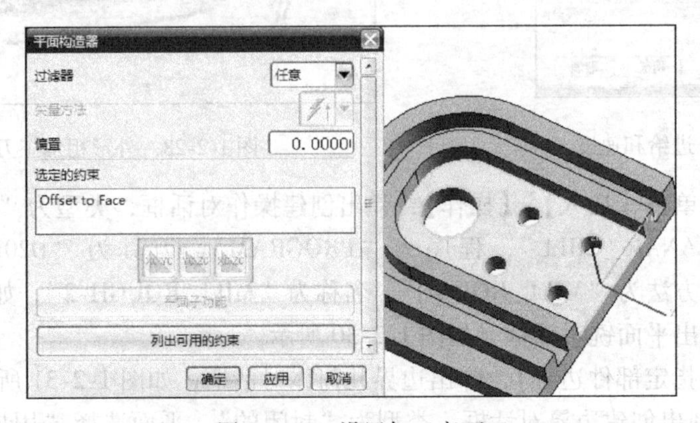


图 1-2-34　设置加工底面

（27）设置刀轨。如图 1-2-35 所示，设置方法为“MILL_ROUGH”，切削模式为“跟随周边”，步距为“刀具平直”，平面直径百分比为“70”，单击【切削层】，弹出对话框，如图 1-2-36 所示，类型为“用户定义”，最大值为“1.5”，单击【确定】，完成切削层设置。

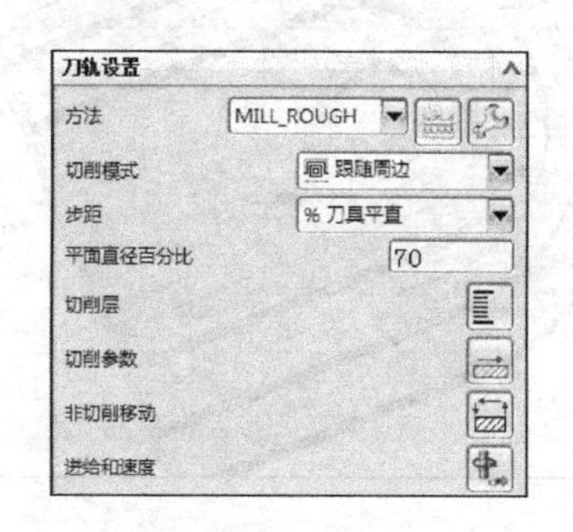


图 1-2-35　刀轨设置

图 1-2-36　切削深度设置

（28）单击【切削参数】，选择策略选项卡，设置切削方向为“顺铣”，切削顺序为“层优先”，勾选“岛清理”，壁清理为“在终点”，如图 1-2-37 所示。选择余量选项卡，设置部件余量为“0.5”，最终底部面余量为“0.3”，如图 1-2-38 所示。单击【确定】，完成切削参数设置。

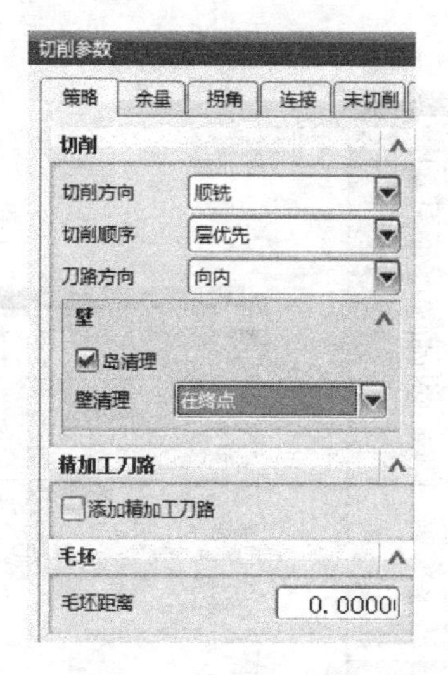


图 1-2-37　策略设置

图 1-2-38　余量设置

（29）单击【进给和速度】，弹出进给和速度对话框，设置主轴速度为“1800”，设置剪切进给率为“1200”，如图 1-2-39 所示。单击【确定】完成进给和速度设置。单击【生成】按钮，得到零件的加工刀路，如图 1-2-40 所示。单击【确定】，完成零件开口腔粗加工刀轨创建。

（30）单击菜单条【插入】、【操作】，弹出创建操作对话框，类型为“mill_planar”，操作子类型为“PLANAR_MILL”，程序为“PROGRAM”，刀具为“D6R0-ROUGH”，几何体为“WORKPIECE”，方法为“MILL_ROUGH”，名称为“MILL_ROUGH-3”，如图 1-2-41 所

图 1-2-39　进给和速度

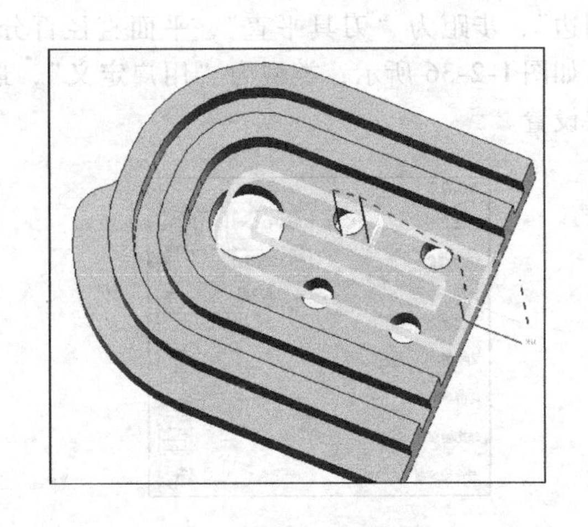

图 1-2-40　加工刀路

示，单击【确定】，弹出平面铣对话框，如图 1-2-42 所示。

（31）单击【指定部件边界】，弹出边界几何体对话框，如图 1-2-43 所示。在模式中选择“曲线/边”，弹出对话框，类型为“开放的”，平面选择“用户定义”，弹出平面对话框，如图 1-2-44 所示，输入“1”，单击【确定】，材料侧为“左”，刀具位置为“相切”，然后顺序选择如图 1-2-45 所示的边。

图 1-2-41　创建操作对话框

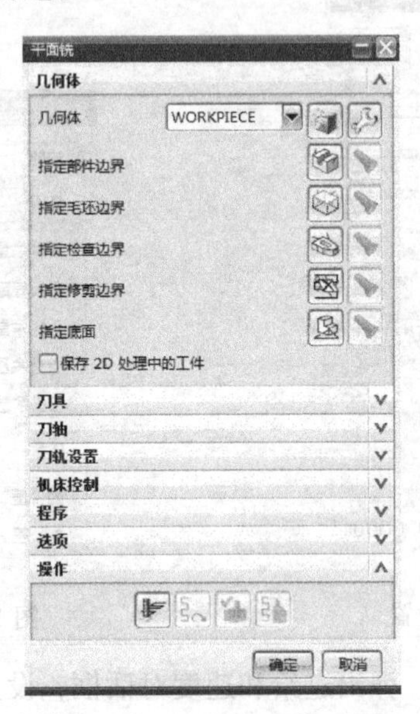


图 1-2-42　平面铣对话框

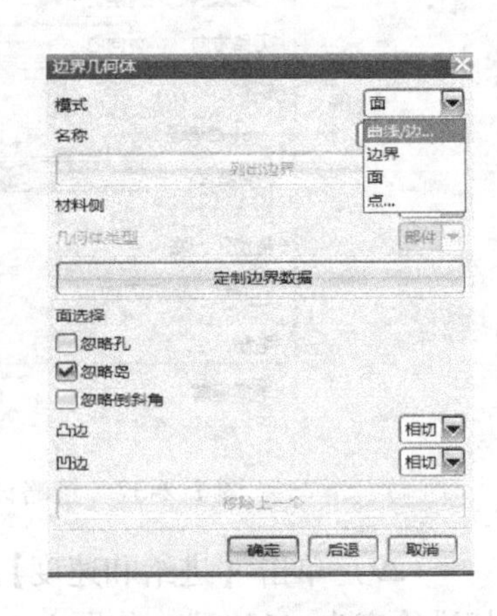


图 1-2-43　边界几何体

（32）单击【创建下一个边界】，设置不变，依次选择如图 1-2-46 所示的边，单击【确定】，再单击【确定】，完成指定部件边界。

（33）单击【指定底面】，弹出平面构造器对话框，选择如图 1-2-47 所示平面作为此操作的加工底面。

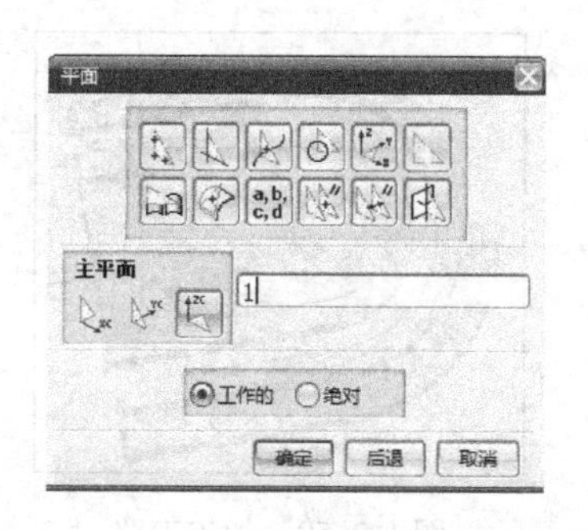


图 1-2-44 平面定义

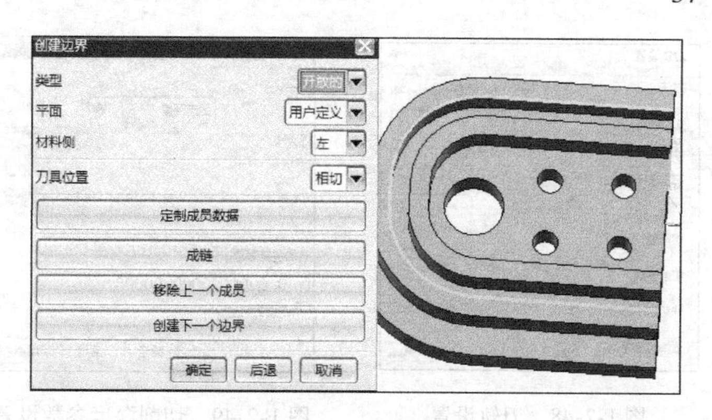


图 1-2-45 创建边界

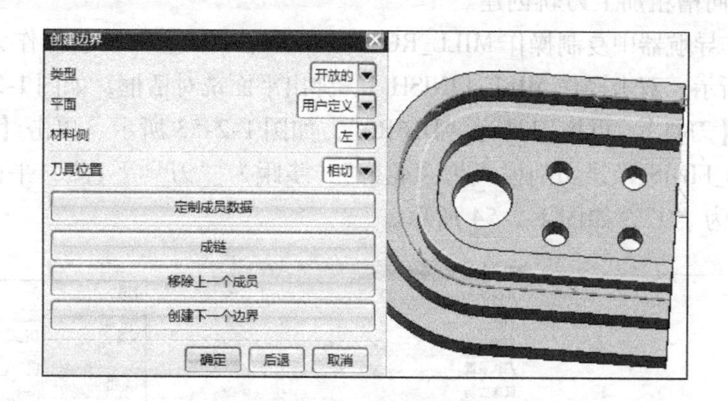


图 1-2-46 创建边界

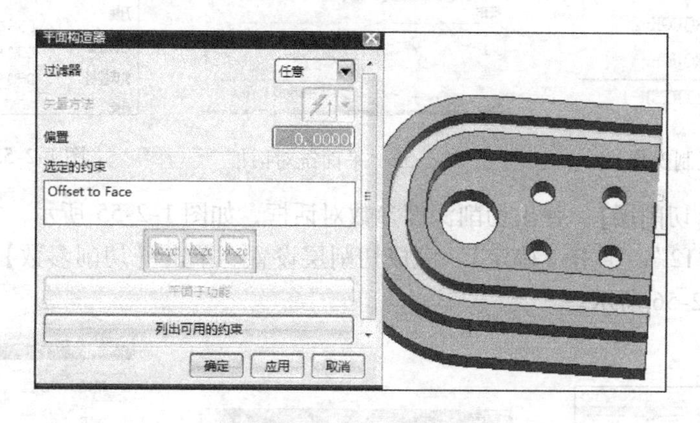


图 1-2-47 设置加工底面

(34) 设置刀轨。如图 1-2-48 所示，设置方法为“MILL_ROUGH”，切削模式为“轮廓”，步距为“刀具平直”，平面直径百分比为“50”，附加刀路为“0”。单击【切削层】，弹出切削深度参数对话框，如图 1-2-49 所示，类型为“固定深度”，最大值为“0.8”，单击【确定】，完成切削层设置。

(35) 单击【切削参数】，选择余量选项卡，设置部件余量为“0.3”，单击【确定】，完成切削参数设置。单击【进给和速度】，弹出对话框，设置主轴速度为“2800”，设置剪切进给率为“1000”。单击【生成】按钮，得到零件的加工刀路，如图 1-2-50 所示。单击

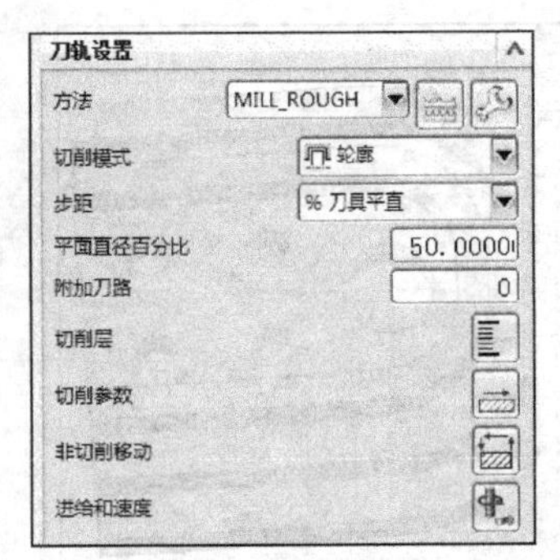

图 1-2-48　刀轨设置

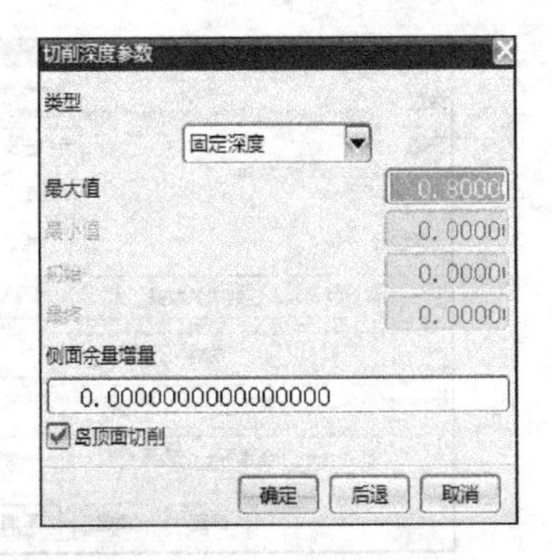


图 1-2-49　切削深度参数设置

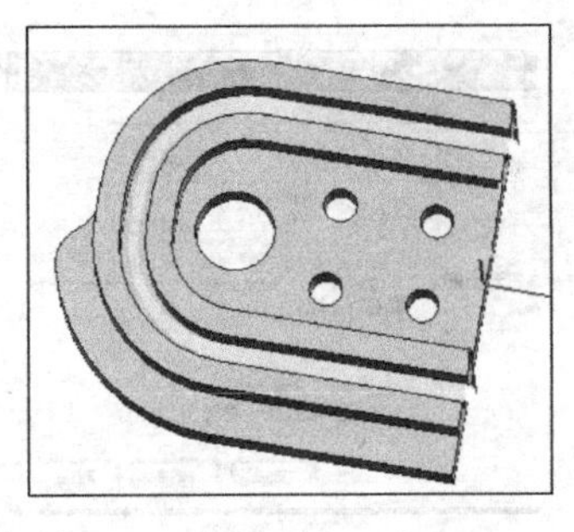

图 1-2-50　加工刀路

【确定】，完成导向槽粗加工刀轨创建。

（36）在操作导航器中复制操作 MILL_ROUGH-1 并粘贴，重命名新操作为 MILL_FINISH-1，如图 1-2-51 所示。双击操作 MILL_FINISH-1，弹出平面铣对话框，如图 1-2-52 所示。

（37）单击【刀具】，更换刀具为“D16R0”，如图 1-2-53 所示。单击【刀轨设置】，设置方法为“MILL_FINISH”，切削模式为“轮廓”，步距为“刀具平直”，平面直径百分比为“70”，附加刀路为“0”，如图 1-2-54 所示。

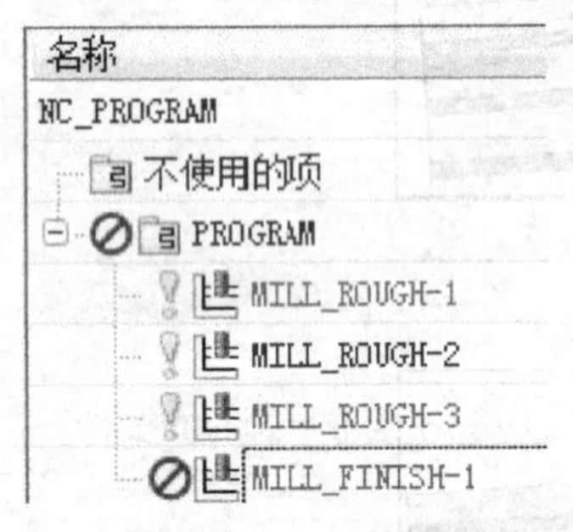


图 1-2-51　复制操作

图 1-2-52　平面铣对话框

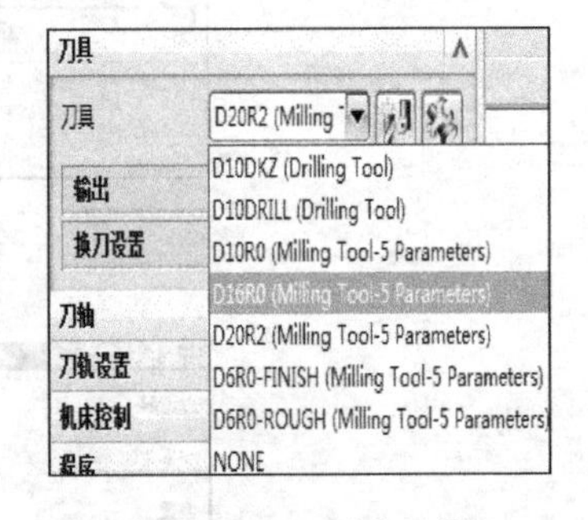


图 1-2-53　更改刀具

（38）单击【切削层】，弹出切削深度参数对话框，如图 1-2-55 所示，类型为“用户定义”，最大值为“12”，单击【确定】，完成切削层设置。单击【切削参数】，设置部件余量为“0”，如图 1-2-56 所示。

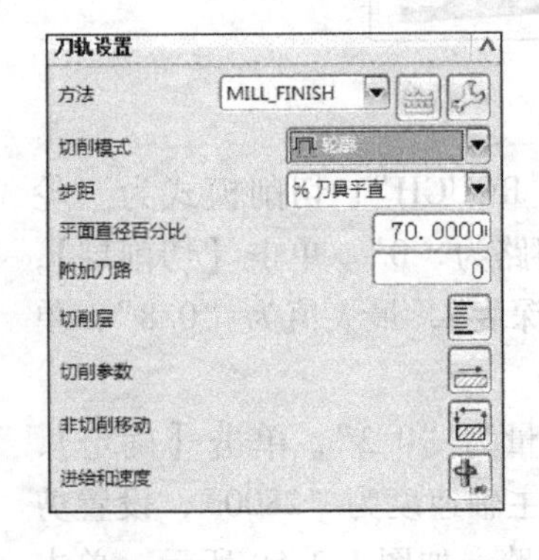


图 1-2-54　更改刀轨设置

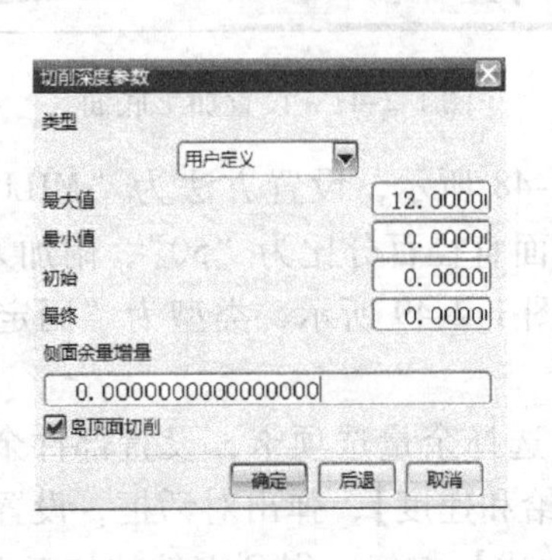


图 1-2-55　切削深度

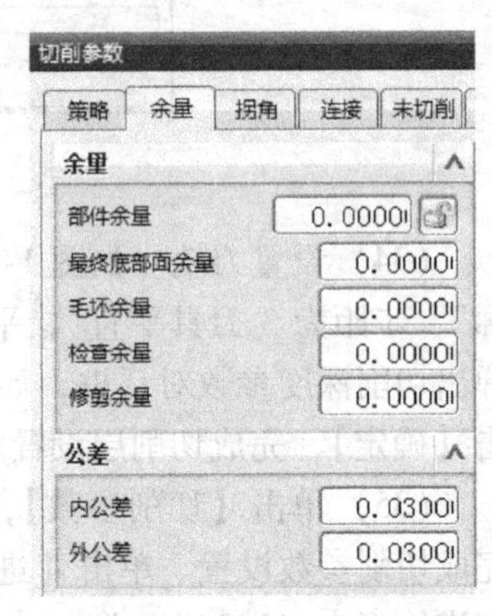


图 1-2-56　设置余量

（39）单击【非切削移动】，设置开放区域进刀类型为“圆弧”，如图 1-2-57 所示，单击【确定】完成操作。单击【进给和速度】，设置主轴速度为“2200”，剪切进给率为“1000”，如图 1-2-58 所示，单击【确定】，完成操作。

（40）单击【生成】按钮，得到零件的加工刀路如图 1-2-59 所示。单击【确定】，完成零件外形精加工刀轨创建。

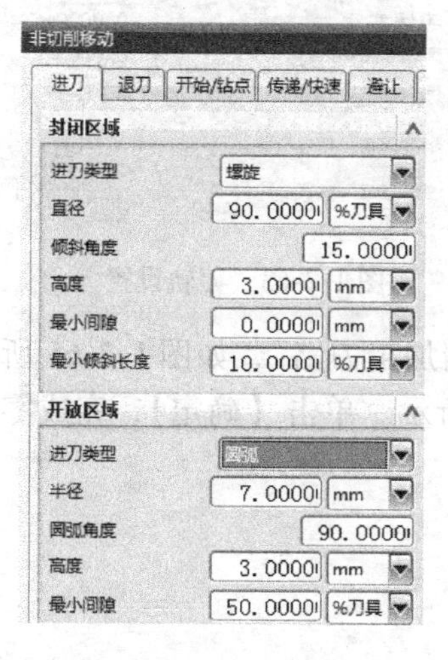


图 1-2-57 设置圆弧进刀

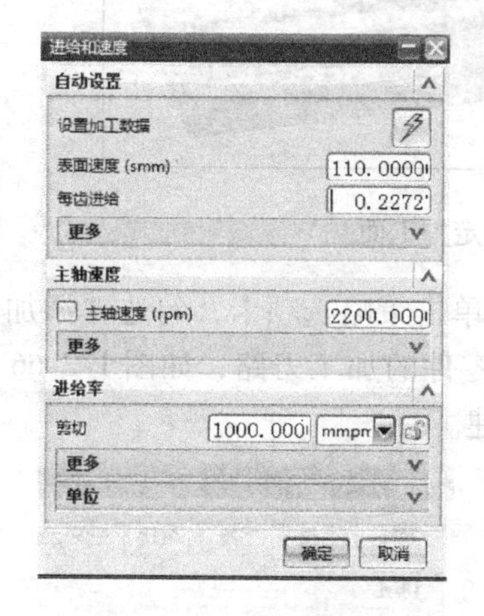


图 1-2-58 进给和速度

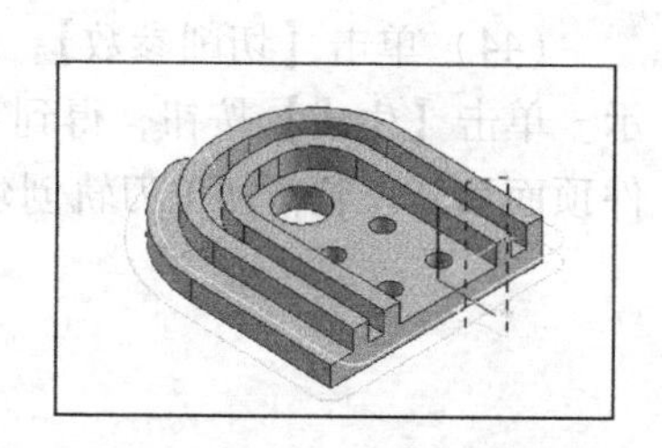

图 1-2-59 零件外形精加工刀轨

（41）创建顶面和开口腔精加工操作。单击菜单条【插入】→【操作】，弹出创建操作对话框，类型为“mill_planar”，操作子类型为“FACE_MILL”，程序为“PROGRAM”，刀具为“D16R0”，几何体为“WORKPIECE”，方法为“MILL_FINISH”，名称为“MILL_FINISH-2”，如图 1-2-60 所示，单击【确定】，弹出平面铣对话框，如图 1-2-61 所示。

图 1-2-60 创建操作对话框

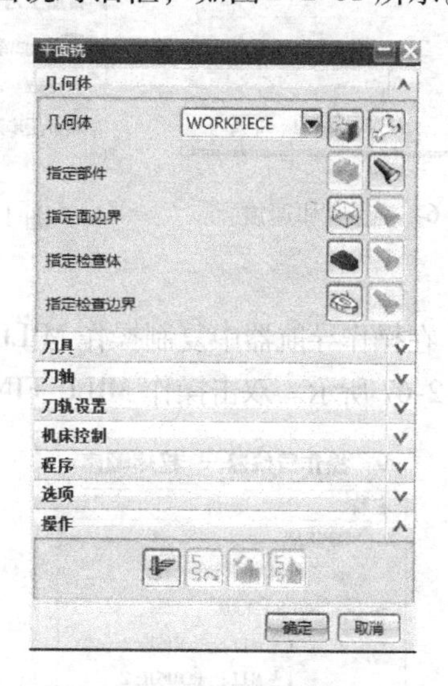


图 1-2-61 平面铣对话框

（42）单击【指定面边界】，弹出指定面几何体对话框，勾选“忽略孔”，勾选“忽略倒斜角”，选择如图 1-2-62 所示 3 个平面，单击【确定】完成。

（43）设定刀轨设置如图 1-2-63 所示，设定主轴速度和剪切进给率如图 1-2-64 所示。

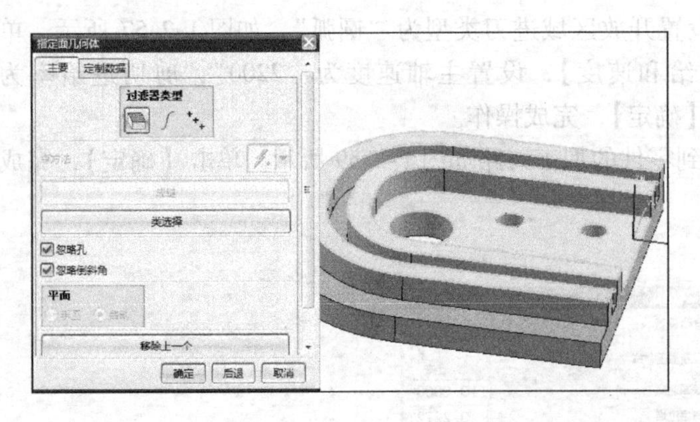

图 1-2-62　指定加工面

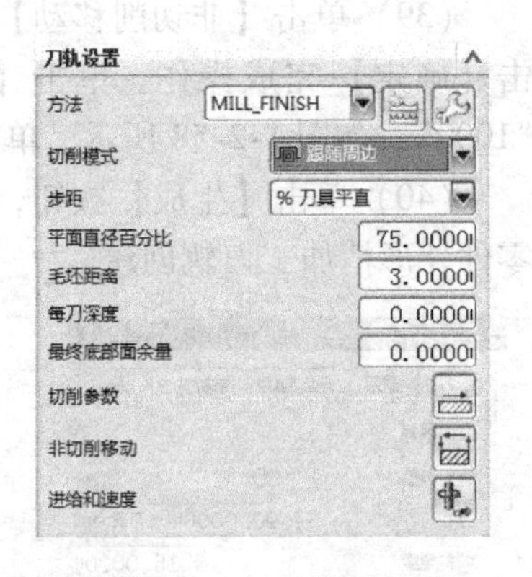


图 1-2-63　刀轨设置

（44）单击【切削参数】，单击策略选项卡，勾选“添加精加工刀路”，如图 1-2-65 所示。单击【生成】按钮，得到零件的加工刀路，如图 1-2-66 所示。单击【确定】，完成零件顶面和开口腔精加工刀轨创建。

图 1-2-64　进给和速度

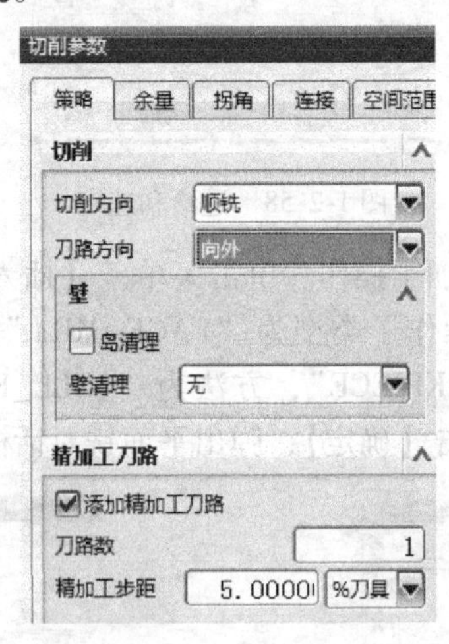


图 1-2-65　切削参数

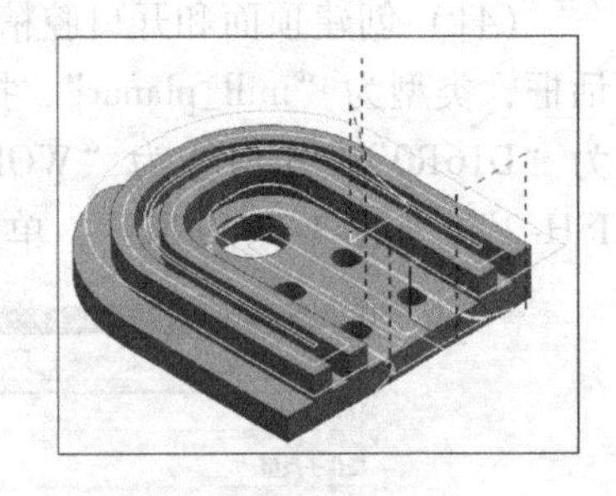

图 1-2-66　零件顶面和开口腔精加工刀轨

（45）在操作导航器中复制操作 MILL_ROUGH-3 并粘贴，重命名新操作为 MILL_FINISH-3，如图 1-2-67 所示。双击操作 MILL_FINISH-3，弹出平面铣对话框，如图 1-2-68 所示。

图 1-2-67　复制操作

图 1-2-68　平面铣对话框

（46）单击刀具，更换刀具为“D16R0-FINISH”，如图 1-2-69 所示。单击【刀轨设置】，设置方法为“MILL_FINISH”，切削模式为“轮廓”，步距为“刀具平直”，平面直径百分比为“70”，附加刀路为“0”，如图 1-2-70 所示。

（47）单击【切削层】，弹出切削深度参数对话框，如图 1-2-71 所示，类型为“用户定义”，最大值为“4”，单击【确定】，完成切削层设置。单击【切削参数】，设置部件余量为“0”，如图 1-2-72 所示。

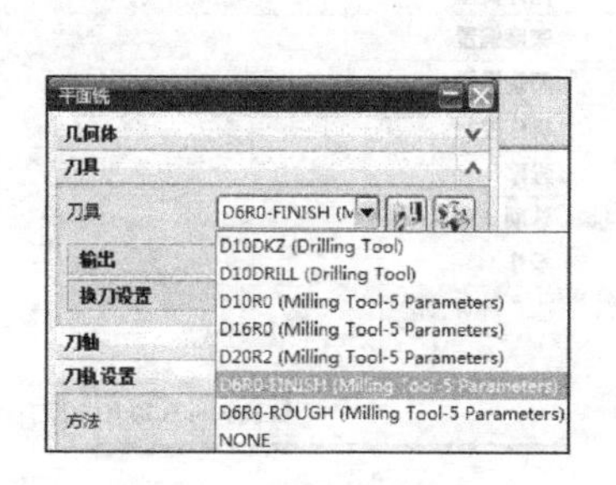


图 1-2-69　更改刀具

图 1-2-70　更改刀轨设置

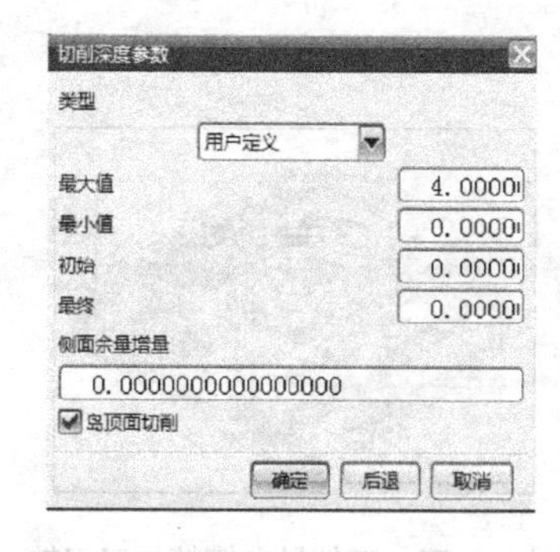


图 1-2-71　切削深度

（48）单击【非切削移动】，设置开放区域进刀类型为“圆弧”，如图 1-2-73 所示，单击【确定】完成操作。单击【进给和速度】，设置主轴速度为“3600”，剪切进给率为“800”，如图 1-2-74 所示，单击【确定】，完成操作。

图 1-2-72　设置余量

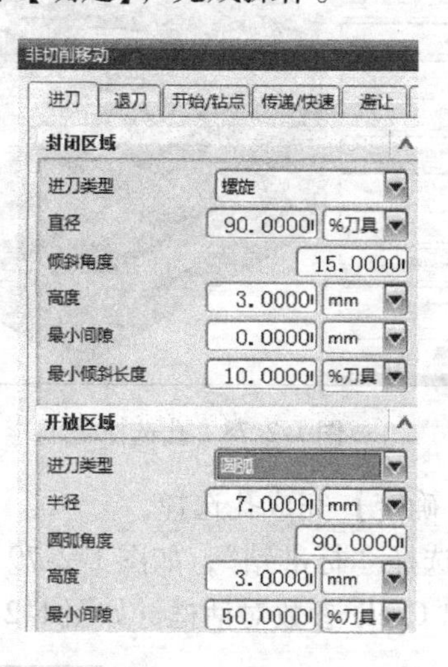


图 1-2-73　设置圆弧进刀

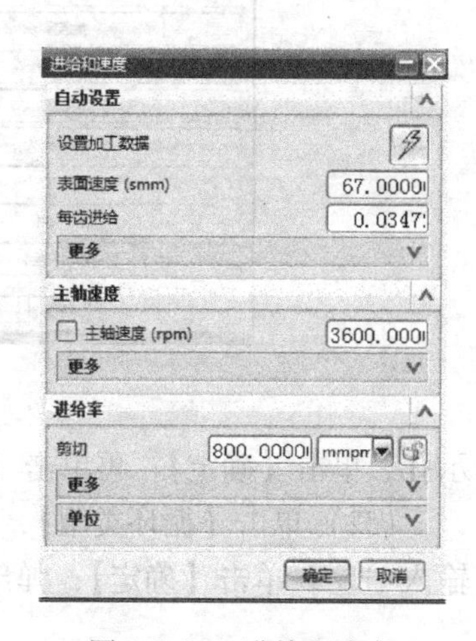


图 1-2-74　进给和速度

（49）单击【生成】按钮，得到零件的加工刀路，如图 1-2-75 所示。单击【确定】，完成导向槽精加工刀轨创建。

（50）创建钻中心孔操作。单击菜单条【插入】→【操作】，弹出创建操作对话框，类型为“drill”，操作子类型为“DRILLING”，程序为“PROGRAM”，刀具为“D10DKZ”，几何体为“WORKPIECE”，方法为“DRILL_METHOD”，名称为“DRILL-1”，如图 1-2-76 所示，单击【确定】，弹出钻对话框，如图 1-2-77 所示。

（51）单击【指定孔】，弹出对话框，单击【选择】，弹出对话框，选择如图 1-2-78 所

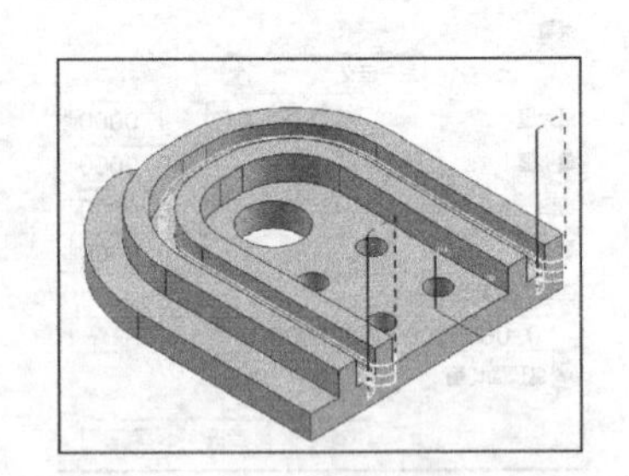

图 1-2-75　零件导向槽精加工刀轨

图 1-2-76　创建操作对话框

图 1-2-77　钻对话框

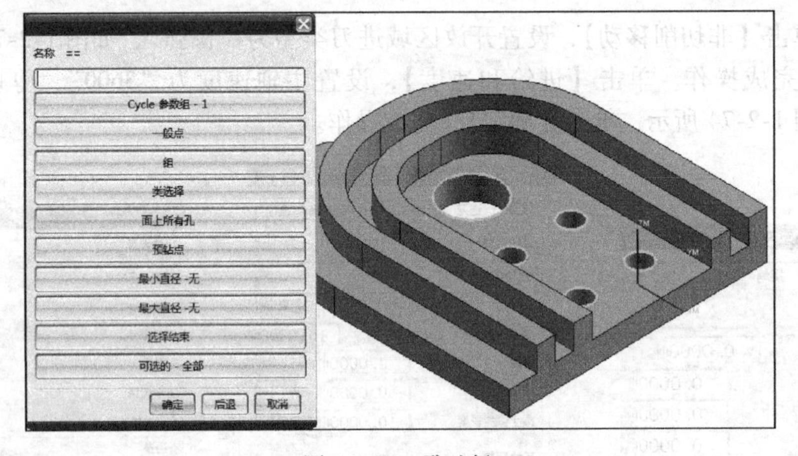


图 1-2-78　孔选择

示孔，单击【确定】，再单击【确定】完成孔选择。

（52）单击【循环类型】，选择“标准钻”，如图 1-2-79 所示，弹出指定参数组对话框，输入“1”，单击【确定】，弹出 Cycle 参数对话框，如图 1-2-80 所示。

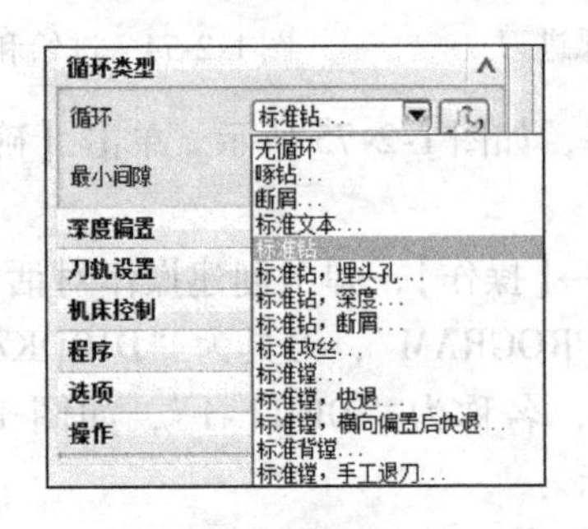


图 1-2-79　循环类型

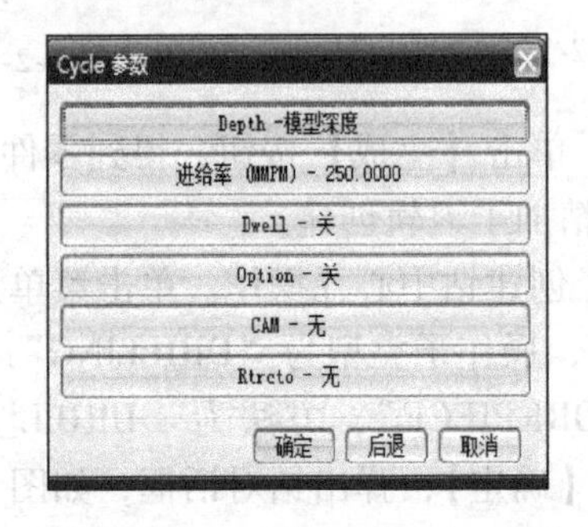


图 1-2-80　Cycle 参数对话框

（53）单击【Depth】设置钻孔深度，弹出如图 1-2-81 所示 Cycle 深度对话框，选择【刀尖深度】，输入“4”，单击【确定】，完成钻孔深度设置，单击【进给率】，输入“100”，单击【确定】，完成钻孔进给率设置，单击【确定】完成循环参数设置。在刀轨设置中，单击【进给和速度】，设置主轴速度为“1200”，如图 1-2-82 所示。单击【确定】，完成操作。

（54）单击【生成】按钮，得到零件的加工刀路，如图 1-2-83 所示。单击【确定】，完成钻中心孔刀轨创建。

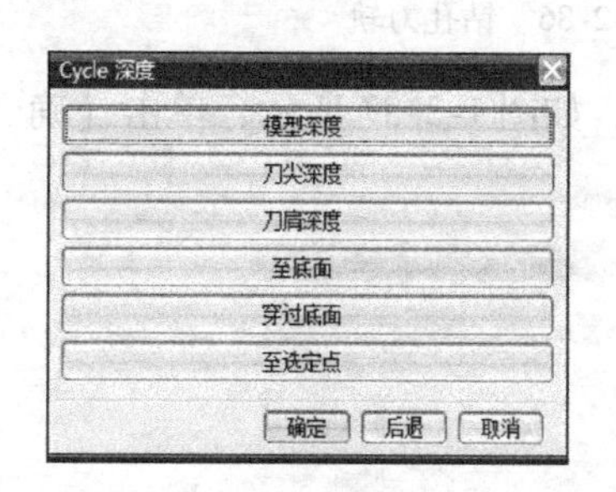


图 1-2-81　深度设置

图 1-2-82　深度设置

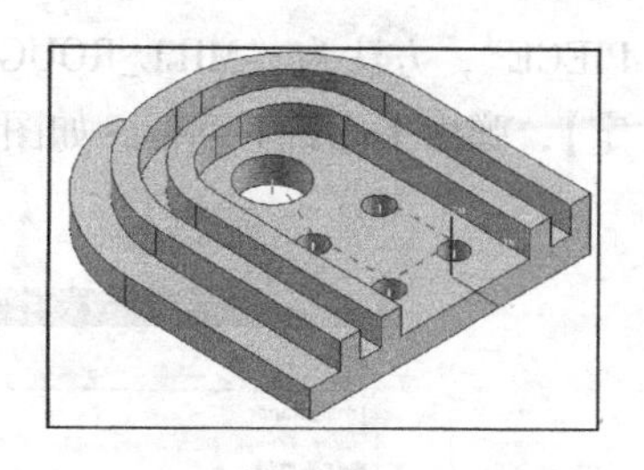

图 1-2-83　钻中心孔刀轨

（55）创建钻 $\phi 10$ 孔操作。单击菜单条【插入】→【操作】，弹出创建操作对话框，类型为“drill”，操作子类型为“DRILLING”，程序为“PROGRAM”，刀具为“D10DRILL”，几何体为“WORKPIECE”，方法为“DRILL_METHOD”，名称为“DRILL-2”。单击指定孔，单击【确定】，选择如图 1-2-84 所示孔，单击【确定】，再单击【确定】完成操作。

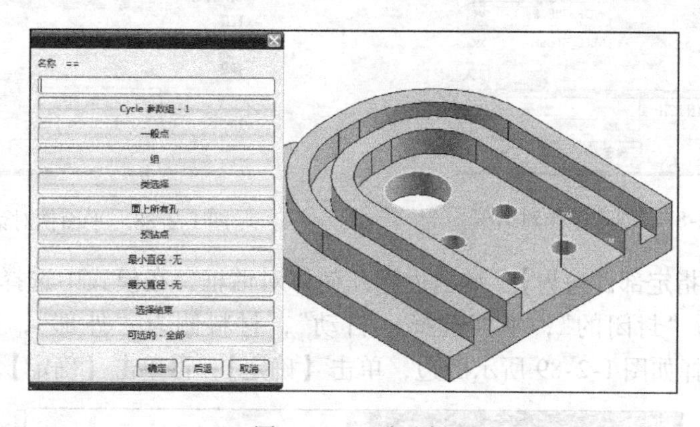

图 1-2-84　孔选择

（56）选择循环类型为“啄钻”，如图 1-2-85 所示，弹出对话框，输入距离为“3”，单击【确定】，弹出对话框，输入“1”，单击【确定】，弹出对话框，设置钻孔深度为“刀尖深度”，输入“15”，设置进给率为“100”。

（57）在刀轨设置中，单击【进给和速度】，设置主轴速度为“800”，单击【确定】，完成操作。单击【生成】按钮，得到零件的加工刀路，如图 1-2-86 所示。单击【确定】，完成钻孔刀轨创建。

（58）单击菜单条【插入】→【操作】，弹出创建操作对话框，类型为“mill_planar”，操作子类型为“PLANAR_MILL”，程序为“PROGRAM”，刀具为“D10R0”，几何体为“WORK-

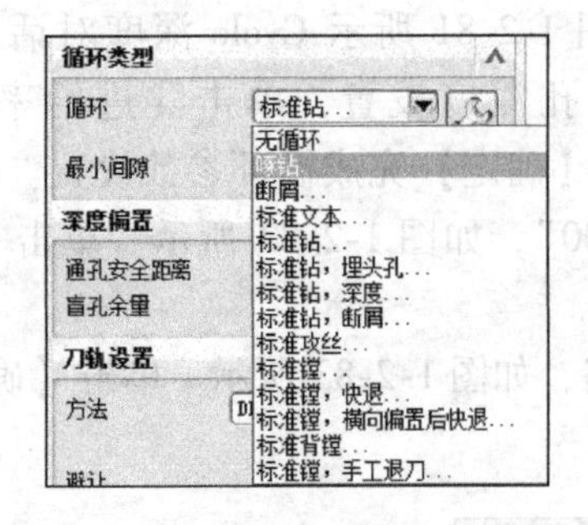


图 1-2-85　循环类型

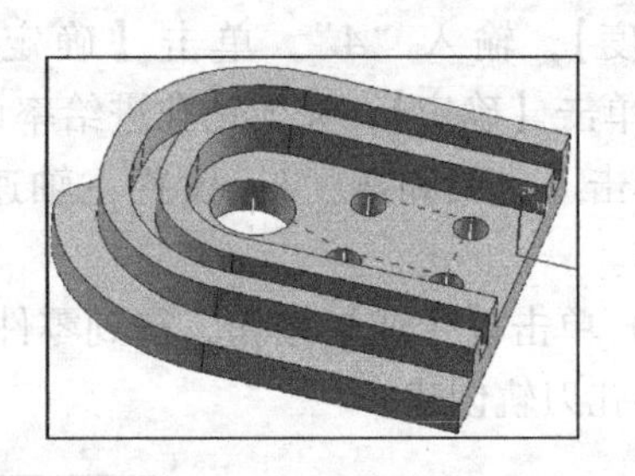

图 1-2-86　钻孔刀轨

PIECE”，方法为“MILL_ROUGH”，名称为“MILL_FINISH-4”，如图 1-2-87 所示，单击【确定】，弹出平面铣对话框，如图 1-2-88 所示。

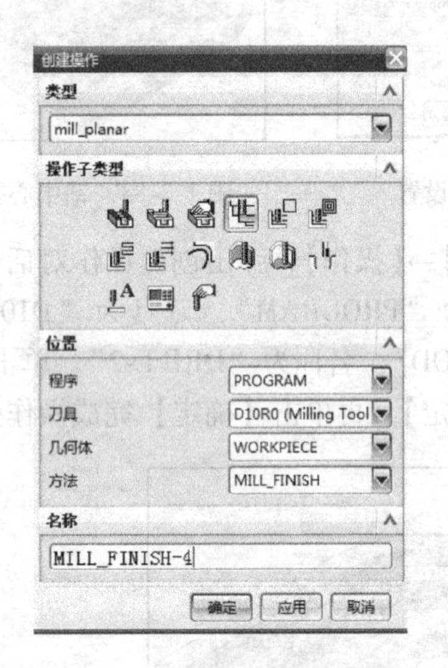


图 1-2-87　创建操作对话框

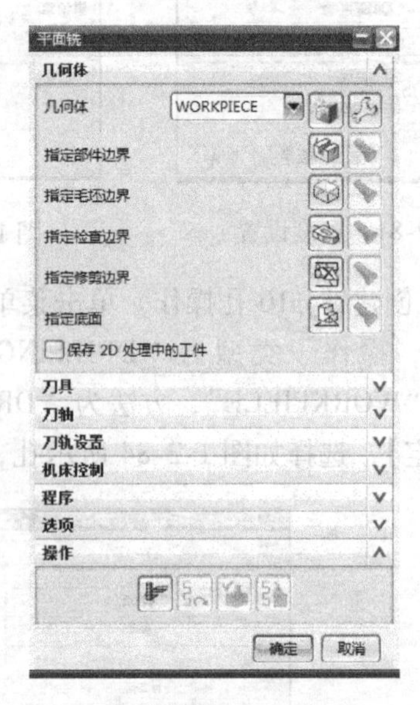


图 1-2-88　平面铣对话框

（59）单击【指定部件边界】，弹出边界几何体对话框，在模式中选择“曲线/边”，弹出对话框，类型为“封闭的”，平面选择“自动”，材料侧为“外部”，刀具位置为“相切”，然后顺序选择如图 1-2-89 所示的边，单击【确定】，再单击【确定】，完成指定部件。

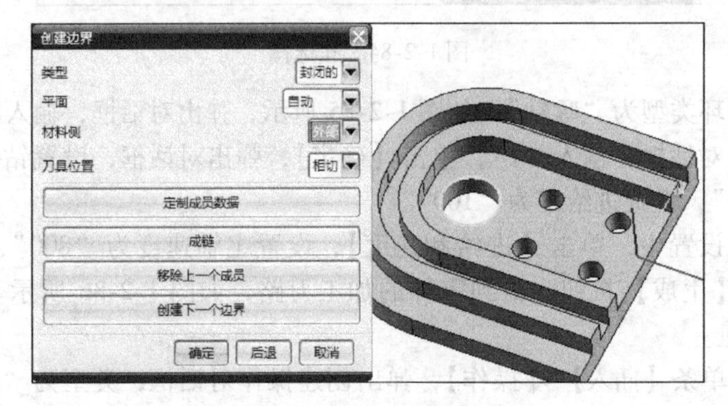


图 1-2-89　创建边界

（60）单击【指定底面】，弹出对话框，选择如图 1-2-90 所示平面作为此操作的加工底面。

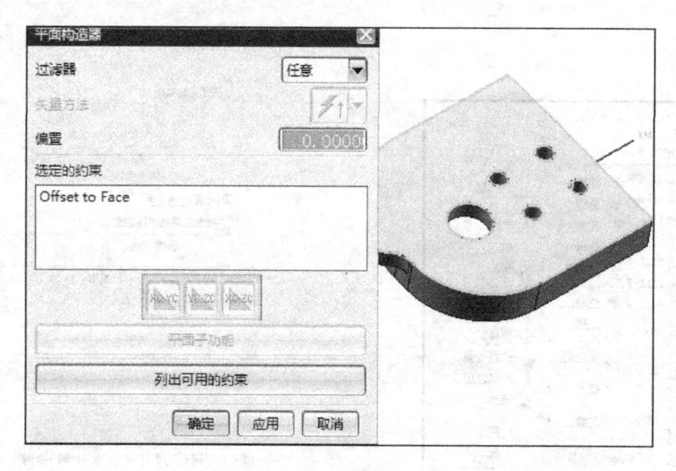


图 1-2-90　设置加工底面

（61）设置刀轨。如图 1-2-91 所示，设置方法为“MILL_FINISH”，切削模式为“跟随周边”，步距为“刀具平直”，平面直径百分比为“70”。单击【切削层】，弹出切削深度参数对话框，如图 1-2-92 所示，类型为“用户定义”，最大值为“1.5”，单击【确定】，完成切削层设置。

（62）单击【进给和速度】，弹出对话框，设置主轴速度为“2800”，设置剪切进给率为“800”。单击【生成】按钮，得到零件的加工刀路如图 1-2-93 所示。单击【确定】，完成铣孔加工刀轨创建。

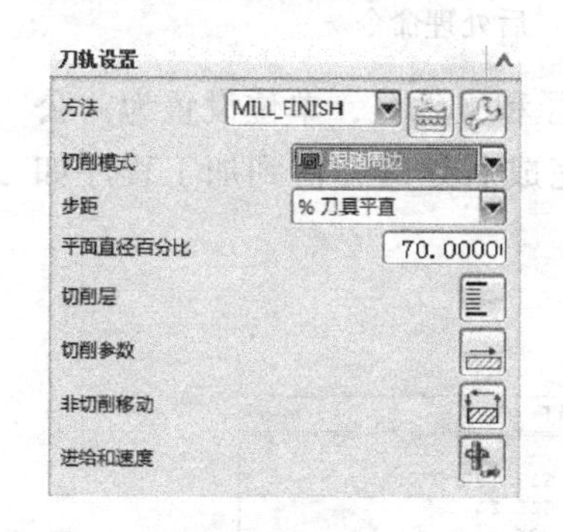


图 1-2-91　刀轨设置

图 1-2-92　切削层设置

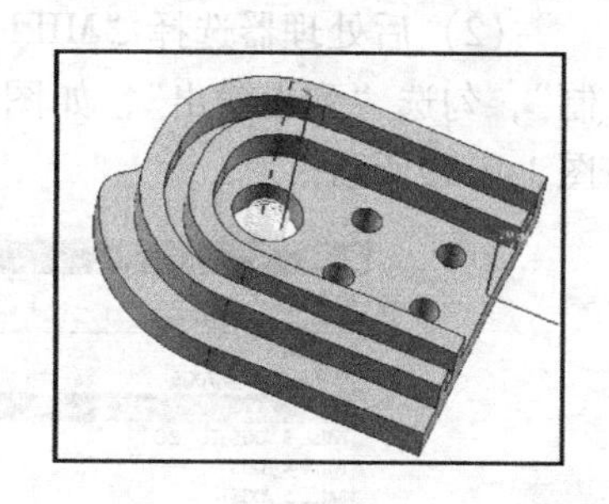

图 1-2-93　铣孔刀路

## 三、仿真加工

在操作导航器中选择 PROGRAM，单击鼠标右键，选择刀轨，选择确认，如图 1-2-94 所示，弹出仿真可视化对话框，选择 2D 动态选项卡，如图 1-2-95 所示，单击【播放】按钮，开始仿真加工。仿真结果如图 1-2-96 所示。

## 四、零件加工

（1）后处理得到加工程序。在刀轨操作导航器中选中所有操作，单击【工具】→【操作导航器】→【输出】→【NX Post 后处理】，如图 1-2-97 所示，弹出后处理对话框。

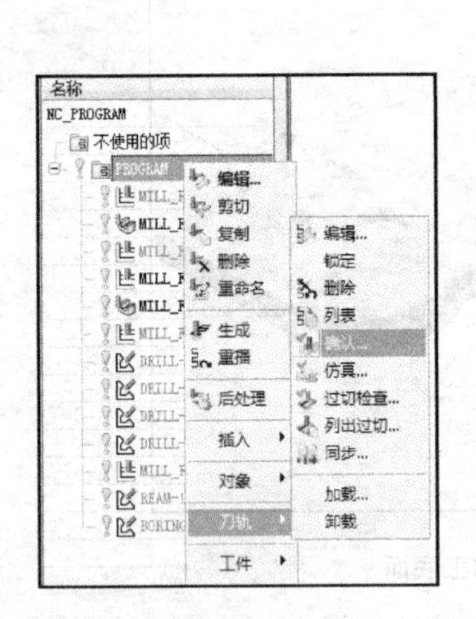

图 1-2-94　刀轨仿真

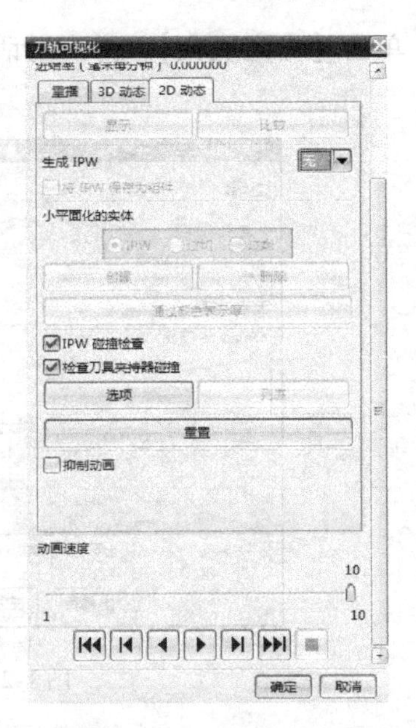

图 1-2-95　刀轨可视化

图 1-2-96　仿真结果

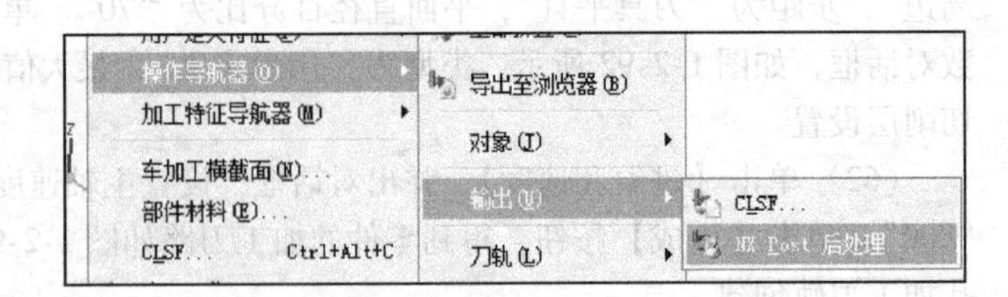

图 1-2-97　后处理命令

（2）后处理器选择“MILL_3_AXIS”，指定合适的文件路径和文件名，单位设置为“公制”，勾选“列出输出”，如图 1-2-98 所示，单击【确定】完成后处理，得到加工程序如图 1-2-99所示。

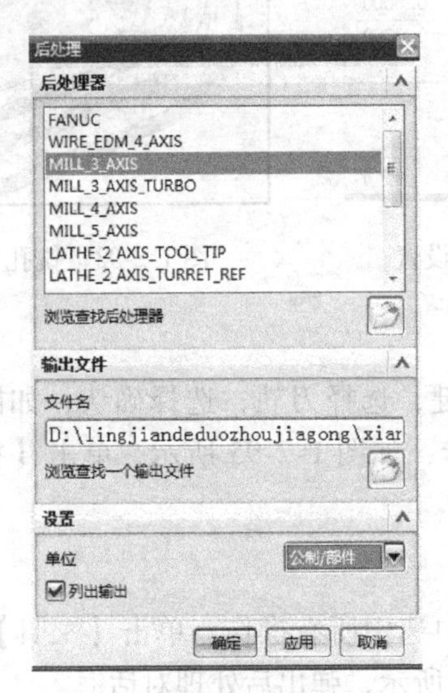

图 1-2-98　后处理

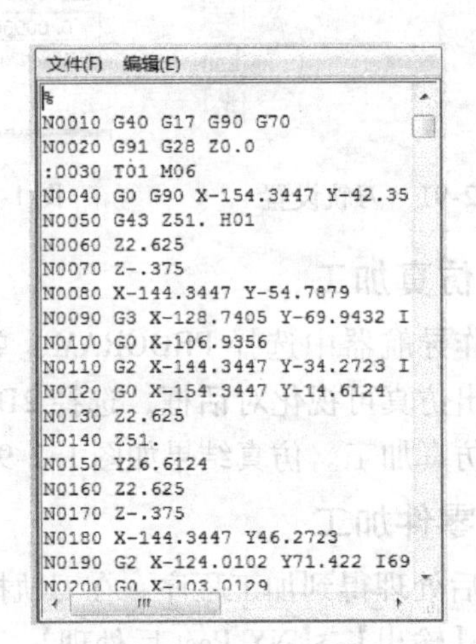

图 1-2-99　加工程序

(3) 安装刀具和零件。根据机床型号选择 BT40 刀柄，对照工序卡，安装刀具。所有刀具保证伸出长度大于 50mm。将平口钳安装在加工中心工作台面上，并使用百分表校准并固定，将毛坯夹紧，注意毛坯夹持厚度为 4 ~5mm。

(4) 对刀。零件加工原点设置毛坯对称中心和上表面。使用机械式寻边器，找正毛坯中心，并设置 G54 参数，使用 Z 向对刀仪，分别找正每把刀的 Z 向补偿值，并设置刀具补偿参数。

(5) 程序传输并加工。使用 WINPCIN 软件将后处理得到的加工程序传输到加工中心的数控系统，设置机床为自动加工模式，按循环启动键，机床即开始自动加工零件。

(6) 加工反面。当零件加工完毕后，零件反面会留下一个 5mm 左右厚的台阶（平口钳夹持部分），反过来装夹零件，将此台阶铣去，并注意控制零件总厚，完成零件的全部加工。

## 【专家点拨】

(1) 使用自动编程加工零件时，一般可以遵循“轻拉快跑”的原则，也就是小切削量，大进给速度的方式。

(2) UG NX CAM 中材料侧的意思是加工过后需要留下来的材料，所以加工孔，腔体内部轮廓时，材料侧应该设为外侧，而加工岛，凸台等外部轮廓时，材料侧应该设为内侧。

(3) UG NX CAM 平面铣中，边界的平面是用来定义边界的开始加工高度，而底面是用来设置边界加工的最终深度。

(4) UG NX CAM 平面铣的 WORKPIECE 中毛坯，只在仿真时起作用，如果操作中使用跟随部件加工方式加工凸台时必须重新选择毛坯边界。

## 【课后训练】

(1) 根据图 1-2-100 所示盖板零件的特征，制订合理的工艺路线，设置必要的加工参数，生成刀具路径，通过相应的后处理生成数控加工程序，并运用机床加工零件。

(2) 根据图 1-2-101 所示齿形压板零件的特征，制订合理的工艺路线，设置必要的加工参数，生成刀具路径，通过相应的后处理生成数控加工程序，并运用机床加工零件。

图 1-2-100　盖板零件

图 1-2-101　齿形压板零件

# 项目三　水壶凹模的数控编程与仿真加工

## 【教学目标】

**能力目标：** 能运用 UG NX 软件完成水壶凹模的编程与仿真加工。

能使用加工中心完成零件加工。

**知识目标：** 掌握型腔铣几何体设置。

掌握固定轴轮廓铣几何体设置。

掌握清根加工几何体设置。

掌握切削策略设置方法。

掌握非切削运动设置方法。

**素质目标：** 激发学生的学习兴趣，培养团队合作和创新精神。

## 【项目导读】

注塑模具中的成型件凹模是整个模具中的核心零件之一，也是数控加工中出现频率较高的一类零件。凹模的加工精度和质量将直接影响塑料件的精度和质量，因此凹模加工是整个模具制造的核心。这类零件的特点是形状比较复杂，零件整体外形成块状，零件上一般会有曲面、台阶、圆弧面等特征。在编程与加工过程中要特别注意曲面和过渡小圆弧面的加工质量和表面粗糙度。

## 【任务描述】

学生以企业制造部门 MC 数控程序员的身份进入 UG NX CAM 功能模块，根据水壶凹模的特征，制订合理的工艺路线，创建型腔铣、固定轴轮廓铣、清根铣等加工操作，设置必要的加工参数，生成刀具路径，检验刀具路径是否正确合理，并对操作过程中存在的问题进行研讨和交流，通过相应的后处理生成数控加工程序，并运用机床加工零件。

## 【工作任务】

按照零件加工要求，制订水壶凹模加工工艺；编制水壶凹模加工程序；完成水壶凹模的仿真加工，后处理得到数控加工程序，完成零件加工。

### 一、制订加工工艺

#### 1. 水壶凹模零件分析

水壶凹模零件形状比较复杂，主要由曲面、台阶、圆弧面等特征组成，主要加工内容为内腔、曲面、过渡面。经过对零件的分析，可知零件上最小的内凹圆弧半径为 2mm，所以清根加工时刀具半径不能大于 2mm。

#### 2. 毛坯选用

零件材料为模具钢，尺寸为 215mm × 135mm × 40mm。零件外形尺寸已经精加工到位，无须再加工。

#### 3. 制订加工工序卡

零件选用立式三轴联动机床加工，平口钳装夹，遵循先粗后精加工原则。加工工序如表 1-3-1所示。

### 二、编制加工程序

（1）单击【开始】→【所有应用模块】→【加工】，弹出加工环境对话框，CAM 会话配置选择“cam_general”；要创建的 CAM 设置选择“mill_contour”，如图 1-3-1 所示，然后单击【确定】，进入加工模块。

**表 1-3-1　加工工序卡**

| 零件号：265789 | 工序名称：水壶凹模铣削加工 | | | 工艺流程卡_工序单 | |
|---|---|---|---|---|---|
| 材料：模具钢 | 页码：1 | | 工序号：01 | | 版本号：0 |
| 夹具：平口钳 | 工位：MC | | 数控程序号： | | |

刀具及参数设置

| 加工内容 | 刀具号 | 刀具规格 | 主轴转速 | 进给速度 |
|---|---|---|---|---|
| 粗加工 | T01 | D16R1 | S2600 | F800 |
| 二次粗加工 | T02 | D8R1 | S3200 | F1200 |
| 精加工 | T03 | D6R3 | S4000 | F1800 |
| 清根 | T04 | D3R1.5 | S4500 | F1200 |
| | | | | |
| | | | | |
| | | | | |
| | | | | |

| | | | | | | | |
|---|---|---|---|---|---|---|---|
| 02 | | | | | | | |
| 01 | | | | | | | |
| 更改号 | 更改内容 | | | 批准 | | 日期 | |
| 拟制： | 日期： | 审核： | 日期： | 批准： | | 日期： | |

××工业职业技术学院

（2）在加工操作导航器空白处，单击鼠标右键，选择【几何视图】，如图 1-3-2 所示。

（3）双击操作导航器中的【MCS_MILL】，弹出 Mill Orient（加工坐标系）对话框，设置安全距离为“50”，如图 1-3-3 所示。

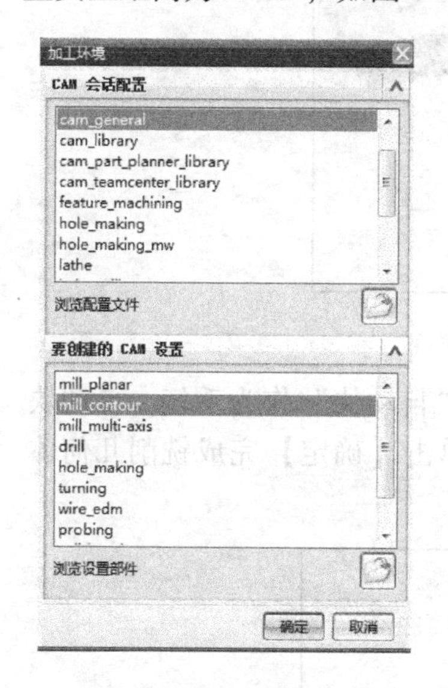


图 1-3-1　加工环境对话框

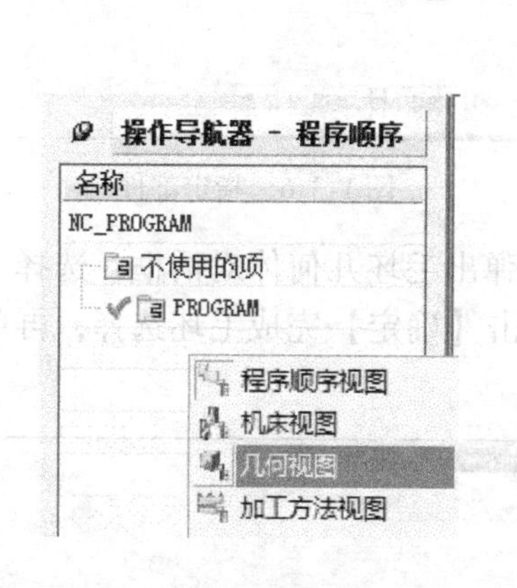


图 1-3-2　几何视图选择

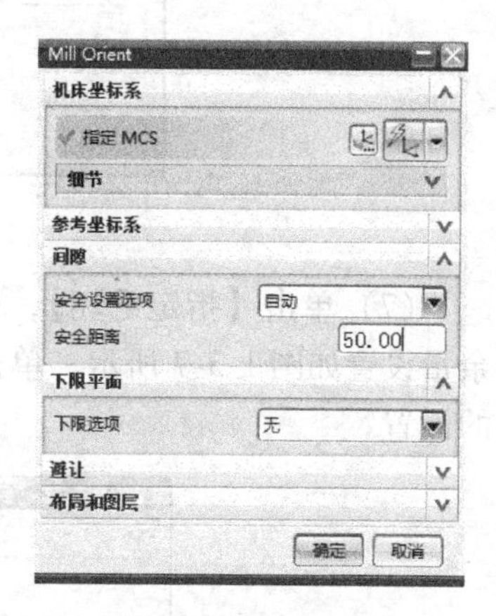


图 1-3-3　加工坐标系设置

（4）单击指定 MCS 中的 CSYS 按钮，弹出 CSYS 对话框，然后选择参考坐标系中的“WCS”，单击【确定】，使加工坐标系和工作坐标系重合，如图 1-3-4 所示。再单击【确定】完成加工坐标系设置。

（5）双击操作导航器中的 WORKPIECE，弹出铣削几何体对话框，如图 1-3-5 所示。

（6）单击【指定部件】，弹出部件几何体对话框，选择如图 1-3-6 所示部件，单击【确定】，完成指定部件。

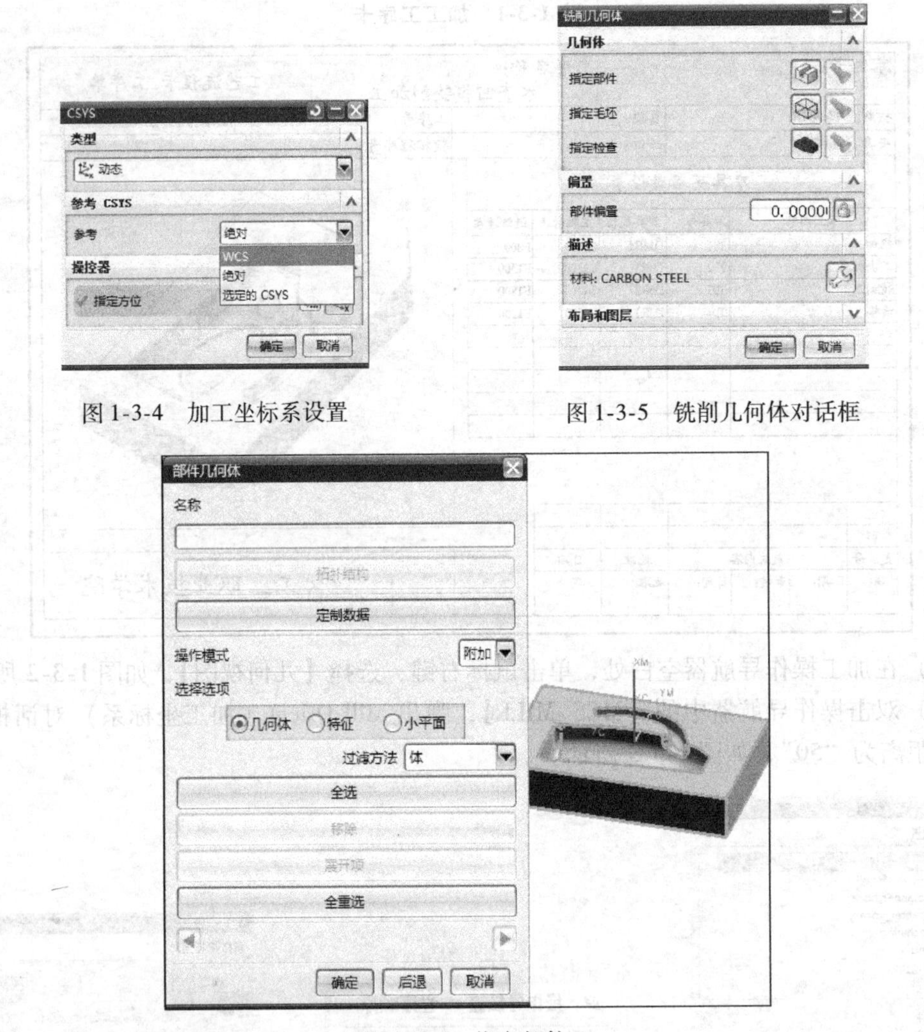


图 1-3-4　加工坐标系设置

图 1-3-5　铣削几何体对话框

图 1-3-6　指定部件

(7) 单击【指定毛坯】，弹出毛坯几何体对话框，选择“自动块”作为毛坯，自动块余量设置如图 1-3-7 所示。单击【确定】完成毛坯选择，再单击【确定】完成铣削几何体的设置。

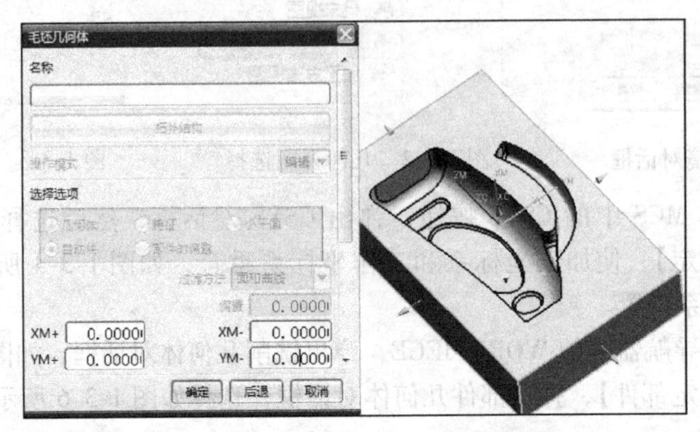


图 1-3-7　毛坯几何体对话框

（8）在加工操作导航器空白处，单击鼠标右键，选择【机床视图】，单击菜单条【插入】→【刀具】，弹出创建刀具对话框，如图 1-3-8 所示。类型选择为“mill_contour”，刀具子类型选择为“MILL”，刀具位置为“GENERIC_MACHINE”，刀具名称为“D16R1”，单击【确定】，弹出铣刀-5 参数对话框。

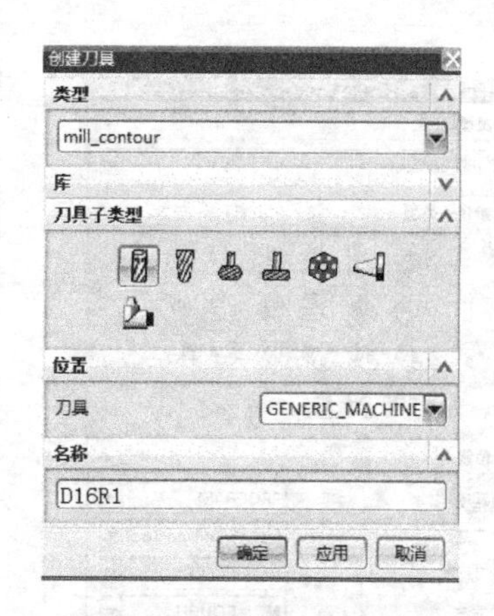


图 1-3-8　创建刀具对话框

（9）设置刀具参数如图 1-3-9 所示，直径为“16”，底圆角半径为“1”，刀刃为“2”，长度为“75”，刀刃长度为“50”，刀具号为“1”，长度补偿为“1”，刀具补偿为“1”，单击【确定】，完成刀具创建。

（10）用同样的方法创建刀具 2。类型选择为“mill_contour”，刀具子类型选择为“MILL”，刀具位置为“GENERIC_MACHINE”，刀具名称为“D8R1”，直径为“8”，底圆角半径为“1”，刀刃为“2”，长度为“75”，刀刃长度为“50”，刀具号为“2”，长度补偿为“2”，刀具补偿为“2”。

（11）用同样的方法创建刀具 3。类型选择为“mill_contour”，刀具子类型选择为“MILL”，刀具位置为“GENERIC_MACHINE”，刀具名称为“D6R3”，直径为“6”，底圆角半径为“3”，刀刃为“2”，长度为“75”，刀刃长度为“50”，刀具号为“3”，长度补偿为“3”，刀具补偿为“3”。

（12）用同样的方法创建刀具 4。类型选择为“mill_contour”，刀具子类型选择为“MILL”，刀具位置为“GENERIC_MACHINE”，刀具名称为“D3R1.5”，直径为“3”，底圆角半径为“1.5”，刀刃为“2”，长度为“75”，刀刃长度为“50”，刀具号为“3”，长度补偿为“3”，刀具补偿为“3”。

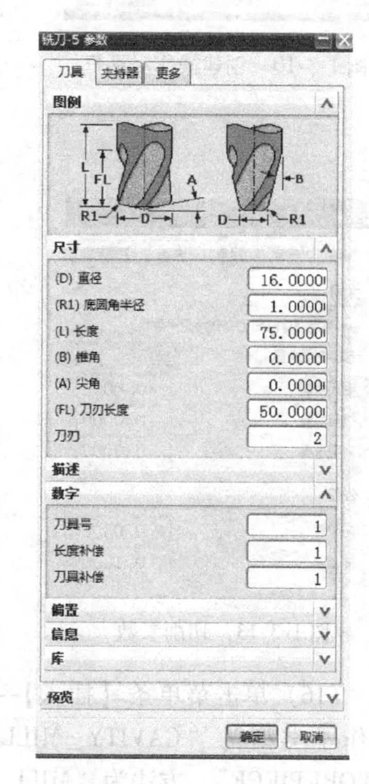


图 1-3-9　刀具参数设置

（13）在加工操作导航器空白处，单击鼠标右键，选择【程序视图】，单击菜单条【插入】→【操作】，弹出创建操作对话框，类型为“mill_contour”，操作子类型为“CAVITY_MILL”，程序为“PROGRAM”，刀具为“D16R1”，几何体为“WORKPIECE”，方法为“MILL_ROUGH”，名称为“MILL_ROUGH-1”，如图 1-3-10所示，单击【确定】，弹出型腔铣对话框，如图 1-3-11 所示。

（14）单击【刀轨设置】，方法为“MILL_ROUGH”；切削模式为“跟随周边”；步距为“刀具平直”；平面直径百分比为“50”，全局每刀深度为“1”，如图 1-3-12 所示。单击【切削参数】，设置部件侧面余量为“1”，如图 1-3-13 所示。

（15）单击【进给和速度】，设置主轴速度为“2600”，剪切进给率为“800”，如图 1-3-14所示。单击【生成】按钮，得到零件加工刀路，如图 1-3-15 所示。

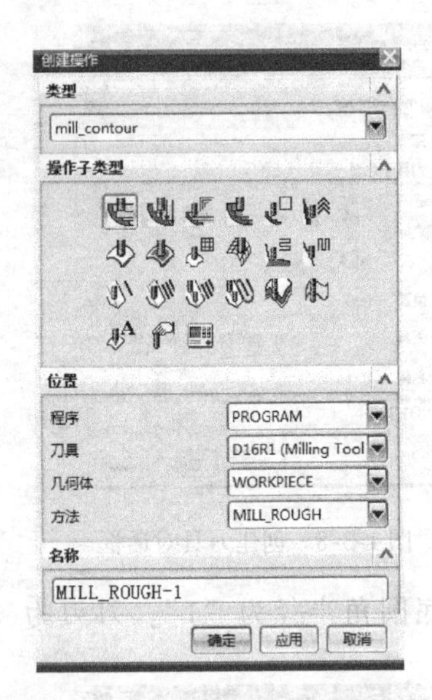


图 1-3-10　创建操作对话框

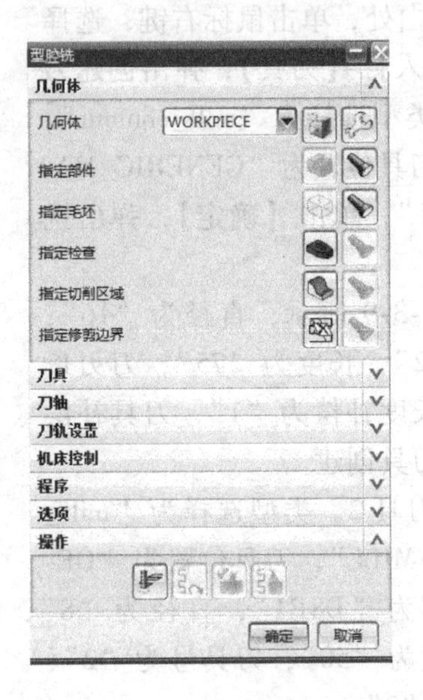


图 1-3-11　型腔铣对话框

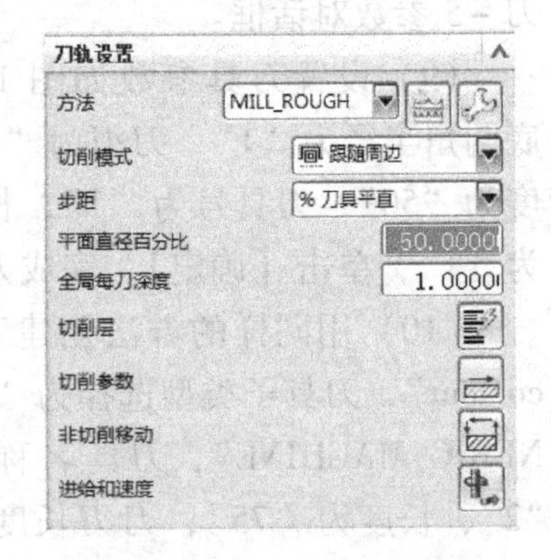


图 1-3-12　刀轨设置

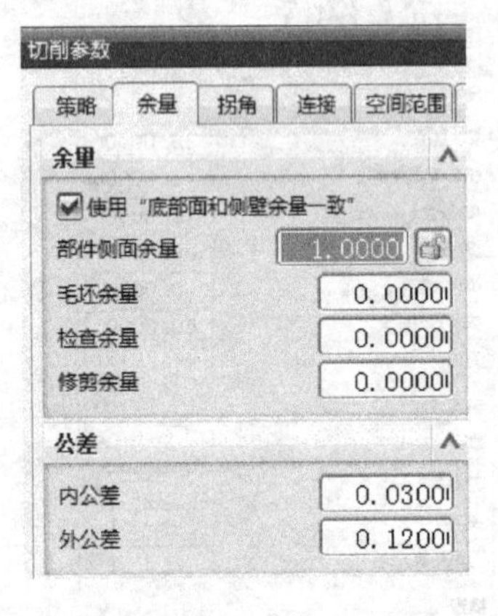


图 1-3-13　切削参数

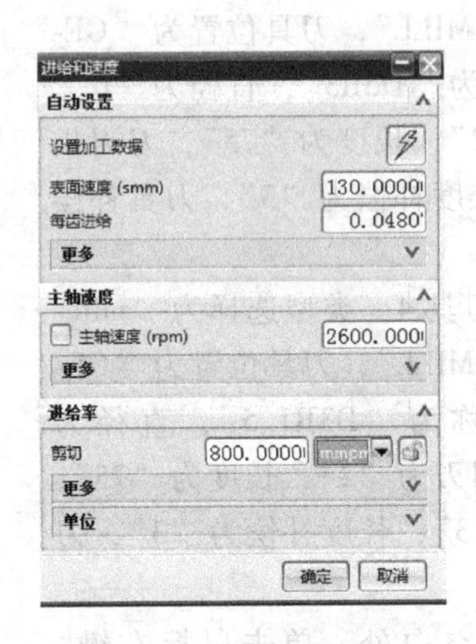


图 1-3-14　进给和速度

图 1-3-15　加工刀路

（16）单击菜单条【插入】→【操作】，弹出创建操作对话框，类型为“mill_contour”，操作子类型为“CAVITY_MILL”，程序为“PROGRAM”，刀具为“D8R1”，几何体为“WORKPIECE”，方法为“MILL_ROUGH”，名称为“MILL_ROUGH-2”，如图 1-3-16 所示。单击【确定】，弹出型腔铣对话框，如图 1-3-17 所示。

（17）单击【刀轨设置】，方法为“MILL_ROUGH”；切削模式为“跟随周边”；步距为“刀具平直”；平面直径百分比为“50”，全局每刀深度为“0.5”，如图 1-3-18 所示。单击【切削参数】，设置部件侧面余量为“0.5”，如图 1-3-19 所示，单击空间范围选项卡，设置处理中的工件为“使用基于层的”，如图 1-3-20 所示。单击【进给和速度】，设置主轴速度为“3200”，剪切进给率为“1200”。单击【生成】按钮，得到零件加工刀路，如图 1-3-21 所示。

图 1-3-16　创建操作对话框

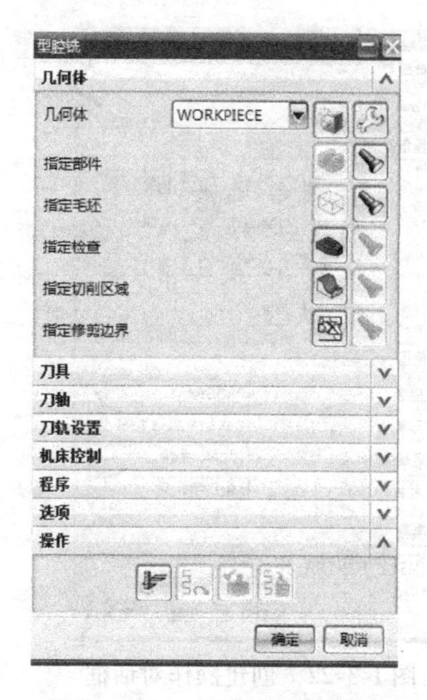


图 1-3-17　型腔铣对话框

图 1-3-18　刀轨设置

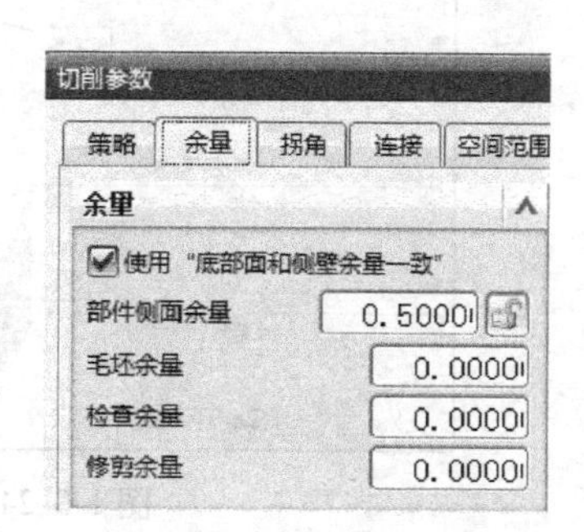


图 1-3-19　切削参数

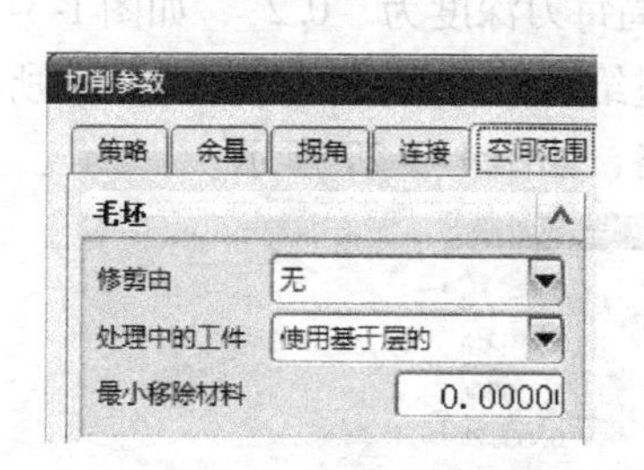


图 1-3-20　空间范围设置

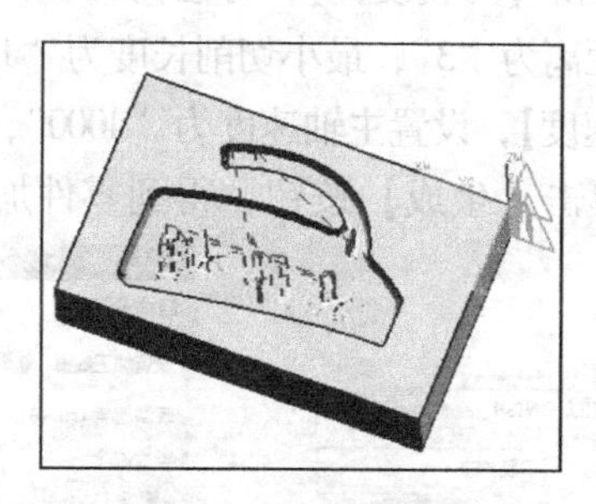

图 1-3-21　加工刀路

（18）单击菜单条【插入】→【操作】，弹出创建操作对话框，类型为“mill_contour”，操作子类型为“ZLEVEL_PROFILE”，程序为“PROGRAM”，刀具为“D6R3”，几何体为“WORKPIECE”，方法为“MILL_FINISH”，名称为“MILL_FINISH-1”，如图 1-3-22 所示，单击【确定】，弹出深度加工轮廓对话框，如图 1-3-23 所示。

（19）单击【指定切削区域】，弹出切削区域对话框，选择如图 1-3-24 所示加工面，单击【确定】，完成切削区域指定操作。

图 1-3-22 创建操作对话框

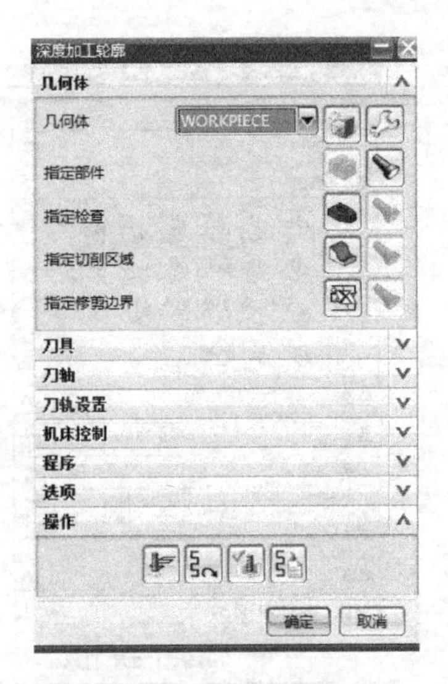


图 1-3-23 深度加工

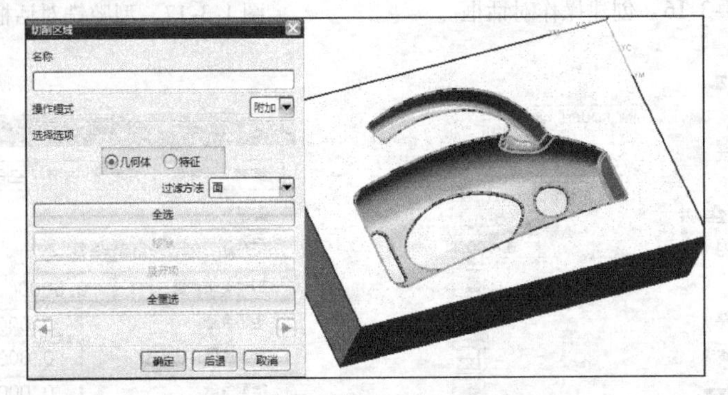


图 1-3-24 指定切削区域

（20）单击【刀轨设置】，方法为“MILL_FINISH”；陡峭空间范围为“仅陡峭的”，角度为“55”，合并距离为“3”，最小切削长度为“1”，全局每刀深度为“0.2”，如图 1-3-25 所示。单击【进给和速度】，设置主轴速度为“4000”，剪切进给率为“1800”，如图 1-3-26 所示。

（21）单击【生成】按钮，得到零件加工刀路，如图 1-3-27 所示。

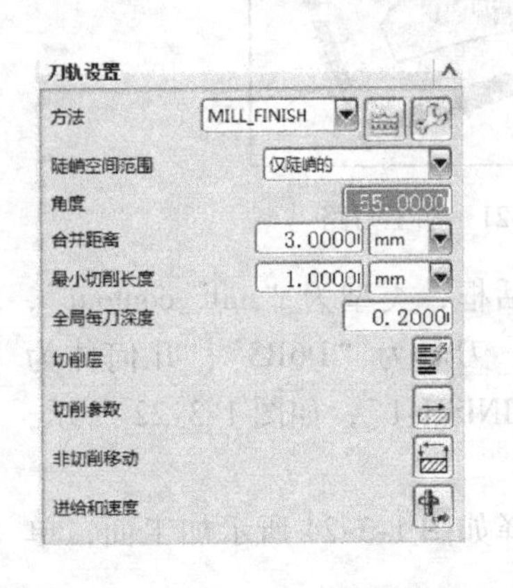


图 1-3-25 刀轨设置

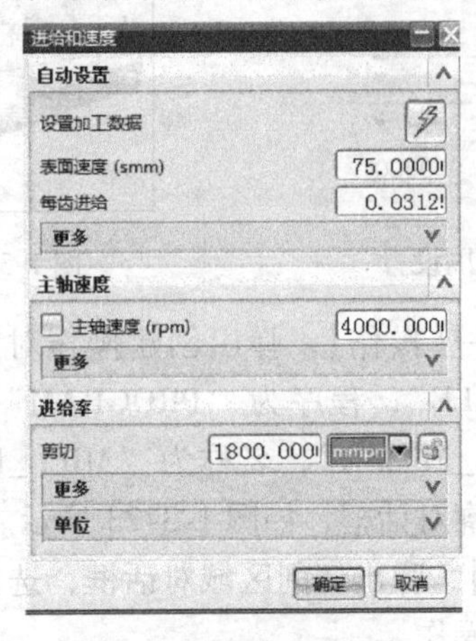


图 1-3-26 进给和速度

图 1-3-27 零件加工刀路

（22）单击菜单条【插入】→【操作】，弹出创建操作对话框。设置类型为“mill_contour”，操作子类型为“FIXED_CONTOUR”，程序为“PROGRAM”，刀具为“D6R3”，几何体为“WORKPIECE”，方法为“MILL_FINISH”，名称为“MILL_FINISH-2”，如图 1-3-28 所示，单击【确定】，弹出固定轮廓铣对话框，如图 1-3-29 所示。

图 1-3-28　创建操作对话框

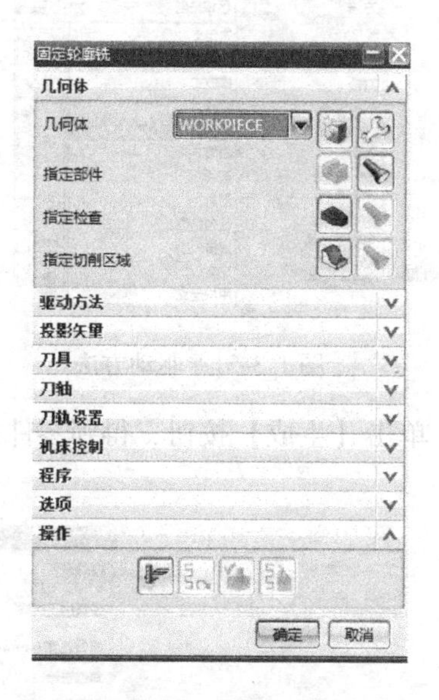


图 1-3-29　固定轮廓铣

（23）单击【指定切削区域】，弹出切削区域对话框，选择如图 1-3-30 所示加工面，单击【确定】，完成切削区域指定操作。

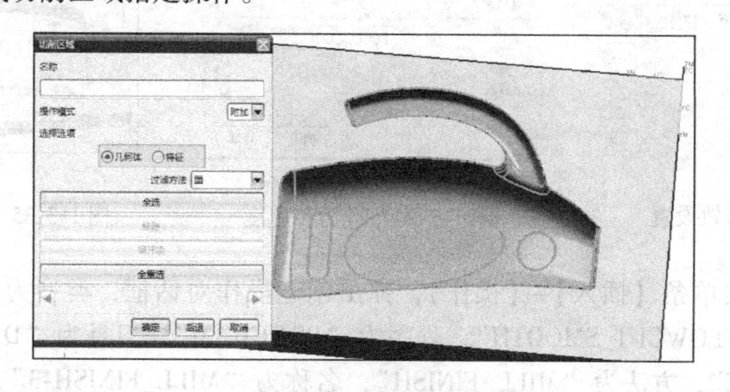


图 1-3-30　指定切削区域

（24）单击【驱动方法】，方法选择“区域铣削”，如图 1-3-31 所示，弹出区域铣削驱动方法对话框，设置区域铣削参数。陡峭空间范围方法为“非陡峭”，陡角为“65”，切削模式为“往复”，切削方向为“顺铣”，步距为“残余高度”，残余高度为“0.01”，步距已应用为“在平面上”，切削角为“用户定义”，度为“45”，如图 1-3-32 所示。单击【确定】完成操作。

（25）单击【刀轨设置】，方法为“MILL_FINISH”，如图 1-3-33 所示。单击【进给和速度】，设置主轴速度为“4000”，剪切进给率为“1800”，如图 1-3-34 所示。

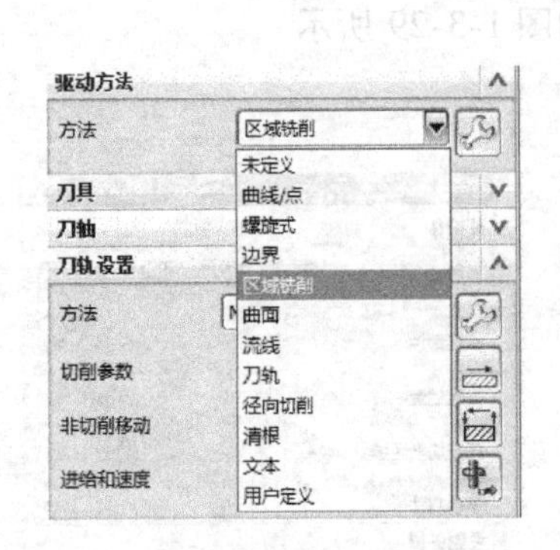


图 1-3-31　驱动方法

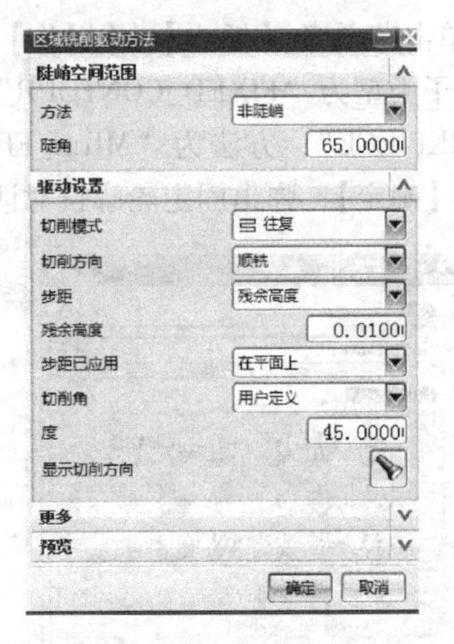


图 1-3-32　区域铣削

(26) 单击【生成】按钮，得到零件加工刀路，如图 1-3-35 所示。

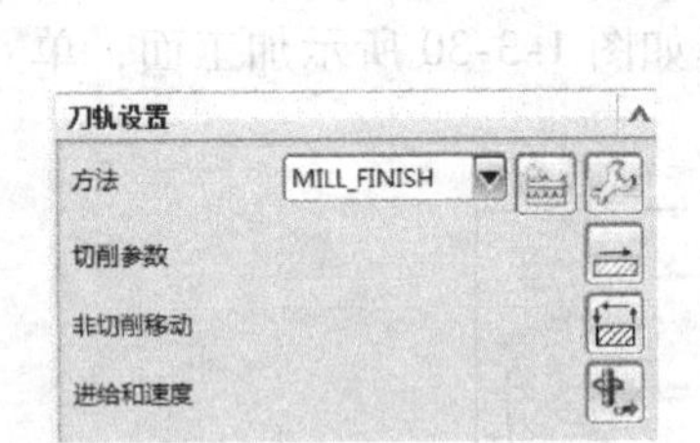


图 1-3-33　刀轨设置

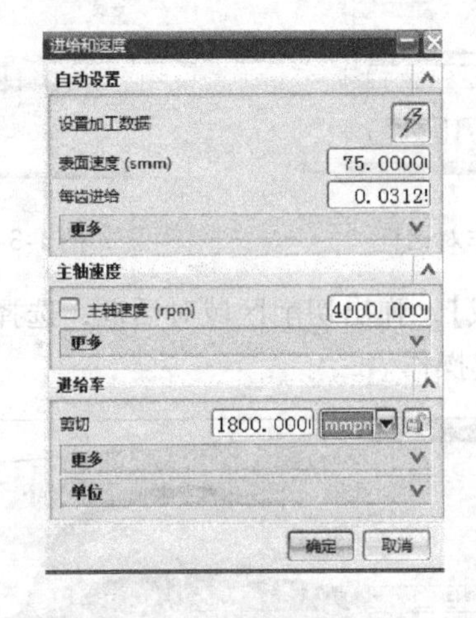


图 1-3-34　进给和速度

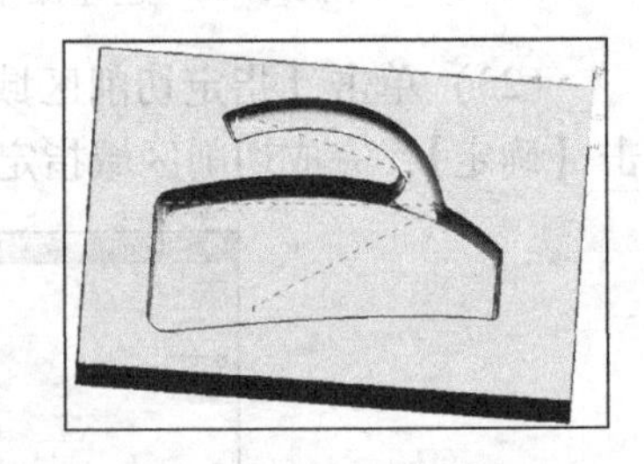

图 1-3-35　零件加工刀路

(27) 单击菜单条【插入】→【操作】，弹出创建操作对话框，类型为 "mill_contour"，操作子类型为 "FLOWCUT_SMOOTH"，程序为 "PROGRAM"，刀具为 "D3R1.5"，几何体为 "WORKPIECE"，方法为 "MILL_FINISH"，名称为 "MILL_FINISH-3"，如图 1-3-36 所示，单击【确定】，弹出操作设置对话框，如图 1-3-37 所示。

(28) 单击【指定切削区域】，弹出切削区域对话框，选择如图 1-3-38 所示加工面，单击【确定】，完成切削区域指定操作。

(29) 单击【驱动设置】，清根类型为 "参考刀具偏置"，切削模式为 "往复"，步距为 "0.05"，顺序为 "由内向外"，参考刀具直径为 "5"，重叠距离为 "1"，如图 1-3-39 所示。单击【进给和速度】，设置主轴速度为 "4500"，剪切进给率为 "1200"，如图 1-3-40 所示，单击【确定】完成操作。

(30) 单击【生成】按钮，得到零件加工刀路，如图 1-3-41 所示。

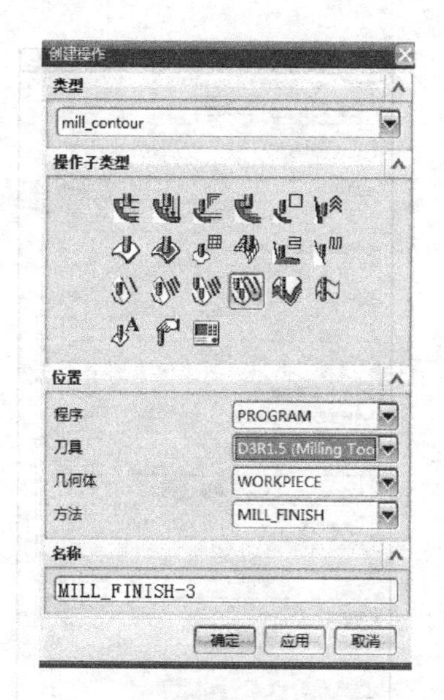

图 1-3-36　创建操作对话框

图 1-3-37　清根光顺

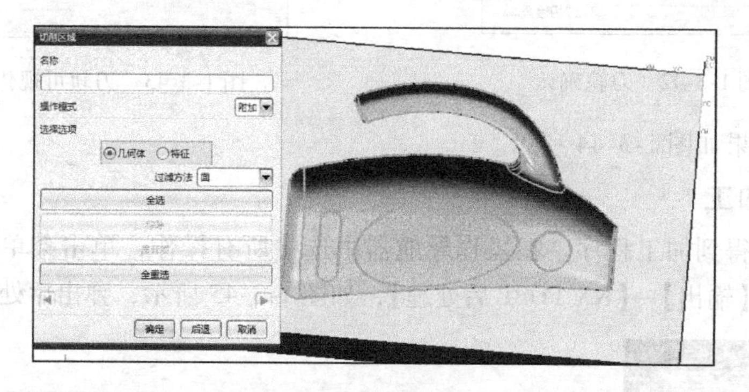


图 1-3-38　指定切削区域

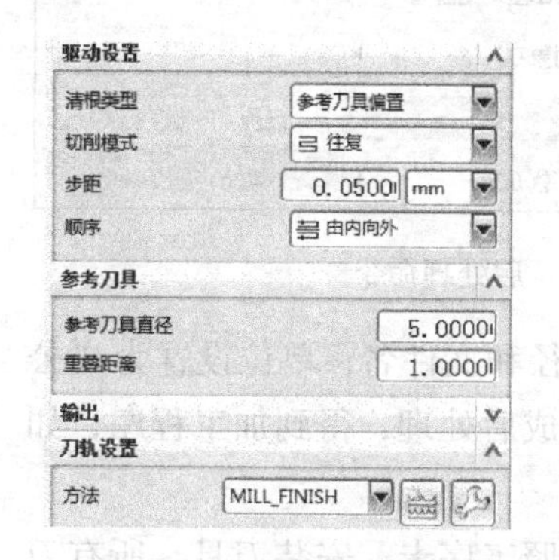


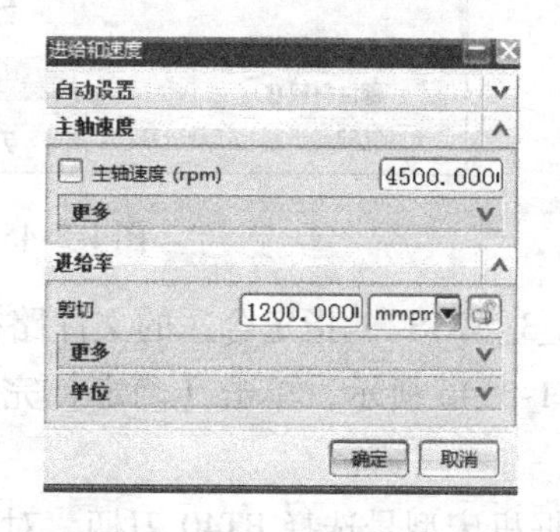


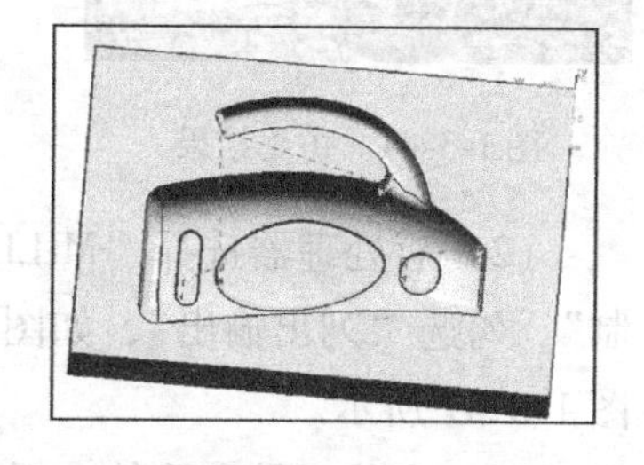

图 1-3-39　驱动设置

图 1-3-40　进给和速度

图 1-3-41　零件刀具路径

## 三、仿真加工

（1）零件仿真加工。在操作导航器中选择 PROGRAM，单击鼠标右键，选择刀轨，选择确认，如图 1-3-42 所示，弹出刀轨可视化对话框，选择 2D 动态选项卡，如图 1-3-43 所示，单击播放按钮，开始仿真加工。

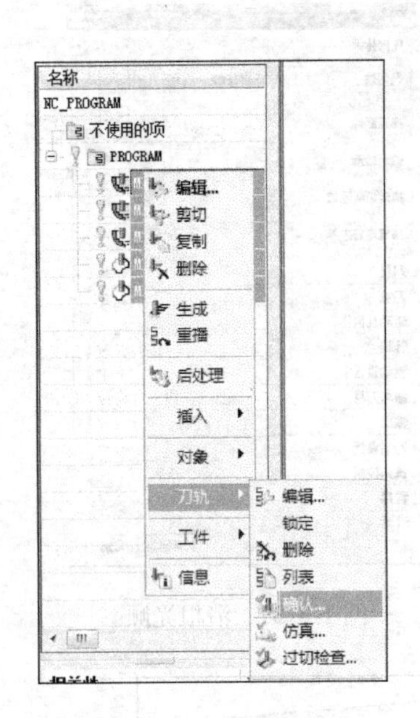


图 1-3-42　刀轨确认

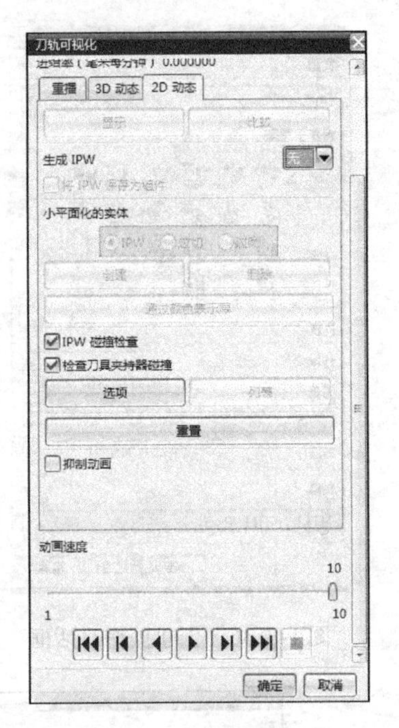


图 1-3-43　刀轨可视化

（2）仿真结果如图 1-3-44 所示。

## 四、零件加工

（1）后处理得到加工程序。在操作导航器中选中所有操作，单击菜单栏上【工具】→【操作导航器】→【输出】→【NX POST 后处理】，如图 1-3-45 所示，弹出后处理对话框。

图 1-3-44　仿真结果

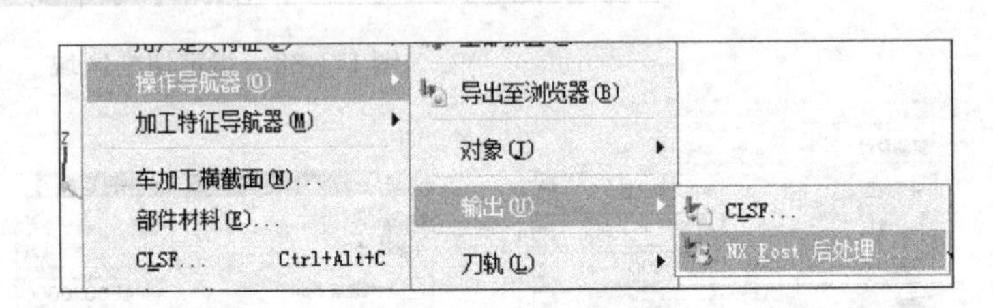


图 1-3-45　后处理命令

（2）后处理器选择“MILL_3_AXIS”，指定合适的文件路径和文件名，单位设置为“公制”，勾选“列出输出”，如图 1-3-46 所示，单击【确定】完成后处理，得到加工程序，如图 1-3-47 所示。

（3）安装刀具和零件。根据机床型号选择 BT40 刀柄，对照工序卡，安装刀具。所有刀具保证伸出长度大于 50mm。将平口钳安装在加工中心工作台面上，并使用百分表校准并固定，将毛坯夹紧。

（4）对刀。零件加工原点设置毛坯对称中心和上表面。使用机械式寻边器，找正毛坯中心，并设置 G54 参数，使用 Z 向对刀仪，分别找正每把刀的 Z 向补偿值，并设置刀具补偿参数。

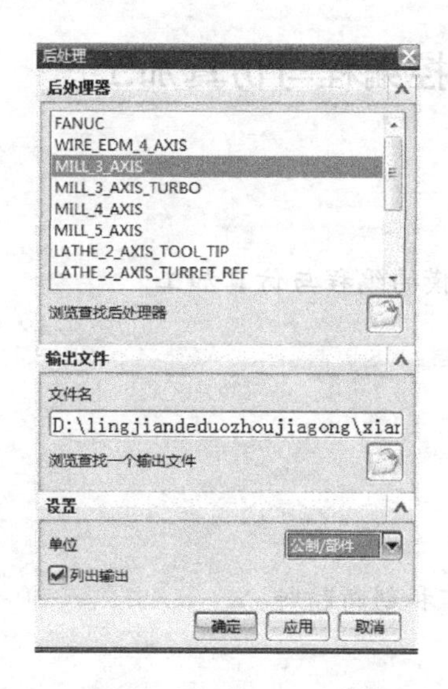

图 1-3-46　后处理

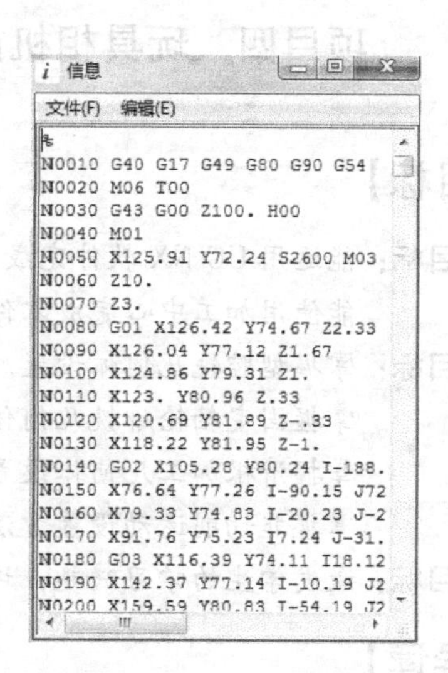


图 1-3-47　加工程序

（5）程序传输并加工。使用 WINPCIN 软件将后处理得到的加工程序传输到加工中心的数控系统，设置机床为自动加工模式，按循环启动键，机床即开始自动加工零件。

## 【专家点拨】

（1）在型腔铣中，切削区域如果做了选择，则只加工所选的切削区域，切削区域如果没选，则加工整个零件。

（2）模具类零件一般材料硬度比较高，在刀具选择时可以优先考虑采用牛鼻刀粗加工，球头刀精加工。

（3）等高轮廓铣适用于陡峭壁曲面的精加工，固定轴轮廓铣中的区域铣削适用于加工非陡峭壁曲面的精加工。

## 【课后训练】

（1）根据图 1-3-48 所示壳体凹模零件的特征，制订合理的工艺路线，设置必要的加工参数，生成刀具路径，通过相应的后处理生成数控加工程序，并运用机床加工零件。

（2）根据图 1-3-49 所示壳体凸模零件的特征，制订合理的工艺路线，设置必要的加工参数，生成刀具路径，通过相应的后处理生成数控加工程序，并运用机床加工零件。

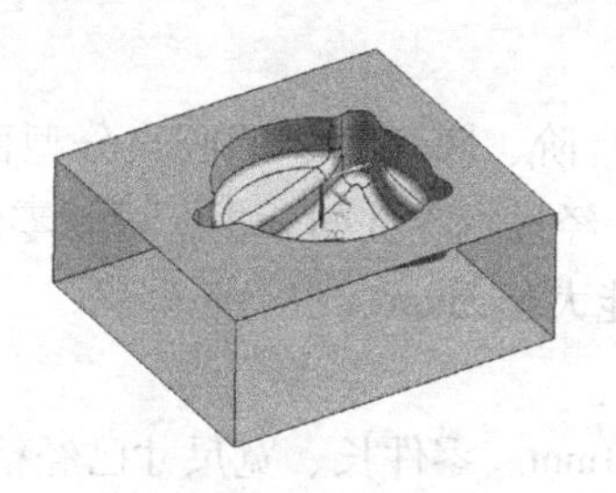
图 1-3-48　壳体凹模零件

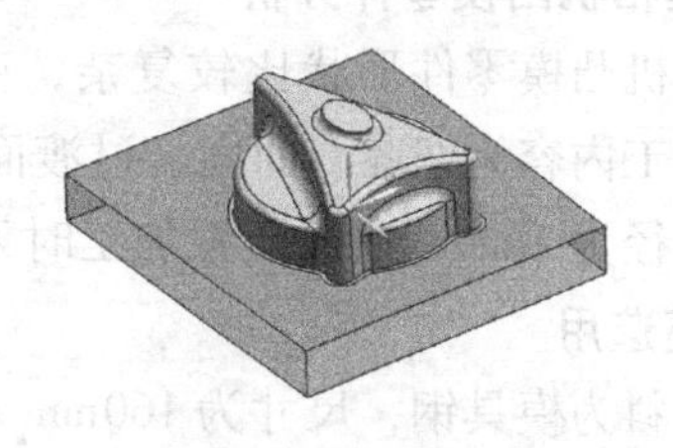
图 1-3-49　壳体凸模零件

# 项目四　玩具相机凸模的数控编程与仿真加工

## 【教学目标】

**能力目标：** 能运用 UG NX 软件完成玩具相机凸模的编程与仿真加工。
能使用加工中心完成零件加工。

**知识目标：** 掌握型腔铣几何体设置。
掌握固定轴轮廓铣几何体设置。
掌握清根加工几何体设置。
掌握非切削运动设置方法。

**素质目标：** 激发学生的学习兴趣，培养团队合作和创新精神。

## 【项目导读】

注塑模具中的成型件凸模是整个模具中的核心零件之一，也是数控加工中出现频率较高的一类零件，凸模的加工精度和质量将直接影响塑料件的精度和质量，因此凸模加工是整个模具制造的核心。这类零件的特点是形状比较复杂，零件整体外形成块状，零件上一般会有曲面、台阶、圆弧面等特征。在编程与加工过程中要特别注意曲面和过渡小圆弧面的加工质量和表面粗糙度。

## 【任务描述】

学生以企业制造部门 MC 数控程序员的身份进入 UG NX CAM 功能模块，根据玩具相机凸模的特征，制订合理的工艺路线，创建型芯铣、等高轮廓铣、固定轴铣等加工操作，设置必要的加工参数，生成刀具路径，检验刀具路径是否正确合理，并对操作过程中存在的问题进行研讨和交流，通过相应的后处理生成数控加工程序，并运用机床加工零件。

## 【工作任务】

按照零件加工要求，制订玩具相机凸模加工工艺；编制玩具相机凸模加工程序；完成玩具相机凸模的仿真加工，后处理得到数控加工程序，完成零件加工。

### 一、制订加工工艺

#### 1. 玩具相机凸模零件分析

玩具相机凸模零件形状比较复杂，主要曲面、台阶、圆弧面、凹腔、分型面等特征组成，主要加工内容为凹腔、曲面、过渡面、分型面。经过对零件的分析，可知零件上最小的内凹圆弧半径为2mm，所以清根加工时刀具半径不能大于2mm。

#### 2. 毛坯选用

零件材料为模具钢，尺寸为160mm×110mm×43mm。零件长、宽尺寸已经精加工到位，无须再加工，零件厚度方向有0.5mm 余量，底面已经进行过精加工，无需再加工。

**3. 制订加工工序卡**

零件选用立式三轴联动机床加工，平口钳装夹，遵循先粗后精加工原则。加工工序如表1-4-1所示。

**表 1-4-1　加工工序卡**

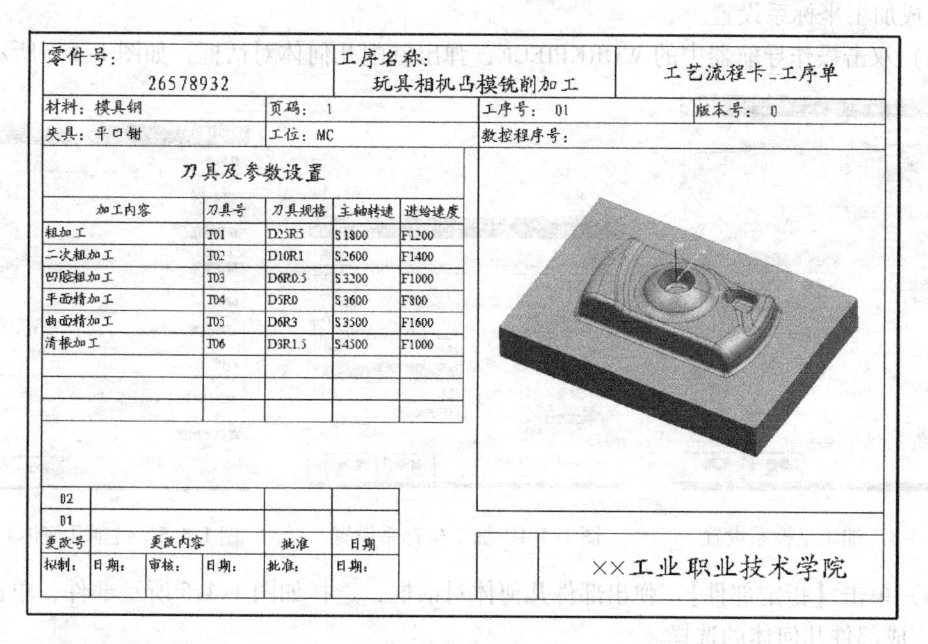

| 零件号：26578932 | | 工序名称：玩具相机凸模铣削加工 | | 工艺流程卡_工序单 |
|---|---|---|---|---|
| 材料：模具钢 | 页码：1 | 工序号：01 | | 版本号：0 |
| 夹具：平口钳 | 工位：MC | 数控程序号： | | |

刀具及参数设置

| 加工内容 | 刀具号 | 刀具规格 | 主轴转速 | 进给速度 |
|---|---|---|---|---|
| 粗加工 | T01 | D25R5 | S1800 | F1200 |
| 二次粗加工 | T02 | D10R1 | S2600 | F1400 |
| 凹腔粗加工 | T03 | D6R0.5 | S3200 | F1000 |
| 平面精加工 | T04 | D5R0 | S3600 | F800 |
| 曲面精加工 | T05 | D6R3 | S3500 | F1600 |
| 清根加工 | T06 | D3R1.5 | S4500 | F1000 |

| 02 | | | | |
|---|---|---|---|---|
| 01 | | | | |
| 更改号 | 更改内容 | 批准 | 日期 | |
| 拟制：日期： | 审核：日期： | 批准： | 日期： | ××工业职业技术学院 |

## 二、编制加工程序

（1）单击【开始】→【所有应用模块】→【加工】，弹出加工环境对话框，CAM 会话配置选择“cam_general”；要创建的 CAM 设置选择“mill_contour”，如图 1-4-1 所示，然后单击【确定】，进入加工模块。

（2）在加工操作导航器空白处，单击鼠标右键，选择【几何视图】，如图 1-4-2 所示。

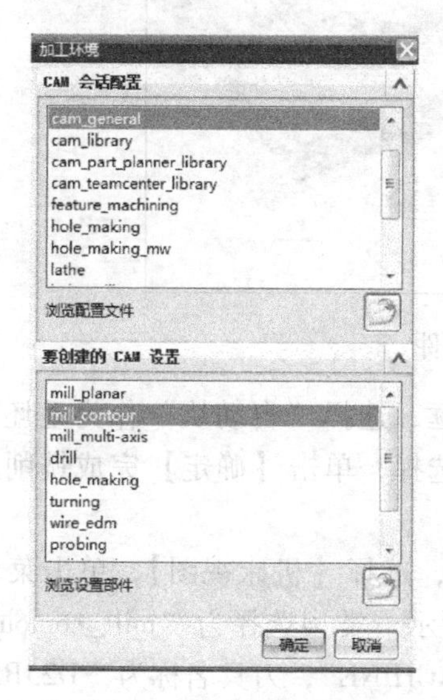


图 1-4-1　加工环境对话框

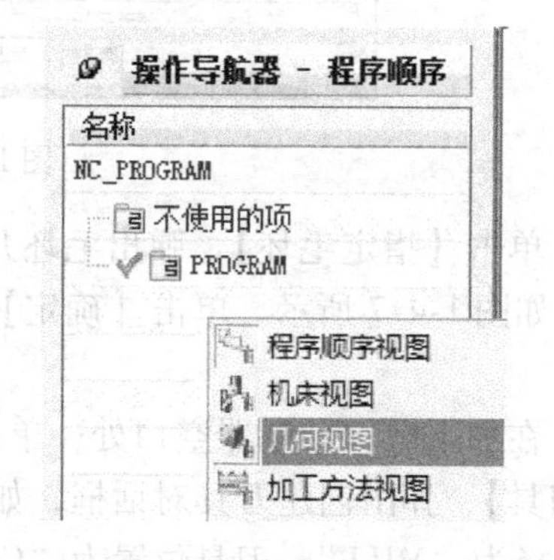


图 1-4-2　几何视图选择

（3）双击操作导航器中的【MCS_MILL】，弹出 Mill Orient（加工坐标系）对话框，设置安全距离为“50”，如图 1-4-3 所示。

（4）单击指定 MCS 中的 CSYS 会话框，弹出 CSYS 对话框，然后选择参考坐标系中的“WCS”，单击【确定】，使加工坐标系和工作坐标系重合，如图 1-4-4 所示。再单击【确定】完成加工坐标系设置。

（5）双击操作导航器中的 WORKPIECE，弹出铣削几何体对话框，如图 1-4-5 所示。

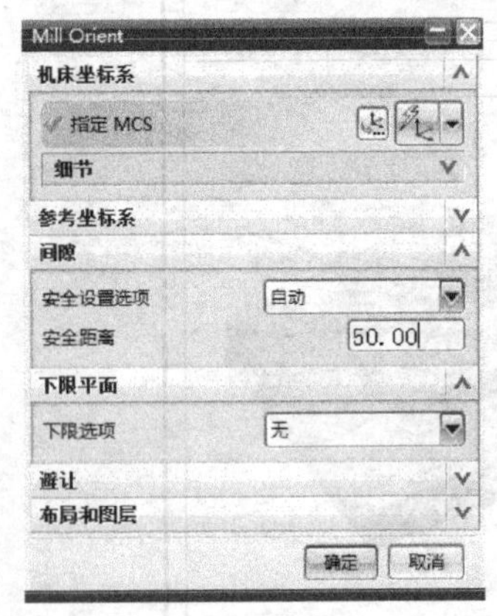

图 1-4-3　加工坐标系设置

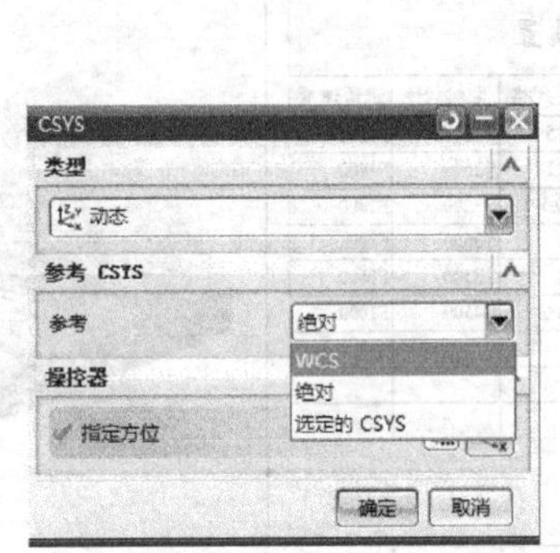

图 1-4-4　加工坐标系设置

图 1-4-5　铣削几何体对话框

（6）单击【指定部件】，弹出部件几何体对话框，选择如图 1-4-6 所示部件，单击【确定】，完成部件几何体的选择。

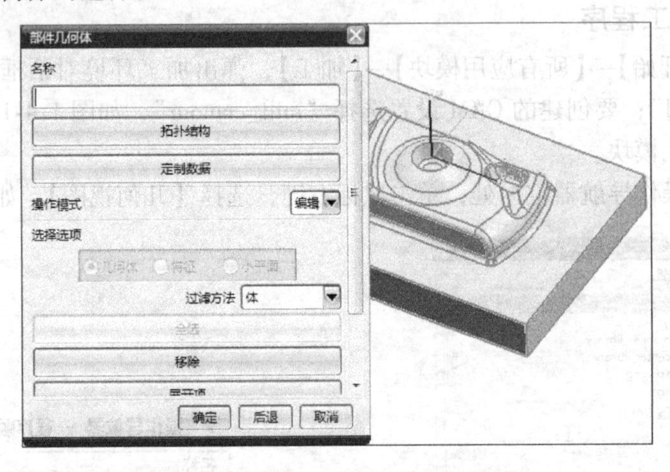


图 1-4-6　指定部件

（7）单击【指定毛坯】，弹出毛坯几何体对话框，选择“自动块”作为毛坯，自动块余量设置如图 1-4-7 所示。单击【确定】完成毛坯选择，单击【确定】完成铣削几何体的设置。

（8）在加工操作导航器空白处，单击鼠标右键，选择【机床视图】，单击菜单条【插入】→【刀具】，弹出创建刀具对话框，如图 1-4-8 所示。类型选择为“mill_contour”，刀具子类型选择为“MILL”，刀具位置为“GENERIC_MACHINE”，刀具名称为“D25R5”，单击【确定】，弹出铣刀 -5 参数对话框。

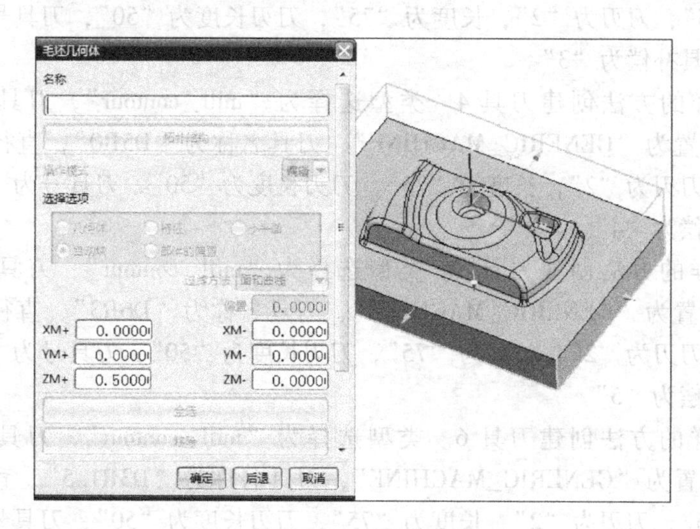


图 1-4-7　毛坯设置

（9）设置刀具参数如图 1-4-9 所示，直径为“25”，底圆角半径为“5”，刀刃为“2”，长度为“75”，刀刃长度为“50”，刀具号为“1”，长度补偿为“1”，刀具补偿为“1”，单击【确定】，完成刀具创建。

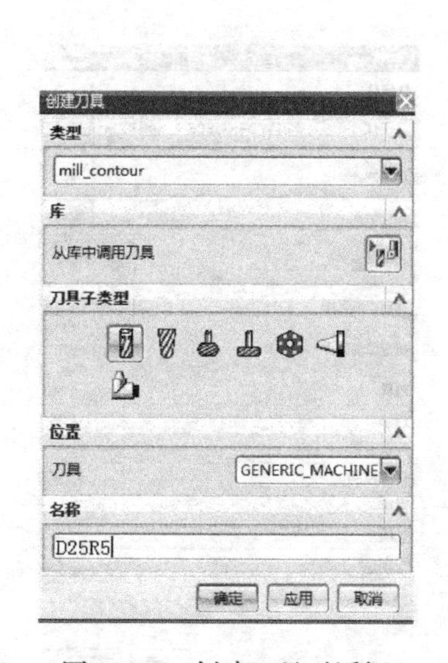


图 1-4-8　创建刀具对话框

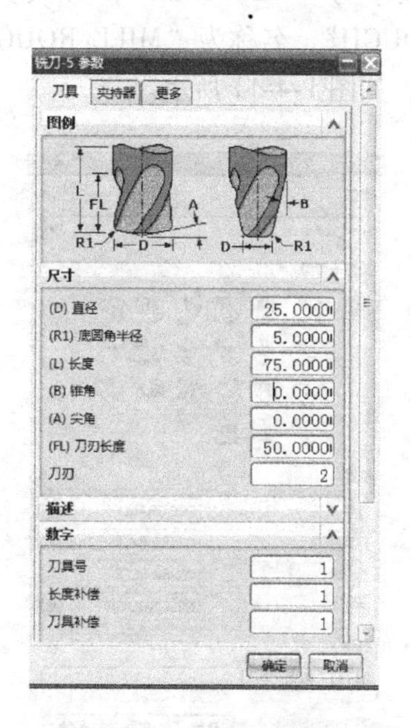


图 1-4-9　刀具参数设置

（10）用同样的方法创建刀具 2。类型选择为“mill_contour”，刀具子类型选择为“MILL”，刀具位置为“GENERIC_MACHINE”，刀具名称为“D10R1”，直径为“10”，底圆角半径为“1”，刀刃为“2”，长度为“75”，刀刃长度为“50”，刀具号为“2”，长度补偿为“2”，刀具补偿为“2”。

（11）用同样的方法创建刀具 3。类型选择为“mill_contour”，刀具子类型选择为“MILL”，刀具位置为“GENERIC_MACHINE”，刀具名称为“D6R0.5”，直径为“6”，底圆角半径为“0.5”，刀刃为“2”，长度为“75”，刀刃长度为“50”，刀具号为“3”，长度补偿为“3”，刀具补偿为“3”。

（12）用同样的方法创建刀具4。类型选择为“mill_contour”，刀具子类型选择为“MILL”，刀具位置为“GENERIC_MACHINE”，刀具名称为“D5R0”，直径为“5”，底圆角半径为“0”，刀刃为“2”，长度为“75”，刀刃长度为“50”，刀具号为“4”，长度补偿为“4”，刀具补偿为“4”。

（13）用同样的方法创建刀具5。类型选择为“mill_contour”，刀具子类型选择为“MILL”，刀具位置为“GENERIC_MACHINE”，刀具名称为“D6R3”，直径为“6”，底圆角半径为“3”，刀刃为“2”，长度为“75”，刀刃长度为“50”，刀具号为“5”，长度补偿为“5”，刀具补偿为“5”。

（14）用同样的方法创建刀具6。类型选择为“mill_contour”，刀具子类型选择为“MILL”，刀具位置为“GENERIC_MACHINE”，刀具名称为“D3R1.5”，直径为“3”，底圆角半径为“1.5”，刀刃为“2”，长度为“75”，刀刃长度为“50”，刀具号为“6”，长度补偿为“6”，刀具补偿为“6”。

（15）在加工操作导航器空白处，单击鼠标右键，选择【程序视图】，单击菜单条【插入】→【操作】，弹出创建操作对话框，类型为“mill_contour”，操作子类型为“CAVITY_MILL”，程序为“PROGRAM”，刀具为“D25R5”，几何体为“WORKPIECE”，方法为“MILL_ROUGH”，名称为“MILL_ROUGH-1”，如图1-4-10所示，单击【确定】，弹出型腔铣对话框，如图1-4-11所示。

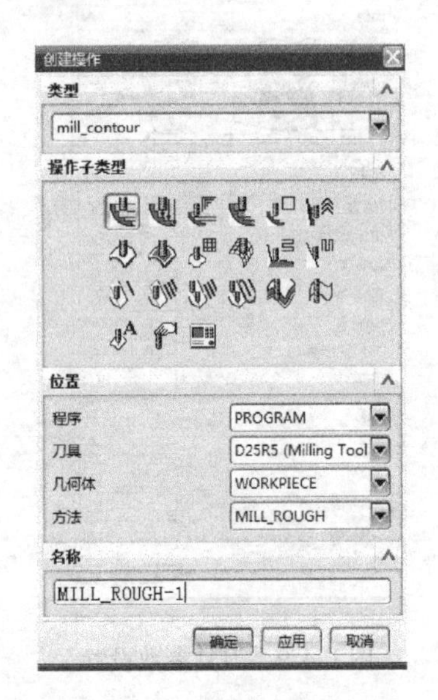


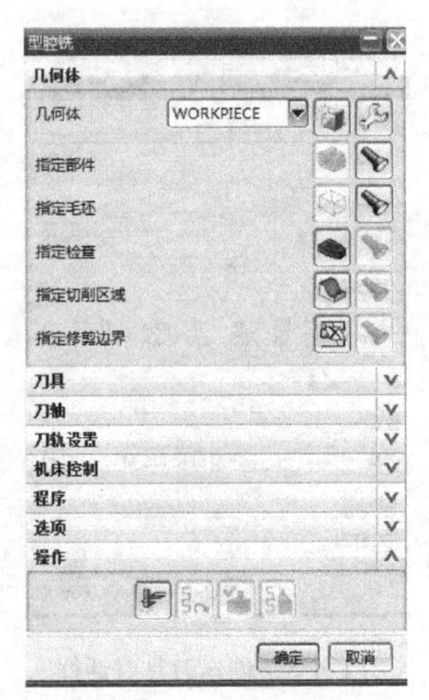

图1-4-10　创建操作对话框　　　图1-4-11　型腔铣对话框

（16）单击【刀轨设置】，方法为“MILL_ROUGH”；切削模式为“跟随部件”；步距为“刀具平直”；平面直径百分比为“50”，全局每刀深度为“1”，如图1-4-12所示。单击【切削参数】，设置部件侧面余量为“1”，如图1-4-13所示。

（17）单击【进给和速度】，设置主轴速度为“1800”，剪切进给率为“1200”，如图1-4-14所示。单击【生成】按钮，得到零件加工刀路，如图1-4-15所示。

图 1-4-12　刀轨设置

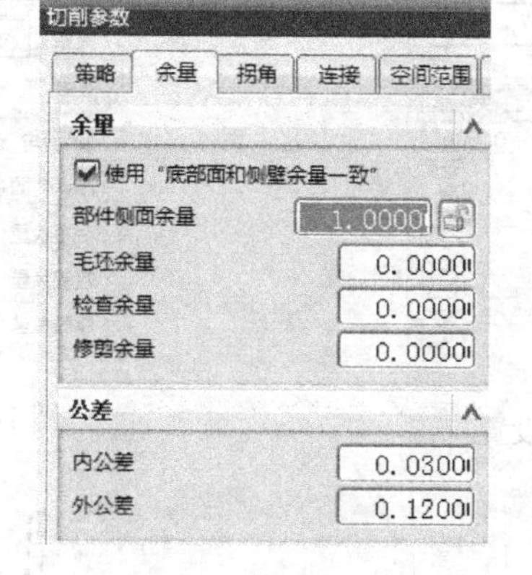


图 1-4-13　切削参数

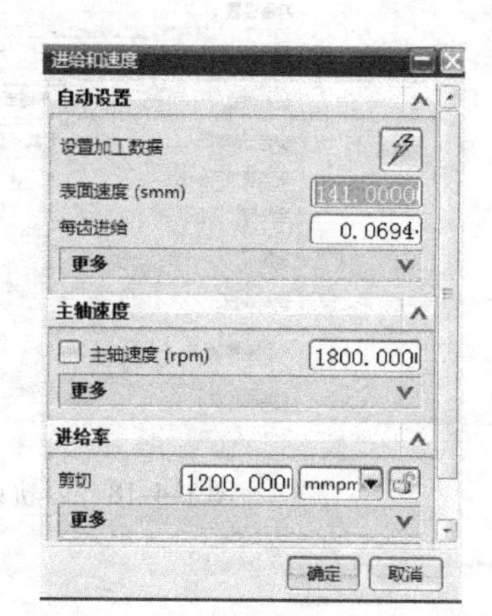


图 1-4-14　进给和速度

（18）单击菜单条【插入】→【操作】，弹出创建操作对话框，类型为“mill_contour”，操作子类型为“CAVITY_MILL”，程序为“PROGRAM”，刀具为“D10R1”，几何体为“WORKPIECE”，方法为“MILL_ROUGH”，名称为“MILL_ROUGH-2”，如图 1-4-16 所示，单击【确定】，弹出型腔铣对话框，如图 1-4-17 所示。

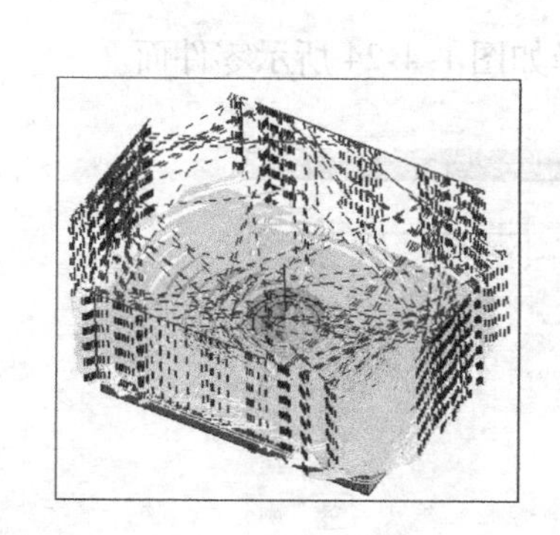

图 1-4-15　加工刀路

图 1-4-16　创建操作对话框

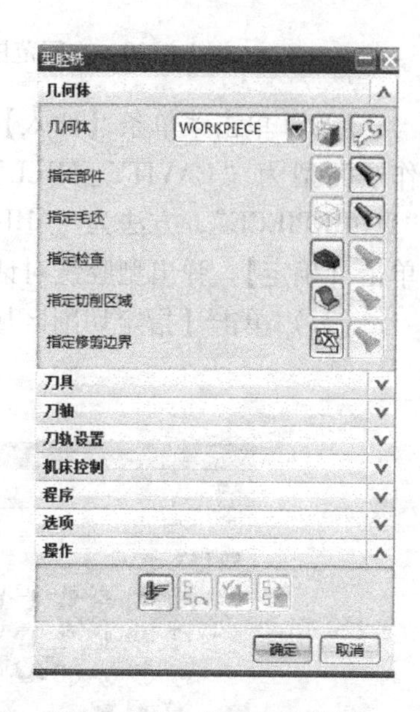


图 1-4-17　型腔铣对话框

（19）单击【刀轨设置】，方法为“MILL_ROUGH”；切削模式为“跟随部件”；步距为“刀具平直”；平面直径百分比为“70”，全局每刀深度为“0. 6”，如图 1-4-18 所示。单击【切削参数】，设置部件侧面余量为“0. 5”，如图 1-4-19 所示，单击空间范围选项卡，设置处理中的工件为“使用基于层的”，如图 1-4-20 所示。单击【进给和速度】，设置主轴速度为“2600”，剪切进给率为“1400”。单击【生成】按钮，得到零件加工刀路，如图 1-4-21 所示。

图 1-4-18　刀轨设置

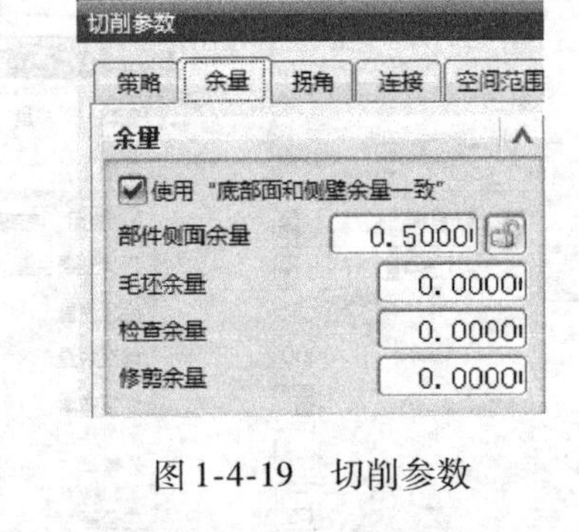


图 1-4-19　切削参数

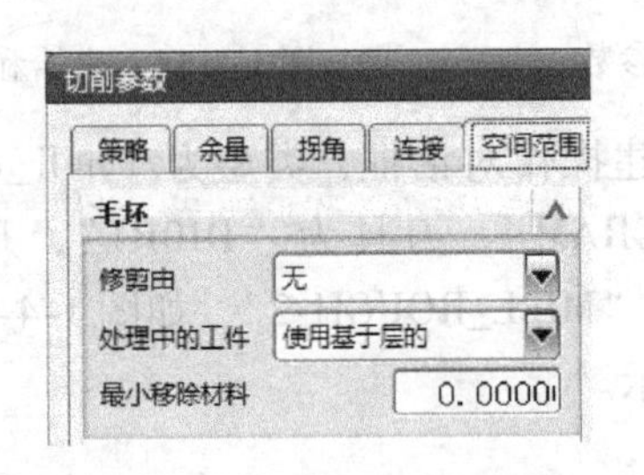


图 1-4-20　空间范围设置

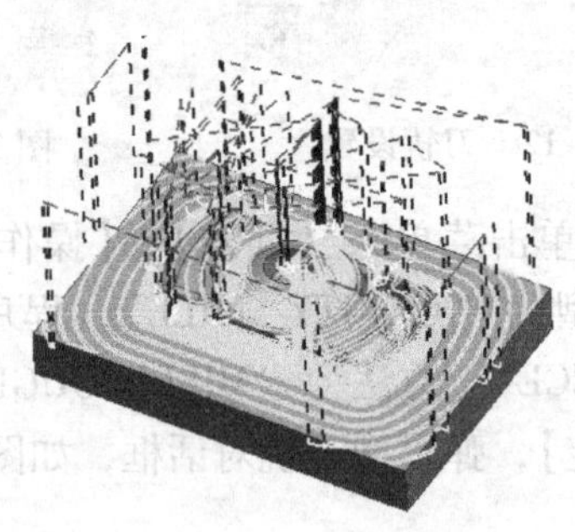

图 1-4-21　加工刀路

（20）单击菜单条【插入】→【操作】，弹出型腔铣对话框，类型为"mill_contour"，操作子类型为"CAVITY_MILL"，程序为"PROGRAM"，刀具为"D6R0.5"，几何体为"WORKPIECE"，方法为"MILL_ROUGH"，名称为"MILL_ROUGH-3"，如图 1-4-22 所示，单击【确定】，弹出型腔铣对话框，如图 1-4-23 所示。

（21）单击【指定切削区域】，弹出切削区域对话框，选择如图 1-4-24 所示零件面。

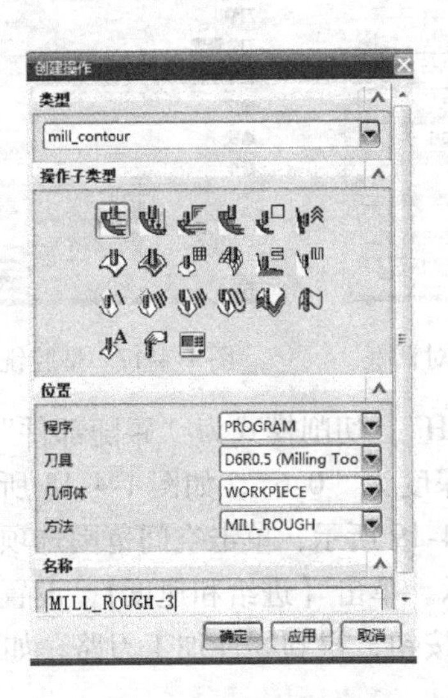


图 1-4-22　创建操作对话框

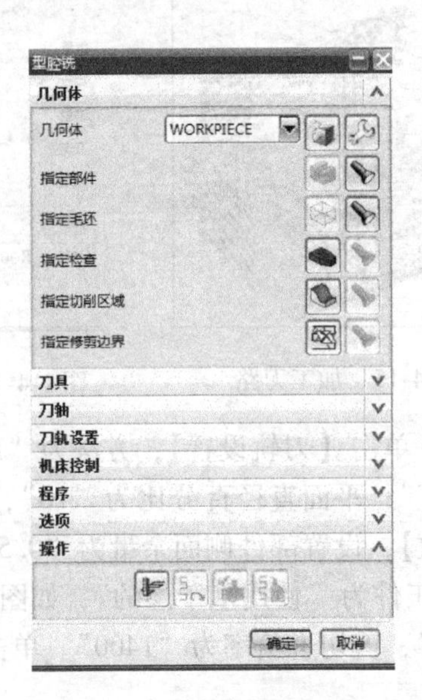


图 1-4-23　型腔铣对话框

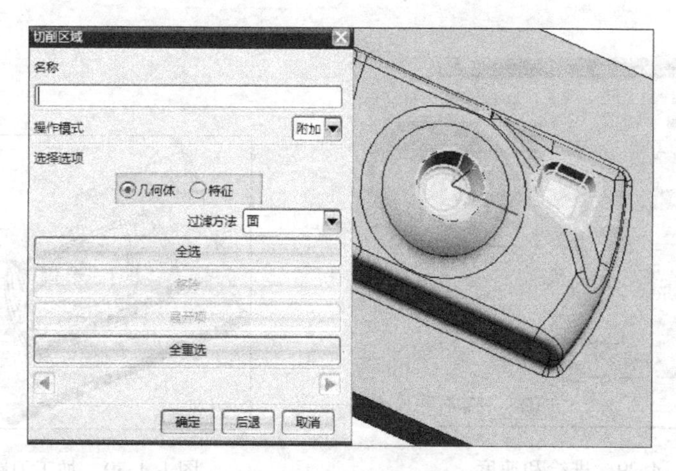


图 1-4-24　指定切削区域

（22）单击【刀轨设置】，方法为“MILL_ROUGH”；切削模式为“跟随周边”；步距为“刀具平直”；平面直径百分比为“50”，全局每刀深度为“0.4”，如图 1-4-25 所示。单击【切削参数】，设置部件侧面余量为“0.3”，如图 1-4-26 所示。单击策略选项卡，设置切削顺序为“深度优先”，如图 1-4-27 所示。单击空间范围选项卡，设置处理中的工件为“使用基于层的”，如图 1-4-28 所示。

图 1-4-25　刀轨设置

图 1-4-26　余量设置

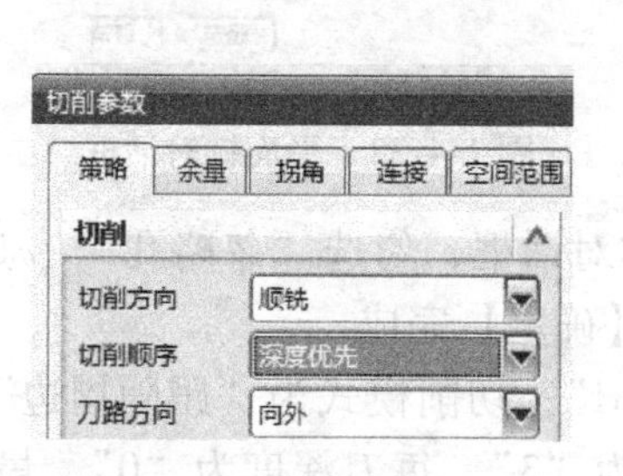


图 1-4-27　策略

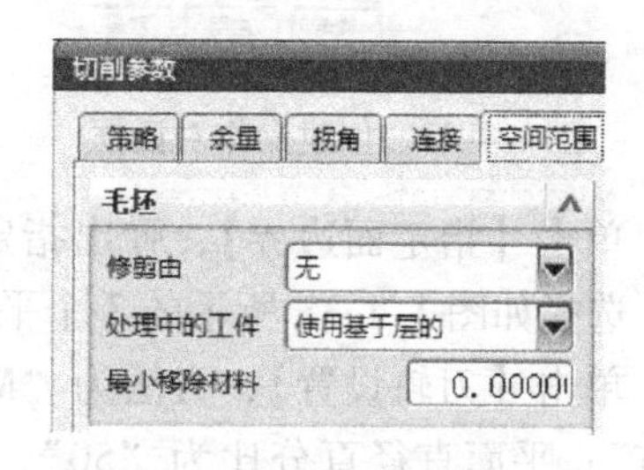


图 1-4-28　空间范围设置

（23）单击【进给和速度】，设置主轴速度为“3200”，剪切进给率为“1000”，如图 1-4-29所示。单击【生成】按钮，得到零件加工刀路，如图 1-4-30 所示。

（24）创建平面精加工操作。单击菜单条【插入】→【操作】，弹出创建操作对话框，类型为“mill_planar”，操作子类型为“FACE_MILL”，程序为“PROGRAM”，刀具为“D5R0”，

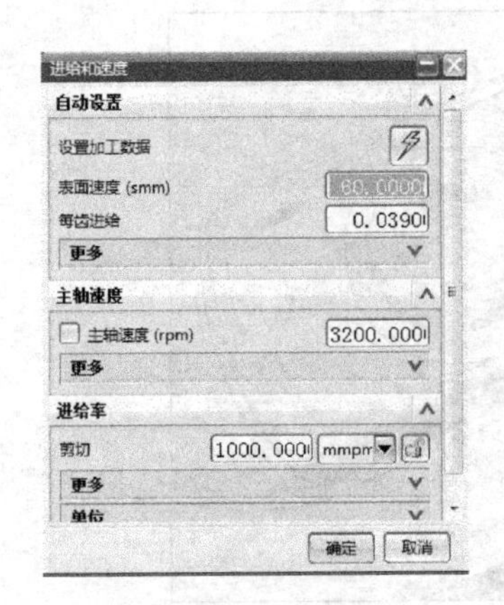


图 1-4-29　进给和速度

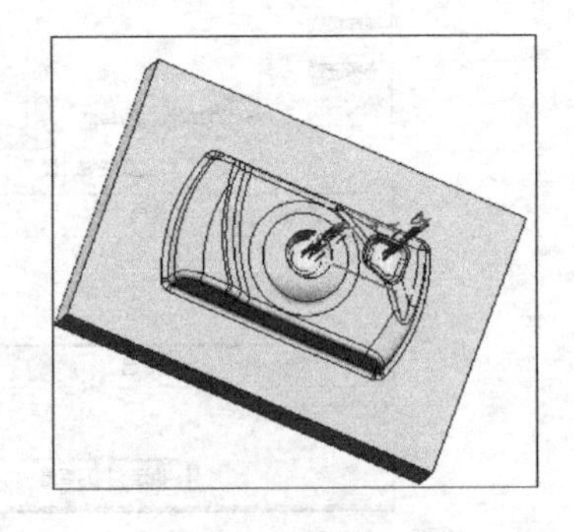

图 1-4-30　加工刀路

几何体为“WORKPIECE”，方法为“MILL_FINISH”，名称为“MILL_FINISH-1”，如图 1-4-31所示，单击【确定】，弹出平面铣对话框，如图 1-4-32 所示。

图 1-4-31　创建操作对话框

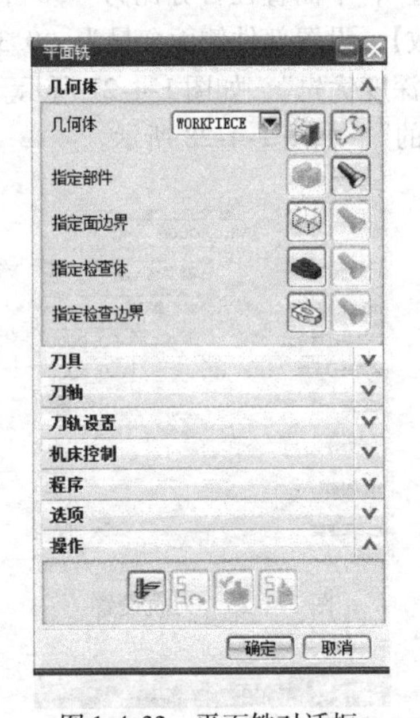


图 1-4-32　平面铣对话框

（25）单击【指定面边界】，弹出指定面几何体对话框，勾选“忽略孔”，勾选“忽略倒斜角”，选择如图 1-4-33 所示的 3 个平面，单击【确定】完成。

（26）单击【刀轨设置】，方法为“MILL_FINISH”；切削模式为“跟随周边”；步距为“刀具平直”；平面直径百分比为“50”，毛坯距离为“3”，每刀深度为“0”，最终底部面余量为“0”，如图 1-4-34 所示。单击【切削参数】，单击策略选项卡，勾选“添加精加工刀路”，如图 1-4-35 所示。

（27）单击【进给和速度】，设置主轴速度为“3600”，剪切进给率为“800”，如图 1-4-36所示。单击【生成】按钮，得到零件的加工刀路，如图 1-4-37 所示。单击【确定】，完成平面精加工刀轨创建。

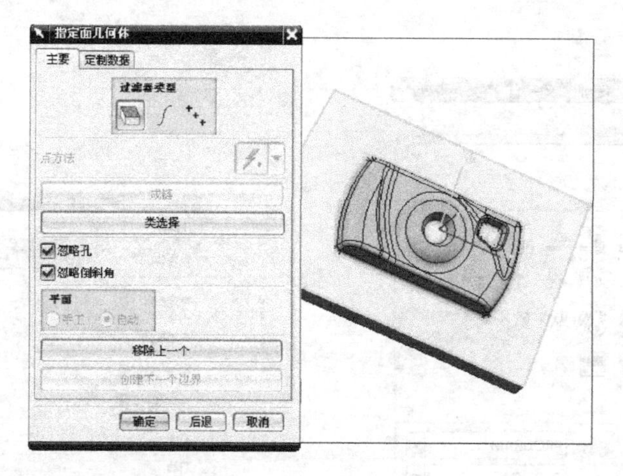


图 1-4-33　指定加工面

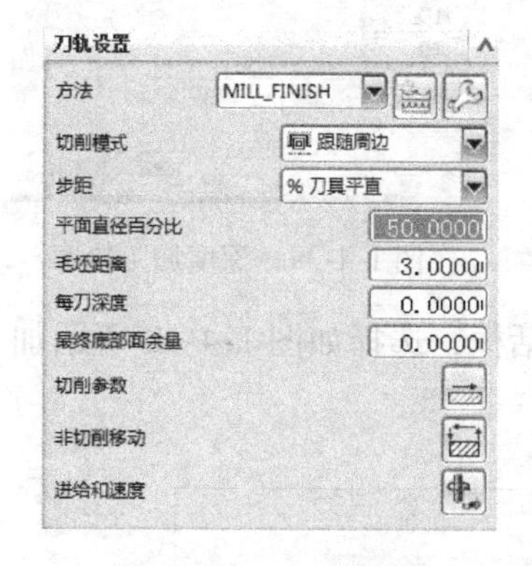


图 1-4-34　刀轨设置

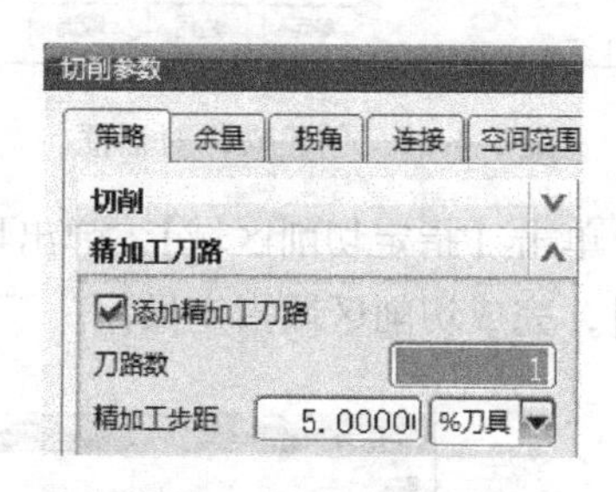


图 1-4-35　添加精加工刀路

图 1-4-36　进给和速度

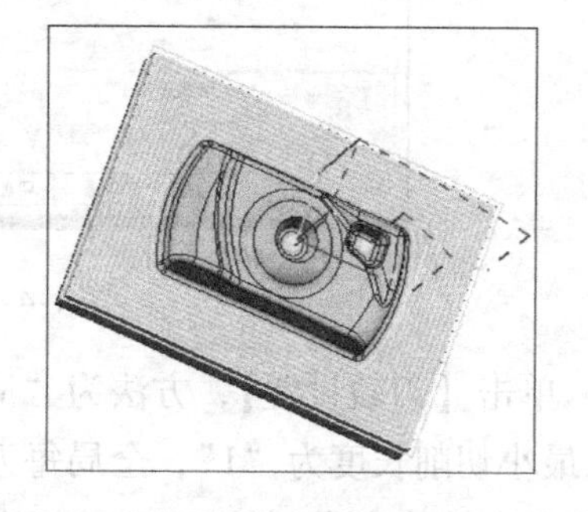

图 1-4-37　加工刀路

（28）单击菜单条【插入】→【操作】，弹出创建操作对话框，类型为“mill_contour”，操作子类型为“ZLEVEL_PROFILE”，程序为“PROGRAM”，刀具为“D6R3”，几何体为“WORKPIECE”，方法为“MILL_FINISH”，名称为“MILL_FINISH-2”，如图 1-4-38 所示，单击【确定】，弹出深度加工轮廓对话框，如图 1-4-39 所示。

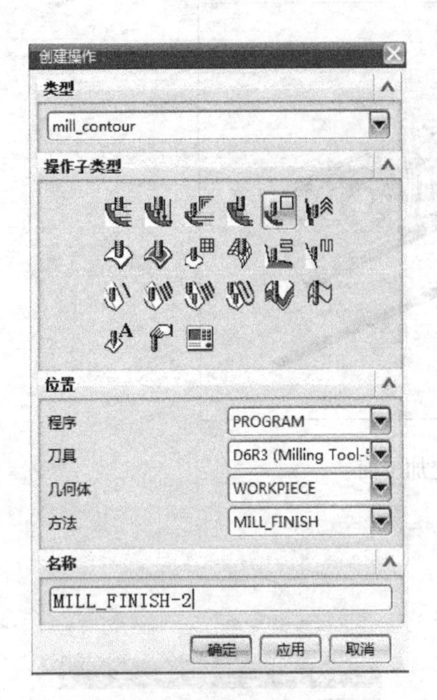


图 1-4-38　创建操作对话框

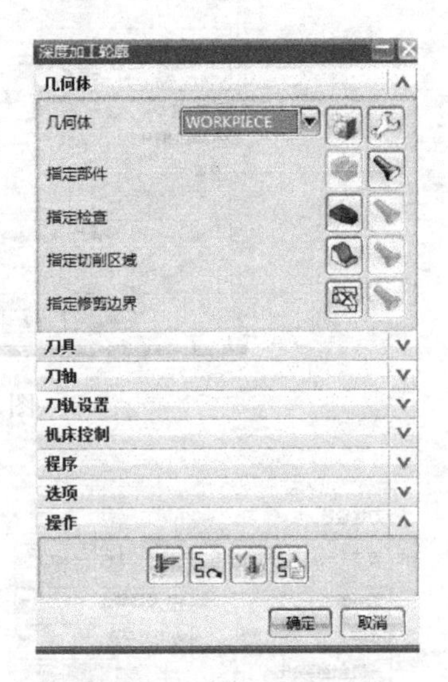


图 1-4-39　深度加工轮廓

（29）单击【指定切削区域】，弹出切削区域对话框，选择如图 1-4-40 所示加工面，单击【确定】，完成切削区域指定操作。

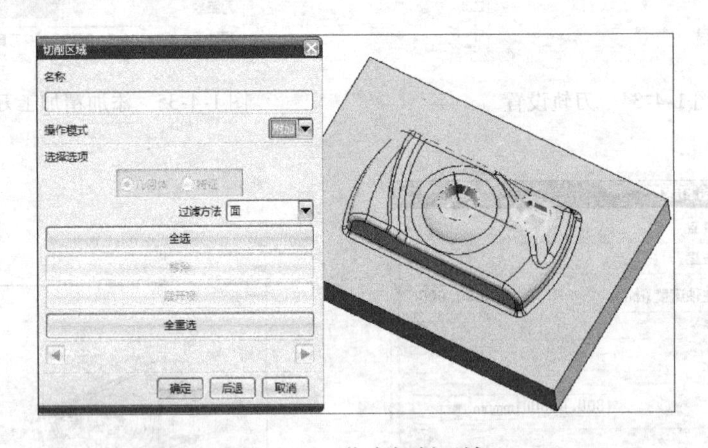


图 1-4-40　指定切削区域

（30）单击【刀轨设置】，方法为“MILL_FINISH”；陡峭空间范围为“无”，合并距离为“3”，最小切削长度为“1”，全局每刀深度为“0.1”，如图 1-4-41 所示。单击【进给和速度】，设置主轴速度为“3500”，剪切进给率为“1600”，如图 1-4-42 所示。

（31）单击【切削参数】，单击策略选项卡，设置切削方向为“混合”，设置切削顺序为“深度优先”，如图 1-4-43 所示。单击连接选项卡，设置层到层为“直接对部件进刀”，如图 1-4-44 所示。

（32）单击【生成】按钮，得到零件加工刀路如图 1-4-45 所示。

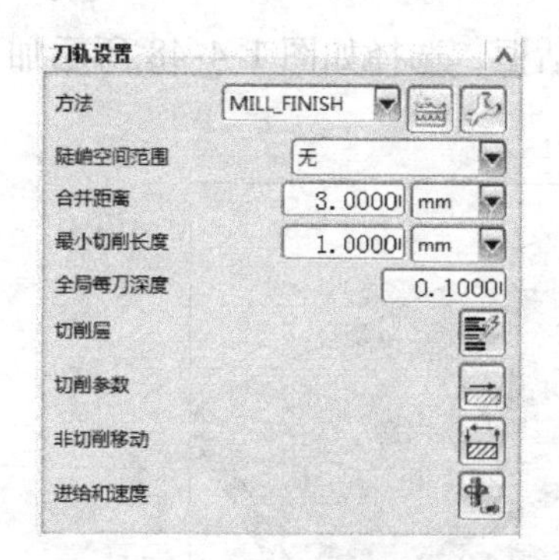


图 1-4-41　刀轨设置

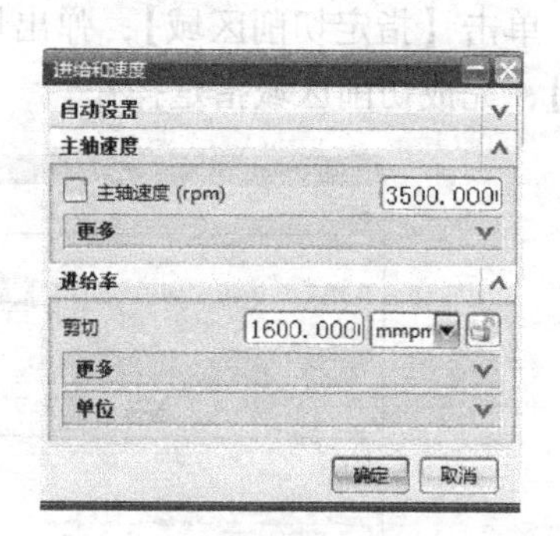


图 1-4-42　进给和速度

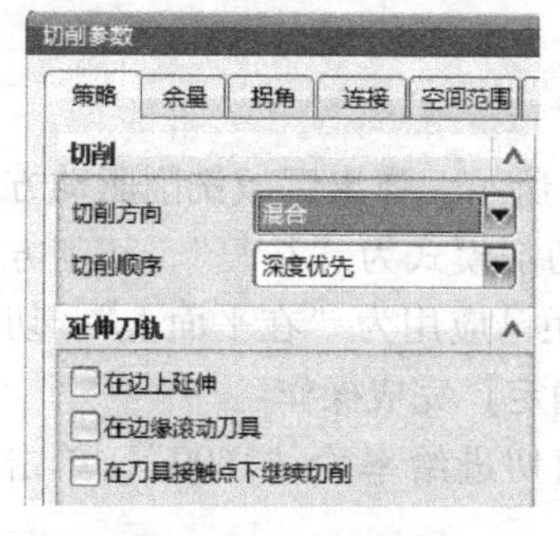


图 1-4-43　加工策略

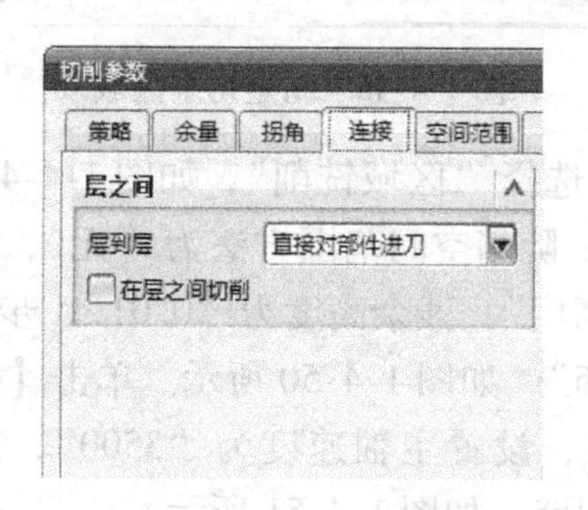


图 1-4-44　连接参数

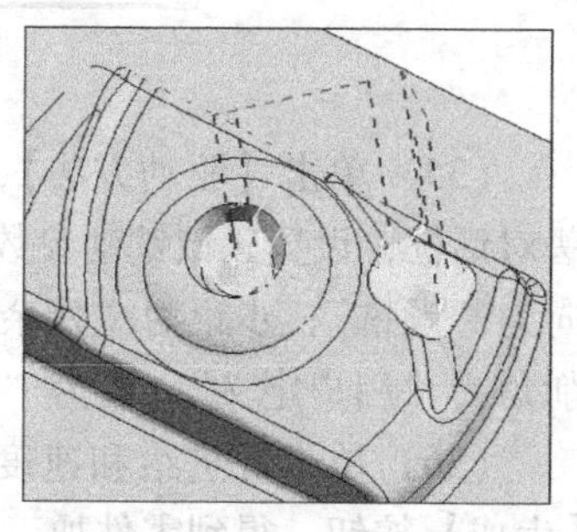

图 1-4-45　零件加工刀路

(33) 单击菜单条【插入】→【操作】，弹出创建操作对话框，类型为“mill_contour”，操作子类型为“FIXED_CONTOUR”，程序为“PROGRAM”，刀具为“D6R3”，几何体为“WORKPIECE”，方法为“MILL_FINISH”，名称为“MILL_FINISH-3”，如图 1-4-46 所示，单击【确定】，弹出固定轮廓铣对话框，如图 1-4-47 所示。

图 1-4-46　创建操作对话框

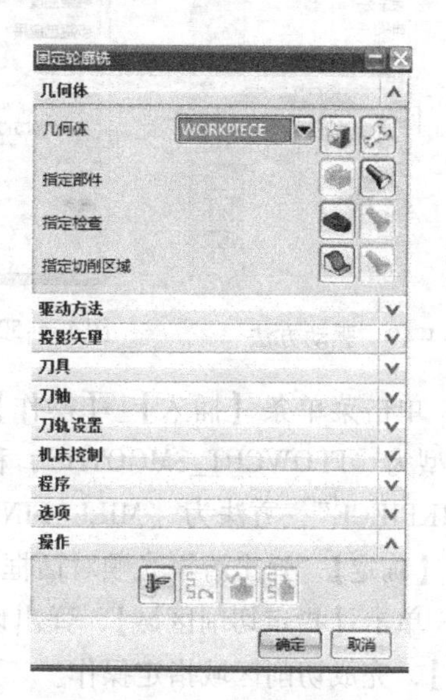


图 1-4-47　固定轮廓铣

(34) 单击【指定切削区域】，弹出切削区域对话框，选择如图 1-4-48 所示加工面，单击【确定】，完成切削区域指定操作。

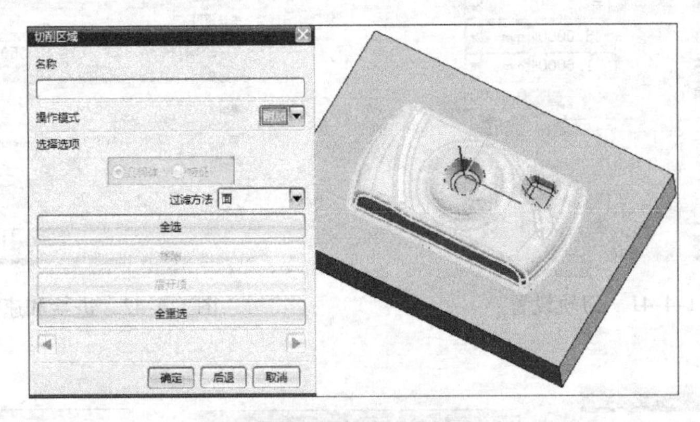


图 1-4-48　指定切削区域

(35) 单击【驱动方法】，选择“区域铣削”，如图 1-4-49 所示，弹出区域铣削驱动方法对话框，设置区域铣削参数。陡峭空间范围方法为“无”，切削模式为“往复”，切削方向为“顺铣”，步距为“残余高度”，残余高度为“0.01”，步距已应用为“在平面上”，切削角为“用户定义”，度为“45”，如图 1-4-50 所示。单击【确定】完成操作。

(36) 单击【进给和速度】，设置主轴速度为“3500”，剪切进给率为“1600”。单击【生成】按钮，得到零件加工刀路，如图 1-4-51 所示。

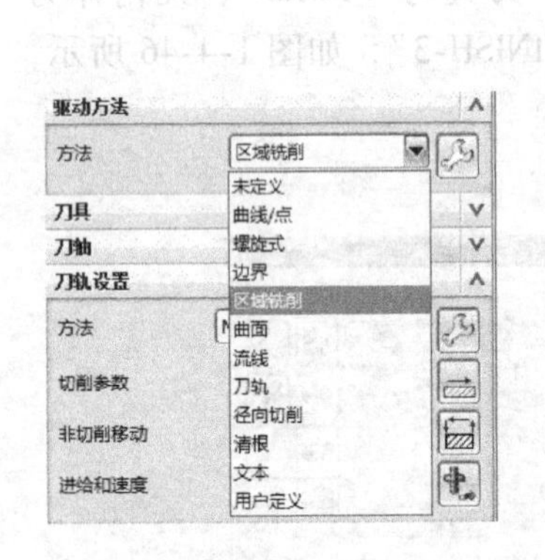


图 1-4-49　驱动方法

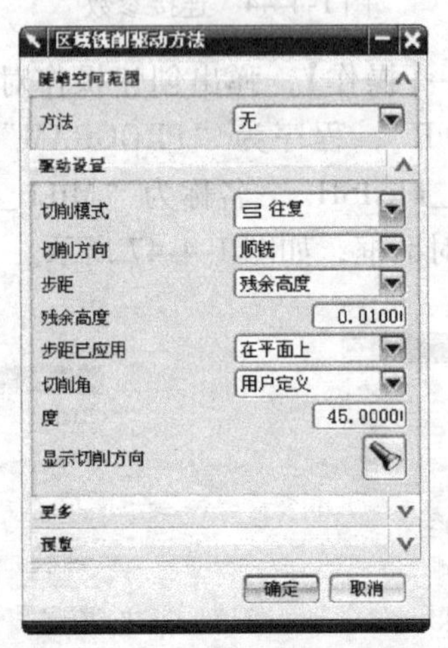


图 1-4-50　区域铣削驱动方法

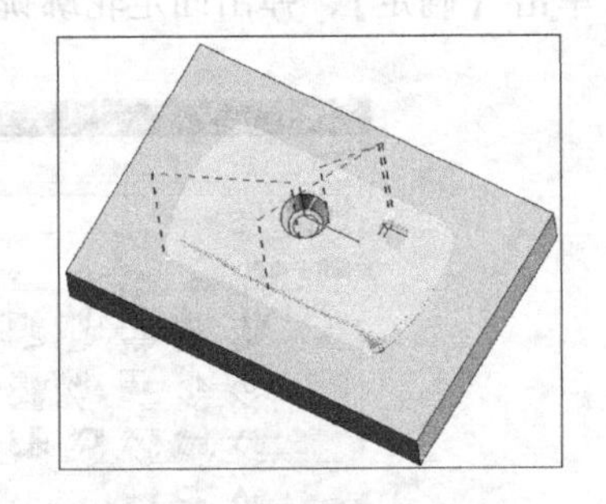

图 1-4-51　零件加工刀路

(37) 单击菜单条【插入】→【操作】，弹出创建操作对话框，类型为“mill_contour”，操作子类型为“FLOWCUT_SMOOTH”，程序为“PROGRAM”，刀具为“D3R1.5”，几何体为“WORKPIECE”，方法为“MILL_FINISH”，名称为“MILL_FINISH-4”，如图 1-4-52 所示，单击【确定】，弹出清根光顺对话框，如图 1-4-53 所示。

(38) 单击【指定切削区域】，弹出切削区域对话框，选择如图 1-4-54 所示加工面，单击【确定】，完成切削区域指定操作。

(39) 单击【驱动设置】，清根类型为“参考刀具偏置”，切削模式为“往复”，步距为

图 1-4-52　创建操作对话框

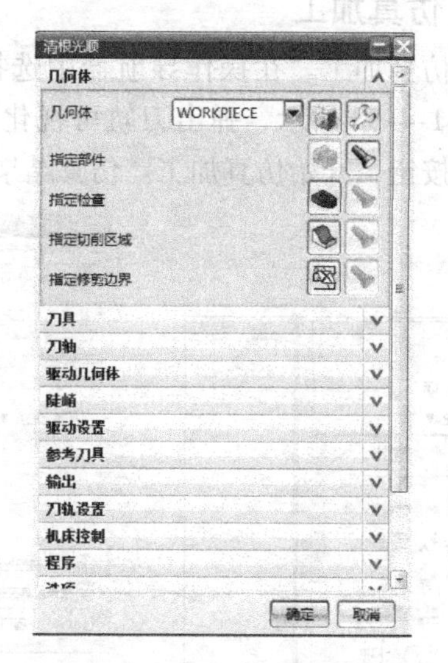


图 1-4-53　清根光顺

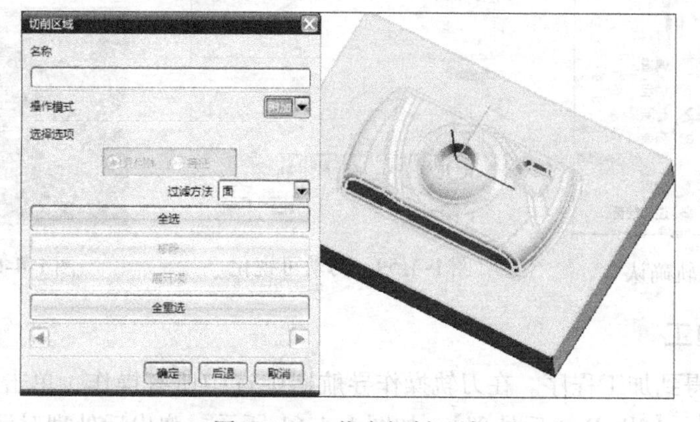


图 1-4-54　指定切削区域

“0.05”，顺序为“由内向外”，参考刀具直径为“5”，重叠距离为“1”，如图 1-4-55 所示。单击【进给和速度】，设置主轴速度为“4500”，剪切进给率为“1000”，如图 1-4-56 所示，单击【确定】完成操作。

（40）单击【生成】按钮，得到零件加工刀路，如图 1-4-57 所示。

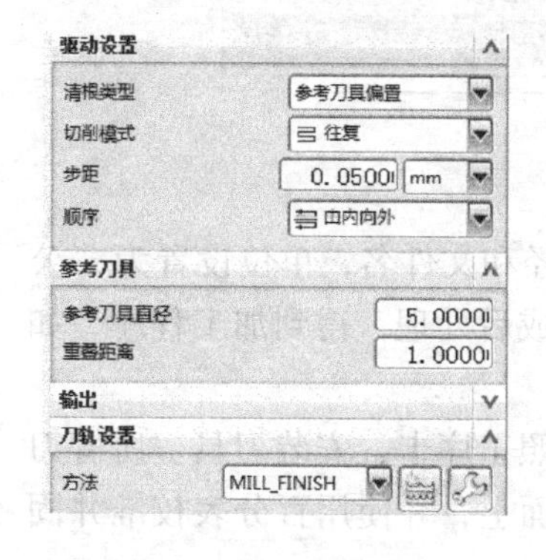


图 1-4-55　驱动设置

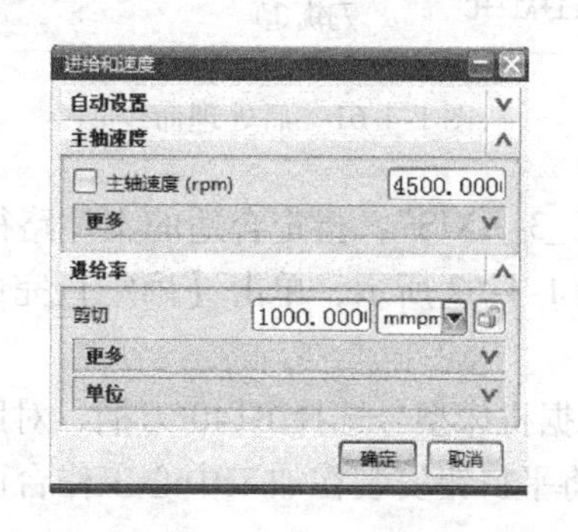


图 1-4-56　进给和速度

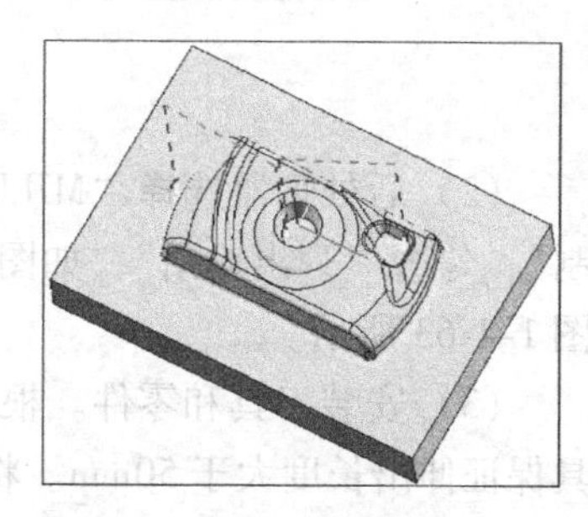

图 1-4-57　零件加工刀路

## 三、仿真加工

零件仿真加工。在操作导航器中选择 PROGRAM，单击鼠标右键，选择刀轨，选择确认，如图 1-4-58 所示，弹出刀轨可视化对话框，选择 2D 动态选项卡，如图 1-4-59 所示，单击播放按钮，开始仿真加工。仿真结果如图 1-4-60 所示。

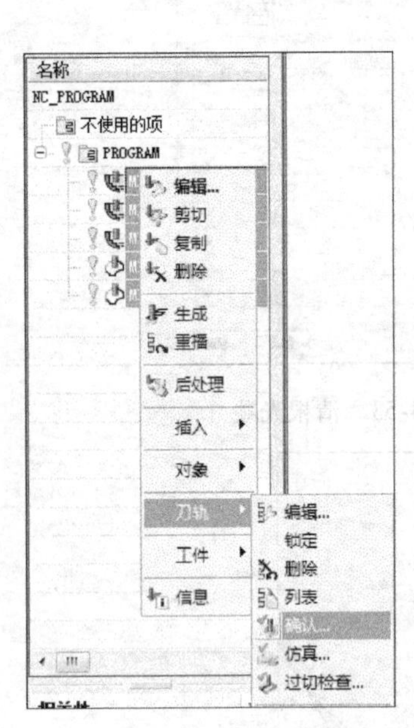


图 1-4-58　刀轨确认

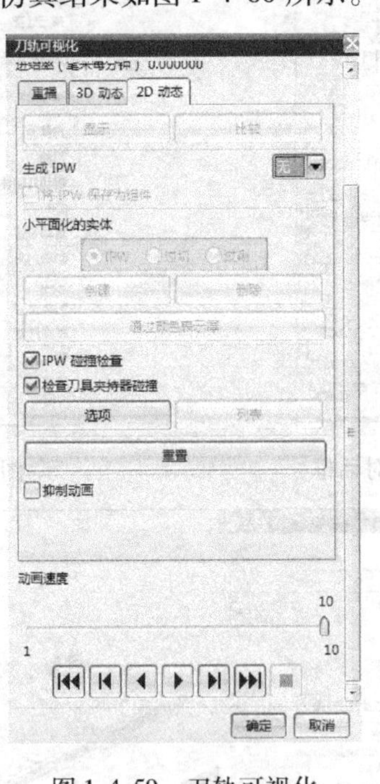


图 1-4-59　刀轨可视化

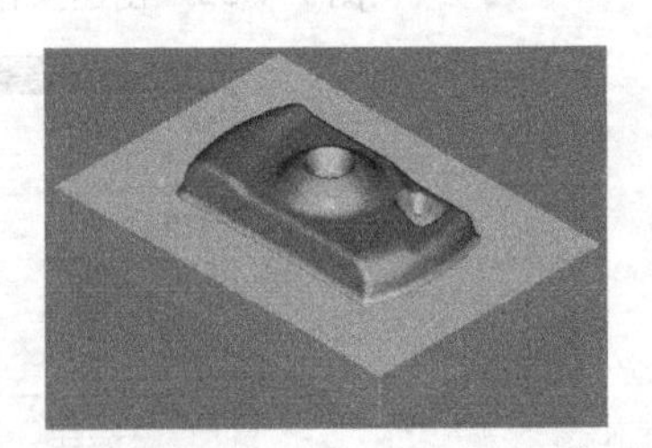

图 1-4-60　仿真结果

## 四、零件加工

（1）后处理得到加工程序。在刀轨操作导航器中选中所有操作，单击【工具】→【操作导航器】→【输出】→【NX Post 后处理】，如图 1-4-61 所示，弹出后处理对话框。

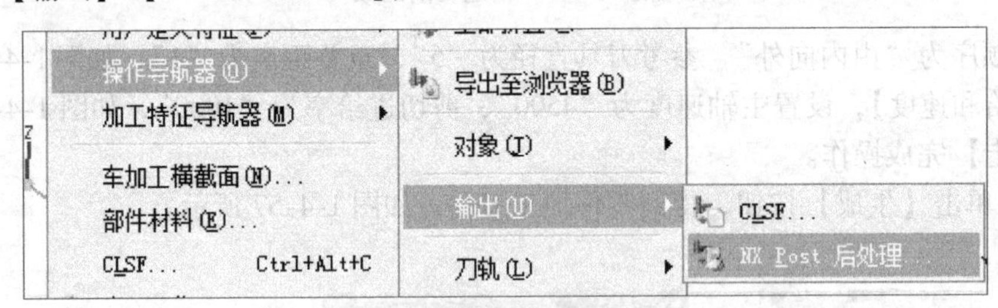


图 1-4-61　后处理命令

（2）后处理器选择“MILL_3_AXIS”，指定合适的文件路径和文件名，单位设置为“公制”，勾选“列出输出”，如图 1-4-62 所示，单击【确定】完成后处理，得到加工程序，如图 1-4-63 所示。

（3）安装刀具和零件。根据机床型号选择 BT40 刀柄，对照工序卡，安装刀具。所有刀具保证伸出长度大于 50mm。将平口钳安装在加工中心工作台面上，并使用百分表校准并固定，将毛坯夹紧。

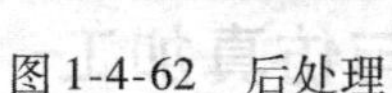

图 1-4-62　后处理

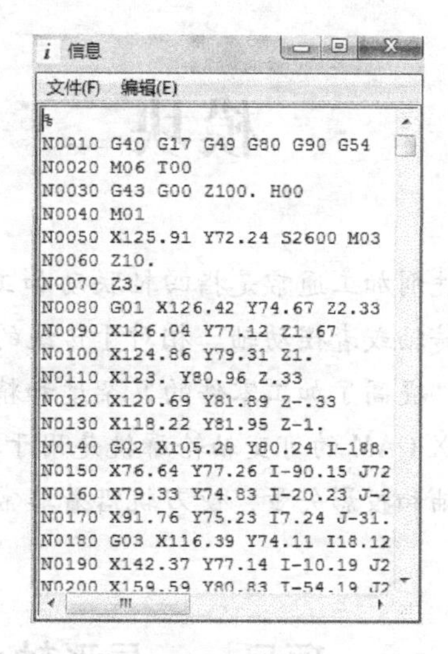


图 1-4-63　加工程序

（4）对刀。零件加工原点设置毛坯对称中心和上表面。使用机械式寻边器，找正毛坯中心，并设置 G54 参数，使用 Z 向对刀仪，分别找正每把刀的 Z 向补偿值，并设置刀具补偿参数。

（5）程序传输并加工。使用 WINPCIN 软件将后处理得到的加工程序传输到加工中心的数控系统，设置机床为自动加工模式，按循环启动键，机床即开始自动加工零件。

## 【专家点拨】

（1）曲线/点驱动方式中，如果只指定一个驱动点，或者指定几个驱动点使得部件几何体上只定义一个位置，则不会生成刀轨且会显示出错消息。

（2）区域铣削驱动方式中，计算“在部件上”的步距所需的时间比计算“在平面上”的更长，不能将“拐角控制”与“在部件上”选项一起使用。

（3）区域铣削驱动方法主要设计用于使用“在部件上”选项时的精加工刀路，且不支持多个深度。

## 【课后训练】

（1）根据图 1-4-64 所示玩具汽车凸模零件的特征，制订合理的工艺路线，设置必要的加工参数，生成刀具路径，通过相应的后处理生成数控加工程序，并运用机床加工零件。

（2）根据图 1-4-65 所示手机凸模零件的特征，制订合理的工艺路线，设置必要的加工参数，生成刀具路径，通过相应的后处理生成数控加工程序，并运用机床加工零件。

图 1-4-64　玩具汽车凸模零件

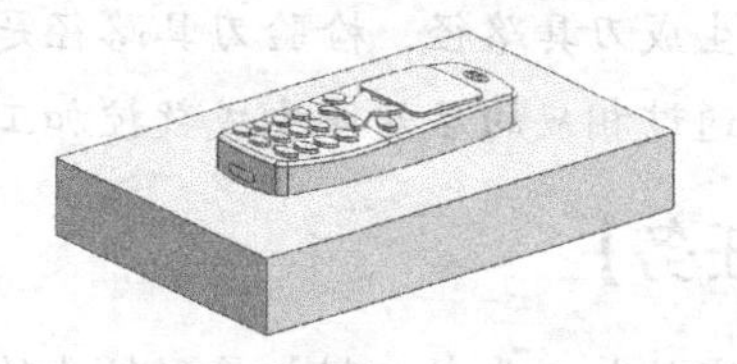

图 1-4-65　手机凸模零件

# 模块二　四轴铣削加工

四轴铣削加工通常是指四轴联动加工，就是在 3 个线性轴（X、Y、Z）的基础上增加了一个旋转轴或者摆动轴。相对于传统的三轴铣削加工，四轴加工改变了加工模式，增强了加工能力，提高了加工零件的复杂度和精度，解决了很多复杂零件的加工难题。

UG NX CAM 的可变轴轮廓铣是用于轮廓曲面形成的区域精加工的加工方法。它可以精确控制刀轴和投影矢量，使刀轨沿着非常复杂的曲面的复杂轮廓移动，常用于四、五轴铣削编程。

## 项目一　异形轴头的数控编程与仿真加工

### 【教学目标】

能力目标：能运用 UG NX 软件完成异形轴头的编程与仿真加工。
　　　　　能使用加工中心完成零件加工。
知识目标：掌握可变轴铣削几何体设置。
　　　　　掌握切削层设置方法。
　　　　　掌握刀具轴设置方法。
　　　　　掌握远离直线驱动方法。
素质目标：激发学生的学习兴趣，培养团队合作和创新精神。

### 【项目导读】

异形轴头零件是四轴铣削加工中常见的一类零件。这类零件一般形状比较特殊，在轴头端为非回转体，而且有内凹的形状。由于其零件形状的特殊性，采用车削或者三轴铣削都没法完成零件加工。零件上一般会有曲面，圆弧面等特征。

### 【任务描述】

学生以企业制造部门 MC 数控程序员的身份进入 UG NX CAM 功能模块，根据异形轴头零件的特征，制订合理的工艺路线，创建型腔铣、可变轴轮廓铣等加工操作，设置必要的加工参数，生成刀具路径，检验刀具路径是否正确合理，并对操作过程中存在的问题进行研讨和交流，通过相应的后处理生成数控加工程序，并运用机床加工零件。

### 【工作任务】

按照零件加工要求，制订异形轴头的加工工艺；编制异形轴头加工程序；完成异形轴头的仿真加工，后处理得到数控加工程序，完成零件加工。

## 一、制订加工工艺

### 1. 异形轴头零件分析

异形轴头零件形状比较简单，主要由曲面、圆弧面、端面、圆柱面等特征组成，主要加工内容为轴头曲面、过渡面、端面。经过对零件的分析，可知零件上最小的内凹圆弧半径为8，所以清根加工时刀具半径不能大于8。

### 2. 毛坯选用

零件材料为45钢圆棒，尺寸为 $\phi 90 \times 110$mm。零件长度、直径尺寸已经精加工到位，无须再加工。

### 3. 制订加工工序卡

零件选用立式四轴联动机床加工（立式加工中心，带有绕X轴旋转的回转台），自定心卡盘装夹，遵循先粗后精加工原则，粗加工采用3+1轴型腔铣方式，精加工采用四轴联动加工。加工工序如表2-1-1所示。

表2-1-1　加工工序卡

| 零件号：2646732 | | 工序名称：异形轴头铣削加工 | | 工艺流程卡_工序单 |
|---|---|---|---|---|
| 材料：45钢 | 页码：1 | | 工序号：01 | 版本号：0 |
| 夹具：自定心卡盘 | 工位：MC | | 数控程序号： | |
| 刀具及参数设置 | | | | |
| 加工内容 | 刀具号 | 刀具规格 | 主轴转速 | 进给速度 |
| 粗加工 | T01 | D10R1 | S3200 | F1200 |
| 端面精加工 | T02 | D6R0 | S3500 | F1200 |
| 过渡圆弧精加工 | T03 | D6R3 | S3800 | F1500 |
| 轴头面精加工 | T03 | D6R3 | S3800 | F1500 |
| 02 | | | | |
| 01 | | | | |
| 更改号 | 更改内容 | 批准 | 日期 | |
| 拟制： | 日期： 审核： | 日期： 批准： | 日期： | ××工业职业技术学院 |

## 二、编制加工程序

（1）单击【开始】→【所有应用模块】→【加工】，弹出加工环境对话框，CAM会话配置选择“cam_general”；要创建的CAM设置选择“mill_contour”，如图2-1-1所示，然后单击【确定】，进入加工模块。

（2）在加工操作导航器空白处，单击鼠标右键，选择【几何视图】，如图2-1-2所示。

（3）双击操作导航器中的【MCS_MILL】，弹出Mill Orient（加工坐标系）对话框，设置安全距离为“50”，如图2-1-3所示。

（4）单击指定MCS中的CSYS按钮，弹出CSYS对话框，然后选择参考坐标系中的“WCS”，单击【确定】，使加工坐标系和工作坐标系重合，如图2-1-4所示。再单击【确定】完成加工坐标系设置。

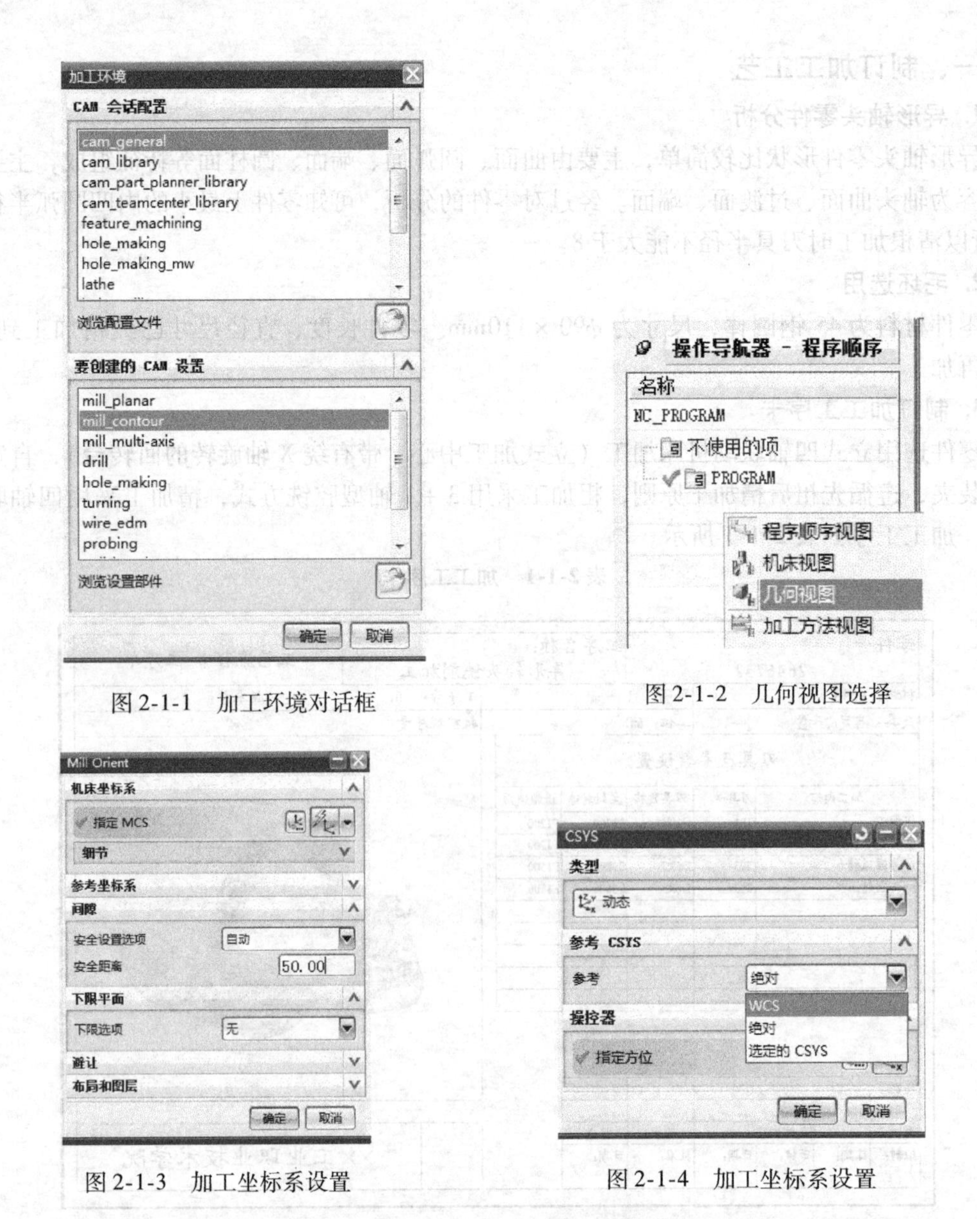


图 2-1-1　加工环境对话框

图 2-1-2　几何视图选择

图 2-1-3　加工坐标系设置

图 2-1-4　加工坐标系设置

（5）双击操作导航器中的 WORKPIECE，弹出铣削几何体对话框，如图 2-1-5 所示。

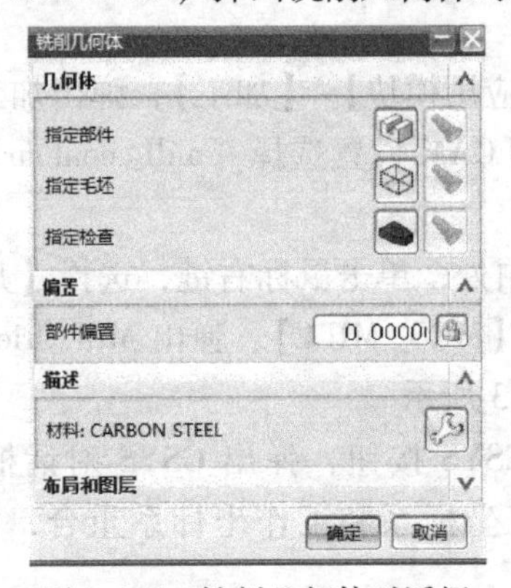


图 2-1-5　铣削几何体对话框

（6）单击【指定毛坯】，弹出毛坯几何体对话框，选择“几何体”作为毛坯，选择如图2-1-6所示几何体（此几何体预先在建模模块创建好）。单击【确定】完成毛坯选择，单击【确定】完成铣削几何体的设置。

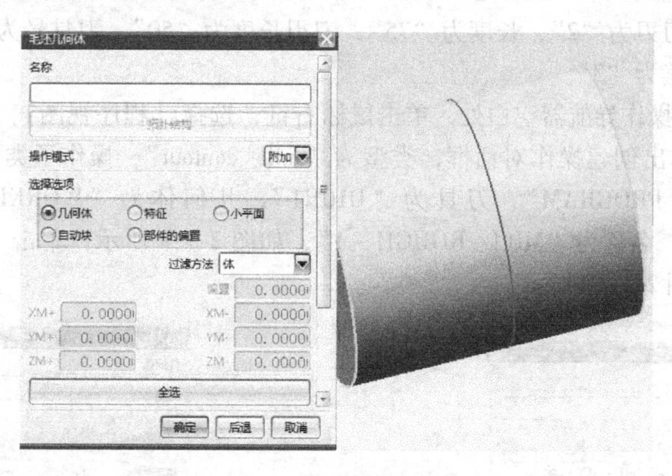


图2-1-6 毛坯设置

（7）在加工操作导航器空白处，单击鼠标右键，选择【机床视图】，单击菜单条【插入】→【刀具】，弹出创建刀具对话框，如图2-1-7所示。类型选择为“mill_contour”，刀具子类型选择为“MILL”，刀具位置为“GENERIC_MACHINE”，刀具名称为“D10R1”，单击【确定】，弹出铣刀-5参数设置对话框。设置刀具参数如图2-1-8所示，直径为“10”，底圆角半径为“1”，刀刃为“2”，长度为“75”，刀刃长度为“50”，刀具号为“1”，长度补偿为“1”，刀具补偿为“1”，单击【确定】，完成刀具1的创建。

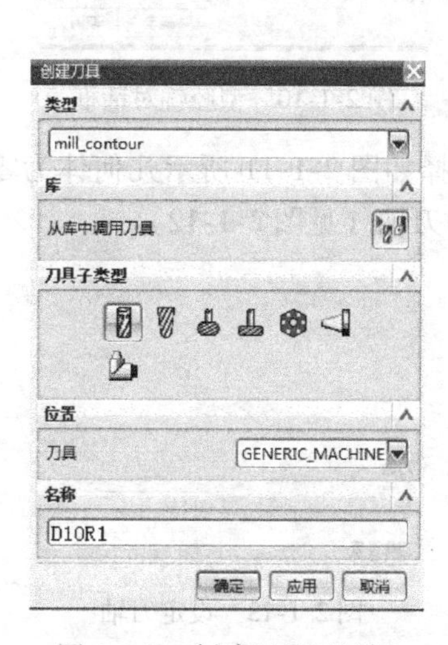


图2-1-7 创建刀具对话框

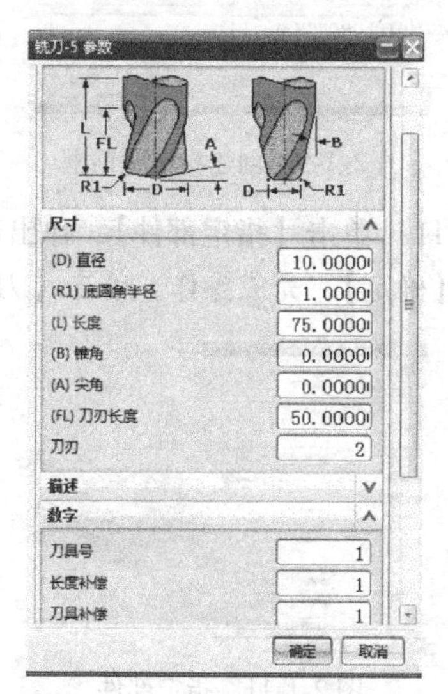


图2-1-8 刀具参数设置

（8）用同样的方法创建刀具2。类型选择为“mill_contour”，刀具子类型选择为“MILL”，刀具位置为“GENERIC_MACHINE”，刀具名称为“D6R0”，直径为“6”，底圆角半径为“0”，刀刃为“2”，长度为“75”，刀刃长度为“50”，刀具号为“2”，长度补偿为“2”，刀具补偿为“2”。

(9) 用同样的方法创建刀具 3。类型选择为“mill_contour”，刀具子类型选择为“MILL”，刀具位置为“GENERIC_MACHINE”，刀具名称为“D6R3”，直径为“6”，底圆角半径为“3”，刀刃为“2”，长度为“75”，刀刃长度为“50”，刀具号为“3”，长度补偿为“3”，刀具补偿为“3”。

(10) 在加工操作导航器空白处，单击鼠标右键，选择【程序视图】，单击菜单条【插入】→【操作】，弹出创建操作对话框，类型为“mill_contour”，操作子类型为“CAVITY_MILL”，程序为“PROGRAM”，刀具为“D10R1”，几何体为“WORKPIECE”，方法为“MILL_ROUGH”，名称为“MILL_ROUGH-1”，如图 2-1-9 所示，单击【确定】，弹出型腔铣对话框，如图 2-1-10 所示。

图 2-1-9　创建操作对话框

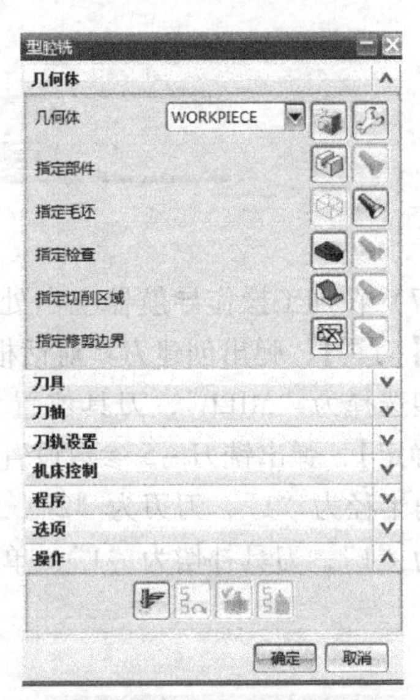

图 2-1-10　型腔铣对话框

(11) 单击【指定部件】，弹出部件几何对话框，选择如图 2-1-11 所示几何体为零件，单击【确定】，完成操作。单击【刀轴】，选择 +ZM 轴为刀轴（见图 2-1-12）。

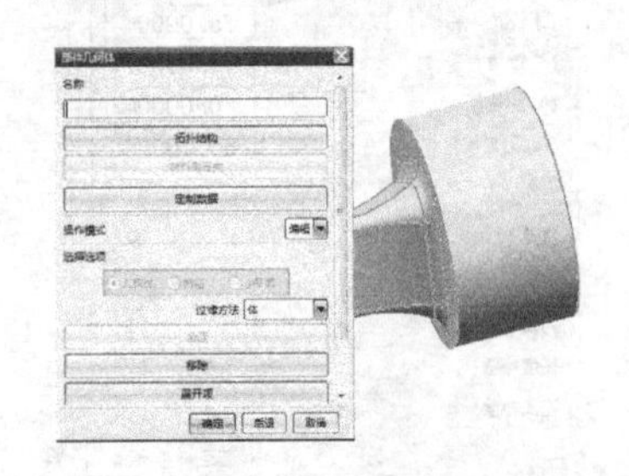
图 2-1-11　指定部件

图 2-1-12　设定刀轴

(12) 单击【刀轨设置】，方法为“MILL_ROUGH”，切削模式为“跟随部件”，步距为“刀具平直”，平面直径百分比为“75”，全局每刀深度为“0.6”，如图 2-1-13 所示。单击【切削层】，弹出切削层对话框，单击【编辑当前范围】，选择轴端圆的圆心，如图 2-1-14 所示。

图 2-1-13　刀轨设置

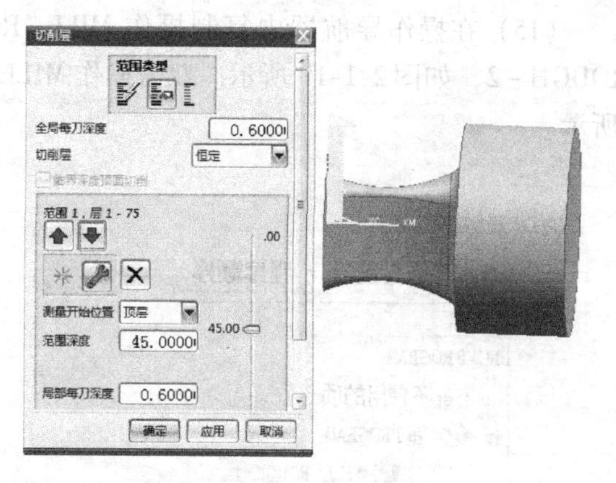


图 2-1-14　切削层设置

（13）单击【切削参数】，设置部件侧面余量为“0. 3”，如图 2-1-15 所示。单击连接选项卡，设置开放刀路为“变换切削方向”，如图 2-1-16 所示。

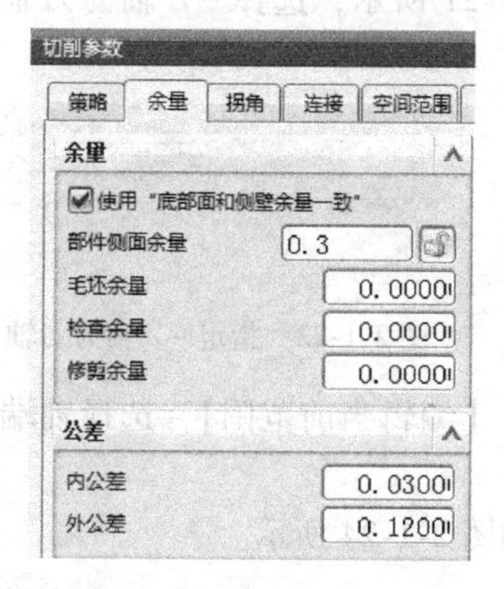


图 2-1-15　切削参数

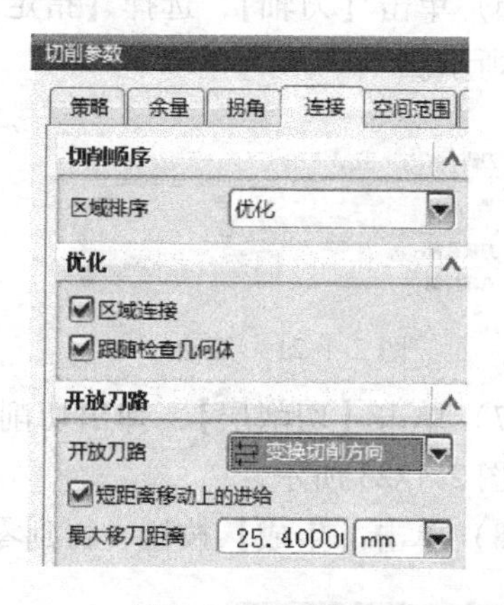


图 2-1-16　连接

（14）单击【进给和速度】，设置主轴速度为“3200”，剪切进给率为“1200”，如图 2-1-17所示。单击【生成】按钮，得到零件加工刀路，如图 2-1-18 所示。

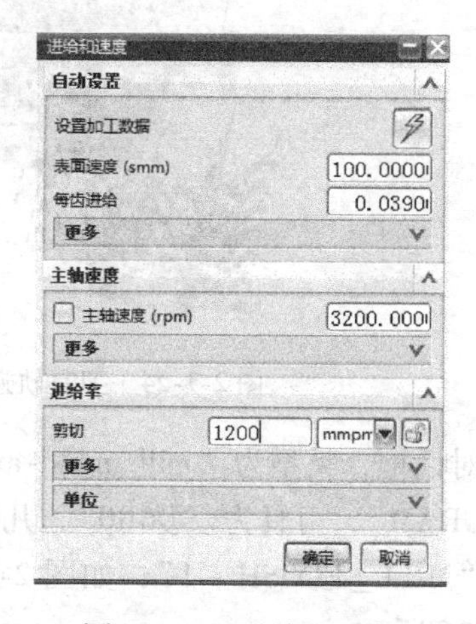


图 2-1-17　进给和速度

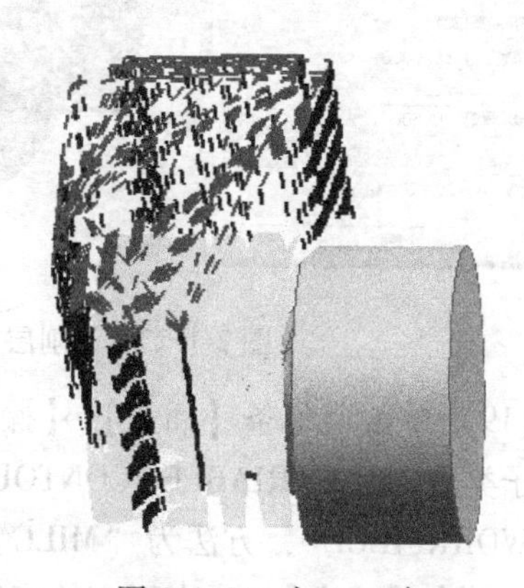

图 2-1-18　加工刀路

（15）在操作导航器中复制操作 MILL_ROUGH－1 并粘贴，重命名新操作为 MILL_ROUGH－2，如图 2-1-19 所示。双击操作 MILL_ROUGH-2，弹出型腔铣对话框，如图2-1-20 所示。

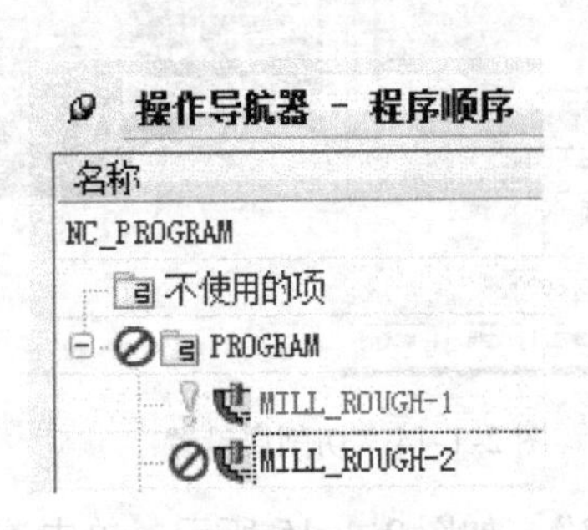


图 2-1-19　复制操作

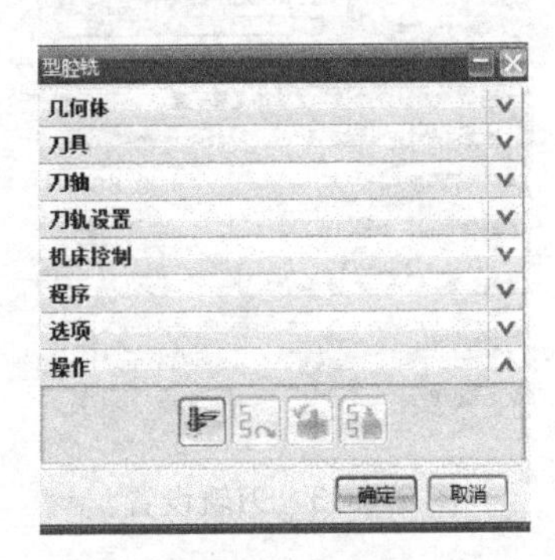


图 2-1-20　型腔铣对话框

（16）单击【刀轴】，选择【指定矢量】，如图 2-1-21 所示，选择－Z 轴为刀轴，如图 2-1-22 所示。

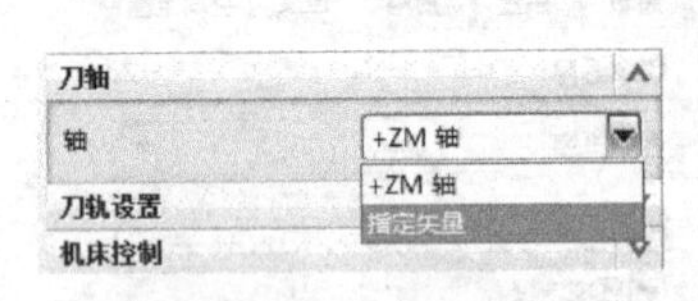


图 2-1-21　刀轴

图 2-1-22　指定－Z 轴为刀轴

（17）单击【切削层】，弹出切削层对话框，单击【编辑当前范围】，选择轴端圆的圆心，如图 2-1-23 所示。

（18）单击【生成】按钮，得到零件加工刀路，如图 2-1-24 所示。

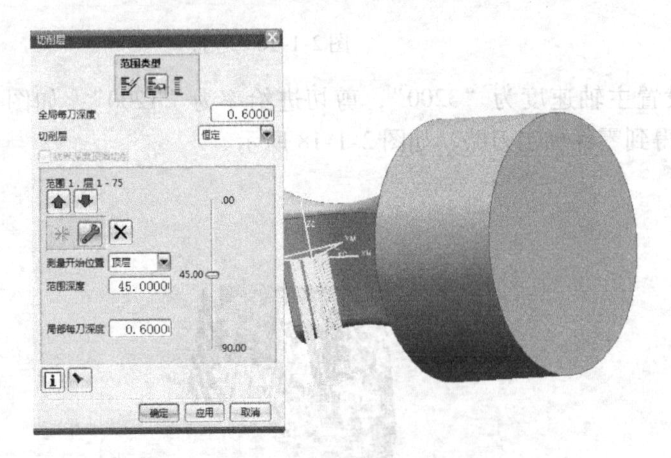


图 2-1-23　切削层

图 2-1-24　刀具轨迹

（19）单击菜单条【插入】→【操作】，弹出创建操作对话框，类型为“mill_multi-axis”，操作子类型为“VARIABLE_CONTOUR”，程序为“PROGRAM”，刀具为“D6R0”，几何体为“WORKPIECE”，方法为“MILL_FINISH”，名称为“MILL_FINISH－1”，如图 2-1-25 所示，单击【确定】，弹出可变轮廓铣对话框，如图 2-1-26 所示。

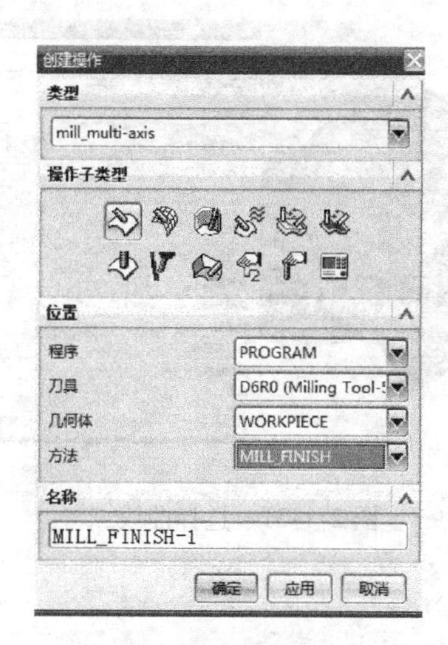


图 2-1-25　创建操作对话框

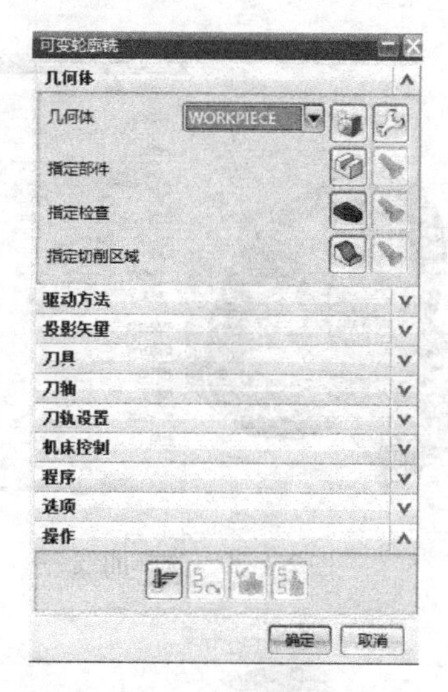


图 2-1-26　可变轮廓铣对话框

（20）单击【驱动方法】，设置驱动方法为“流线”，如图 2-1-27 所示，弹出如图 2-1-28 所示对话框。

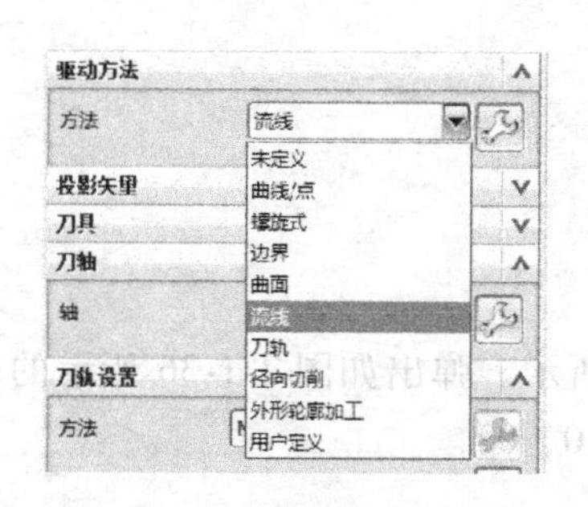


图 2-1-27　驱动方法

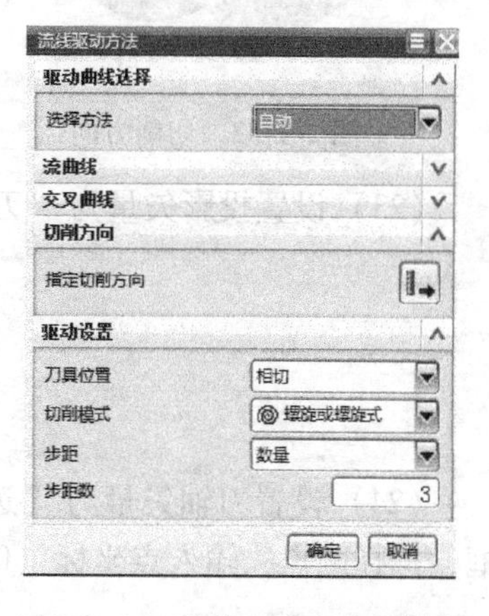


图 2-1-28　流线驱动方法对话框

（21）选择驱动曲线选择方法为“指定”，如图 2-1-29 所示，选择如图 2-1-30 所示曲线。单击添加新集，选择如图 2-1-31 所示曲线，注意要保证两个曲线的方向一致。

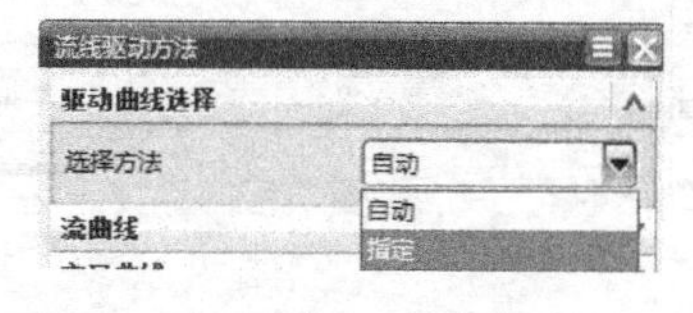


图 2-1-29　驱动方法

（22）单击【切削方向】，单击【指定切削方向】，选择如图 2-1-32 所示切削方向。单击【驱动设置】，刀具位置为“相切”，切削模式为“螺旋或螺旋式”，步距为“数量”，步距数为“6”，如图 2-1-33 所示。单击【确定】完成操作。

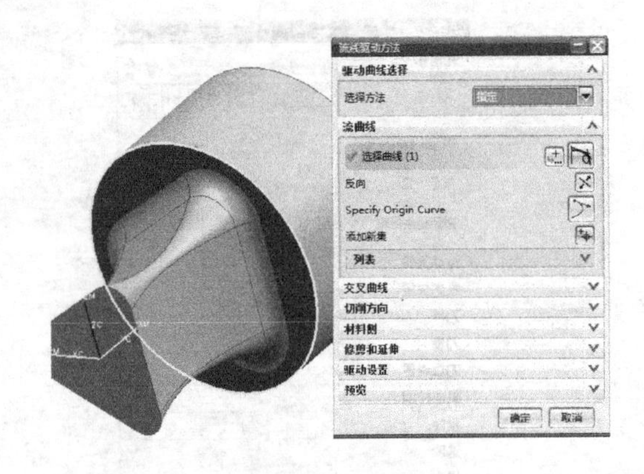


图 2-1-30　选择曲线一

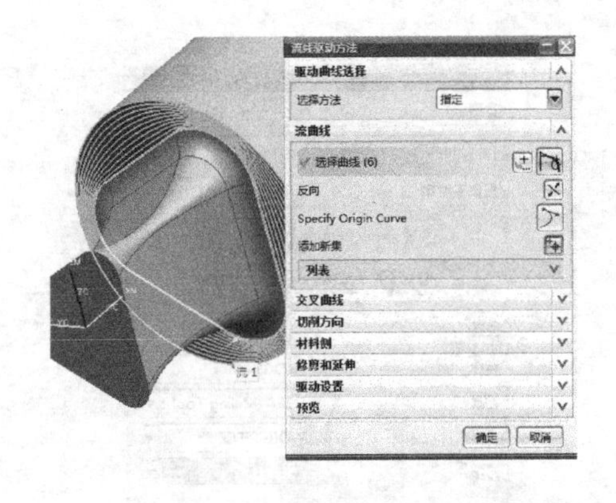


图 2-1-31　选择曲线二

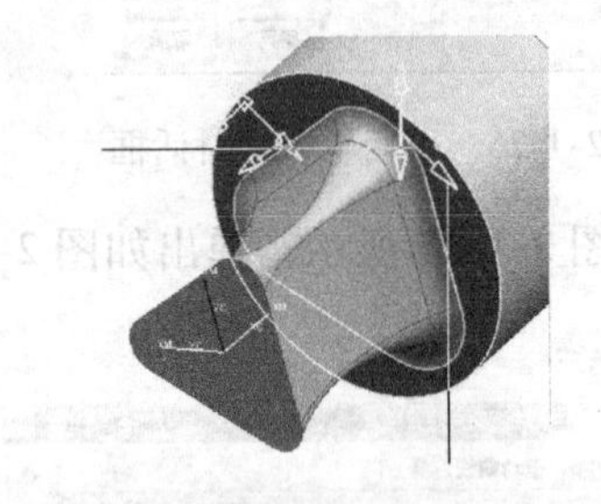

图 2-1-32　切削方向

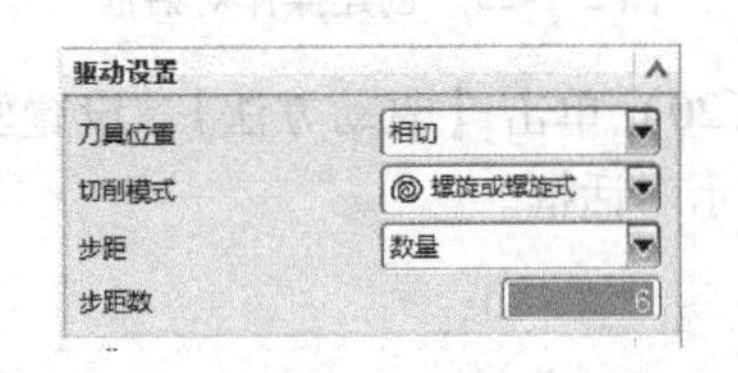


图 2-1-33　步距

（23）设置投影矢量为“刀轴”，如图 2-1-34 所示。

图 2-1-34　投影矢量

（24）设置刀轴矢量为“远离直线”，如图 2-1-35 所示。弹出如图 2-1-36 所示的对话框，选择两点，输入点坐标（0，0，0）和点坐标（80，0，0）。

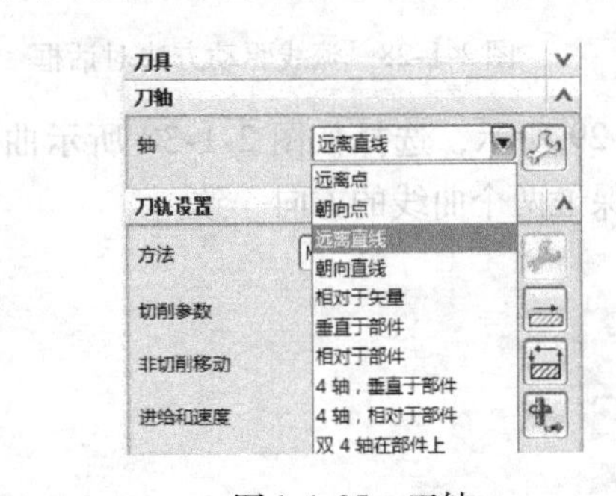


图 2-1-35　刀轴

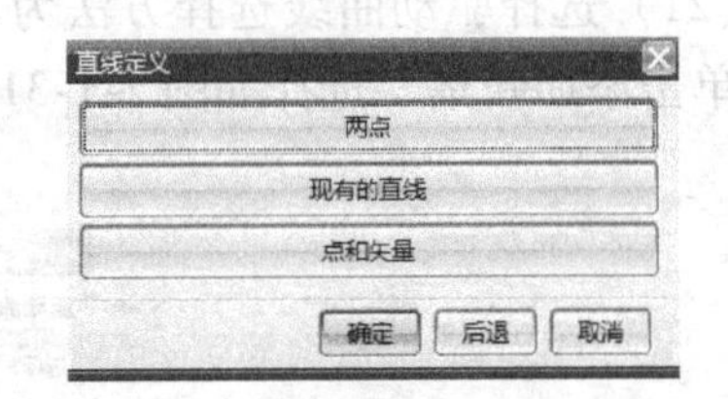


图 2-1-36　定义直线

（25）单击【刀轨设置】，方法为“MILL_FINISH”，如图 2-1-37 所示。单击进给和速度，设置主轴速度为“3500”，剪切进给率为“1200”，如图 2-1-38 所示。

（26）单击【生成】按钮，得到零件加工刀路，如图 2-1-39 所示。

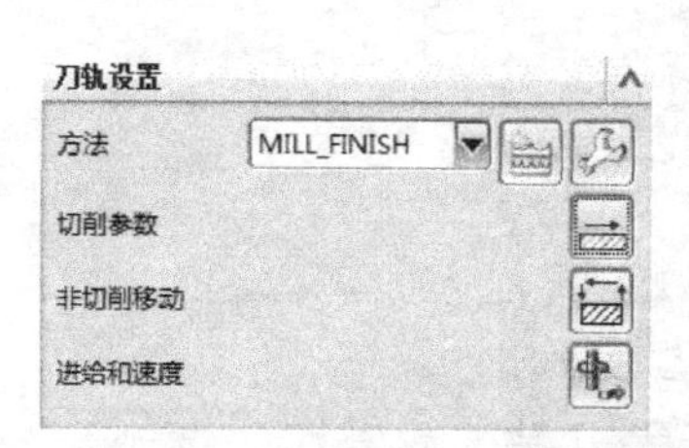

图 2-1-37　刀轨设置

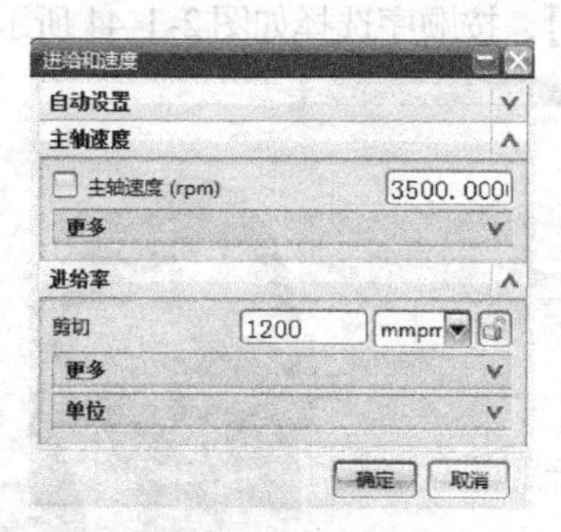


图 2-1-38　进给设置

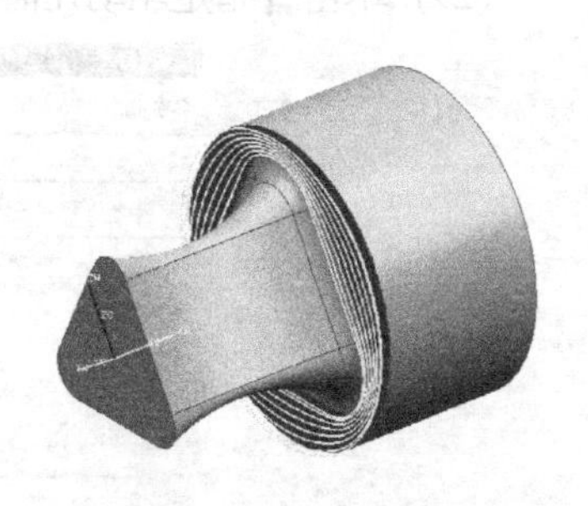

图 2-1-39　刀轨

（27）单击菜单条【插入】→【操作】，弹出创建操作对话框，类型为“mill_multi-axis”，操作子类型为“VARIABLE_CONTOUR”，程序为“PROGRAM”，刀具为“D6R3”，几何体为“WORKPIECE”，方法为“MILL_FINISH”，名称为“MILL_FINISH-2”，如图 2-1-40 所示，单击【确定】，弹出可变轮廓铣对话框，如图 2-1-41 所示。

图 2-1-40　创建操作对话框

图 2-1-41　可变轮廓铣对话框

（28）单击【驱动方法】，设置驱动方法为“曲面”，如图 2-1-42 所示，弹出如图 2-1-43 所示曲面驱动方法对话框。

图 2-1-42　驱动方法

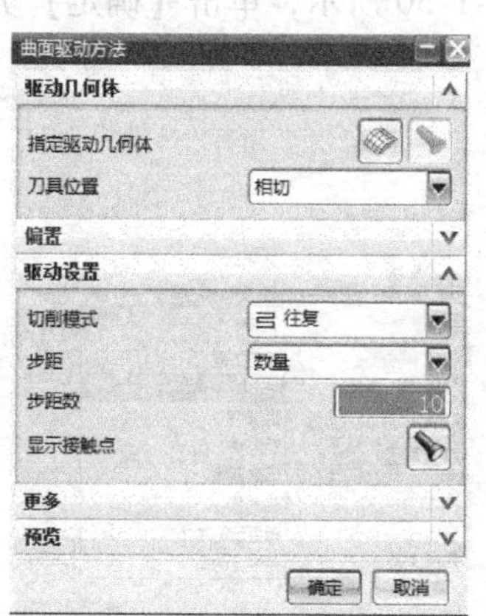


图 2-1-43　曲面驱动方法对话框

（29）单击【指定驱动几何体】，按顺序选择如图 2-1-44 所示面，单击【确定】完成操作。

图 2-1-44　选择曲面

（30）单击【切削方向】，选择如图 2-1-45 所示加工方向。设置驱动方法如图 2-1-46 所示，切削模式为“螺旋”，步距为“数量”，步距数为“10”。单击【确定】完成驱动方法设置。

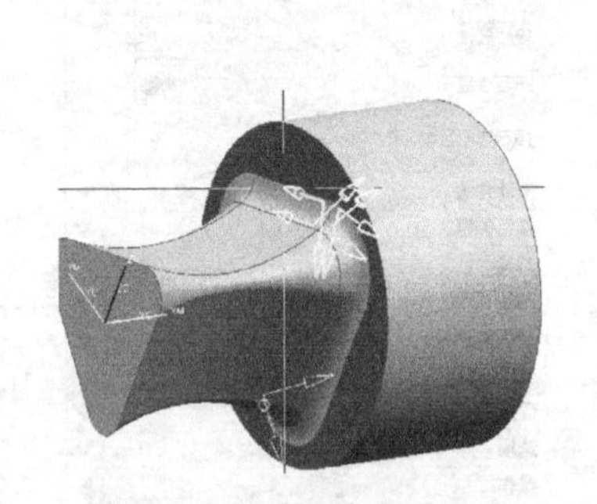

图 2-1-45　切削方向

图 2-1-46　曲面驱动方法对话框

（31）设置投影矢量为“刀轴”，如图 2-1-47 所示。

（32）设置刀轴为“4 轴，垂直于驱动体”，如图 2-1-48 所示。弹出对话框，设置旋转角度为“0”，设置旋转轴为“I、J、K”，如图 2-1-49 所示，弹出对话框，设置 I 为“1”，如图 2-1-50 所示，单击【确定】完成操作。

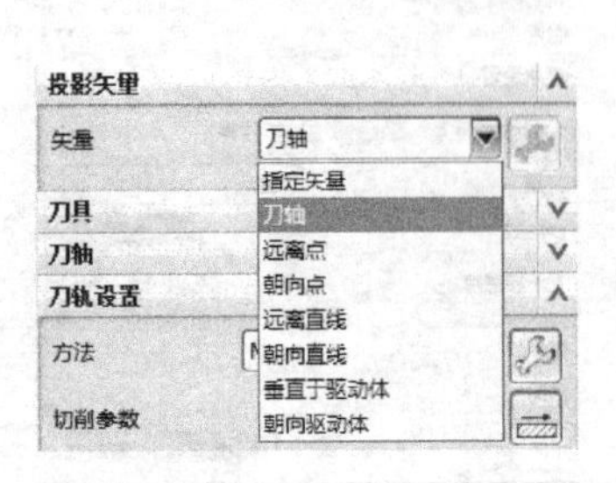


图 2-1-47　投影矢量

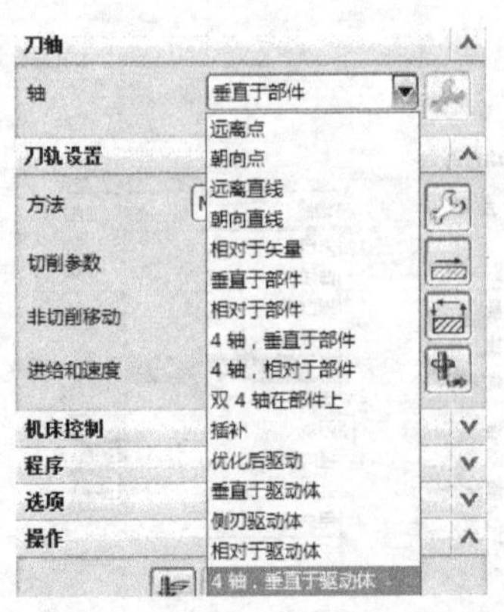


图 2-1-48　刀轴

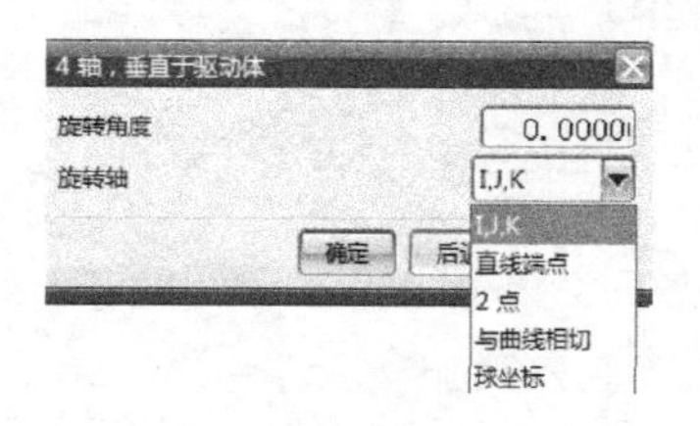


图 2-1-49　四轴

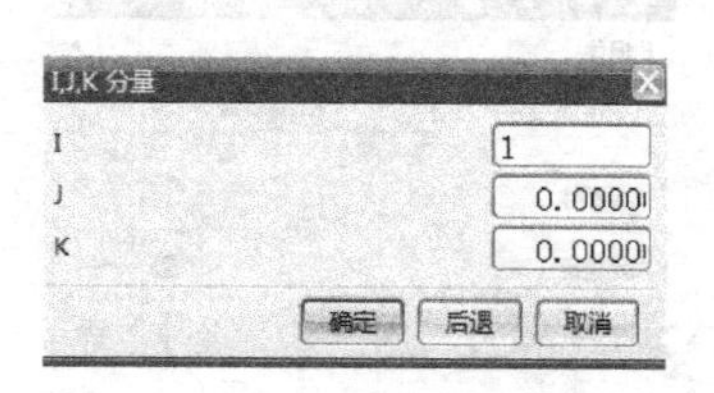


图 2-1-50　分量

（33）单击【刀轨设置】，方法为“MILL_FINISH”，如图 2-1-51 所示。单击【进给和速度】，设置主轴速度为“3800”，剪切进给率为“1500”，如图 2-1-52 所示。

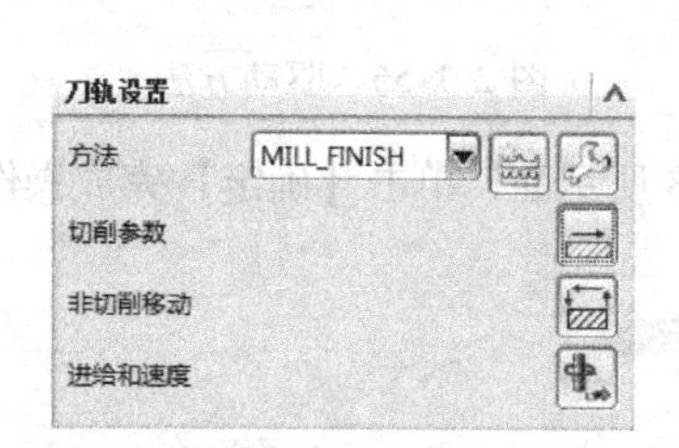


图 2-1-51　刀轨设置

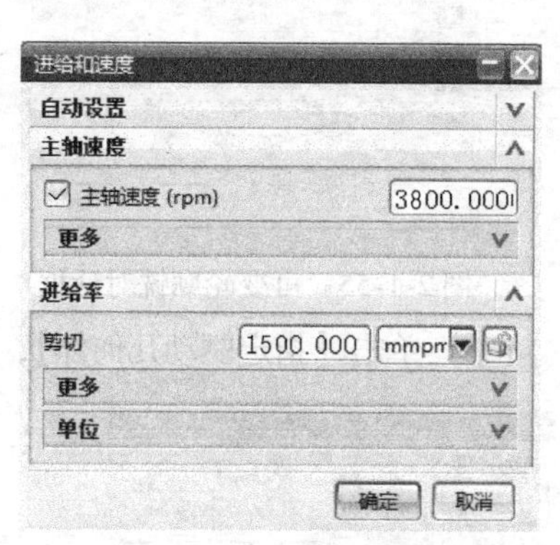


图 2-1-52　进给和速度

（34）单击【生成】按钮，得到零件加工刀路，如图 2-1-53 所示。

（35）单击菜单条【插入】→【操作】，弹出创建操作对话框，类型为“mill_multi-axis”，操作子类型为“VARIABLE_CONTOUR”，程序为“PROGRAM”，刀具为“D6R3”，几何体为“WORKPIECE”，方法为“MILL_FINISH”，名称为“MILL_FINISH-3”，如图 2-1-54 所示，单击【确定】，弹出可变轮廓铣对话框，如图 2-1-55 所示。

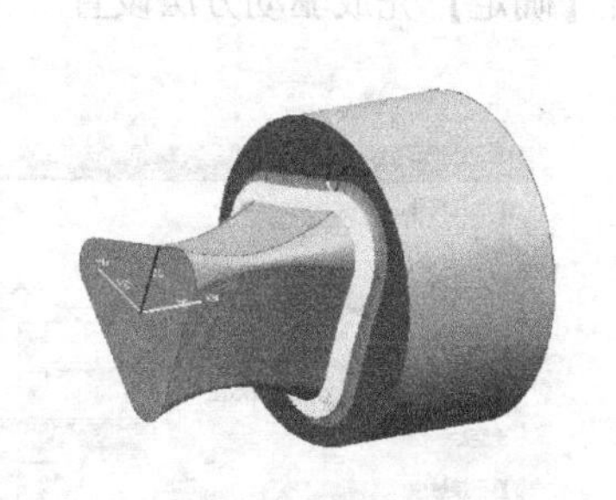

图 2-1-53　刀轨

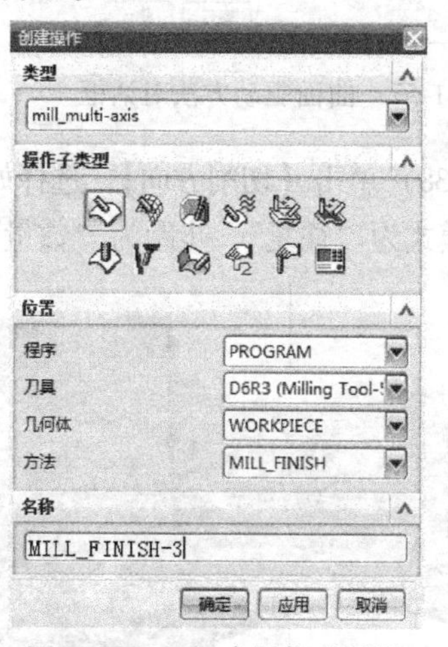


图 2-1-54　创建操作对话框

（36）单击【驱动方法】，设置驱动方法为“曲面”，如图 2-1-56 所示，弹出如图 2-1-57 所示曲面驱动方法对话框。

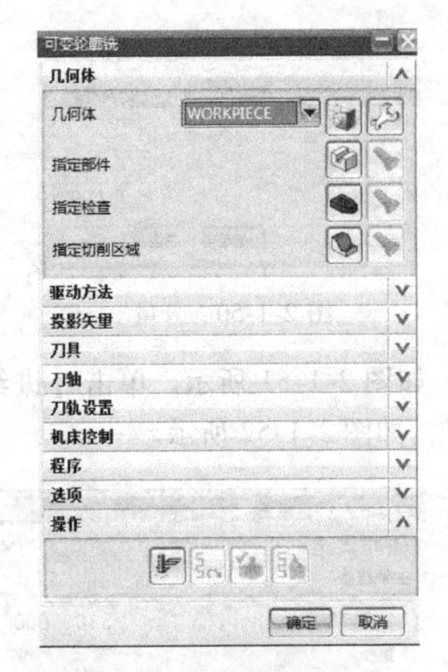


图 2-1-55　可变轮廓铣对话框

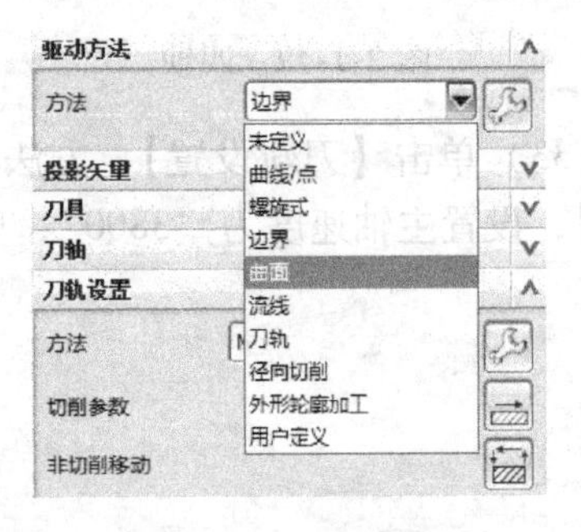


图 2-1-56　驱动方法

（37）单击【指定驱动几何体】，按顺序选择如图 2-1-58 所示面，单击【确定】完成操作。

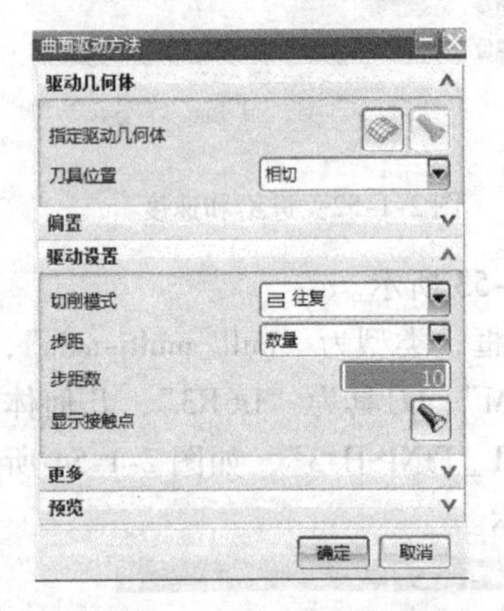


图 2-1-57　曲面驱动方法对话框

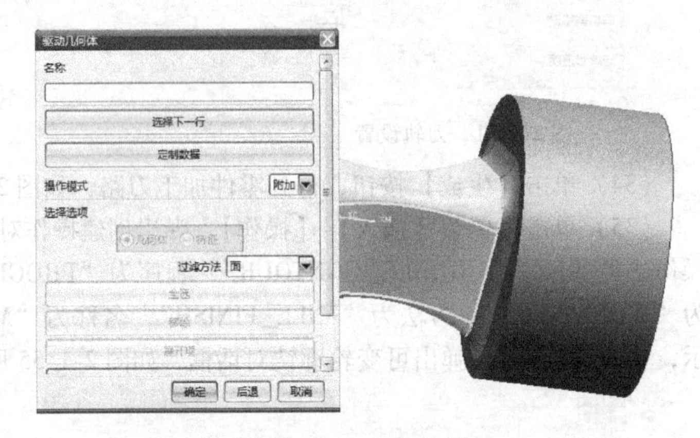


图 2-1-58　曲面选择

（38）单击【切削方向】，选择如图 2-1-59 所示加工方向。设置驱动方法如图 2-1-60 所示，切削模式为“往复”，步距为“数量”，步距数为“300”。单击【确定】完成驱动方法设置。

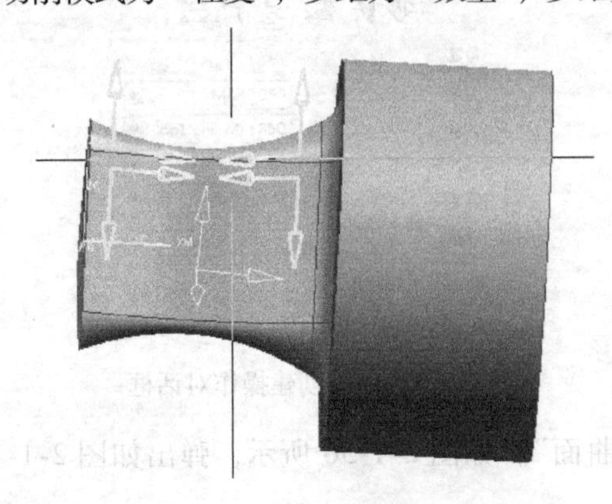

图 2-1-59　切削方向

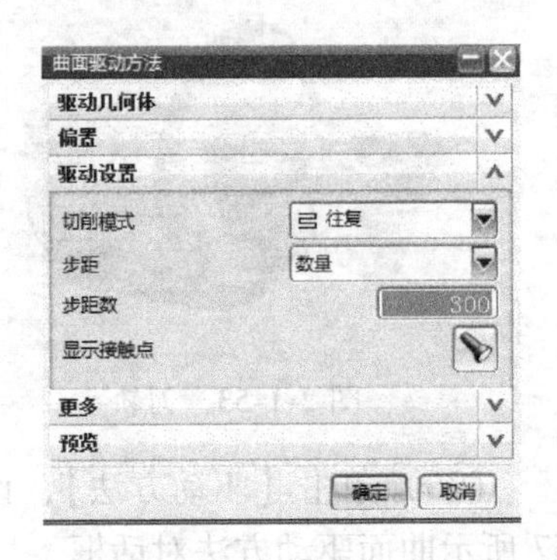


图 2-1-60　驱动方法

（39）设置投影矢量为“刀轴”，如图 2-1-61 所示。

（40）设置刀轴为“4 轴，垂直于驱动体”，如图 2-1-62 所示。弹出对话框，设置旋转角度为“0”，设置旋转轴为“I、J、K”，如图 2-1-63 所示，弹出对话框，设置 I 为“1”，如图 2-1-64 所示，单击【确定】完成操作。

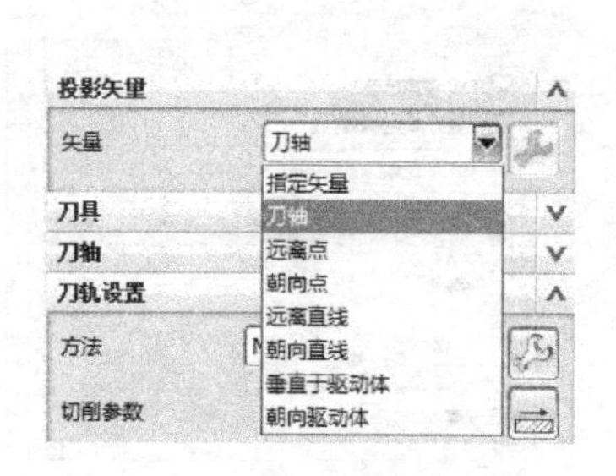


图 2-1-61　投影矢量

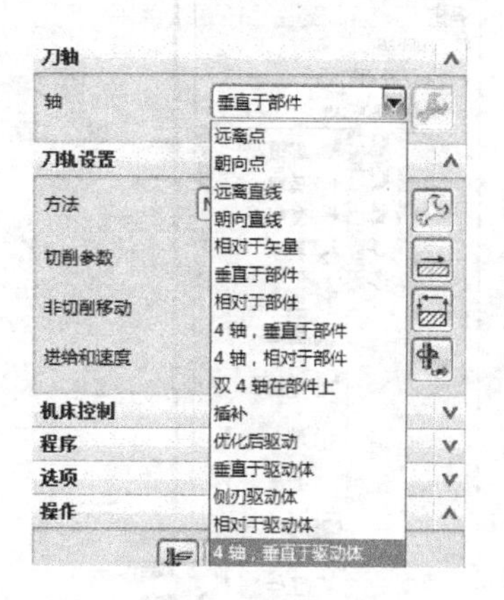


图 2-1-62　刀轴

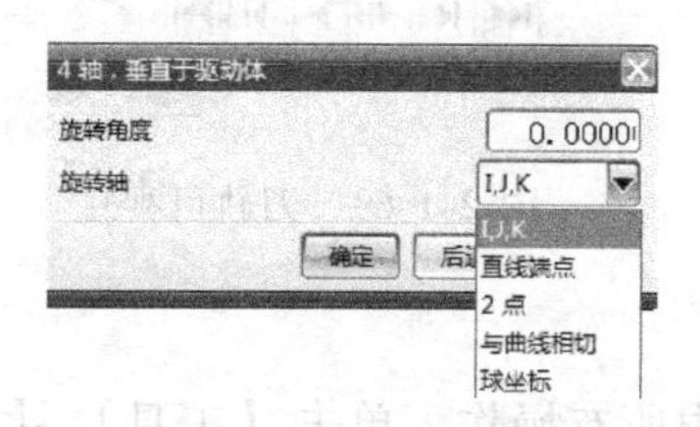


图 2-1-63　驱动方法

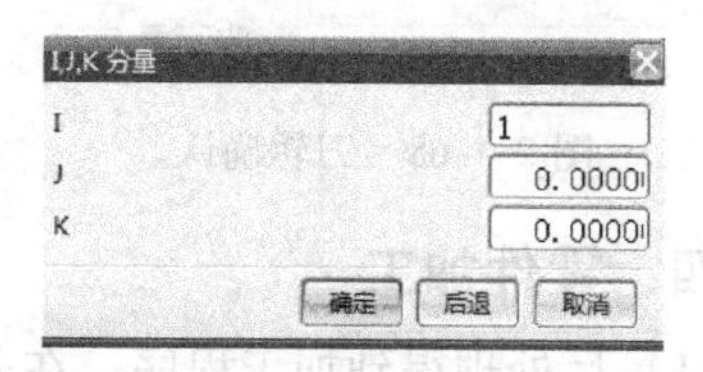


图 2-1-64　分量

（41）单击【刀轨设置】，方法为“MILL_FINISH”，如图 2-1-65 所示。单击【进给和速度】，设置主轴速度为“3800”，剪切进给率为“1500”，如图 2-1-66 所示。

（42）单击【生成】按钮，得到零件加工刀路，如图 2-1-67 所示。

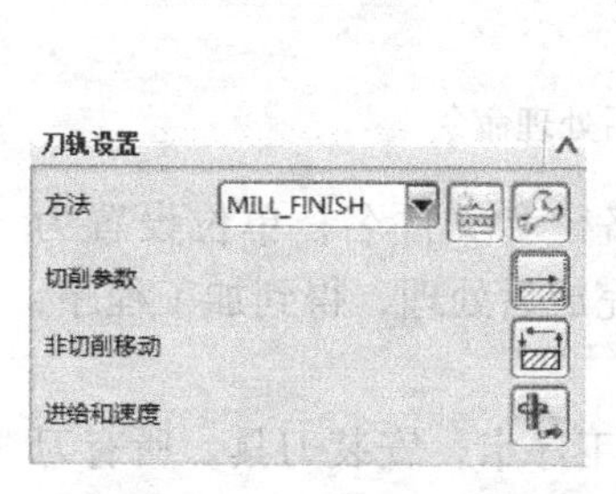


图 2-1-65　刀轨设置

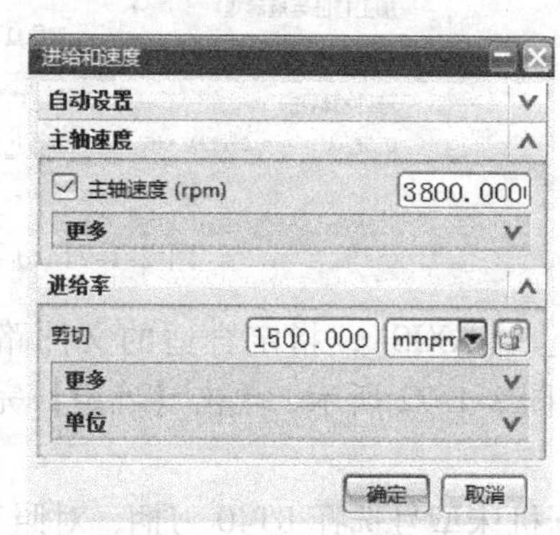


图 2-1-66　进给和速度

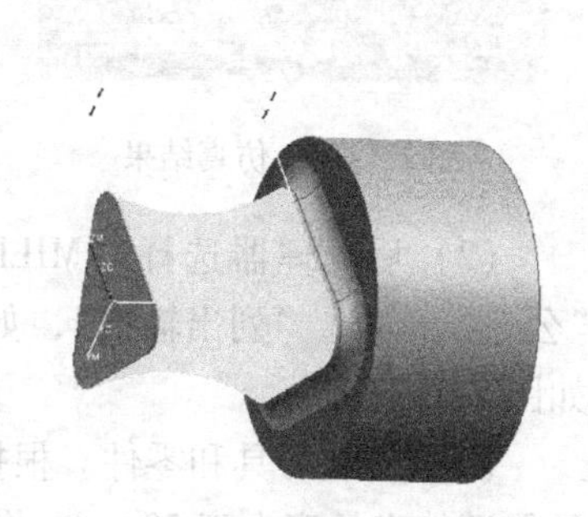

图 2-1-67　刀轨

## 三、仿真加工

零件仿真加工。在操作导航器中选择 PROGRAM，单击鼠标右键，选择刀轨，选择确认，如图 2-1-68 所示，弹出刀轨可视化对话框，选择 2D 动态选项卡，如图 2-1-69 所示，单击播放按钮，开始仿真加工。仿真结果如图 2-1-70 所示。

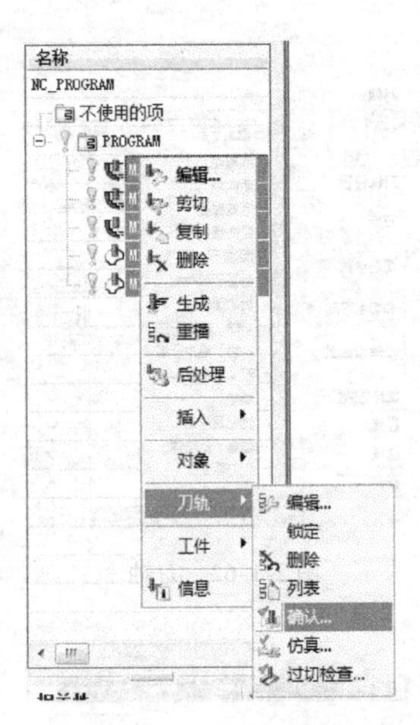


图 2-1-68　刀轨确认

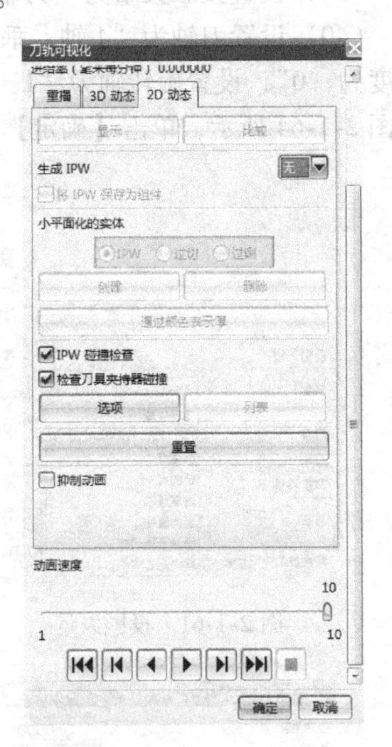


图 2-1-69　刀轨可视化

## 四、零件加工

(1) 后处理得到加工程序。在刀轨操作导航器中选中所有操作，单击【工具】→【操作导航器】→【输出】→【NX Post 后处理】，如图 2-1-71 所示，弹出后处理对话框。

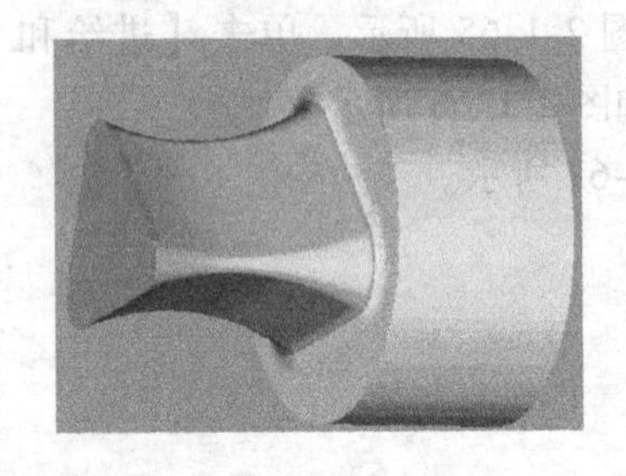

图 2-1-70　仿真结果

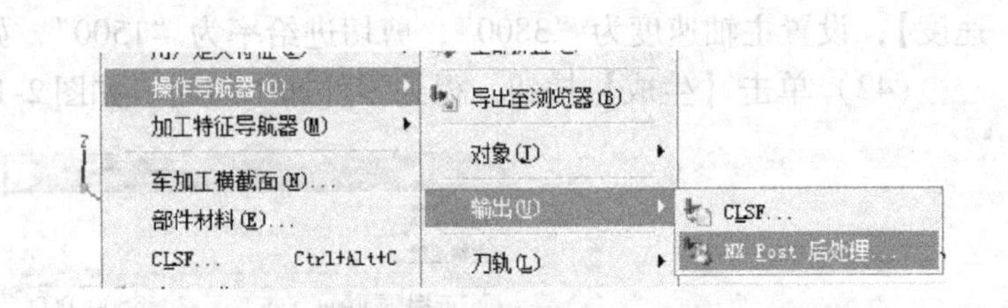


图 2-1-71　后处理命令

(2) 后处理器选择“MILL_3_AXIS”，指定合适的文件路径和文件名，单位设置为“公制”，勾选“列出输出”，如图 2-1-72 所示，单击【确定】完成后处理，得到加工程序，如图 2-1-73 所示。

(3) 安装刀具和零件。根据机床型号选择 BT40 刀柄，对照工序卡，安装刀具。所有刀具保证伸出长度大于 50mm。将平口钳安装在加工中心工作台面上，并使用百分表校准并固定，将毛坯夹紧。

(4) 对刀。零件加工原点设置毛坯对称中心和上表面。使用机械式寻边器，找正毛坯中心，并设置 G54 参数，使用 Z 向对刀仪，分别找正每把刀的 Z 向补偿值，并设置刀具补偿参数。

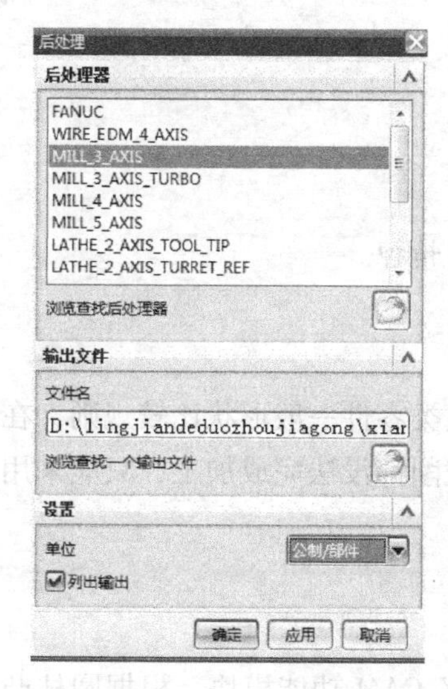


图 2-1-72　后处理

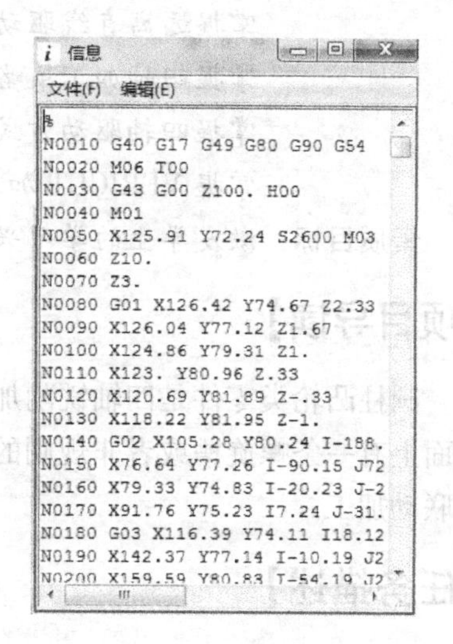


图 2-1-73　加工程序

（5）程序传输并加工。使用 WINPCIN 软件将后处理得到的加工程序传输到加工中心的数控系统，设置机床为自动加工模式，按循环启动键，机床即开始自动加工零件。

## 【专家点拨】

（1）在流线驱动方法中，选择流线时，要保证所有的流线方向一致。

（2）四轴机床上可以采用 3 +1 轴的粗加工方法，就是先把第四轴设为 0°，用型腔铣做粗加工一面，然后把第四轴转 180°，再用型腔铣做粗加工另外一面。

（3）做多轴加工时一般在设置 WORKPIECE 时不设置 PART，因为多轴加工很多时候要一个区域一个区域，或者一组面一组面地加工。

## 【课后训练】

根据图 2-1-74 所示异形零件的特征，制订合理的工艺路线，设置必要的加工参数，生成刀具路径，通过相应的后处理生成数控加工程序，并运用机床加工零件。

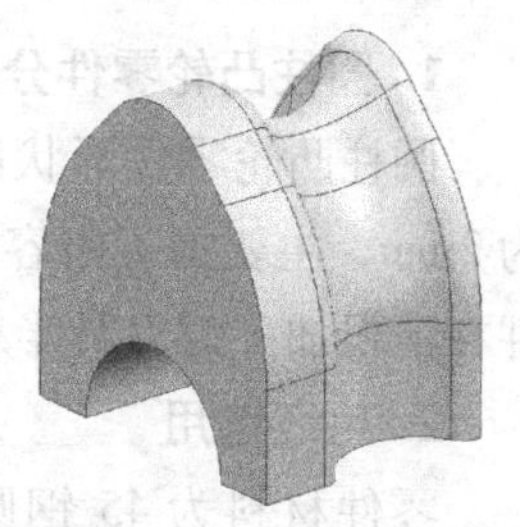

图 2-1-74　异形零件

# 项目二　圆柱凸轮的数控编程与仿真加工

## 【教学目标】

**能力目标：** 能运用 UG NX 软件完成圆柱凸轮的编程与仿真加工。

能使用加工中心完成零件加工。

**知识目标：** 掌握四轴加工铣削几何体设置。

掌握刀轴设置方法。

掌握远离直线驱动方法。

掌握四轴加工策略。

掌握四轴驱动方式。

掌握 VERICUT 加工仿真方法。

**素质目标：**激发学生的学习兴趣，培养团队合作和创新精神。

## 【项目导读】

圆柱凸轮类零件是四轴铣削加工中常见的一类零件。这类零件一般形状比较规则，在圆柱面上有一条螺旋槽或者非规则的槽，采用车削或者三轴铣削都没法完成加工，只能采用四轴联动加工。

## 【任务描述】

学生以企业制造部门 MC 数控程序员的身份进入 UG NX CAM 功能模块，根据圆柱凸轮零件的特征，制订合理的工艺路线，创建四轴粗加工操作和四轴精加工操作，设置必要的加工参数，生成刀具路径，检验刀具路径是否正确合理，并对操作过程中存在的问题进行研讨和交流，通过相应的后处理生成数控加工程序，并运用机床加工零件。

## 【工作任务】

按照零件加工要求，制订圆柱凸轮的加工工艺；编制圆柱凸轮加工程序；完成圆柱凸轮的仿真加工，后处理得到数控加工程序，完成零件加工。

### 一、制订加工工艺

#### 1. 圆柱凸轮零件分析

圆柱凸轮零件形状比较简单，就是圆柱面上的一条螺旋槽，零件上最小的内凹圆弧半径为 2mm，主要加工内容为螺旋槽的侧面、底面、过渡圆角。经过对零件的分析，可知该零件在清根加工时刀具半径不能大于 2mm。

#### 2. 毛坯选用

零件材料为 45 钢圆棒，尺寸为 $\phi$50mm × 200mm。零件长度、直径尺寸已经精加工到位，无须再加工。

#### 3. 制订加工工序卡

零件选用立式四轴联动机床加工（立式加工中心，带有绕 X 轴旋转的回转台），自定心卡盘装夹，遵循先粗后精加工原则，粗精加工均采用四轴联动加工。加工工序如表 2-2-1 所示。

### 二、编制加工程序

（1）单击【开始】→【所有应用模块】→【加工】，弹出加工环境对话框，CAM 会话配置选择“cam_general”；要创建的 CAM 设置选择“mill_multi-axis”，如图 2-2-1 所示，然后单击【确定】，进入加工模块。

（2）在加工操作导航器空白处，单击鼠标右键，选择【几何视图】，如图 2-2-2 所示。

表 2-2-1　加工工序卡

| 零件号: 2674568 | | 工序名称: 圆柱凸轮铣削加工 | | | 工艺流程卡_工序单 |
|---|---|---|---|---|---|
| 材料: 45钢 | 页码: 1 | | 工序号: 01 | | 版本号: 0 |
| 夹具: 自定心卡盘 | 工位: MC | | 数控程序号: | | |

刀具及参数设置

| 加工内容 | 刀具号 | 刀具规格 | 主轴转速 | 进给速度 |
|---|---|---|---|---|
| 粗加工 | T01 | D8R1 | S4000 | F1200 |
| 槽侧面精加工 | T02 | D6R0 | S3500 | F1200 |
| 槽底面精加工 | T03 | D6R3 | S3800 | F1500 |
| 过渡圆弧加工 | T04 | D4R2 | S4200 | F1000 |
| | | | | |
| | | | | |
| | | | | |
| | | | | |

| | | | | | | | |
|---|---|---|---|---|---|---|---|
| 02 | | | | | | | |
| 01 | | | | | | | |
| 更改号 | 更改内容 | | 批准 | 日期 | | | ××工业职业技术学院 |
| 编制: | 日期: | 审核: | 日期: | 批准: | 日期: | | |

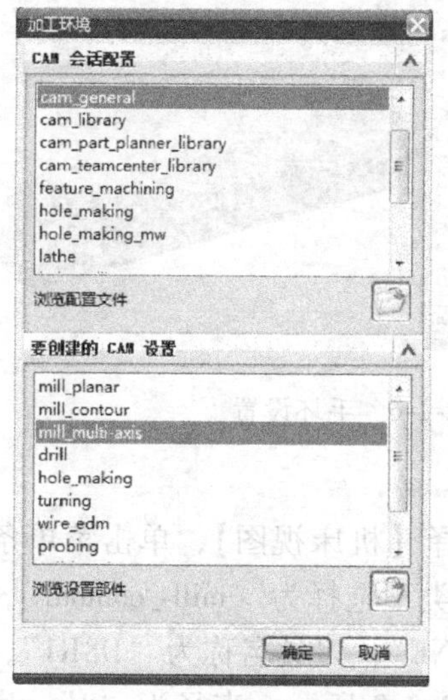


图 2-2-1　加工环境对话框

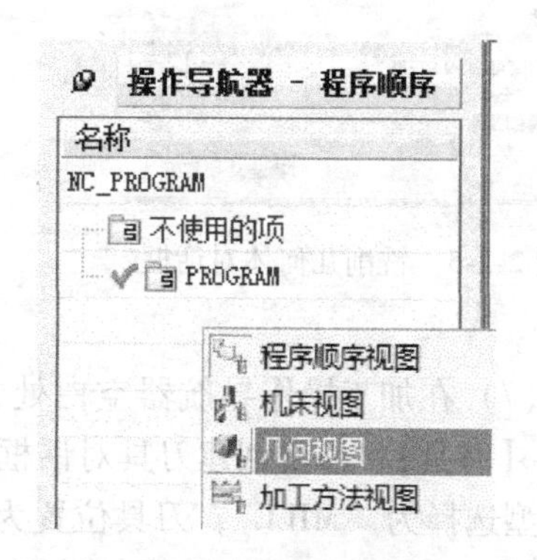


图 2-2-2　几何视图选择

（3）双击操作导航器中的【MCS_MILL】，弹出 Mill Orient（加工坐标系）对话框，设置安全距离为“50”，如图 2-2-3 所示。

（4）单击指定 MCS 中的 CSYS 会话框，弹出 CSYS 对话框，然后选择参考坐标系中的“WCS”，单击【确定】，使加工坐标系和工作坐标系重合，如图 2-2-4 所示。再单击【确定】完成加工坐标系设置。

（5）双击操作导航器中的 WORKPIECE，弹出铣削几何体对话框，如图 2-2-5 所示。

（6）单击【指定毛坯】，弹出毛坯几何体对话框，选择“几何体”作为毛坯，选择如图 2-2-6 所示几何体（此几何体预先在建模模块创建好）。单击【确定】完成毛坯选择，单击【确定】完成铣削几何体的设置。

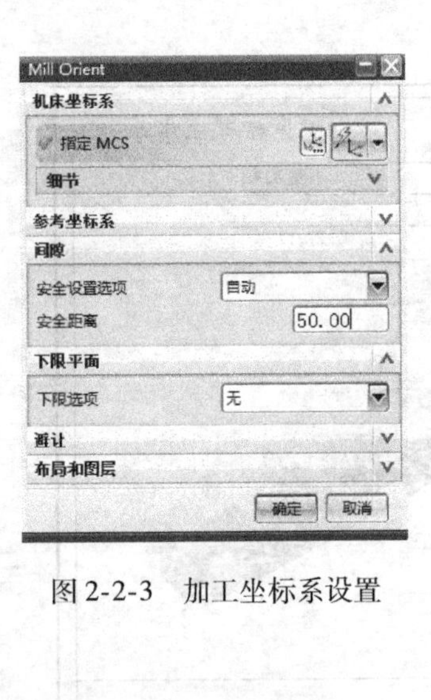


图 2-2-3　加工坐标系设置

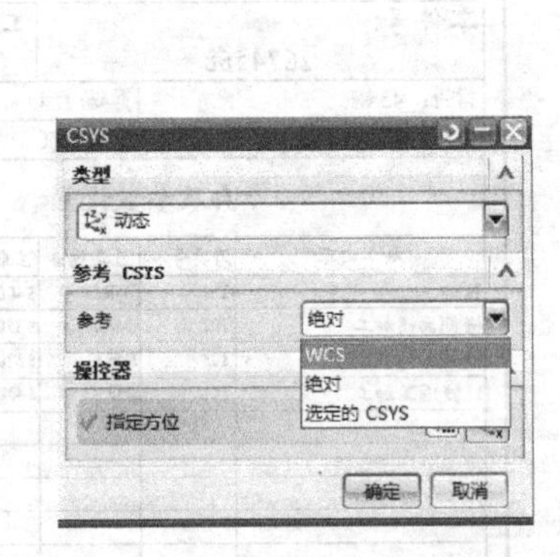


图 2-2-4　加工坐标系设置

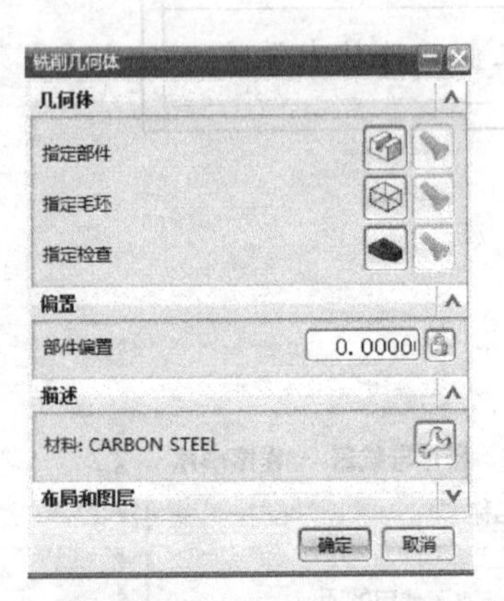


图 2-2-5　铣削几何体对话框

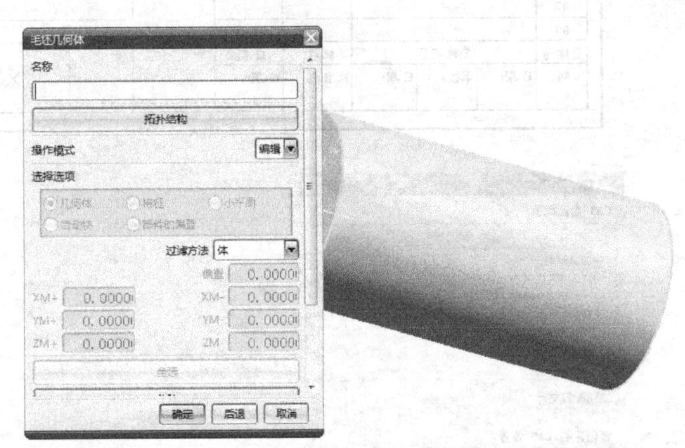


图 2-2-6　毛坯设置

（7）在加工操作导航器空白处，单击鼠标右键，选择【机床视图】，单击菜单条【插入】→【刀具】，弹出创建刀具对话框，如图 2-2-7 所示。类型选择为“mill_contour”，刀具子类型选择为“MILL”，刀具位置为“GENERIC_MACHINE”，刀具名称为“D8R1”，单击【确定】，弹出刀具参数设置对话框。设置刀具参数如图 2-2-8 所示，直径为“8”，底圆角半径为“1”，刀刃为“2”，长度为“75”，刀刃长度为“50”，刀具号为“1”，长度补偿为“1”，刀具补偿为“1”，单击【确定】，完成刀具 1 的创建。

（8）用同样的方法创建刀具 2。类型选择为“mill_contour”，刀具子类型选择为“MILL”，刀具位置为“GENERIC_MACHINE”，刀具名称为“D6R0”，直径为“6”，底圆角半径为“0”，刀刃为“2”，长度为“75”，刀刃长度为“50”，刀具号为“2”，长度补偿为“2”，刀具补偿为“2”。

（9）用同样的方法创建刀具 3。类型选择为“mill_contour”，刀具子类型选择为“MILL”，刀具位置为“GENERIC_MACHINE”，刀具名称为“D6R3”，直径为“6”，底圆角半径为“3”，刀刃为“2”，长度为“75”，刀刃长度为“50”，刀具号为“3”，长度补偿为“3”，刀具补偿为“3”。

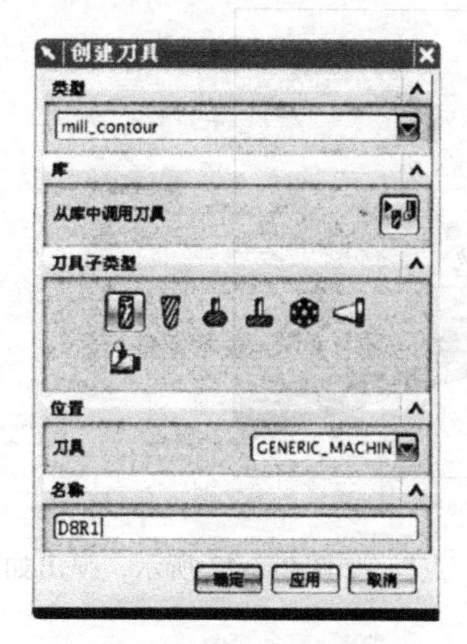


图 2-2-7 创建刀具对话框

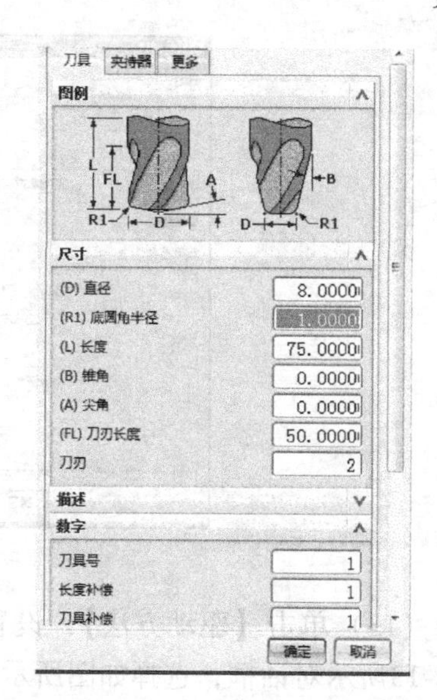


图 2-2-8 刀具参数设置

(10) 用同样的方法创建刀具 4。类型选择为“mill_ contour”，刀具子类型选择为“MILL”，刀具位置为“GENERIC_ MACHINE”，刀具名称为“D4R2”，直径为“4”，底圆角半径为“2”，刀刃为“2”，长度为“75”，刀刃长度为“50”，刀具号为“4”，长度补偿为“4”，刀具补偿为“4”。

(11) 单击菜单条【插入】→【操作】，弹出创建操作对话框，类型为“mill_ multi-axis”，操作子类型为“VARIABLE_ CONTOUR”，程序为“PROGRAM”，刀具为“D8R1”，几何体为“WORKPIECE”，方法为“MILL_ROUGH”，名称为“MILL_ ROUGH－1”，如图 2-2-9 所示，单击【确定】，弹出可变轮廓铣对话框，如图 2-2-10 所示。

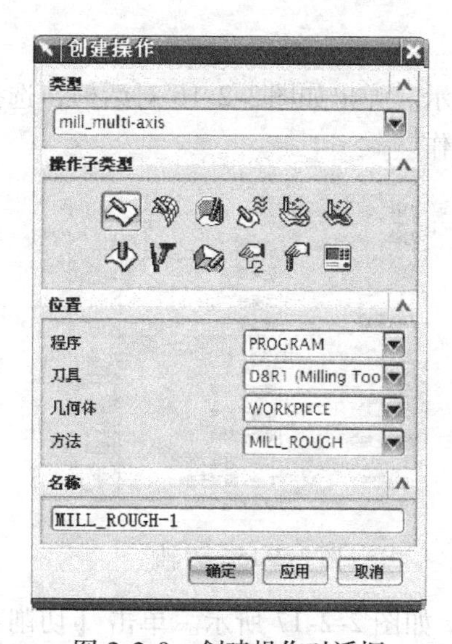


图 2-2-9 创建操作对话框

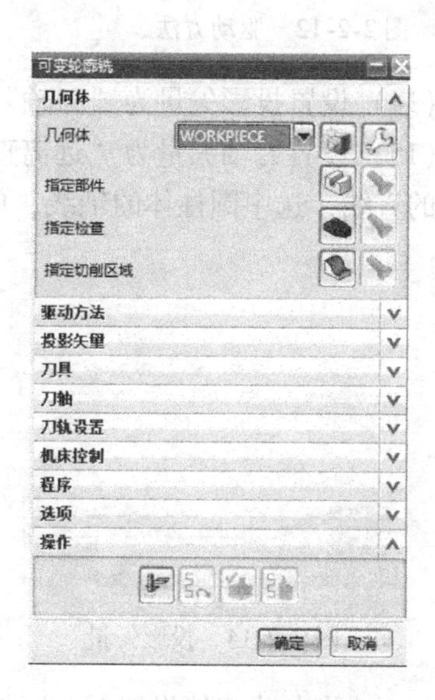


图 2-2-10 可变轮廓铣对话框

(12) 单击【指定部件】，选择如图 2-2-11 所示的槽底面，单击【确定】，完成操作。

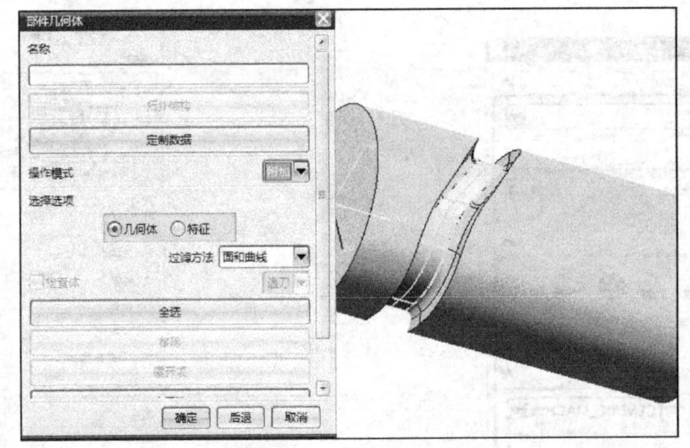


图 2-2-11　指定部件

（13）单击【驱动方法】，设置驱动方法为"曲线/点"，如图 2-2-12 所示，弹出如图 2-2-13所示对话框，选择如图所示曲线。

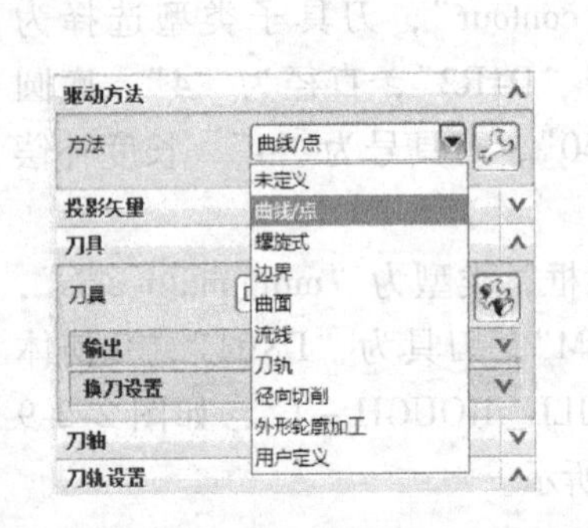


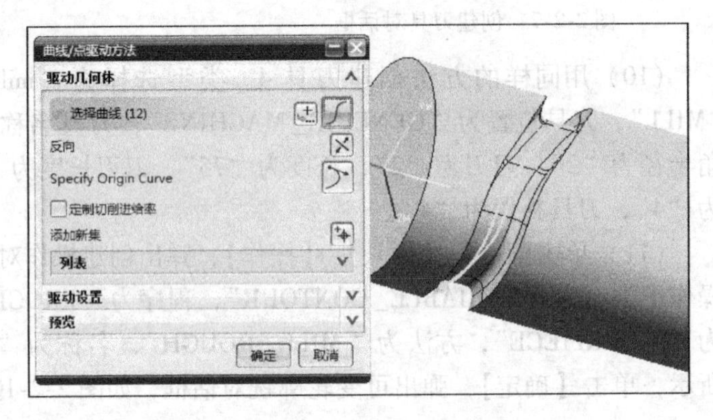


图 2-2-12　驱动方法　　　　图 2-2-13　驱动曲线

（14）设置投影矢量为"刀轴"，如图 2-2-14 所示。

（15）设置刀轴矢量为"远离直线"，如图 2-2-15 所示。弹出如图 2-2-16 对话框，选择现有的直线，选中圆柱体的轴线，单击【确定】，完成操作。

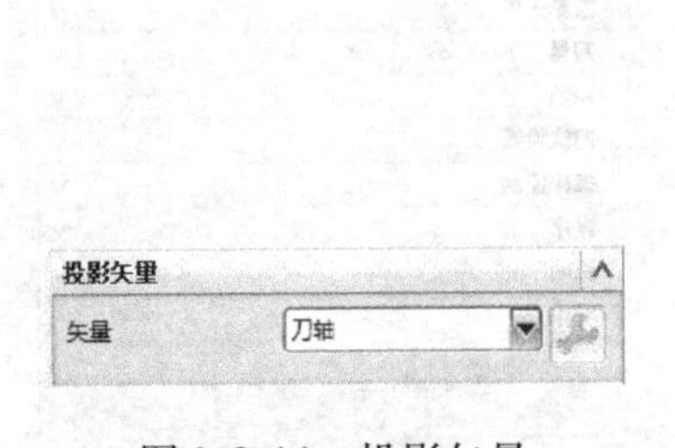


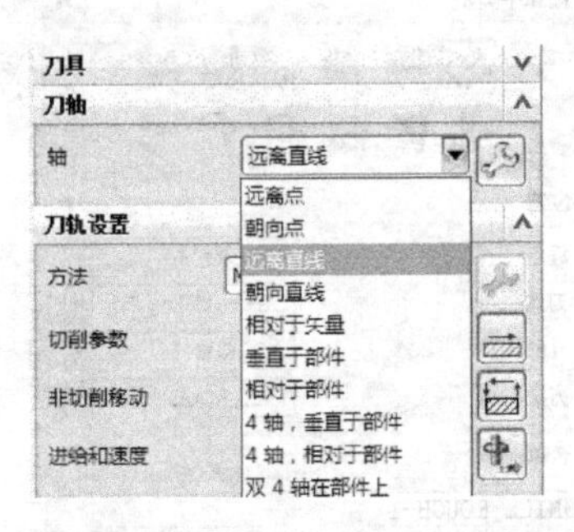


图 2-2-14　投影矢量　　　　图 2-2-15　刀轴

（16）单击【刀轨设置】，方法为"MILL_FINISH"，如图 2-2-17 所示。单击【切削参数】，单击多条刀路选项卡，设置部件余量偏置为"5"，勾选"多重深度切削"，步进方法为"刀路"，刀路数为"5"，如图 2-2-18 所示。

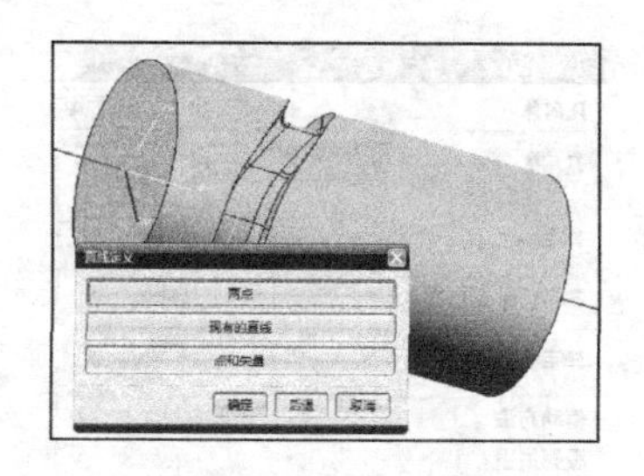

图 2-2-16　定义直线

图 2-2-17　刀轨设置

（17）单击余量选项卡，设置部件余量为“0.3”，如图 2-2-19 所示，单击【确定】完成操作。单击【进给和速度】，设置主轴速度为“4000”，剪切进给率为“1200”，如图 2-2-20 所示。

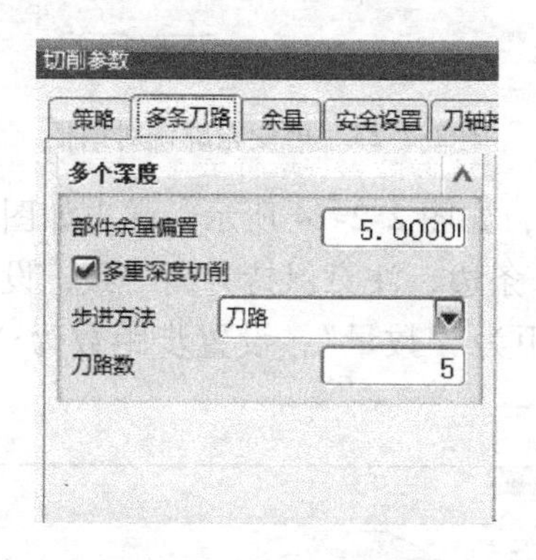


图 2-2-18　多条刀路

图 2-2-19　余量设置

（18）单击【生成】按钮，得到零件加工刀路，如图 2-2-21 所示。

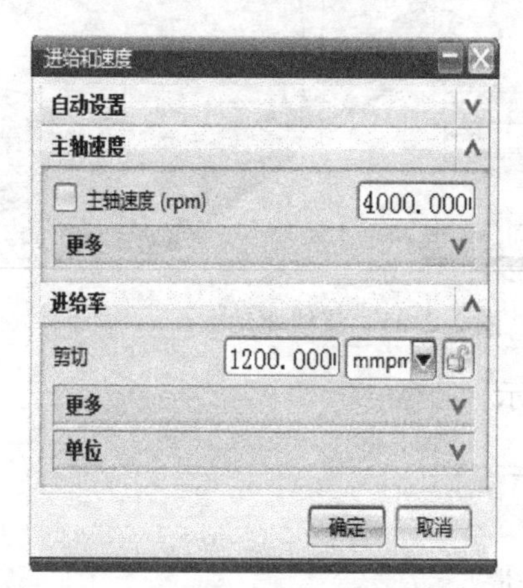


图 2-2-20　进给和速度

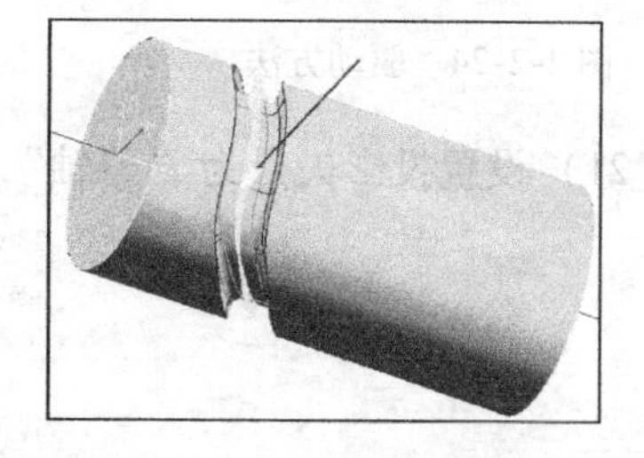

图 2-2-21　刀轨

（19）单击菜单条【插入】→【操作】，弹出创建操作对话框，类型为“mill_ multi-axis”，操作子类型为“VARIABLE_ CONTOUR”，程序为“PROGRAM”，刀具为“D6R0”，几何体为“WORKPIECE”，方法为“MILL_ FINISH”，名称为“MILL_ FINISH－1”，如图 2-2-22 所示，单击【确定】，弹出可变轮廓铣对话框，如图 2-2-23 所示。

图 2-2-22　创建操作对话框

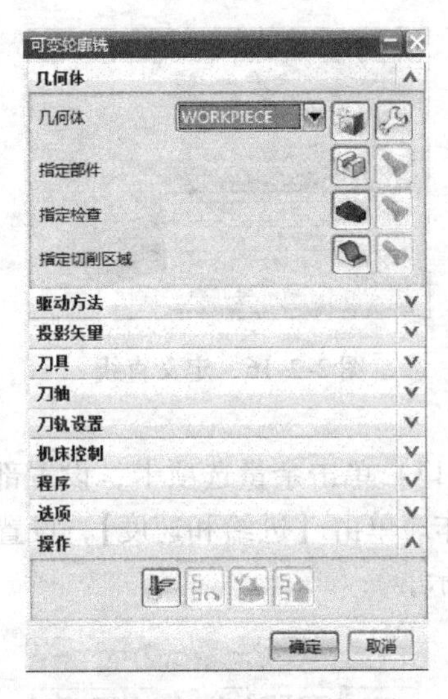


图 2-2-23　可变轮廓铣对话框

（20）单击【驱动方法】，设置驱动方法为“流线”，如图 2-2-24 所示，弹出如图 2-2-25 所示流线驱动方法对话框，选择如图 2-6-25 所示的 2 条边，注意保持方向一致，设置刀具位置为“相切”，设置切削模式为“往复”，设置步距为“数量”，设置步距数为“8”，如图 2-2-25 所示。

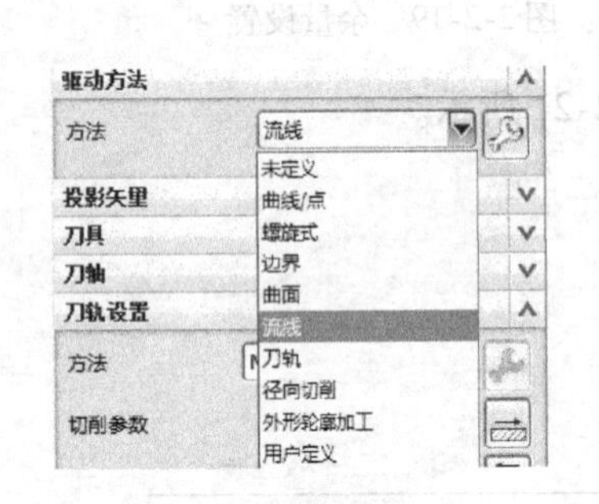


图 2-2-24　驱动方法

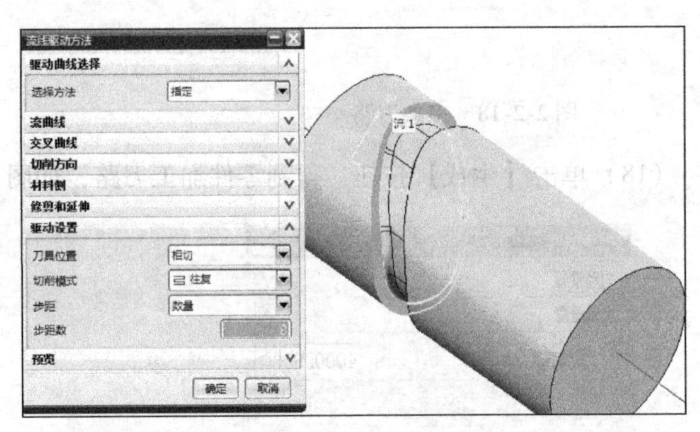


图 2-2-25　流线驱动

（21）设置投影矢量为“刀轴”，如图 2-2-26 所示。

图 2-2-26　投影矢量

（22）设置刀轴矢量为“远离直线”，如图 2-2-27 所示。弹出如图 2-2-28 对话框，选择现有的直线，选中圆柱体的轴线，单击【确定】，完成操作。

（23）单击【进给和速度】，设置主轴速度为“3500”，剪切进给率为“1200”，如图 2-2-29 所示。

（24）单击【生成】按钮，得到螺旋槽左侧面加工刀路，如图 2-2-30 所示。

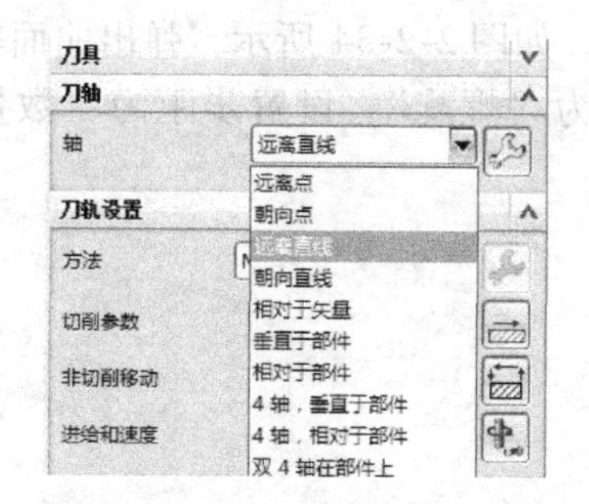


图 2-2-27　刀轴

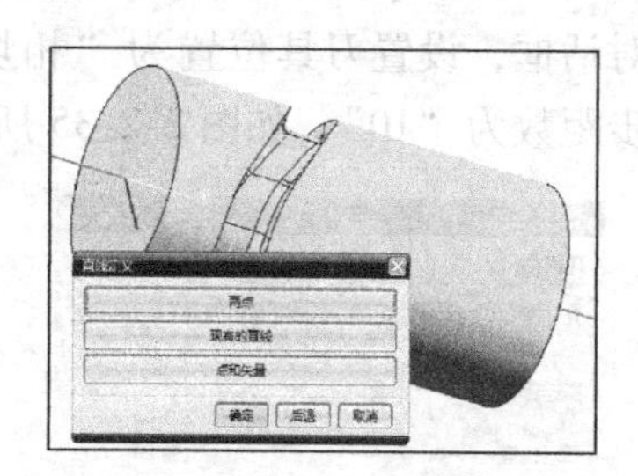

图 2-2-28　定义直线

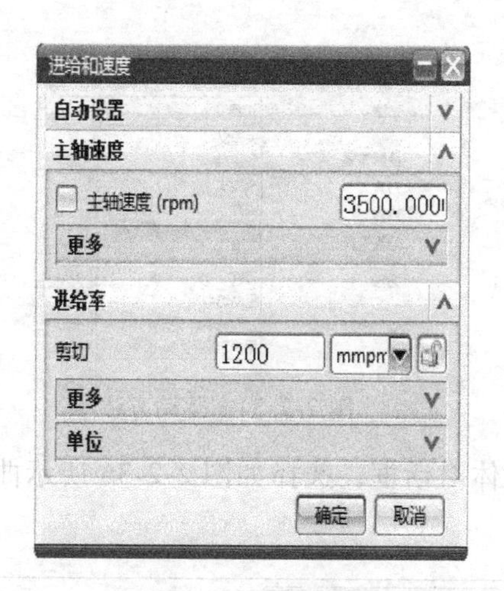


图 2-2-29　进给和速度

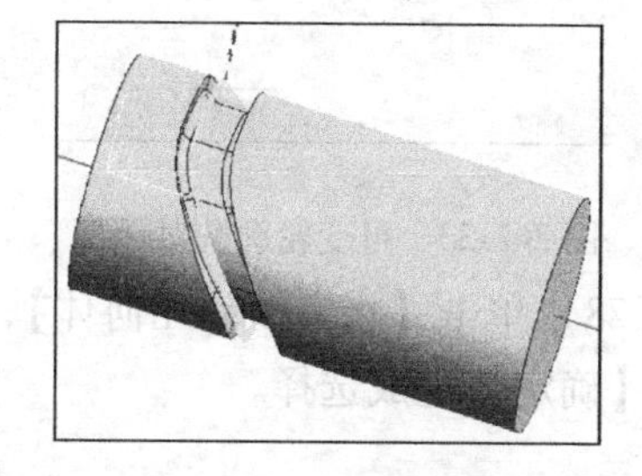

图 2-2-30　到螺旋槽左侧面加工刀路

（25）运用同样方法和步骤，创建螺旋槽右侧面加工刀路，如图 2-2-31 所示。

（26）单击菜单条【插入】→【操作】，弹出创建操作对话框，类型为“mill_multi-axis”，操作子类型为“VARIABLE_CONTOUR”，程序为“PROGRAM”，刀具为“D6R3”，几何体为“WORKPIECE”，方法为“MILL_FINISH”，名称为“MILL_FINISH-2”，如图 2-2-32 所示，单击【确定】，弹出可变轮廓铣对话框，如图 2-2-33 所示。

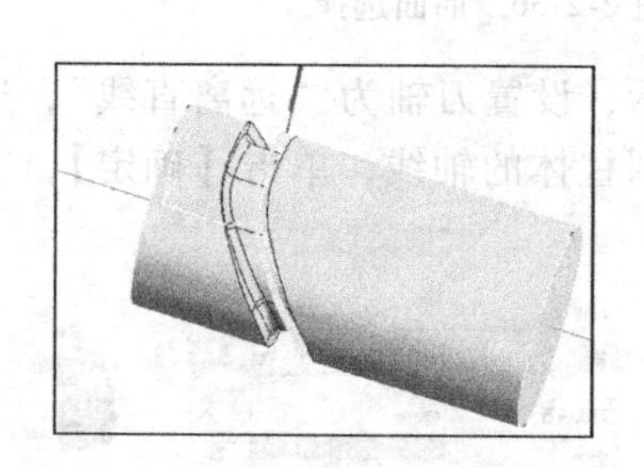

图 2-2-31　螺旋槽右侧面加工刀路

图 2-2-32　创建操作对话框

（27）单击【驱动方法】，设置驱动方法为“曲面”，如图2-2-34所示，弹出曲面驱动方法对话框，设置刀具位置为“相切”，设置切削模式为“螺旋”，设置步距为“数量”，设置步距数为“10”，如图2-2-35所示。

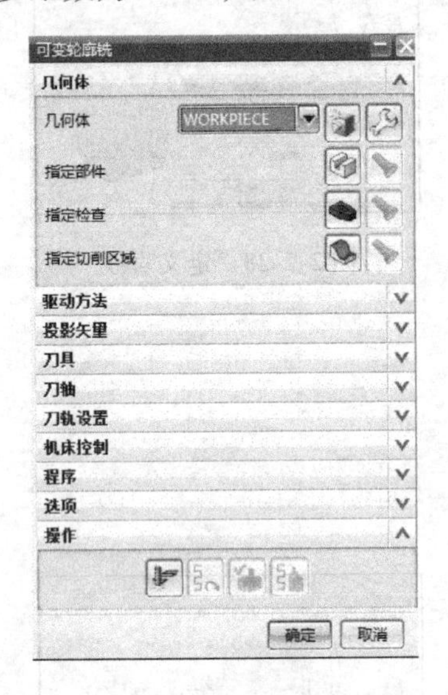


图2-2-33　可变轮廓铣对话框

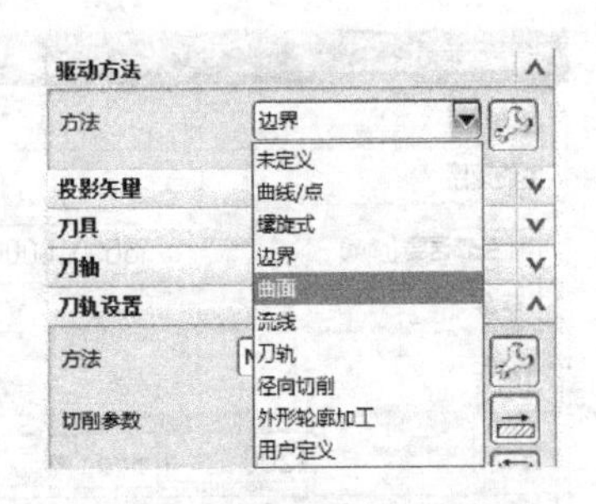


图2-2-34　驱动方法

（28）单击【指定驱动几何体】，弹出驱动几何体对话框，选择如图2-2-36所示曲面，单击【确定】完成选择。

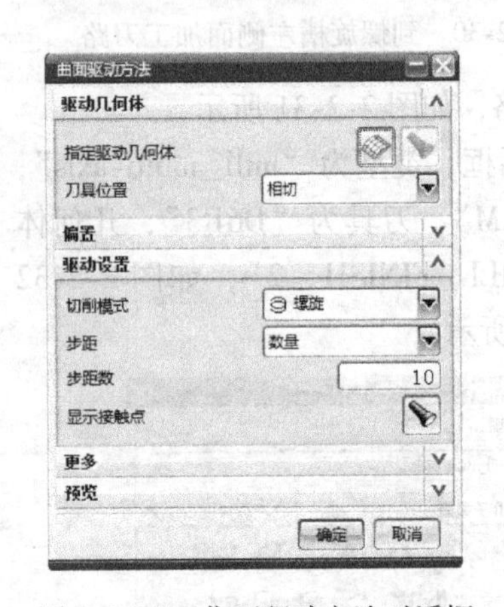


图2-2-35　曲面驱动方法对话框

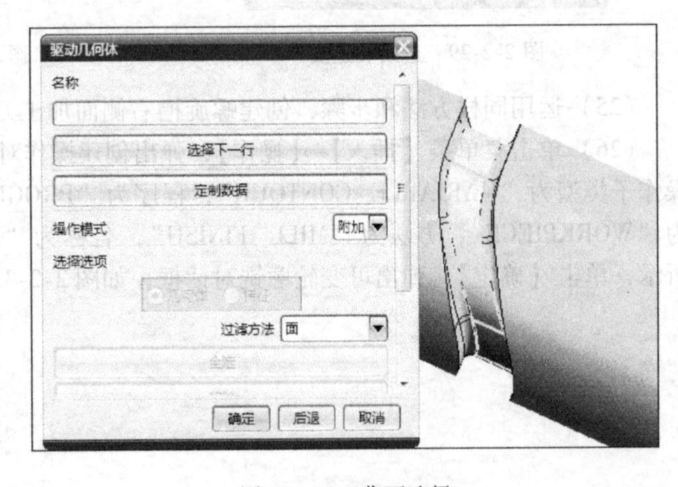


图2-2-36　曲面选择

（29）设置投影矢量为“刀轴”，如图2-2-37所示，设置刀轴为“远离直线”，选择图中直线，如图2-2-38所示，选择现有直线，选择圆柱体的轴线，单击【确定】，完成操作。

图2-2-37　投影矢量

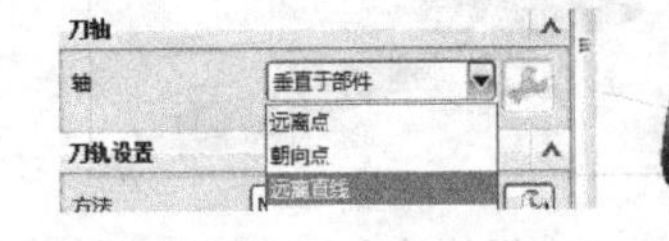


图2-2-38　刀轴

（30）单击【进给和速度】，设置主轴速度为“3800”，剪切进给率为“1500”，如图2-2-39所示，单击【确定】，完成设置。

（31）单击【生成】按钮，得到螺旋槽底面加工刀路，如图2-2-40所示。

图2-2-39　进给和速度

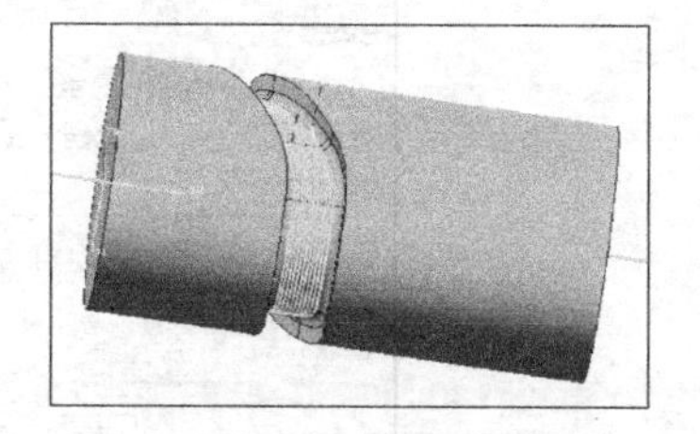

图2-2-40　到螺旋槽底面加工刀路

（32）单击菜单条【插入】→【操作】，弹出创建操作对话框，类型为“mill_multi-axis”，操作子类型为“VARIABLE_CONTOUR”，程序为“PROGRAM”，刀具为“D4R2”，几何体为“WORKPIECE”，方法为“MILL_FINISH”，名称为“MILL_FINISH－3”，如图2-2-41所示，单击【确定】，弹出可变轮廓铣对话框，如图2-2-42所示。

图2-2-41　创建操作对话框

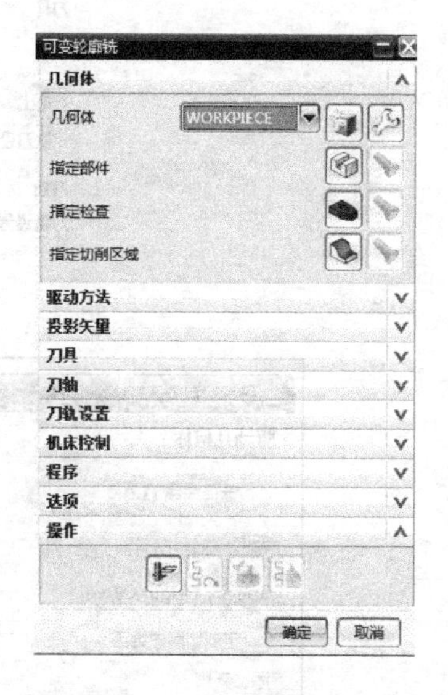


图2-2-42　可变轮廓铣对话框

（33）单击【指定部件】，选择如图2-2-43所示的槽底面，单击【确定】，完成操作。

（34）单击【驱动方法】，设置驱动方法为“曲线/点”，如图2-2-44所示，弹出如图2-2-45所示对话框，选择如图所示曲线。

（35）设置投影矢量为“刀轴”，如图2-2-46所示。

（36）设置刀轴为“远离直线”，如图2-2-47所示。弹出如图2-2-48对话框，选择现有的直线，选中圆柱体的轴线，单击【确定】，完成操作。

（37）单击【刀轨设置】，方法为“MILL_FINISH”，如图2-2-49所示。单击【切削参数】，单击多条刀路选项卡，设置部件余量偏置为“2”，勾选“多重深度切削”，步进方法为“刀路”，刀路数为“4”，如图 2-2-50 所示。

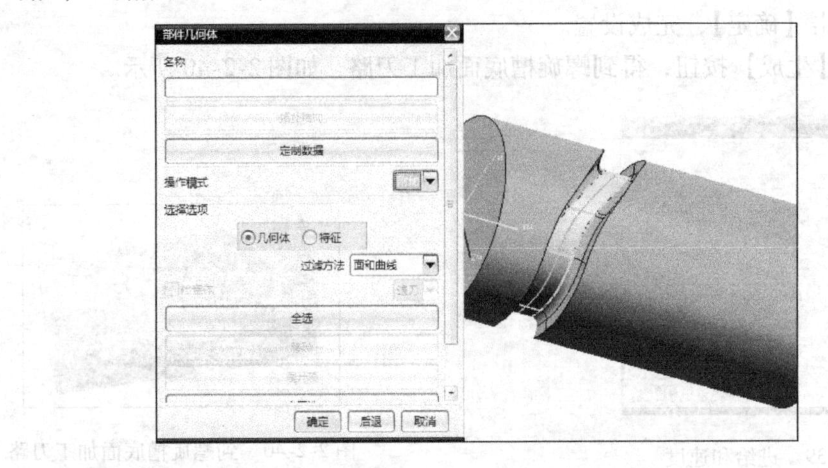


图 2-2-43　指定部件

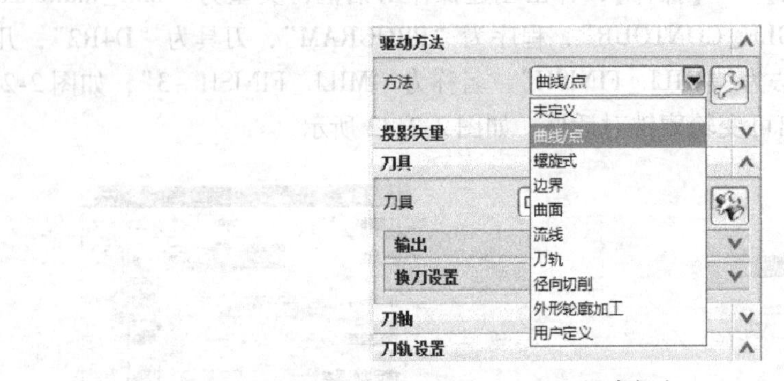


图 2-2-44　驱动方法

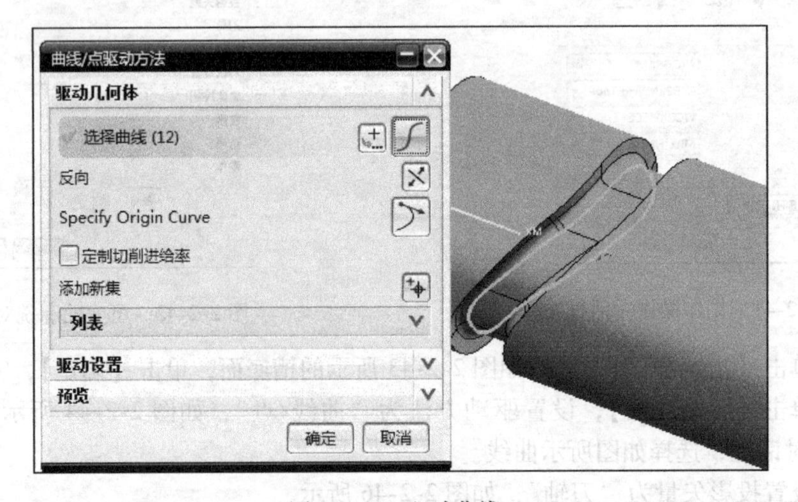


图 2-2-45　驱动曲线

图 2-2-46　投影矢量

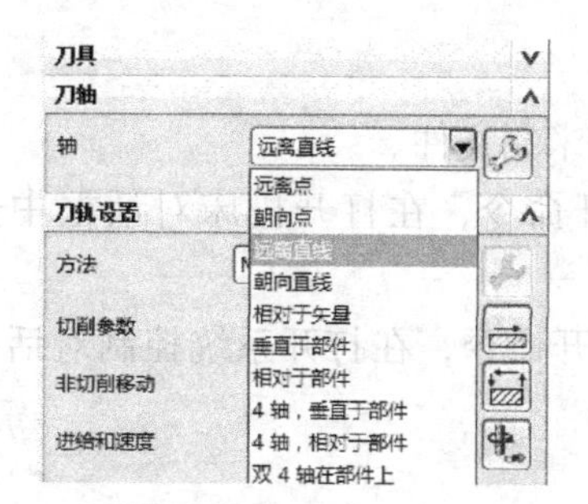


图 2-2-47　刀轴

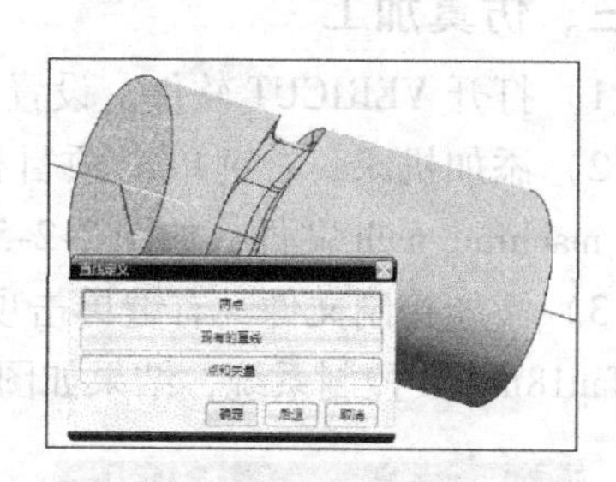

图 2-2-48　定义直线

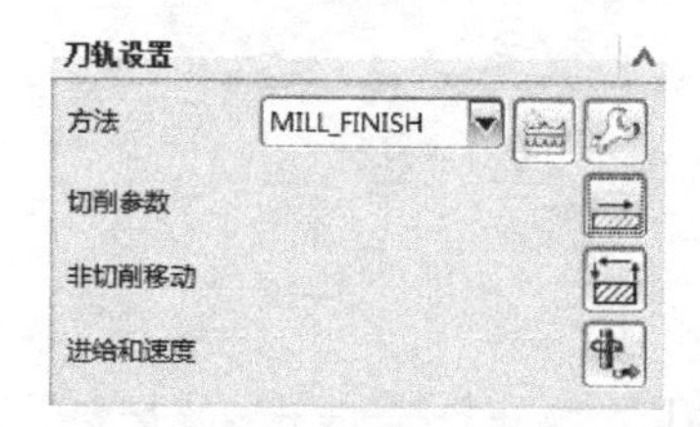


图 2-2-49　刀轨设置

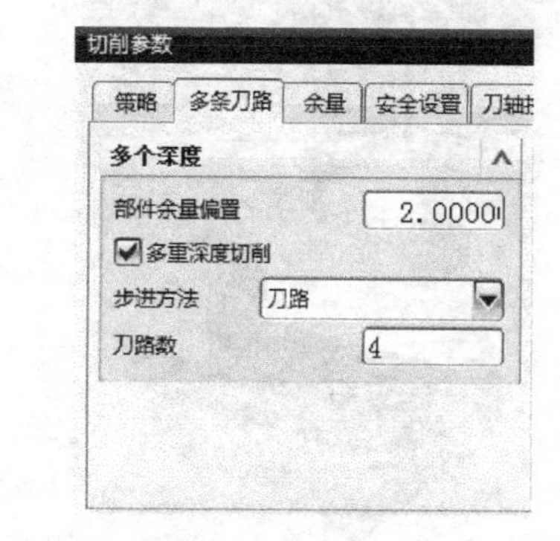


图 2-2-50　多条刀路

（38）单击【进给和速度】，设置主轴速度为“4200”，剪切进给率为“1000”，如图2-2-51所示。

（39）单击【生成】按钮，得到螺旋槽左侧圆角加工刀路，如图 2-2-52 所示。

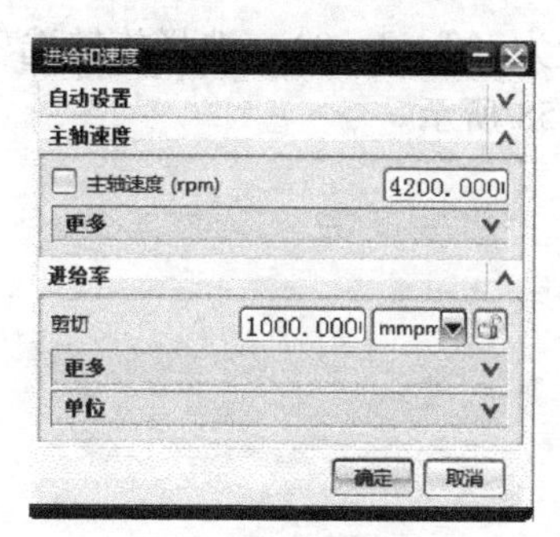


图 2-2-51　进给和速度

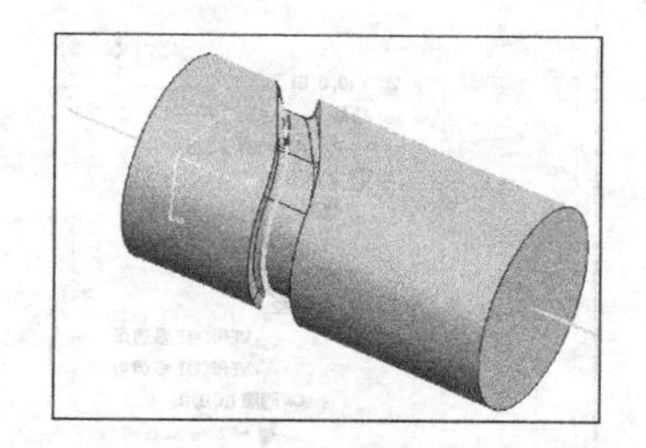

图 2-2-52　螺旋槽左侧圆角刀轨

（40）使用相同方法，创建螺旋槽右侧圆角加工刀路，如图 2-2-53 所示。

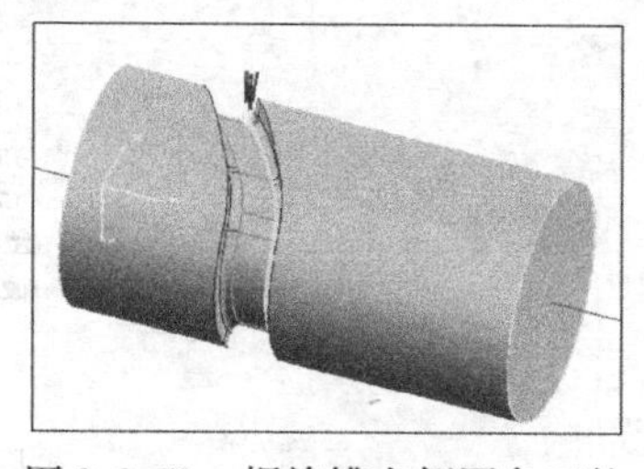

图 2-2-53　螺旋槽右侧圆角刀轨

## 三、仿真加工

（1）打开 VERICUT 软件，设置工作目录。新建一毫米制文件。

（2）添加机床。右键单击项目树中机床，单击打开命令，在打开机床对话框中选择 YCM_ machine. mch 文件，如图 2-2-54 所示。

（3）添加控制文件。右键单击项目树控制，选择打开命令，在打开系统控制对话框中选择 fan18m. ctl 控制系统，结果如图 2-2-55 所示。

图 2-2-54　添加机床

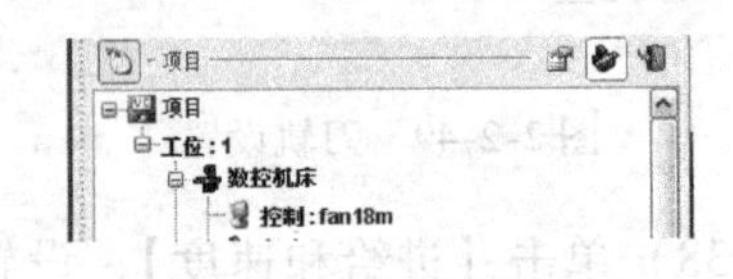


图 2-2-55　选择控制系统

（4）添加毛坯。右键单击 Stock，选择添加模型文件下的圆柱，设置高为“300”，半径为“25”，如图 2-2-56 所示，选择移动选项卡，位置设置为（0，0，0），选择旋转选项卡，使毛坯绕 Y + 旋转 90°，如图 2-2-57 所示，结果如图 2-2-58 所示。

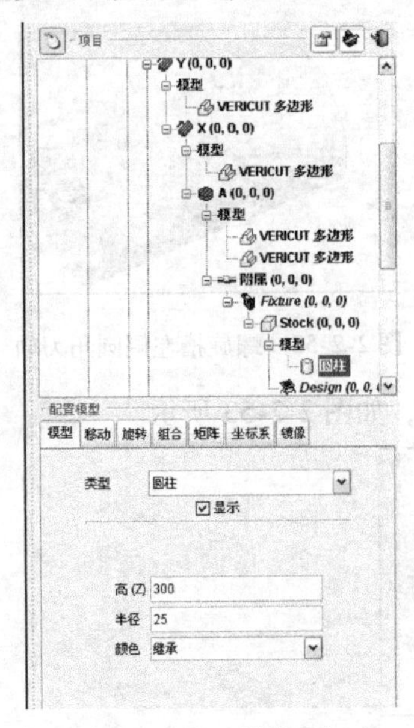


图 2-2-56　添加毛坯

图 2-2-57　绕 Y + 旋转 90°

（5）设置G-代码偏置。选择项目树中的G-代码偏置，单击添加按钮，偏置名为“工作偏置”，寄存器为“54”，定位方式为从Tool到Stock，如图2-2-59所示。

图2-2-58　添加毛坯结果

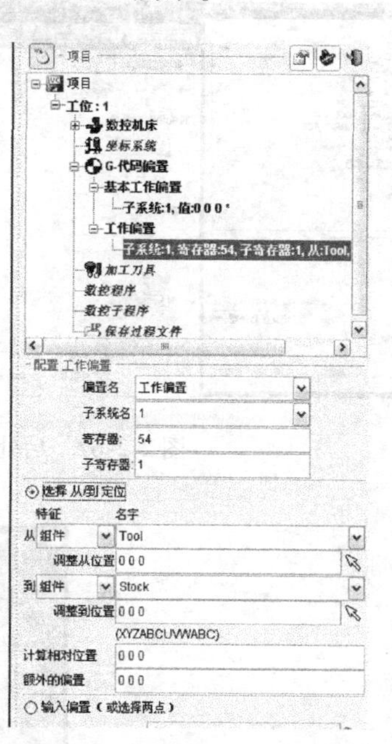


图2-2-59　设置G-代码偏置

（6）添加刀具库。右键单击项目树中加工刀具，选择打开命令，在打开刀具库对话框选择tool. tls文件，结果如图2-2-60所示。

（7）后处理得到加工程序。在UG NX软件的刀轨操作导航器中选中所有操作，单击【工具】→【操作导航器】→【输出】→【NX Post后处理】，如图2-2-61所示，弹出后处理对话框。

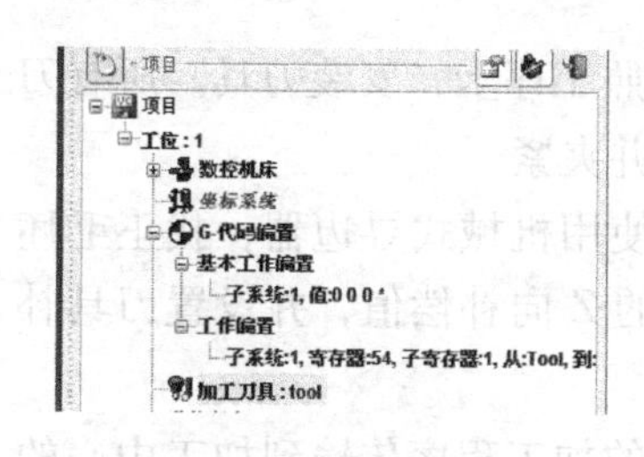


图2-2-60　添加刀具库

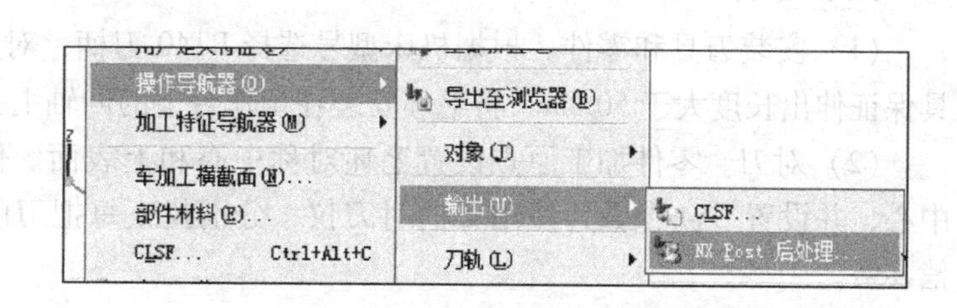


图2-2-61　后处理命令

（8）后处理器选择“Fanuc_4axis_A”，指定合适的文件路径和文件名，单位设置为“公制”，勾选“列出输出”，如图2-2-62所示，单击【确定】完成后处理，得到加工程序，如图2-2-63所示。

（9）添加数控程序。单击项目树中数控程序，选择添加NC程序文件，选择加工程序，结果如图2-2-64所示。

（10）单击仿真到末端按钮，进行加工仿真，结果如图2-2-65所示。

（11）保存项目。

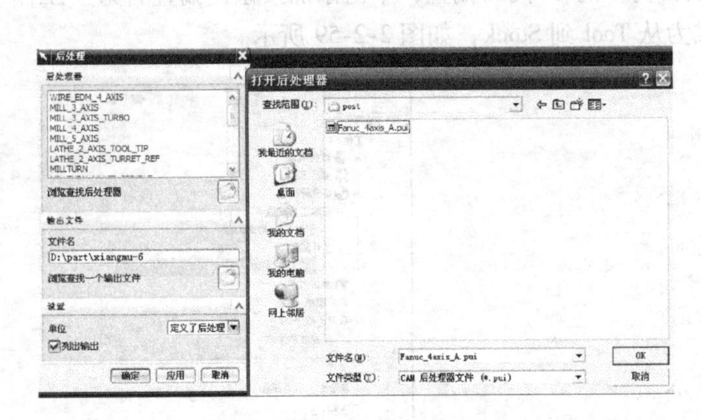


图 2-2-62、后处理

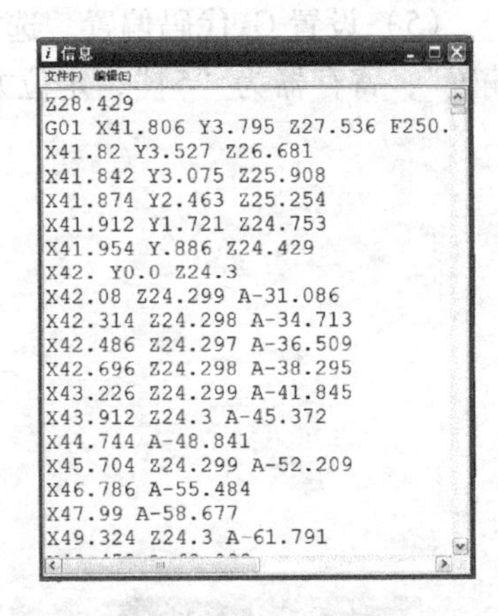


图 2-2-63　加工程序

图 2-2-64　添加数控程序

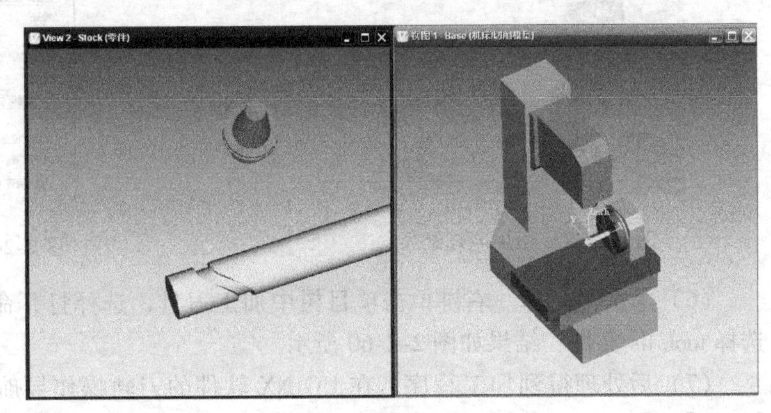


图 2-2-65　仿真结果

## 四、零件加工

（1）安装刀具和零件。根据机床型号选择 BT40 刀柄，对照工序卡，安装刀具。所有刀具保证伸出长度大于 50mm。将毛坯安装在工作台上的四轴上并夹紧。

（2）对刀。零件加工原点设置毛坯对称中心和上表面。使用机械式寻边器，找正毛坯中心，并设置 G54 参数，使用 Z 向对刀仪，分别找正每把刀的 Z 向补偿值，并设置刀具补偿参数。

（3）程序传输并加工。使用 WINPCIN 软件将后处理得到的加工程序传输到加工中心的数控系统，设置机床为自动加工模式，按循环启动键，机床即开始自动加工零件。

## 【专家点拨】

（1）辅助曲线和辅助曲面在可变轴轮廓铣中是相当重要的，例如，辅助曲面可作为驱动面或者加工曲面。

（2）VERICUT 项目树组件可以通过拖动的方法改变组件之间的关系，在构建机床时，要充分考虑实际机床的相关参数，以得到真实的仿真结果。

（3）刀具轨迹的优化是通过重新计算进给率和主轴转速而生成一个优化的刀具轨迹文

件。优化过程中并不改变原有的快速运动和刀轨路线，但是，优化能够保证刀轨具有最佳的进给率或主轴转速，并在最短的时间内生产出高质量的零件。

## 【课后训练】

根据图 2-2-66 所示槽类零件的特征，制订合理的工艺路线，设置必要的加工参数，生成刀具路径，通过相应的后处理生成数控加工程序，并运用机床加工零件。

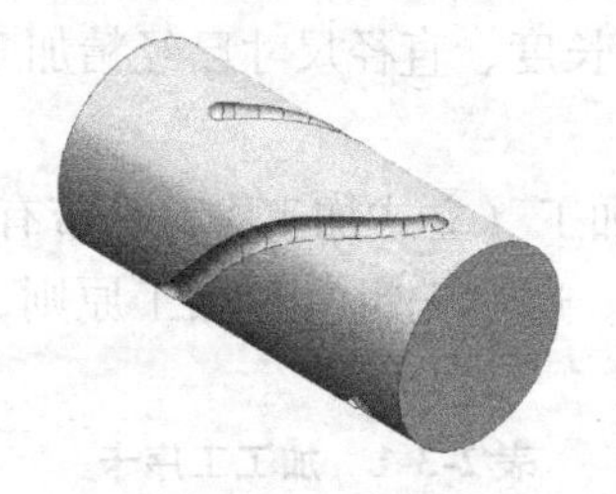

图 2-2-66　槽类零件

# 项目三　螺杆的数控编程与仿真加工

## 【教学目标】

**能力目标**：能运用 UG NX 软件完成螺杆的编程与仿真加工。
能使用加工中心完成零件加工。

**知识目标**：掌握四轴加工铣削几何体设置。
掌握四轴加工刀具轴设置方法。
掌握四轴加工曲面驱动方法。
掌握四轴加工策略。
能正确定制四轴后处理。

**素质目标**：激发学生的学习兴趣，培养团队合作和创新精神。

## 【项目导读】

大螺距螺杆类零件，由于在车床上难以加工，所以一般会采用四轴联动铣削加工来完成。这类零件一般形状比较简单，牙型基本为梯形。

## 【任务描述】

学生以企业制造部门 MC 数控程序员的身份进入 UG NX CAM 功能模块，根据螺杆零件的特征，制订合理的工艺路线，创建四轴粗加工操作和四轴精加工操作，设置必要的加工参数，生成刀具路径，检验刀具路径是否正确合理，并对操作过程中存在的问题进行研讨和交流，通过相应的后处理生成数控加工程序，并运用机床加工零件。

## 【工作任务】

按照零件加工要求，制订螺杆的加工工艺；编制螺杆加工程序；完成螺杆的仿真加工，后处理得到数控加工程序，完成零件加工。

## 一、制订加工工艺

### 1. 螺杆零件分析

螺杆零件形状比较简单，就是螺距比较大的梯形螺纹，主要加工部位为牙型侧面、牙型底面。

### 2. 毛坯选用

零件材料为45钢圆棒。零件长度、直径尺寸已经精加工到位，无须再加工。

### 3. 制订加工工序卡

零件选用立式四轴联动机床加工（立式加工中心，带有绕X轴旋转的回转台），自定心卡盘和顶尖一夹一顶的装夹方式。遵循先粗后精加工原则，粗、精加工均采用四轴联动加工。加工工序如表2-3-1所示。

表2-3-1　加工工序卡

| 零件号: 265362 | | 工序名称: 螺杆铣削加工 | | 工艺流程卡_工序单 |
| --- | --- | --- | --- | --- |
| 材料: 45钢 | 页码: 1 | 工序号: 01 | | 版本号: 0 |
| 夹具:自定心卡盘 | 工位: MC | 数控程序号: | | |

刀具及参数设置

| 加工内容 | 刀具号 | 刀具规格 | 主轴转速 | 进给速度 |
| --- | --- | --- | --- | --- |
| 粗加工 | T01 | D8R1 | S4000 | F1200 |
| 牙型侧面精加工 | T02 | D6R0 | S3500 | F1200 |
| 牙型底面精加工 | T02 | D6R0 | S3500 | F1500 |
| | | | | |
| | | | | |
| | | | | |
| | | | | |
| | | | | |
| | | | | |

| 02 | | | |
| --- | --- | --- | --- |
| 01 | | | |
| 更改号 | 更改内容 | 批准 | 日期 |

| 拟制: | 日期: | 审核: | 日期: | 批准: | 日期: | ××工业职业技术学院 |
| --- | --- | --- | --- | --- | --- | --- |

## 二、编制加工程序

（1）单击【开始】→【所有应用模块】→【加工】，弹出加工环境对话框，CAM会话配置选择“cam_general”；要创建的CAM设置选择“mill_multi-axis”，如图2-3-1所示，然后单击【确定】，进入加工模块。

（2）在加工操作导航器空白处，单击鼠标右键，选择【几何视图】，如图2-3-2所示。

（3）双击操作导航器中的【MCS_MILL】，弹出Mill Orient（加工坐标系）对话框，设置安全距离为“50”，如图2-3-3所示。

（4）单击指定MCS中的CSYS会话框，弹出CSYS对话框，然后选择参考坐标系中的“WCS”，单击【确定】，使加工坐标系和工作坐标系重合，如图2-3-4所示。再单击【确定】完成加工坐标系设置。

（5）双击操作导航器中的WORKPIECE，弹出铣削几何体对话框，如图2-3-5所示。

图 2-3-1　加工环境对话框

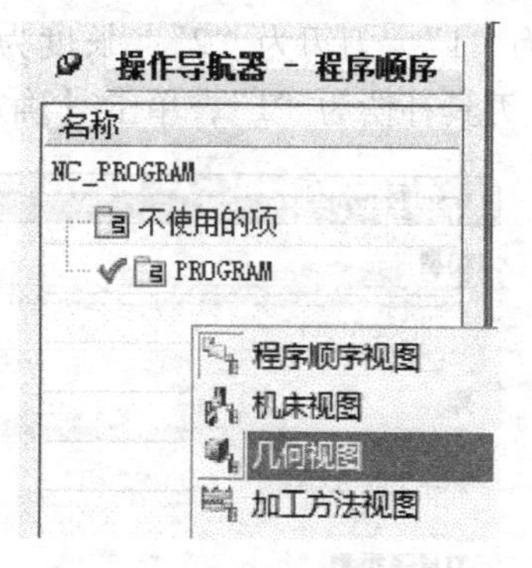


图 2-3-2　几何视图选择

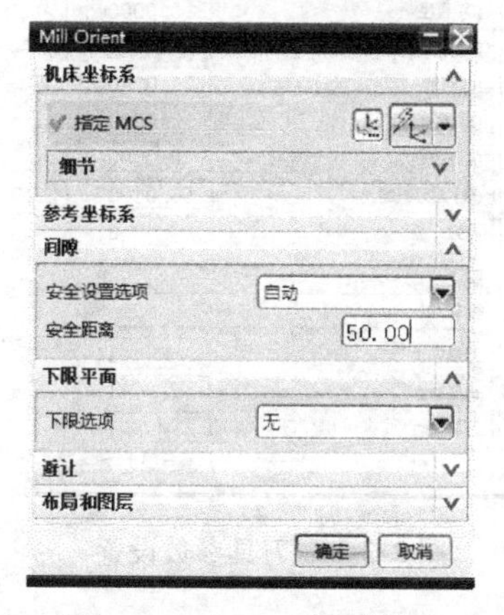


图 2-3-3　加工坐标系设置

图 2-3-4　加工坐标系设置

（6）单击【指定毛坯】，弹出毛坯几何体对话框，选择“几何体”作为毛坯，选择如图 2-3-6 所示几何体（此几何体预先在建模模块创建好）。单击【确定】完成毛坯选择，单击【确定】完成铣削几何体的设置。

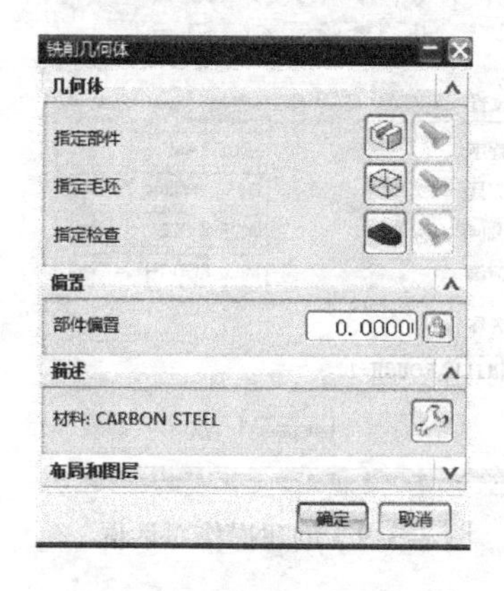


图 2-3-5　铣削几何体对话框

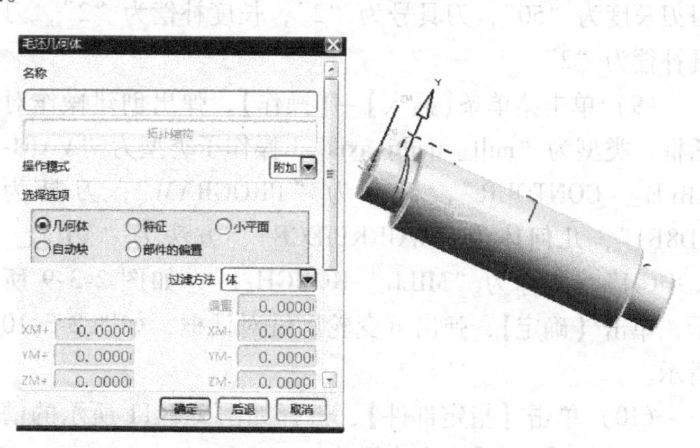


图 2-3-6　毛坯设置

（7）在加工操作导航器空白处，单击鼠标右键，选择【机床视图】，单击菜单条【插入】→【刀具】，弹出创建刀具对话框，如图 2-3-7 所示。类型选择为“mill contour”，刀具子类型选择为“MILL”，刀具位置为“GENERIC_ MACHINE”，刀具名称为“D8R1”，单击【确定】，弹出刀具参数设置对话框。设置刀具参数如图 2-3-8 所示，直径为“8”，底圆角半径为“1”，刀刃为“2”，长度为“75”，刀刃长度为“50”，刀具号为“1”，长度补偿为“1”，刀具补偿为“1”，单击【确定】，完成刀具 1 的创建。

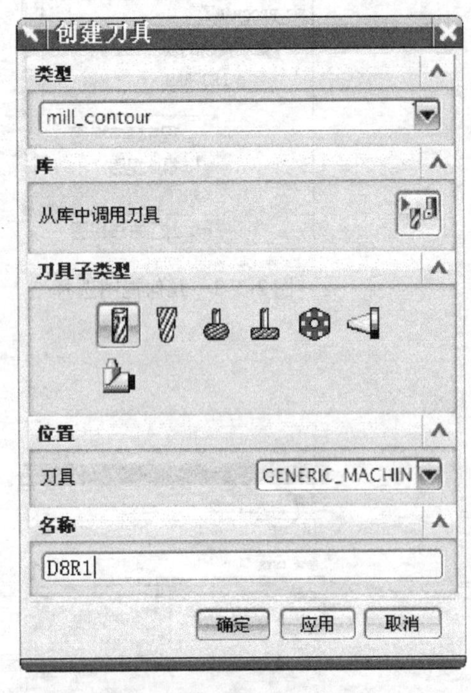


图 2-3-7　创建刀具对话框

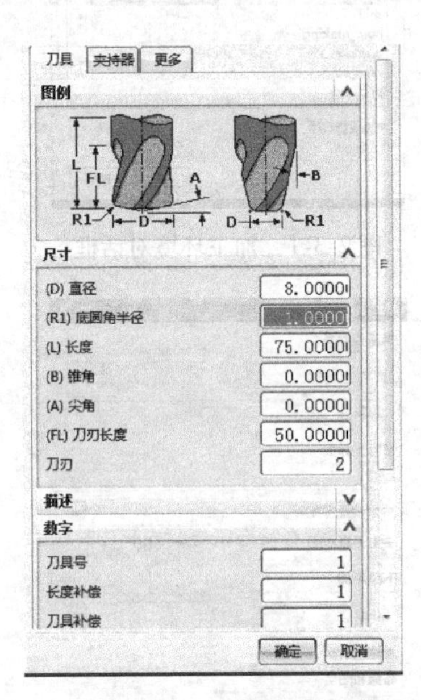


图 2-3-8　刀具参数设置

（8）用同样的方法创建刀具 2。类型选择为“mill contour”，刀具子类型选择为“MILL”，刀具位置为“GENERIC_ MACHINE”，刀具名称为“D6R0”，直径为“6”，底圆角半径为“0”，刀刃为“2”，长度为“75”，刀刃长度为“50”，刀具号为“2”，长度补偿为“2”，刀具补偿为“2”。

（9）单击菜单条【插入】→【操作】，弹出创建操作对话框，类型为“mill_ multi-axis”，操作子类型为“VARIABLE_ CONTOUR”，程序为“PROGRAM”，刀具为“D8R1”，几何体为“WORKPIECE”，方法为“MILL_ ROUGH”，名称为“MILL_ ROUGH-1”，如图 2-3-9 所示，单击【确定】，弹出可变轮廓铣对话框，如图 2-3-10 所示。

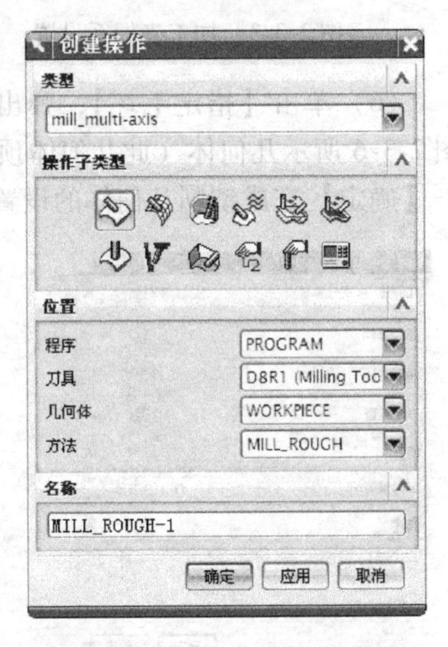


图 2-3-9　创建操作对话框

（10）单击【指定部件】，选择如图 2-3-11 所示的槽底面，单击【确定】，完成操作。

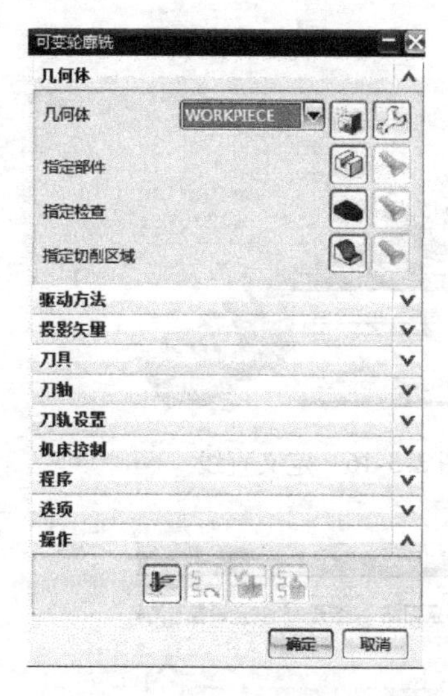


图 2-3-10　可变轮廓铣对话框

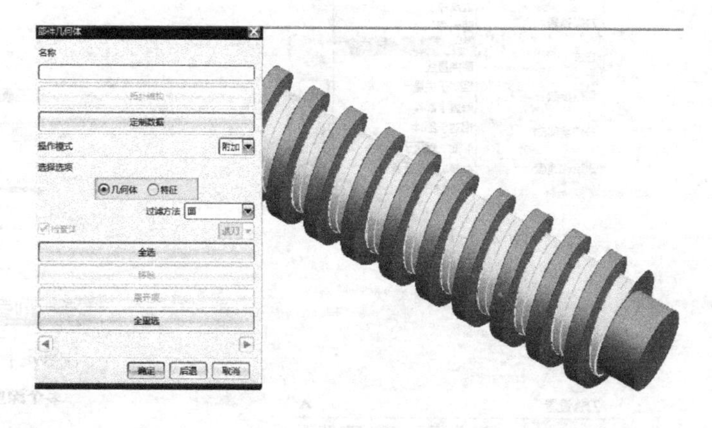


图 2-3-11　指定部件

（11）单击【驱动方法】，设置驱动方法为“曲线/点”，如图 2-3-12 所示，弹出如图 2-3-13所示对话框，选择如图所示曲线。

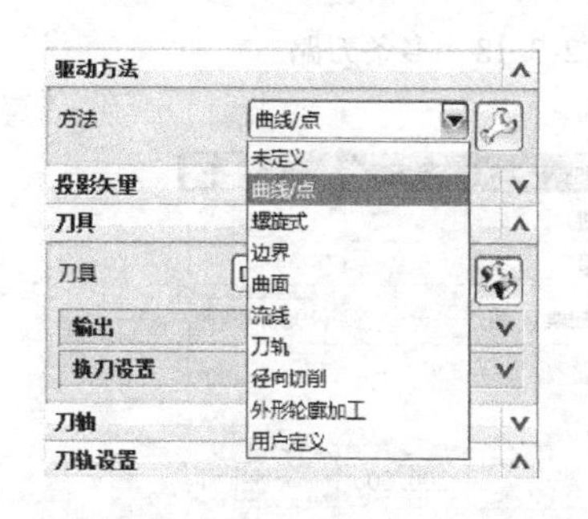


图 2-3-12　驱动方法

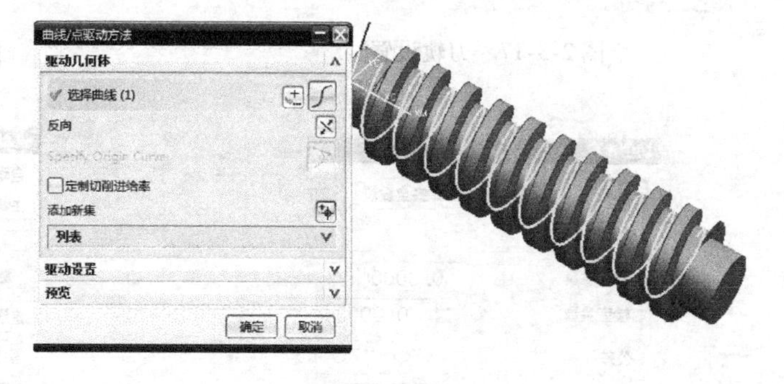


图 2-3-13　驱动曲线

（12）设置投影矢量为“刀轴”，如图 2-3-14 所示。

图 2-3-14　投影矢量

（13）设置刀轴为“远离直线”，如图 2-3-15 所示。弹出如图 2-3-16 对话框，选择现有的直线，选中圆柱体的轴线，单击【确定】，完成操作。

（14）单击【刀轨设置】，方法为“MILL_ FINISH”，如图 2-3-17 所示。单击【切削参数】，单击多条刀路选项卡，设置部件余量偏置为“5”，勾选“多重深度切削”，步进方法为“刀路”，刀路数为“5”，如图 2-3-18 所示。

（15）单击余量选项卡，设置部件余量为“0. 3”，如图 2-3-19 所示，单击【确定】完成操作。单击【进给和速度】，设置主轴速度为“4000”，剪切进给率为“1200”，如图 2-3-20所示。

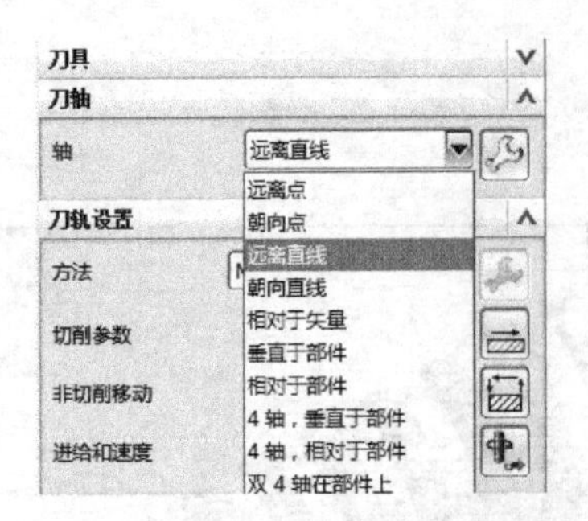


图 2-3-15　刀轴

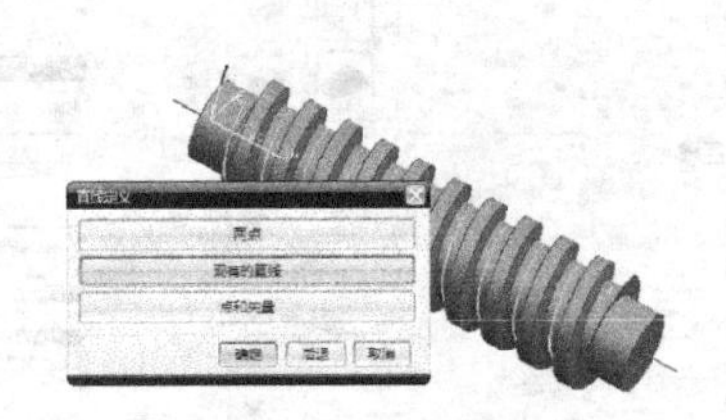

图 2-3-16　定义直线

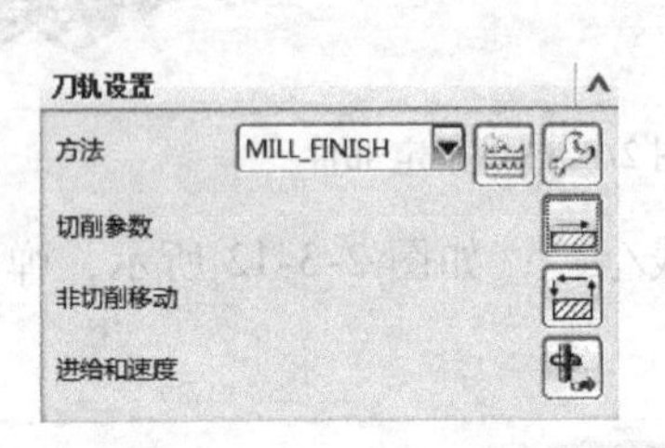


图 2-3-17　刀轨设置

图 2-3-18　多条刀路

图 2-3-19　余量设置

图 2-3-20　进给和速度

（16）单击【生成】按钮，得到螺杆粗加工刀轨，如图 2-3-21 所示。

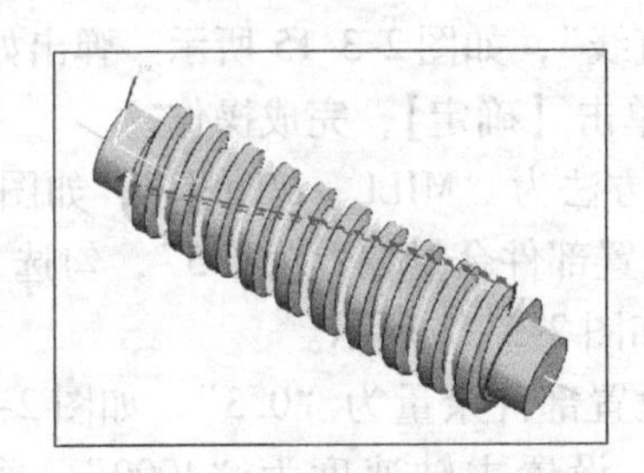

图 2-3-21　螺杆粗加工刀轨

（17）单击菜单条【插入】→【操作】，弹出创建操作对话框，类型为“mill_ multi-axis”，操作子类型为“VARIABLE_ CONTOUR”，程序为“PROGRAM”，刀具为“D6R0”，几何体为“WORKPIECE”，方法为“MILL_ FINISH”，名称为“MILL_ FINISH-1”，如图 2-3-22 所示，单击【确定】，弹出可变轮廓铣对话框，如图 2-3-23 所示。

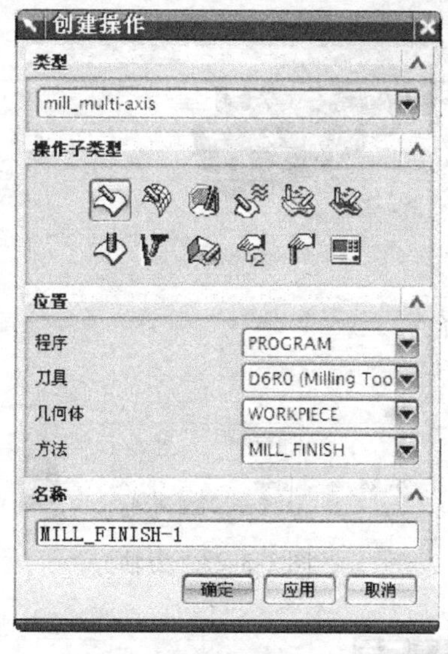


图 2-3-22　创建操作对话框

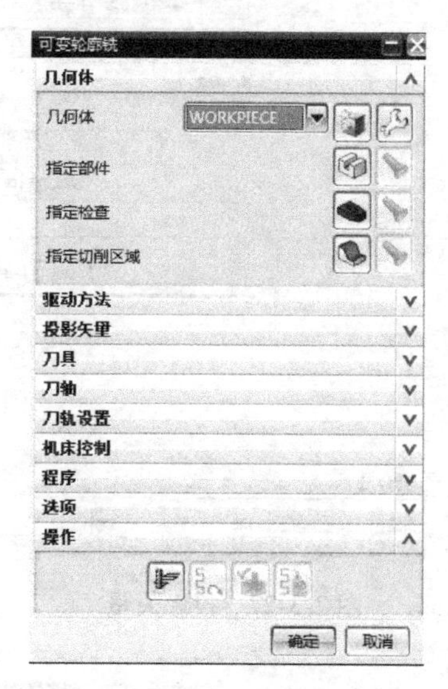


图 2-3-23　可变轮廓铣对话框

（18）单击【驱动方法】，设置驱动方法为“曲面”，如图 2-3-24 所示，弹出如图 2-3-25 所示对话框，设置刀具位置为“相切”，设置切削模式为“螺旋”，设置步距为“数量”，设置步距数为“10”，如图 2-3-25 所示。

图 2-3-24　驱动方法

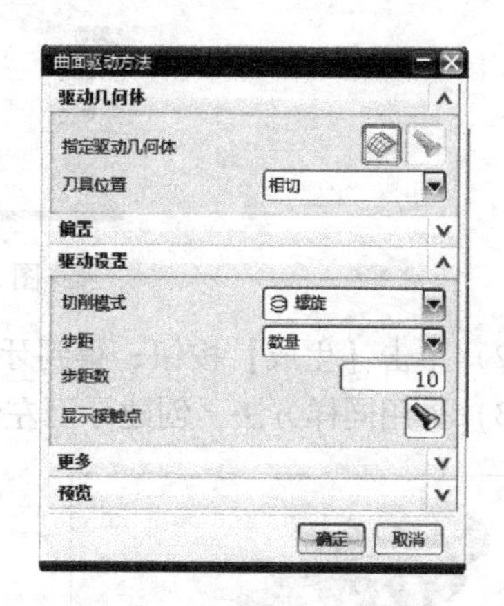


图 2-3-25　曲面驱动方法对话框

（19）单击【指定曲面】，弹出对话框，选择如图 2-3-26 所示曲面，单击【确定】完成选择。

（20）设置投影矢量为“刀轴”，如图 2-3-27 所示，设置刀轴为“远离直线”，选择现有直线，如图 2-3-28 所示，选择现有的直线，选择圆柱体的轴线，单击【确定】，完成操作。

（21）单击【进给和速度】，设置主轴速度为“3500”，剪切进给率为“1200”，如图

2-3-29所示，单击【确定】，完成设置。

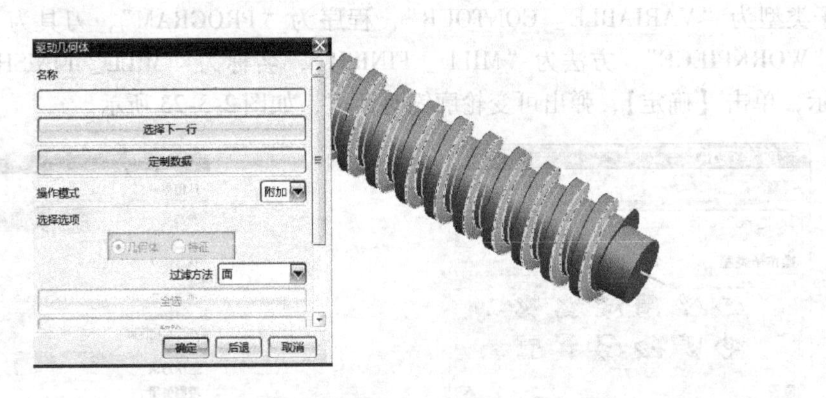


图 2-3-26　曲面选择

图 2-3-27　投影矢量

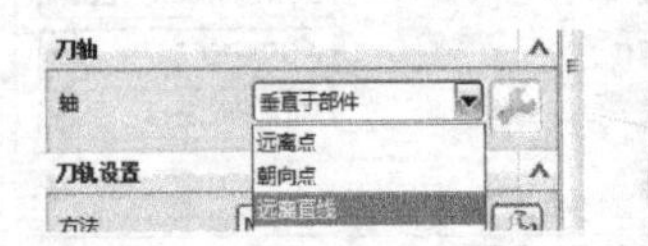


图 2-3-28　刀轴

图 2-3-29　进给和速度

（22）单击【生成】按钮，得到牙型右侧面加工刀路，如图 2-3-30 所示。
（23）采用同样方法，创建牙型左侧面加工刀路，如图 2-3-31 所示。

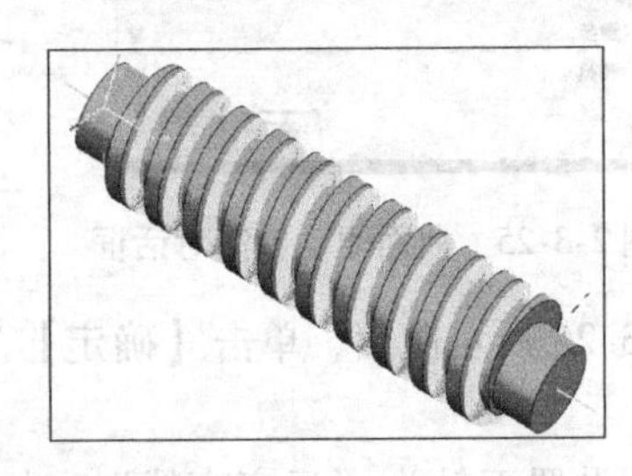

图 2-3-30　牙型右侧面加工刀路

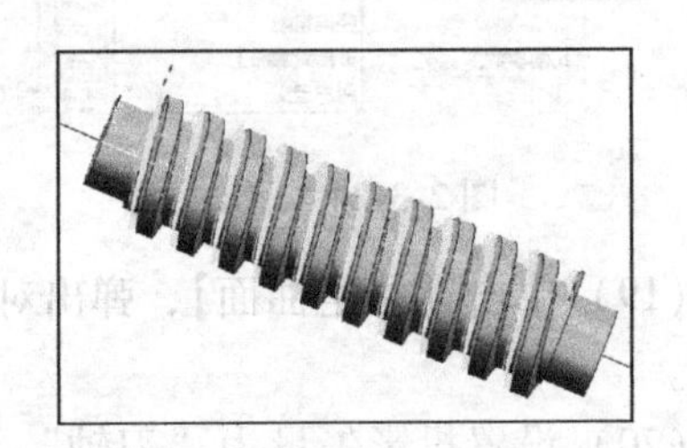

图 2-3-31　牙型左侧面加工刀路

（24）单击菜单条【插入】→【操作】，弹出创建操作对话框，类型为“mill_ multi-axis”，操作子类型为“VARIABLE_ CONTOUR”，程序为“PROGRAM”，刀具为“D6R0”，几何体为“WORKPIECE”，方法为“MILL_ FINISH”，名称为“MILL_ FINISH-2”，如图 2-3-32 所示，单击【确定】，弹出可变轮廓铣对话框，如图 2-3-33 所示。

图 2-3-32　创建操作对话框

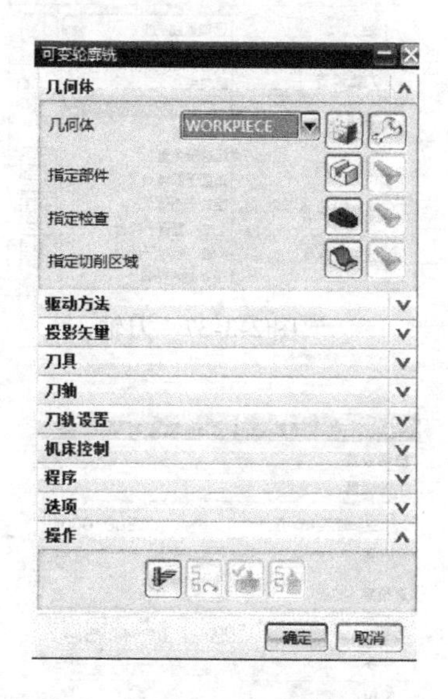


图 2-3-33　可变轮廓铣对话框

（25）单击【驱动方法】，设置驱动方法为“曲线/点”，如图 2-3-34 所示，弹出如图 2-3-35所示对话框，选择如图所示曲线。

图 2-3-34　驱动方法

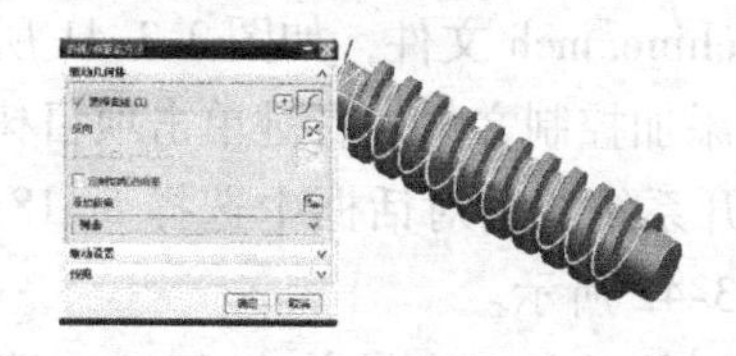

图 2-3-35　驱动曲线

（26）设置投影矢量为“刀轴”，如图 2-3-36 所示。

图 2-3-36　投影矢量

（27）设置刀轴为“远离直线”，如图 2-3-37 所示。弹出如图 2-3-38 对话框，选择现有的直线，选中螺杆的轴线，单击【确定】，完成操作。

（28）单击【进给和速度】，设置主轴速度为“3500”，剪切进给率为“1500”，如图 2-3-39所示。

（29）单击【生成】按钮，得到牙型底面精加工刀路，如图 2-3-40 所示。

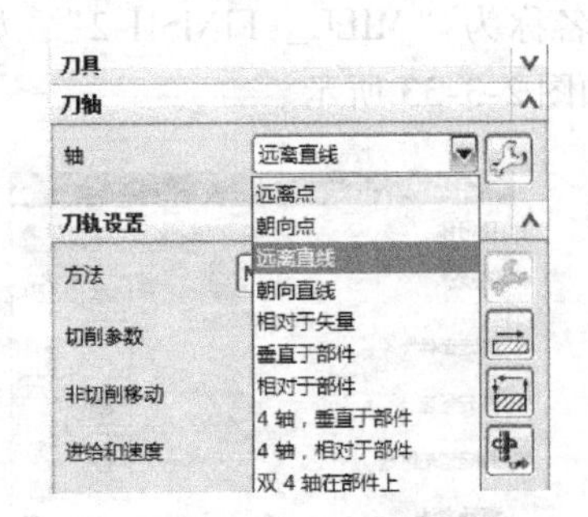


图 2-3-37　刀轴

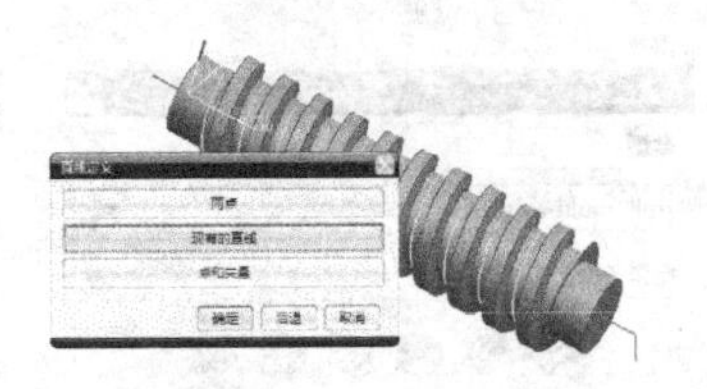

图 2-3-38　定义直线

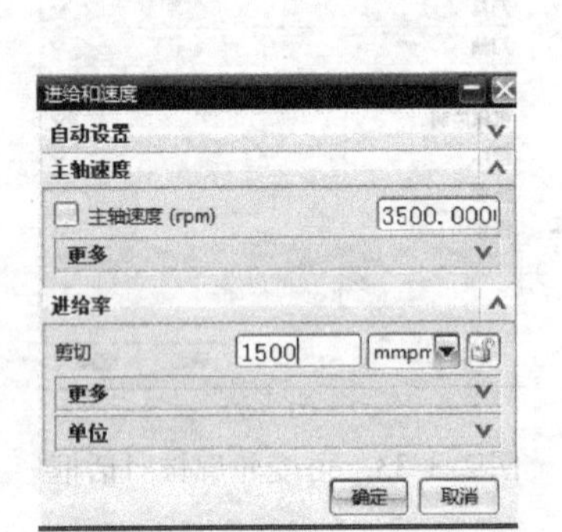


图 2-3-39　进给和速度

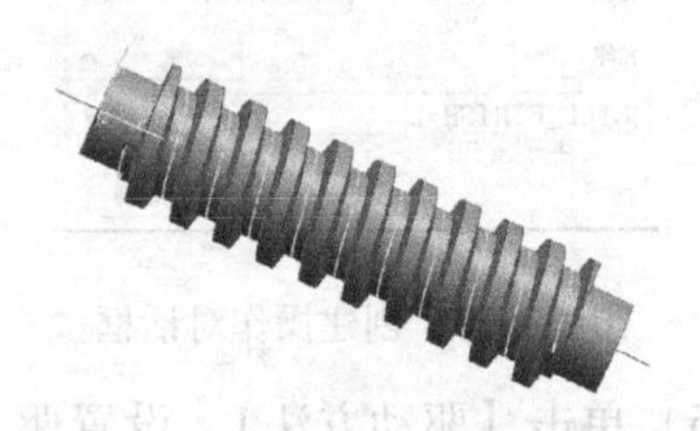

图 2-3-40　牙型底面精加工刀轨

## 三、仿真加工

（1）打开 VERICUT 软件，设置工作目录。新建一毫米制文件。

（2）添加机床。右键单击项目树中机床，单击打开命令，在打开机床对话框中选择 YCM_ machine. mch 文件，如图 2-3-41 所示。

（3）添加控制文件。右键单击项目树控制，选择打开命令，在打开系统控制对话框中选择 fan18m. ctl 控制系统，结果如图 2-3-42 所示。

图 2-3-41　添加机床

（4）添加毛坯。右键单击 Stock，选择添加模型文件下的圆柱，设置高度为“380”，半径为“30”，选择移动，位置设置为（－170，0，0），选择旋转，使毛坯绕 Y＋旋转 90°。再添加一段圆柱，设置高度为“20”，半径为“20”，选择移动，位置设置为（－190，0，0），选择旋转，使毛坯绕 Y＋旋转 90°，结果如图 2-3-43 所示。

（5）设置 G-代码偏置。选择项目树中的 G-代码偏置，单击添加按钮，偏置名为“工作偏置”，寄存器为“54”，定位方式为从 Tool 到 Stock，如图 2-3-44 所示。

（6）添加刀具库。右键单击项目树中加工刀具，选择打开命令，在打开刀具库对话框选择 tool. tls 文件，结果如图 2-3-45所示。

（7）后处理得到加工程序。在 UG NX 软件的刀轨操作导航器中选中所有操作，单击【工具】→

【操作导航器】→【输出】→【NX POST 后处理】，如图 2-3-46 所示，弹出后处理对话框。

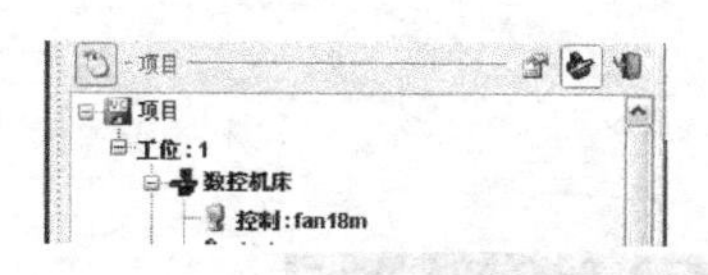


图 2-3-42　选择控制系统

图 2-3-43　添加毛坯结果

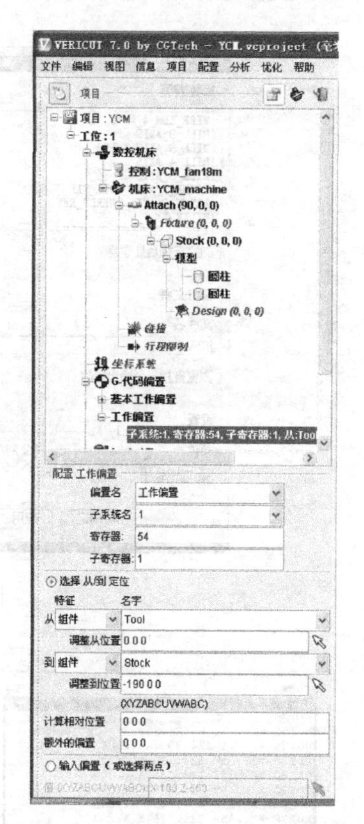


图 2-3-44　设置 G-代码偏置

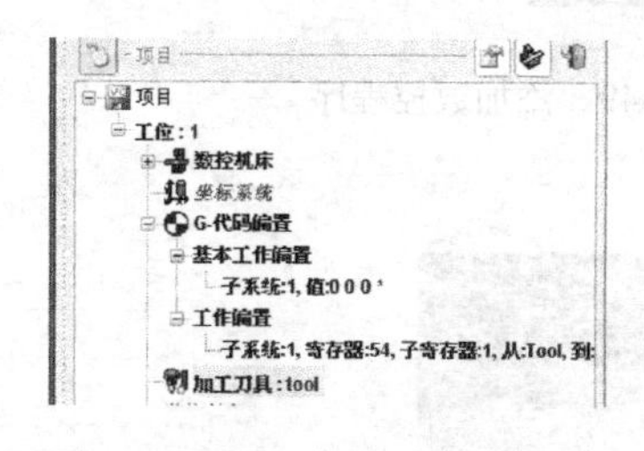


图 2-3-45　添加刀具库

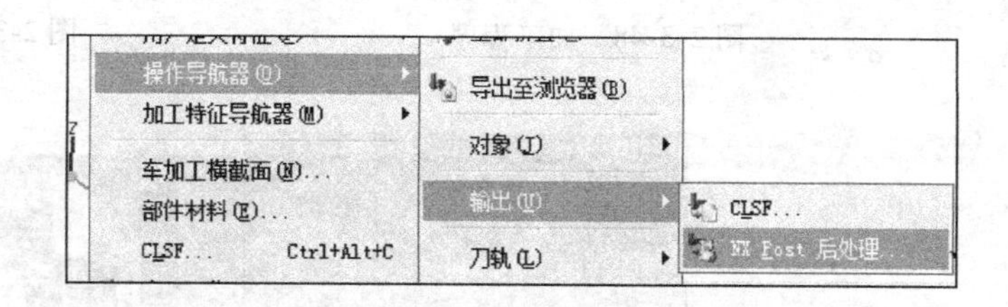


图 2-3-46　后处理命令

（8）后处理器选择“4axis_ A”，指定合适的文件路径和文件名，单位设置为“公制”，勾选“列出输出”，如图 2-3-47 所示，单击【确定】完成后处理，得到加工程序，如图 2-3-48所示。

（9）添加数控程序。单击项目树中数控程序，选择添加 NC 程序文件，选择加工程序，结果如图 2-3-49 所示。

（10）单击【仿真到末端】按钮，进行加工仿真，结果如图 2-3-50 所示。

（11）保存项目。

## 四、零件加工

（1）安装刀具和零件。根据机床型号选择 BT40 刀柄，对照工序卡，安装刀具。所有刀具保证伸出长度大于50mm。将毛坯安装在工作台上的四轴上并夹紧。

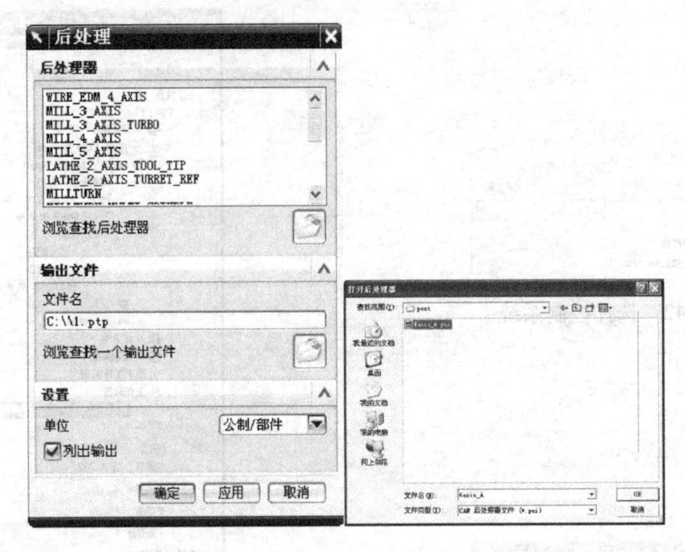


图2-3-47　后处理

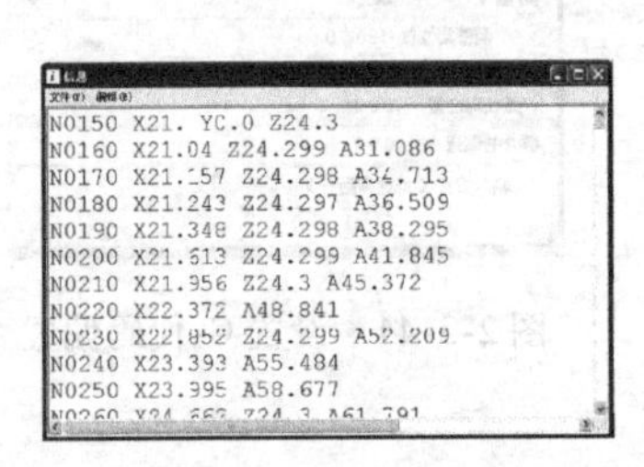


图2-3-48　加工程序

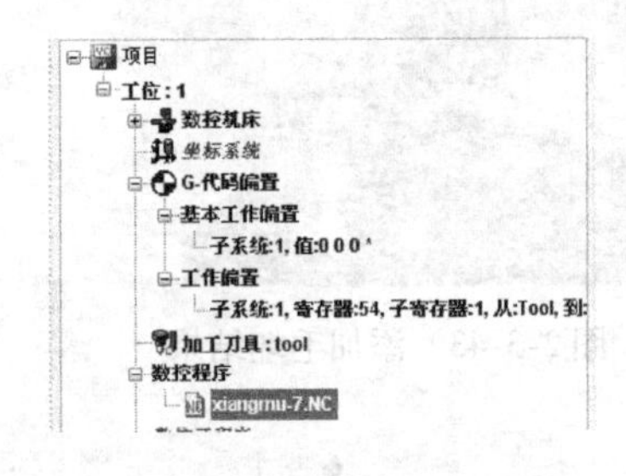


图2-3-49　添加数控程序

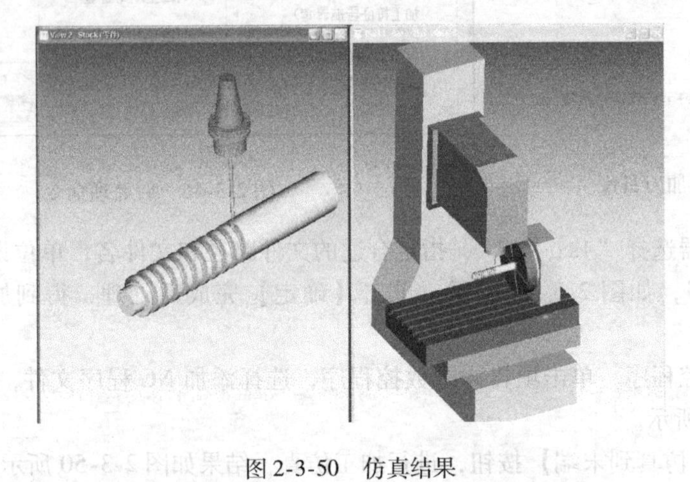

图2-3-50　仿真结果

（2）对刀。零件加工原点设置毛坯左端面中心。使用机械式寻边器，找正毛坯中心，并设置G54参数，使用Z向对刀仪，分别找正每把刀的Z向补偿值，并设置刀具补偿参数。

（3）程序传输并加工。使用WINPCIN软件将后处理得到的加工程序传输到加工中心的数控系统，设置机床为自动加工模式，按循环启动键，机床即开始自动加工零件。

## 【专家点拨】

（1）VERICUT有自带的一些机床模型、控制系统。在实际的生产中，生产现场所使用的机床、控制系统不一定与这些VERICUT自带的机床和控制系统一样，不能用之验证实际生产的刀轨和进行机床碰撞检查，最好根据生产现场所使用的机床来自己建立机床模型、创建控制系统，即使要使用这些自带的文件，一定要检查一下其与真实的机床的异同，有不同的地方一定要修改之后才能使用。

（2）建立机床模型的时候，不要把机床所有的零件都建立出来，一台数控机床，其零部件多如牛毛，把所有的零件建出来是不可能的事情，并且机床模型的数量越多，仿真速度越慢，建模只需要建立一些主要运动组件和需要进行碰撞检查的组件的模型，对于这些模型，要求与实际机床尺寸一样，即使不一样，也要尽量精确，对于机床的一些非运动组件，比如外壳、操作面板、电动机等，不需要建立其模型，这些组件的作用只是增加了机床模型的美观，对于刀轨验证、机床模拟和程序优化一点用处也没有。

（3）在VERICUT里，有几个组件是不用添加的："Base"、"Attach"、"Fixture"、"Stock"、"Design"，因为这几个组件是完成一次模拟或者是完成一次验证的必需条件，它们默认已经存在VERICUT里。

（4）在VERICUT内，所有的坐标值的输入都采用（X Y Z）的方式，X、Y、Z可以是数值，也可以是代数式，三者之间必须用空格键分割开。

## 【课后训练】

根据图2-3-51所示印章零件的特征，制订合理的工艺路线，设置必要的加工参数，生成刀具路径，通过相应的后处理生成数控加工程序，并运用机床加工零件。

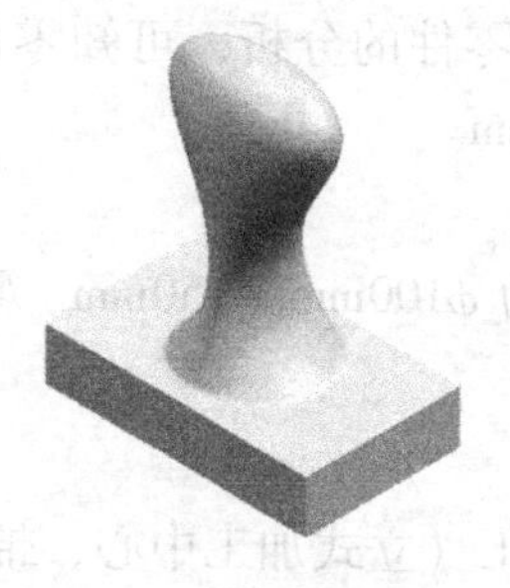

图2-3-51　印章零件

# 项目四　星形滚筒的数控编程与仿真加工

## 【教学目标】

**能力目标：** 能运用UG NX软件完成星形滚筒的编程与仿真加工。

能使用加工中心完成零件加工。

**知识目标：** 掌握可变轴铣削参考几何体设置。

掌握曲面驱动方法设置。

掌握曲线驱动方法设置。

掌握投影矢量和刀轴的设置。

**素质目标：** 激发学生的学习兴趣，培养团队合作和创新精神。

## 【项目导读】

星形滚筒是印染上用的一种零件，是四轴铣削加工中常见的一类零件。这类零件在圆柱面上开出一些具有一定规律的图案，由于其零件形状的特殊性，采用车削或者三轴铣削都没法完成零件加工。零件上一般会有内凹曲面、圆弧面等特征。

## 【任务描述】

学生以企业制造部门MC数控程序员的身份进入UG NX CAM功能模块，根据星形滚筒零件的特征，制订合理的工艺路线，创建型腔铣、可变轴轮廓铣等加工操作、创建必要的参考几何体，设置必要的加工参数，生成刀具路径，检验刀具路径是否正确合理，并对操作过程中存在的问题进行研讨和交流，通过相应的后处理生成数控加工程序，并运用机床加工零件。

## 【工作任务】

按照零件加工要求，制订星形滚筒的加工工艺；编制星形滚筒加工程序；完成星形滚筒的仿真加工，后处理得到数控加工程序，完成零件加工。

### 一、制订加工工艺

#### 1. 星形滚筒零件分析

星形滚筒零件形状比较简单，主要曲面、圆弧面、端面、圆柱面等特征组成，主要加工内容为星形曲面、过渡面，经过对零件的分析，可知零件上最小的内凹圆弧半径为2mm，所以精加工时刀具半径不能大于2mm。

#### 2. 毛坯选用

零件材料为45钢圆棒，尺寸为$\phi$100mm＊250mm。零件长度、直径尺寸已经精加工到位，无须再加工。

#### 3. 制订加工工序卡

零件选用立式四轴联动机床加工（立式加工中心，带有绕X轴旋转的回转台），自定心卡盘装夹，遵循先粗后精加工原则，粗加工采用3+1轴型腔铣方式，精加工采用4轴联动加工。加工工序如表2-4-1所示。

### 二、编制加工程序

（1）创建毛坯几何体。打开星形滚筒文件，单击【开始】→【建模】，单击【拉伸】，选择圆柱底面圆，设置拉伸距离为250mm，单击【确定】，结果如图2-4-1所示，将毛坯几何体移动到图层2，并隐藏图层2。

（2）创建直线几何体。单击【插入】→【曲线】→【直线】，设置直线起点为（－20，0，0），终点为（270，0，0），结果如图2-4-2所示，将直线移动到图层41。

**表 2-4-1　加工工序卡**

| 零件号: 27024003 | 工序名称: 星形滚筒铣削加工 | 工艺流程卡_工序单 | |
|---|---|---|---|
| 材料: 45钢 | 页码: 1 | 工序号: 01 | 版本号: 0 |
| 夹具: 自定心卡盘 | 工位: MC | 数控程序号: | |

刀具及参数设置

| 加工内容 | 刀具号 | 刀具规格 | 主轴转速 | 进给速度 |
|---|---|---|---|---|
| 凹腔粗加工 | T01 | D8R1 | S2500 | F800 |
| 凹腔二次开粗加工 | T02 | D5R2.5 | S3000 | F1200 |
| 凹腔精加工 | T03 | D3R1.5 | S3800 | F1500 |
| 凹腔清根精加工 | T04 | D3R0 | S3500 | F1500 |
| | | | | |
| | | | | |
| | | | | |
| | | | | |
| | | | | |

| | | | | | |
|---|---|---|---|---|---|
| 02 | | | | | |
| 01 | | | | | |
| 更改号 | 更改内容 | | 批准 | 日期 | |
| 拟制: | 日期: | 审核: | 日期: | 批准: | 日期: |

××工业职业技术学院

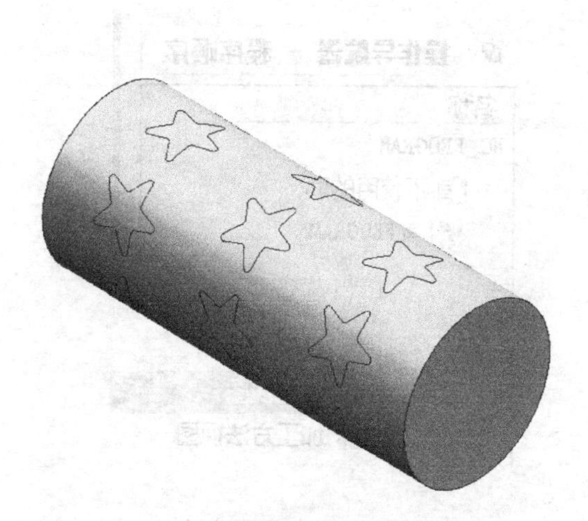

图 2-4-1　创建毛坯几何体

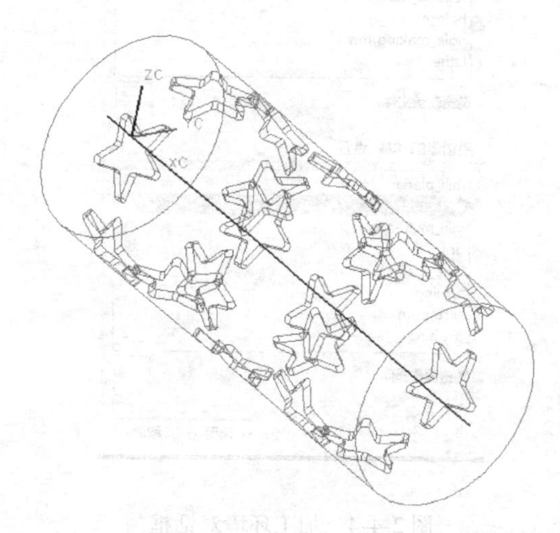



图 2-4-2　创建直线几何体

（3）创建偏置曲线。单击【插入】→【来自曲线集的曲线】→【在面上偏置】，系统弹出【在面上偏置曲线】对话框，选择星形边缘曲线，偏置设置为“1.5”，选择凹腔底面为偏置面，结果如图 2-4-3 所示，将曲线移动到图层 42。

（4）单击【开始】→【加工】，弹出加工环境对话框，CAM 会话配置选择“cam_ general”；要创建的 CAM 设置选择“mill_ contour”，如图 2-4-4 所示，然后单击【确定】，进入加工模块。

（5）在加工操作导航器空白处，单击鼠标右键，选择【几何视图】，如图 2-4-5 所示。

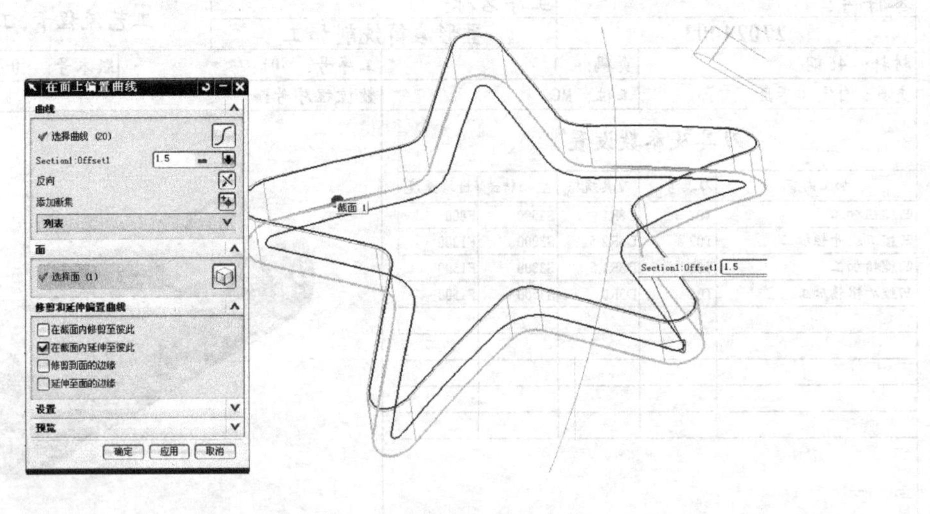


图 2-4-3　创建偏置曲线

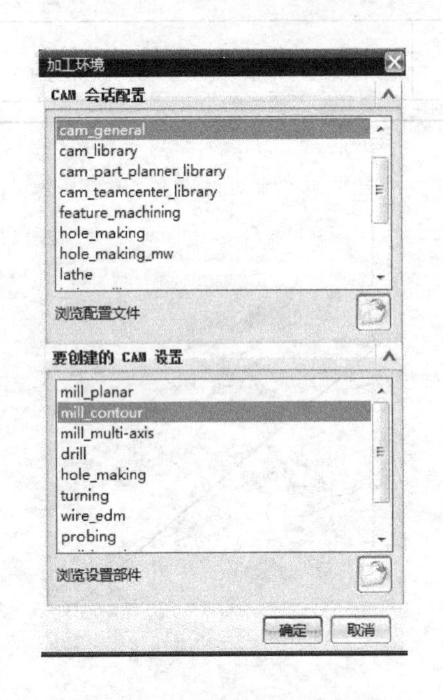


图 2-4-4　加工环境对话框

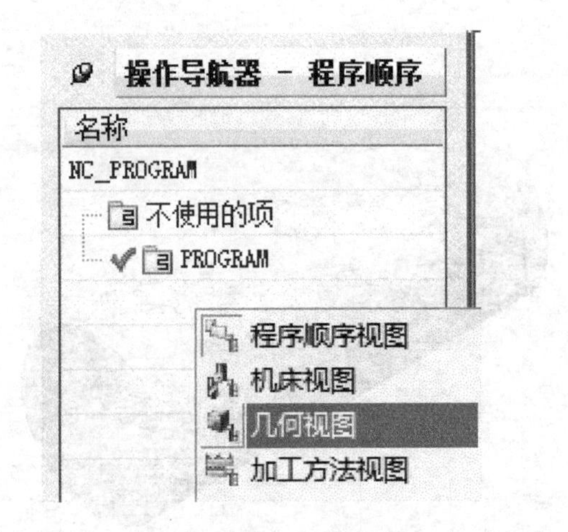


图 2-4-5　几何视图选择

（6）双击操作导航器中的【MCS_ MILL】，弹出 Mill Orient（加工坐标系）对话框，设置安全距离为“50”，如图 2-4-6 所示。

（7）单击指定 MCS 中的 CSYS 会话框，弹出 CSYS 对话框，然后选择参考坐标系中的“WCS”，单击【确定】，使加工坐标系和工作坐标系重合，如图 2-4-7 所示。再单击【确定】完成加工坐标系设置。

(8）双击操作导航器中的 WORKPIECE，弹出铣削几何体对话框，如图 2-4-8 所示。

(9）单击【指定部件】，弹出部件几何体对话框，选择几何体作为部件，选择如图 2-4-9所示几何体（在图层 1 中）。单击【确定】完成部件选择。

(10）单击【指定毛坯】，弹出毛坯几何体对话框，选择“几何体”作为毛坯，选择如图 2-4-10 所示几何体（在图层 2 中）。单击【确定】完成毛坯选择，单击【确定】完成铣削几何体的设置。

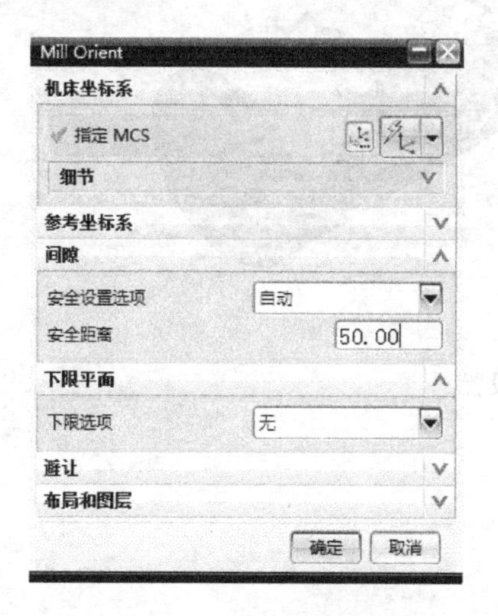


图 2-4-6　加工坐标系设置

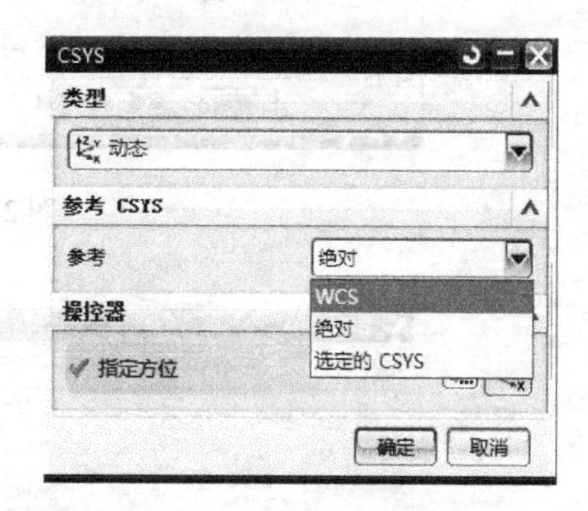


图 2-4-7　加工坐标系设置

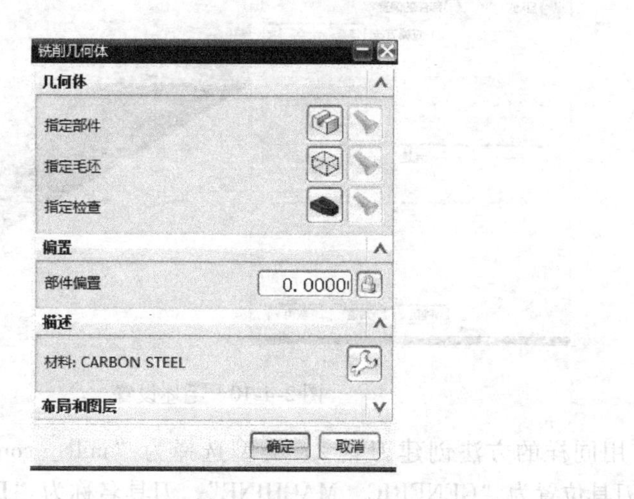


图 2-4-8　铣削几何体对话框

(11）在加工操作导航器空白处，单击鼠标右键，选择【机床视图】，单击菜单条【插入】→【刀具】，弹出创建刀具对话框，如图 2-4-11 所示。类型选择为“mill_ contour”，刀具子类型选择为“MILL”，刀具位置为“GENERIC_ MACHINE”，刀具名称为“D8R1”，单击【确定】，弹出铣刀-5 参数对话框。设置刀具参数如图 2-4-12 所示，直径为“8”，底圆角半径为“1”，刀刃为“2”，长度为“75”，刀刃长度为“50”，刀具号为“1”，长度补偿为“1”，刀具补偿为“1”，单击【确定】，完成刀具的创建。

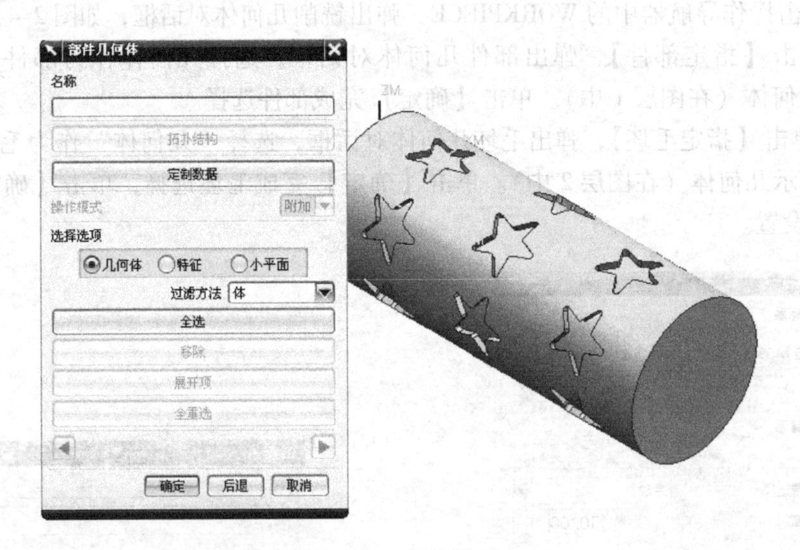


图 2-4-9　部件设置

图 2-4-10　毛坯设置

(12) 用同样的方法创建刀具 2。类型选择为“mill_ contour”，刀具子类型选择为“MILL”，刀具位置为“GENERIC_ MACHINE”，刀具名称为“D5R2.5”，直径为“5”，底圆角半径为“2.5”，刀刃为“2”，长度为“75”，刀刃长度为“50”，刀具号为“2”，长度补偿为“2”，刀具补偿为“2”。

(13) 用同样的方法创建刀具 3。类型选择为“mill_ contour”，刀具子类型选择为“MILL”，刀具位置为“GENERIC_ MACHINE”，刀具名称为“D3R1.5”，直径为“3”，底圆角半径为“1.5”，刀刃为“2”，长度为“75”，刀刃长度为“50”，刀具号为“3”，长度补偿为“3”，刀具补偿为“3”。

(14) 用同样的方法创建刀具 4。类型选择为“mill_ contour”，刀具子类型选择为

“MILL”，刀具位置为“GENERIC_ MACHINE”，刀具名称为“D3R0”，直径为“3”，底圆角半径为“0”，刀刃为“2”，长度为“75”，刀刃长度为“50”，刀具号为“4”，长度补偿为“4”，刀具补偿为“4”。

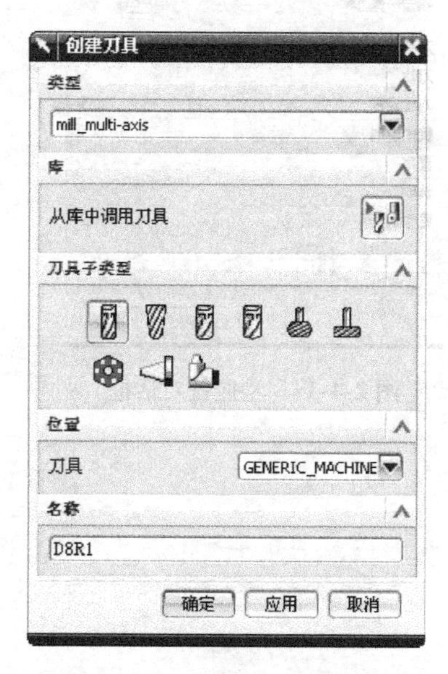


图 2-4-11　创建刀具对话框

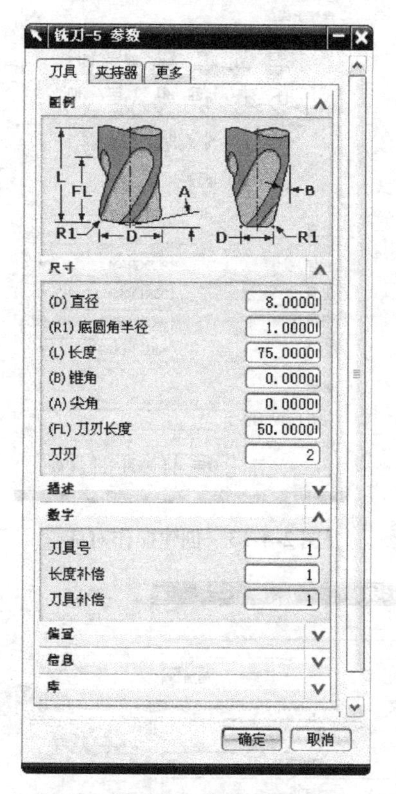


图 2-4-12　刀具参数设置

（15）在加工操作导航器空白处，单击鼠标右键，选择【程序视图】，单击菜单条【插入】→【操作】，弹出创建操作对话框，类型为“mill_ contour”，操作子类型为“CAVITY_ MILL”，程序为“PROGRAM”，刀具为“D8R1”，几何体为“WORKPIECE”，方法为“MILL_ ROUGH”，名称为“MILL_ ROUGH-1”，如图 2-4-13 所示，单击【确定】，弹出型腔铣对话框，如图 2-4-14 所示。

（16）单击【指定切削区域】，弹出切削区域对话框，选择如图 2-4-15 所示几何体为切削区域，单击【确定】，完成操作。单击【刀轴】，选择 +ZM 轴为刀轴（见图 2-4-16）。

（17）单击【刀轨设置】，切削模式为“跟随部件”；步距为“刀具平直”；平面直径百分比为“75”，全局每刀深度为“0. 6”，如图 2-4-17 所示。

（18）单击【切削参数】，设置部件侧面余量为“0. 3”，如图 2-4-18 所示。单击连接选项卡，设置开放刀路为“变换切削方向”，如图 2-4-19 所示。

（19）单击【进给和速度】，设置主轴速度为“2500”，剪切进给率为“800”，如图 2-4-20所示。单击【生成】按钮，得到零件加工刀路，如图 2-4-21 所示。

（20）选择 MILL_ ROUGH-1，然后右键单击，选择【对象】→【变换】，类型选择“绕直线旋转”，直线方法为“选择”，选择图层 41 中的直线，角度为“60”，结果选择实例，实例数为“5”，如图 2-4-22 所示，单击【确定】，结果如图 2-4-23 所示。

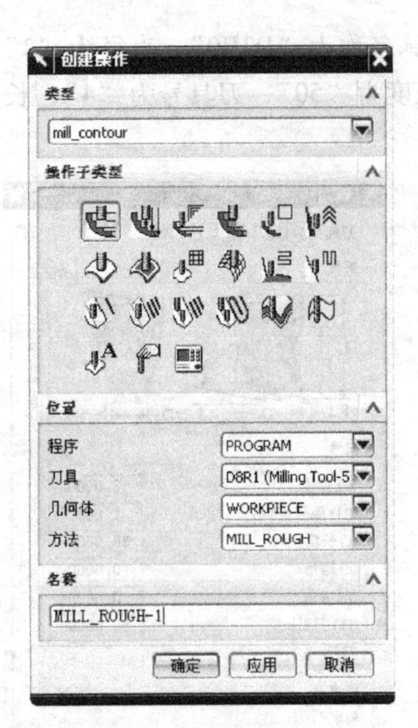


图 2-4-13　创建操作对话框

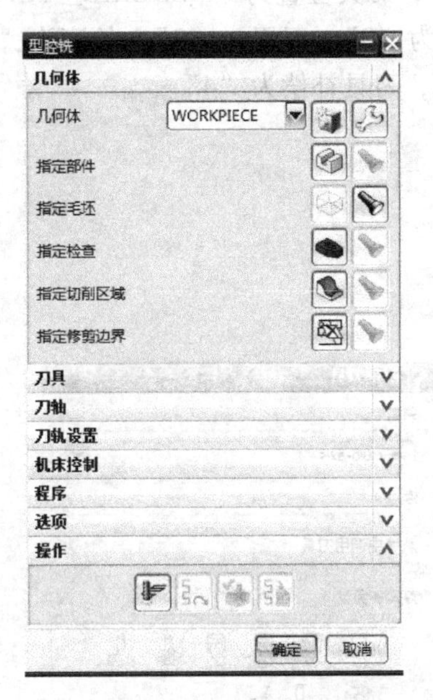


图 2-4-14　型腔铣对话框

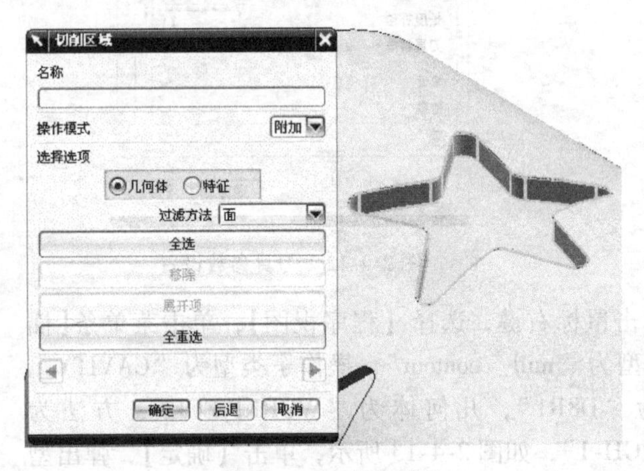


图 2-4-15　指定部件

图 2-4-16　设定刀轴

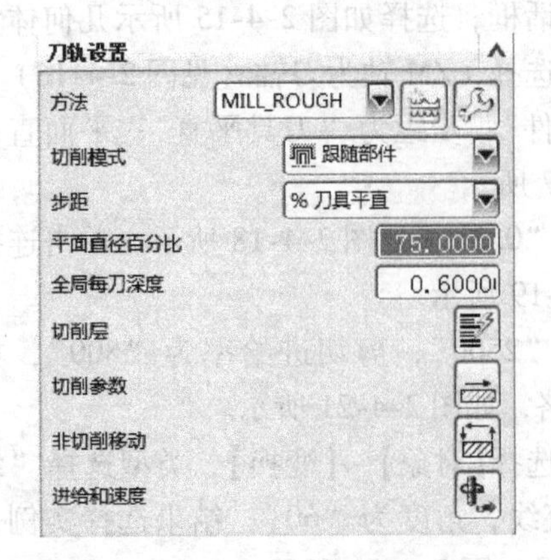


图 2-4-17　刀轨设置

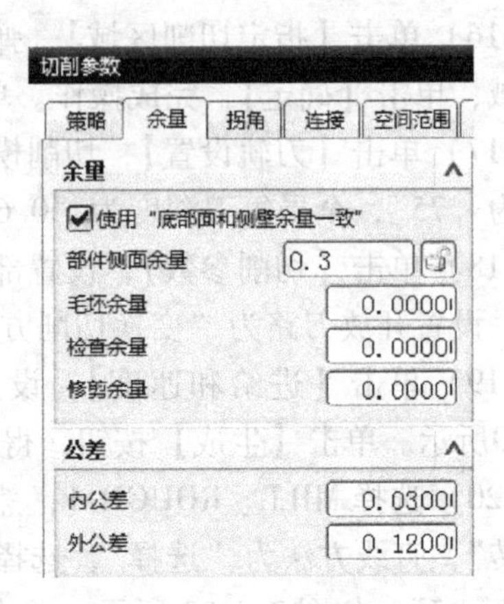


图 2-4-18　切削参数

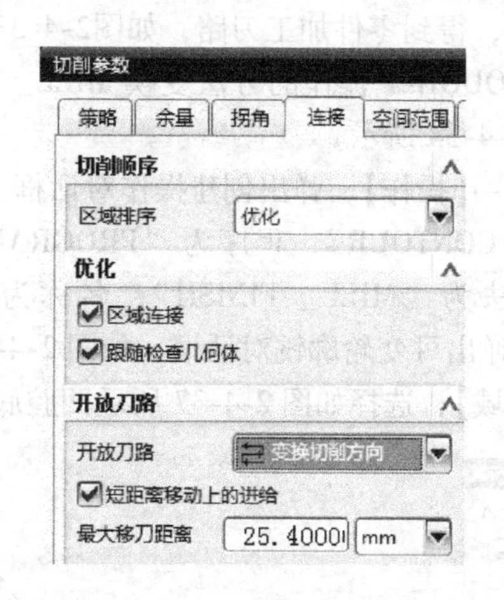


图 2-4-19　连接选项卡

图 2-4-20　速度和进给设置

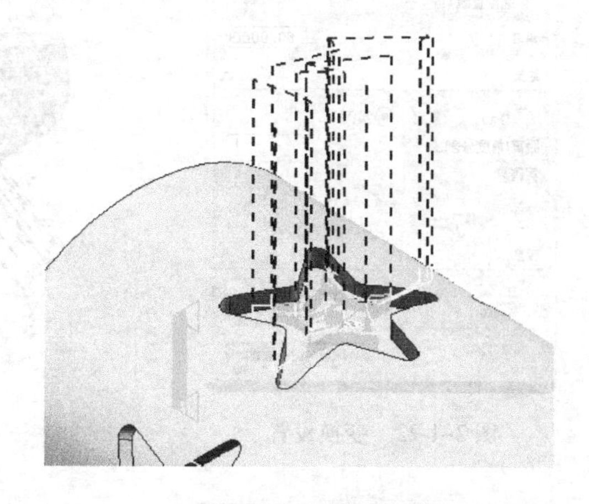

图 2-4-21　加工刀路

（21）选择 MILL_ ROUGH-1 到 MILL_ ROUGH-1_ INSTANCE_ 4 连续的 6 个操作，然后右键单击，选择【对象】→【变换】，类型选择“平移”，XC 增量为“75”，结果选择“实例”，实例数为“2”，如图 2-4-24 所示，单击【确定】，结果如图 2-4-25 所示。

（22）选择 MILL_ ROUGH-1_ INSTANCE_ 5 到 MILL_ ROUGH-1_ INSTANCE_ 4_ IN～1连续的 6 个操作，然后右键单击，选择【对象】→【变换】，类型选择“绕直线旋转”，直线方法为“选择”，选择图层 41 中的直线，角度为“30”，结果选择“移动”，如图 2-4-26 所示，单击【确定】，结果如图 2-4-27 所示。

（23）在操作导航器中复制操作 MILL_ ROUGH-1 并粘贴，重命名新操作为 MILL_ ROUGH-2，如图 2-4-28 所示。双击操作 MILL_ ROUGH-2，弹出型腔铣对话框，如图 2-4-29 所示。

（24）单击【刀具】，选择刀具“D5R2. 5”，如图 2-4-30 所示。

（25）单击【刀轨设置】，切削模式更改为“配置文件”，如图 2-4-31 所示。

（26）单击【进给和速度】，更改主轴速度为“3000”，剪切进给率为“1200”，如图 2-4-32所示。

（27）单击【生成】按钮，得到零件加工刀路，如图2-4-33所示。

（28）采用变换 MILL_ ROUGH-1 操作的方法变换 MILL_ ROUGH-2，完成所有星形图案的二次粗加工，结果如图 2-4-34 所示。

（29）单击菜单条【插入】→【操作】，弹出创建操作对话框，类型为“mill_ multi-axis”，操作子类型为“VARIABLE_ CONTOUR”，程序为“PROGRAM”，刀具为“D3R1.5”，几何体为“WORKPIECE”，方法为“MILL_ FINISH”，名称为“MILL_ FINISH-1”，如图 2-4-35所示，单击【确定】，弹出可变轮廓铣对话框，如图 2-4-36 所示。

（30）单击【指定切削区域】，选择如图 2-4-37 所示凹腔底面为加工区域。

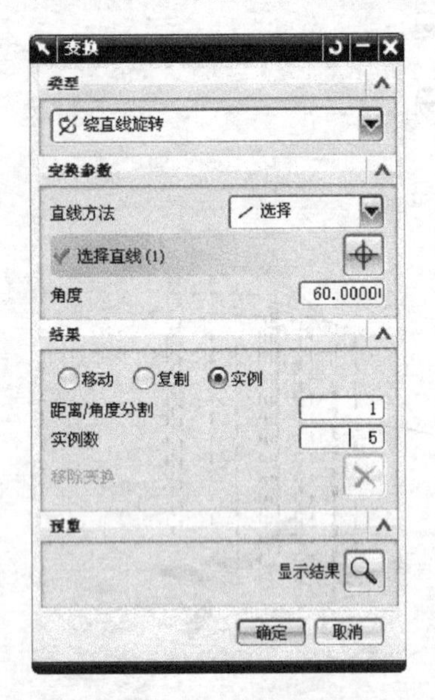


图 2-4-22　变换设置

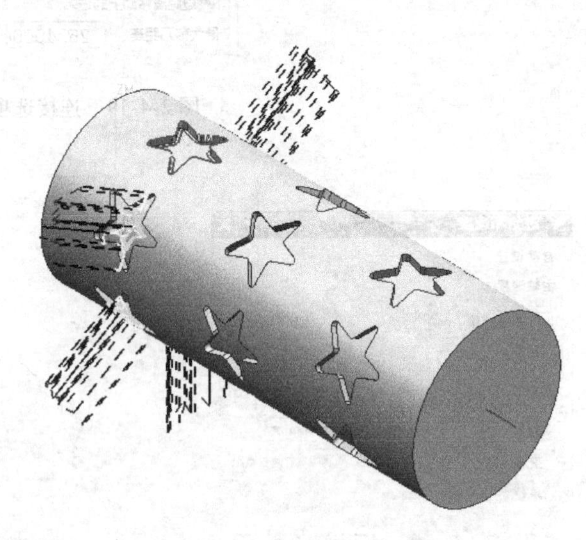

图 2-4-23　变换刀轨结果

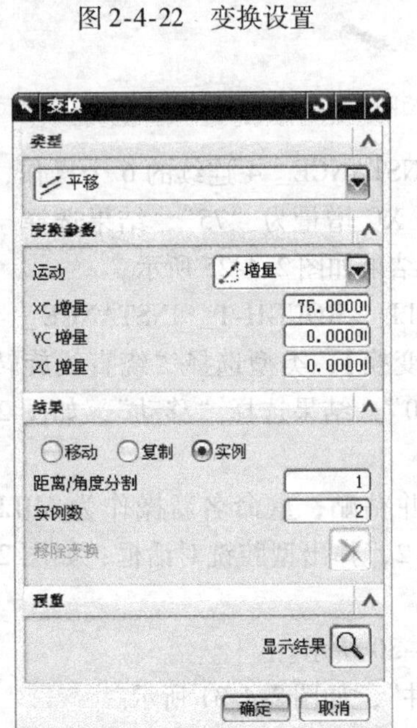


图 2-4-24　变换设置

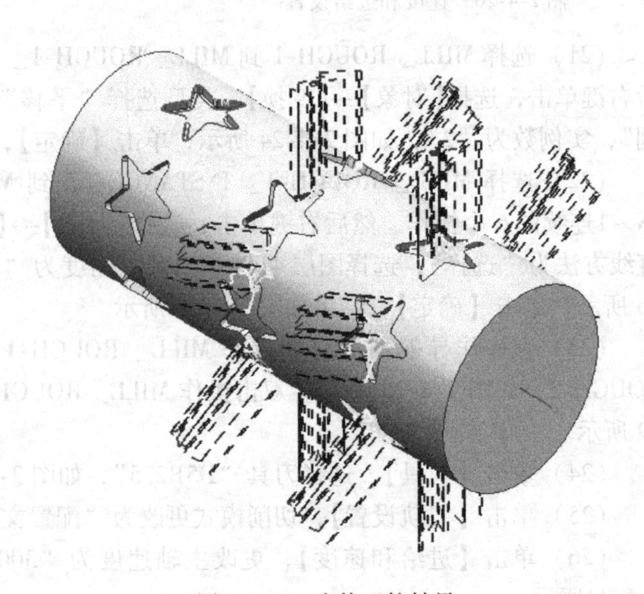

图 2-4-25　变换刀轨结果

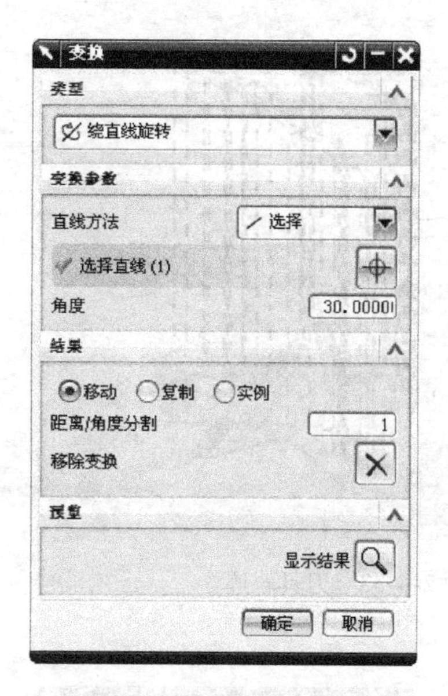


图 2-4-26　变换设置

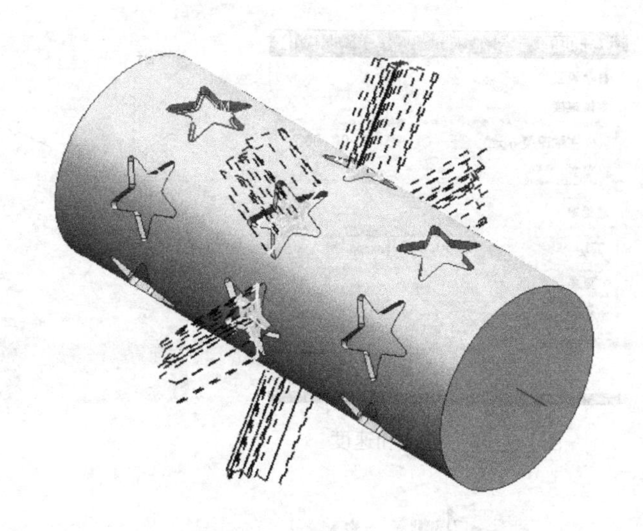

图 2-4-27　变换刀轨结果

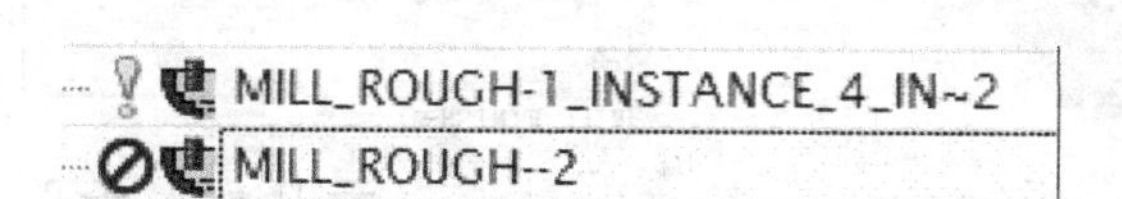


图 2-4-28　复制操作

图 2-4-29　型腔铣对话框

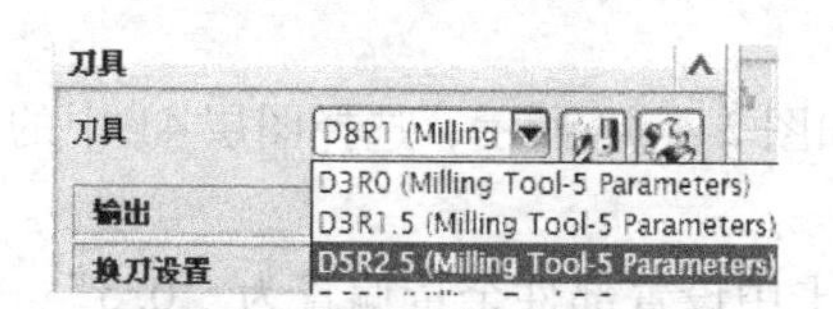


图 2-4-30　更改刀具

图 2-4-31　更改切削模式

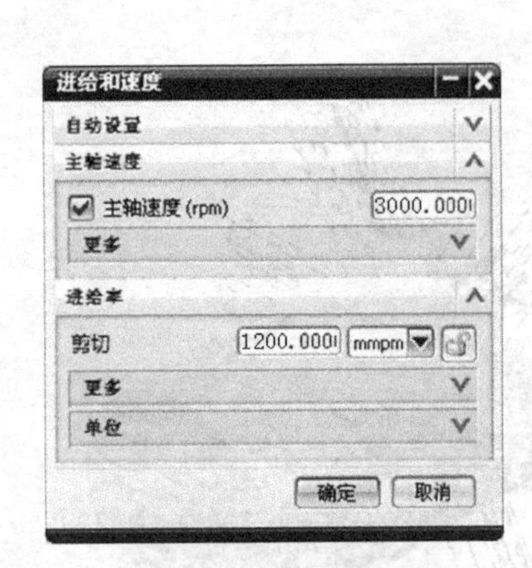


图 2-4-32　进给和速度

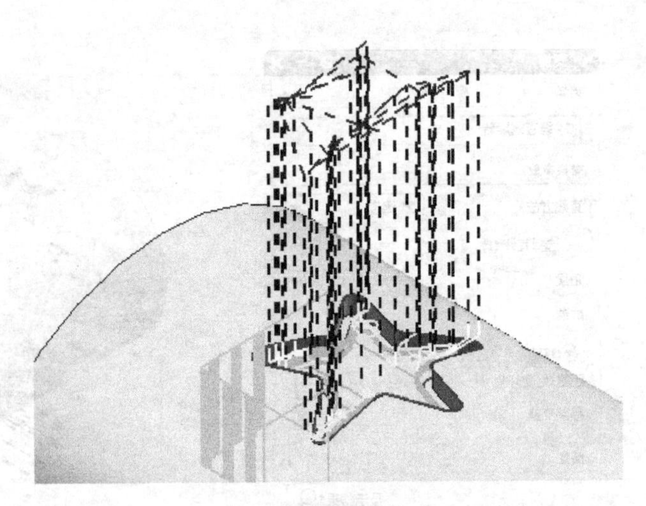

图 2-4-33　刀具轨迹

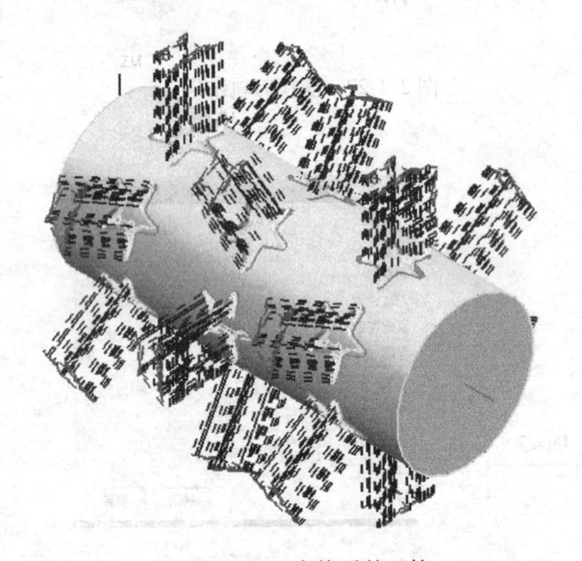

图 2-4-34　变换后的刀轨

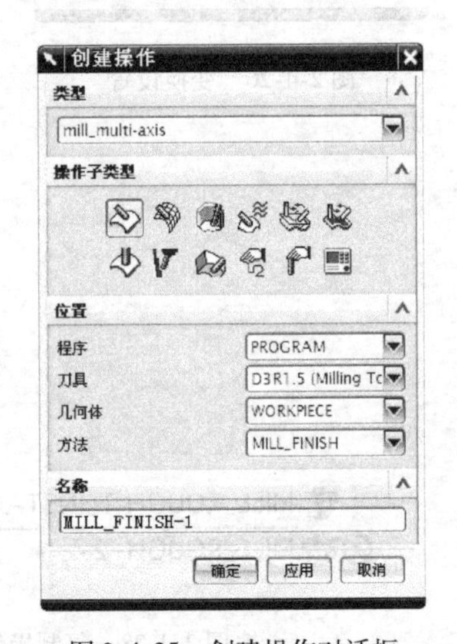


图 2-4-35　创建操作对话框

（31）单击【驱动方法】，设置驱动方法为“表面积”，如图 2-4-38 所示，弹出如图 2-4-39所示对话框。

（32）单击【指定驱动几何体】，选择如图 2-4-40 所示面为驱动几何体。

（33）单击【驱动设置】，切削模式为“跟随周边”，步距为“数字”，第一方向和第二方向都设置为“100”，如图 2-4-41 所示，单击【确定】。

（34）单击【投影矢量】，矢量设置为“朝向直线”，如图 2-4-42 所示，选择图层 41 中的直线为投影矢量。

（35）单击【刀轴】，轴设置为“远离直线”，如图 2-4-43 所示，选择图层 41 中的直线为刀轴。

（36）单击【切削参数】，在【多条刀路】选项卡中设置部件余量偏置为“0.5”，勾选“多重深度切削”，步进方法设置为“刀路”，刀路数设置为“3”，如图 2-4-44 所示。

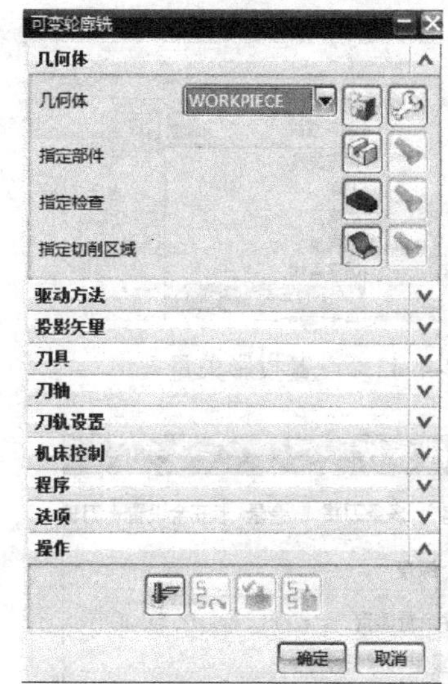


图 2-4-36　可变轮廓铣对话框

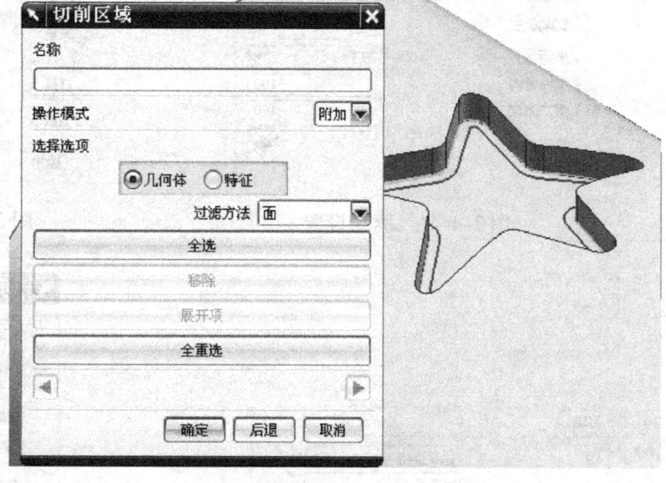


图 2-4-37　选择切削区域

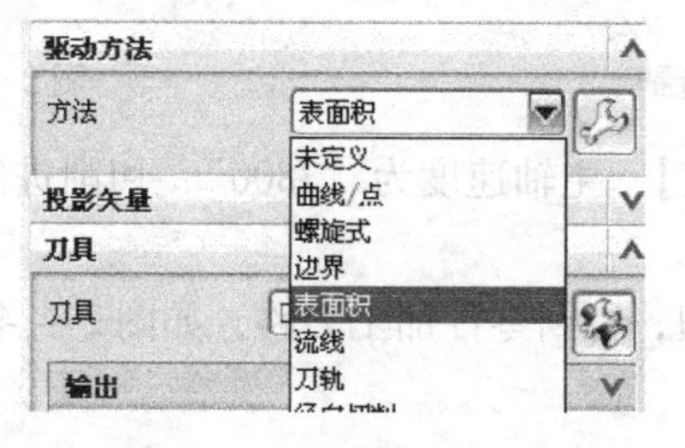


图 2-4-38　驱动方法

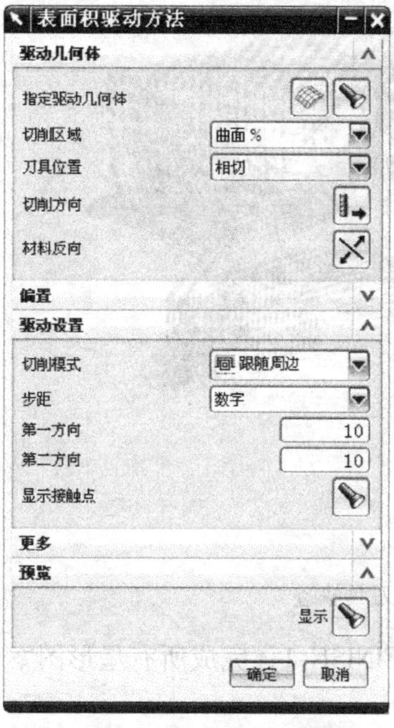

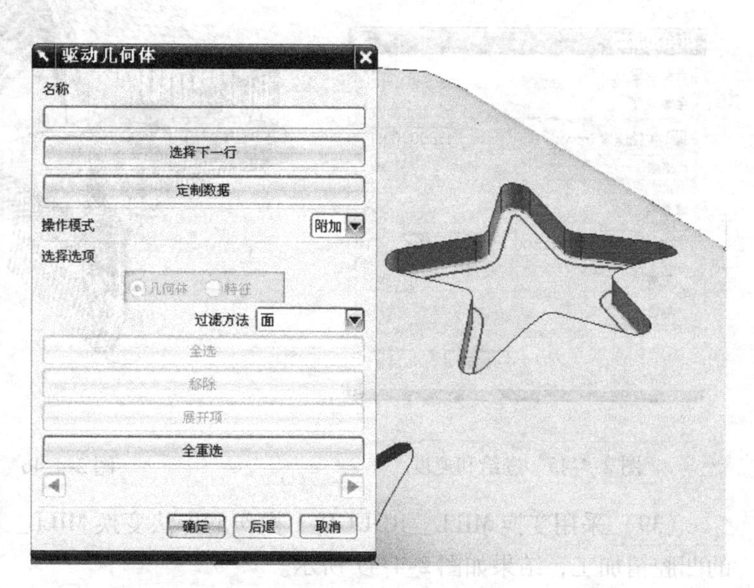


图 2-4-39　表面积驱动

图 2-4-40　设置驱动几何体

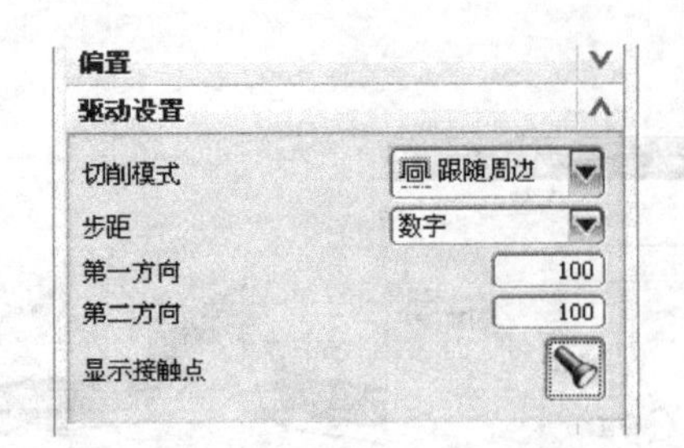


图 2-4-41 驱动设置

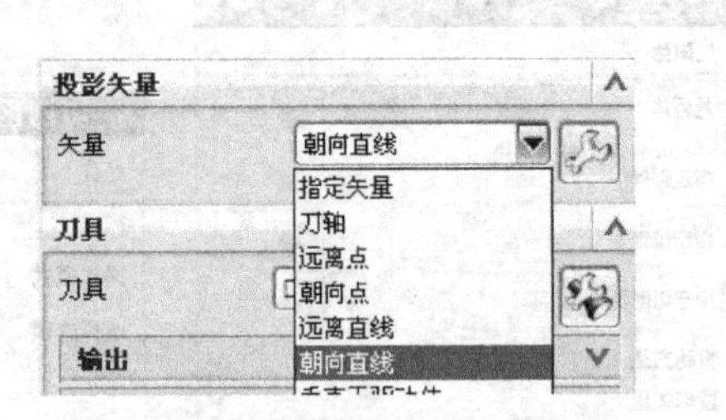


图 2-4-42 设置投影矢量

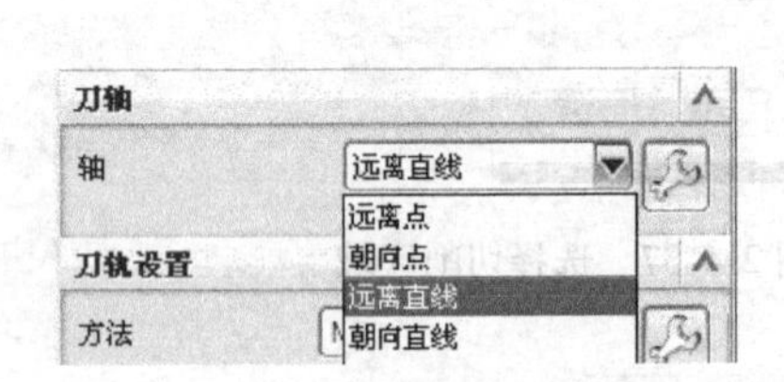


图 2-4-43 设置刀轴

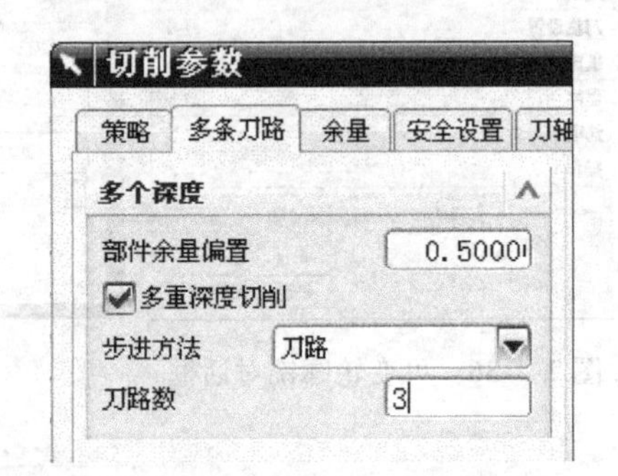


图 2-4-44 多重刀路设置

（37）单击【进给和速度】，主轴速度为“3800”，切削进给率为“1500”，如图 2-4-45 所示。

（38）单击【生成】按钮，得到零件加工刀路，如图 2-4-46 所示。

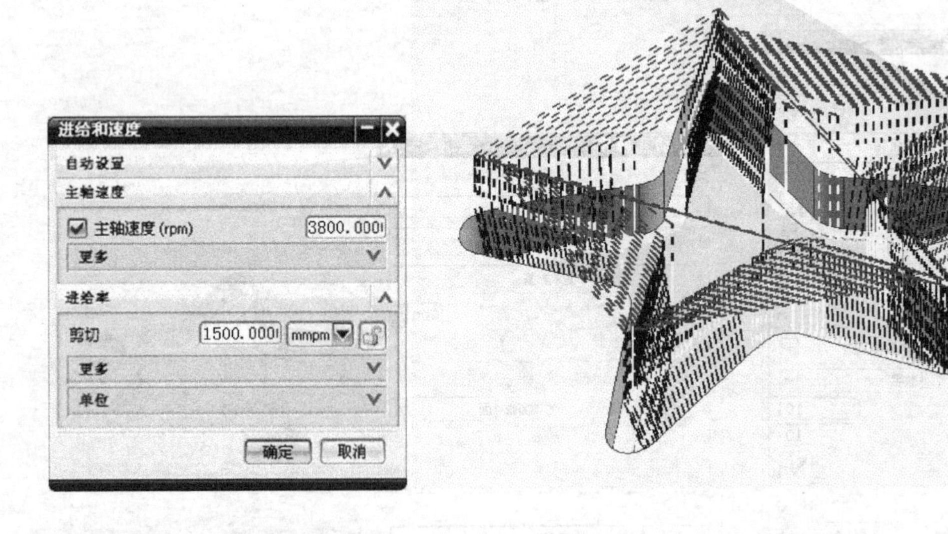


图 2-4-45 进给和速度 图 2-4-46 刀具轨迹

（39）采用变换 MILL_ ROUGH-1 操作的方法变换 MILL_ FINISH-1，完成所有星形图案的凹腔精加工，结果如图 2-4-47 所示。

（40）单击菜单条【插入】→【操作】，弹出创建操作对话框，类型为“mill_ multi-axis”，操作子类型为“VARIABLE_ CONTOUR”，程序为“PROGRAM”，刀具为“D3R0”，几何体为“MCS_ MILL”，方法为“MILL_ FINISH”，名称为“MILL_ FINISH-2”，如图2-4-48所示，单击【确定】，弹出可变轮廓铣对话框，如图2-4-49所示。

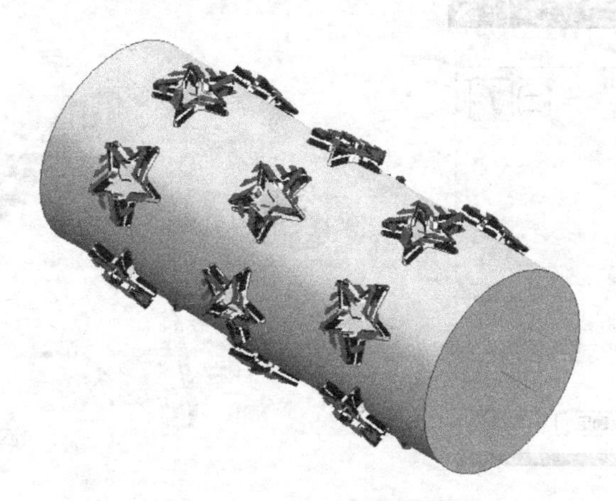

图2-4-47　变换后的刀轨

图2-4-48　创建操作对话框

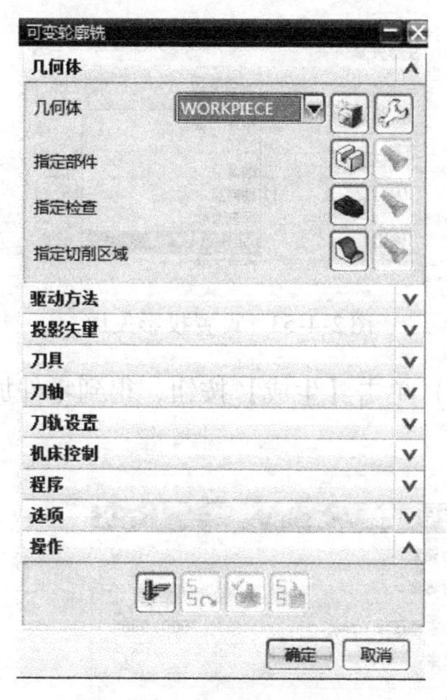


图2-4-49　可变轮廓铣对话框

（41）单击【驱动方法】，设置驱动方法为“曲线/点”，如图2-4-50所示，弹出如图2-4-51所示对话框。

（42）选择如图2-4-52所示曲线（在图层42中）为驱动几何体。

（43）单击【投影矢量】，矢量设置为“朝向直线”，如图2-4-53所示，选择图层41中的直线为投影矢量。

（44）单击【刀轴】，轴设置为“远离直线”，如图2-4-54所示，选择图层41中的直线为刀轴。

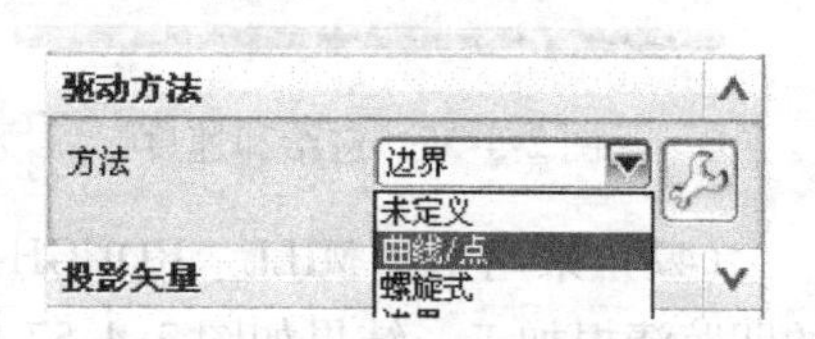


图2-4-50　驱动方法

（45）单击【进给和速度】，主轴速度为“3500”，切削进给率为“1500”，如图 2-4-55 所示。

图 2-4-51　曲线/点驱动

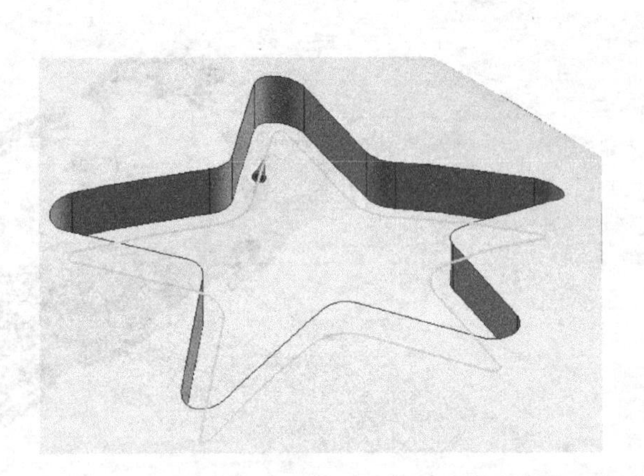

图 2-4-52　设置驱动几何体

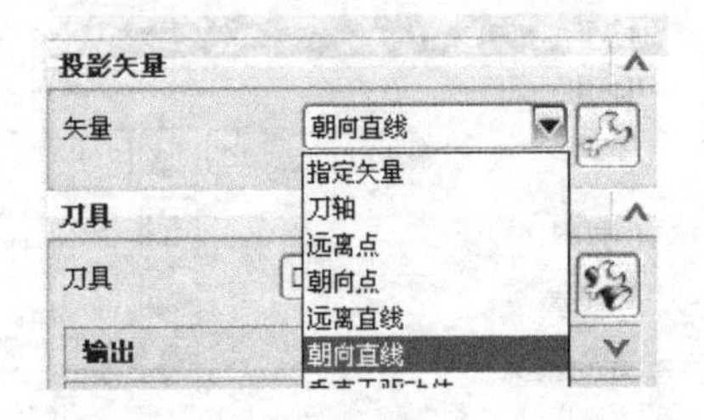


图 2-4-53　设置投影矢量

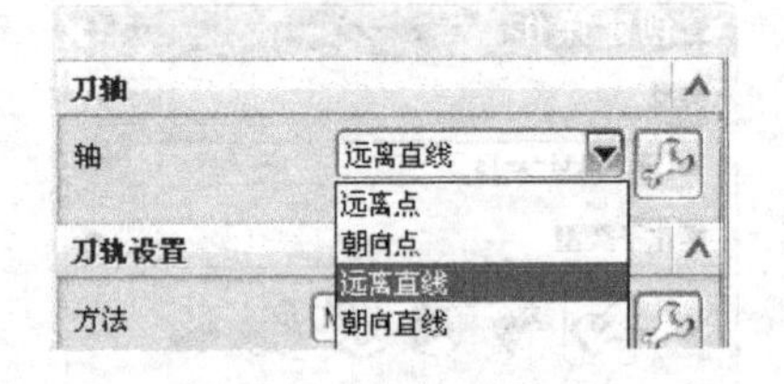


图 2-4-54　设置刀轴

（46）单击【生成】按钮，得到零件加工刀路，如图 2-4-56 所示。

图 2-4-55　进给和速度

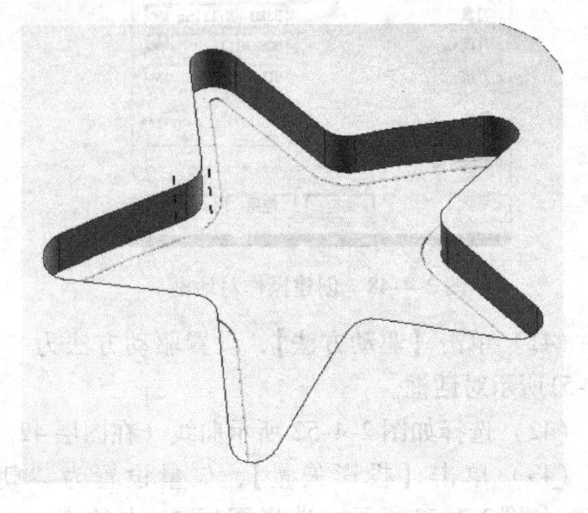

图 2-4-56　刀具轨迹

（47）采用变换 MILL_ ROUGH-1 操作的方法变换 MILL_ FINISH-2，完成所有星形图案的凹腔清根加工，结果如图 2-4-57 所示。

## 三、仿真加工

（1）打开 VERICUT 软件，设置工作目录。新建一毫米制文件。

（2）添加机床。右键单击项目树中机床，单击打开命令，在打开机床对话框中选择 YCM_ machine. mch 文件，如图 2-4-58 所示。

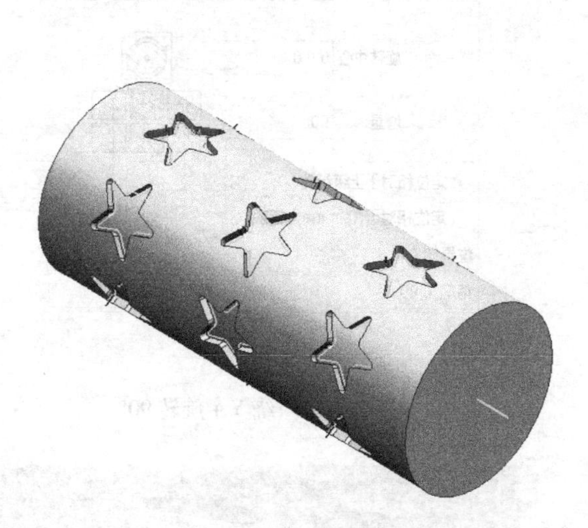

图 2-4-57　变换后的刀轨

图 2-4-58　添加机床

（3）添加控制文件。右键单击项目树控制，选择打开命令，在打开系统控制对话框中选择 fan18m. ctl 控制系统，结果如图 2-4-59 所示。

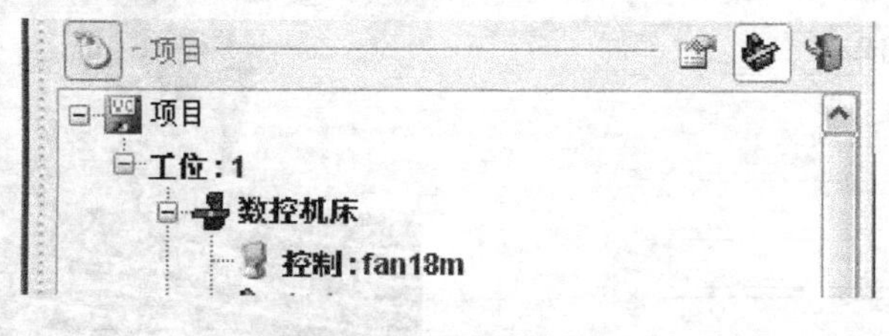


图 2-4-59　选择控制系统

（4）添加毛坯。右键单击 Stock，选择添加模型文件下的圆柱，设置高为“250”，半径为“50”，如图 2-4-60 所示，选择移动选项卡，位置设置为（0，0，0），选择旋转选项卡，使毛坯绕 Y + 旋转 90°，如图 2-4-61 所示，结果如图 2-4-62 所示。

（5）设置 G-代码偏置。选择项目树中的 G-代码偏置，单击添加按钮，偏置名为“工作偏置”，寄存器为“54”，定位方式为从 Tool 到 Stock，如图 2-4-63 所示。

（6）添加刀具库。右键单击项目树中加工刀具，选择打开命令，在打开刀具库对话框选择 tool. tls 文件，结果如图 2-4-64 所示。

（7）后处理得到加工程序。在 UG NX 软件的刀轨操作导航器中选中所有操作，单击【工具】→【操作导航器】→【输出】→【NX POST 后处理】，如图 2-4-65 所示，弹出后处理对话框。

（8）后处理器选择“Fanuc_ 4axis_ A”，指定合适的文件路径和文件名，单位设置为“公制”，“勾选列出输出”，如图 2-4-66 所示，单击【确定】完成后处理，得到加工程序，如图 2-4-67 所示。

（9）添加数控程序。单击项目树中数控程序，选择添加 NC 程序文件，选择加工程序，结果如图2-4-68所示。

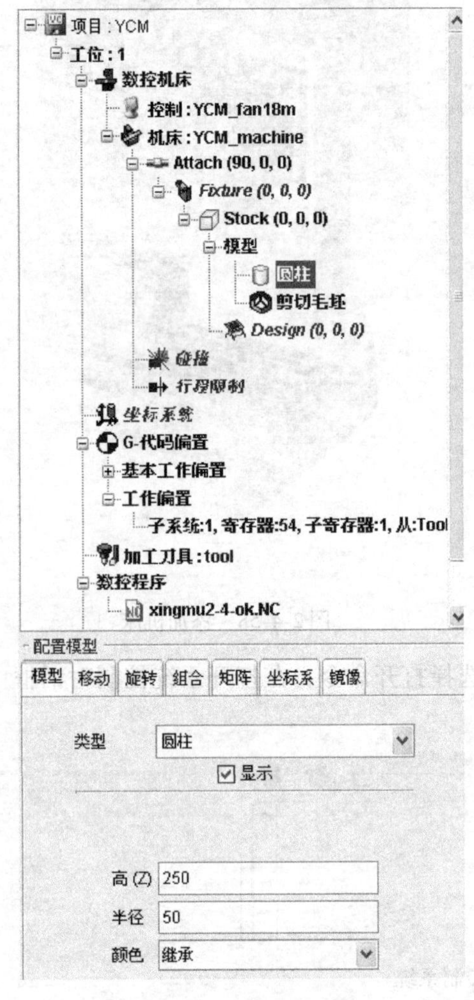


图 2-4-60　添加毛坯

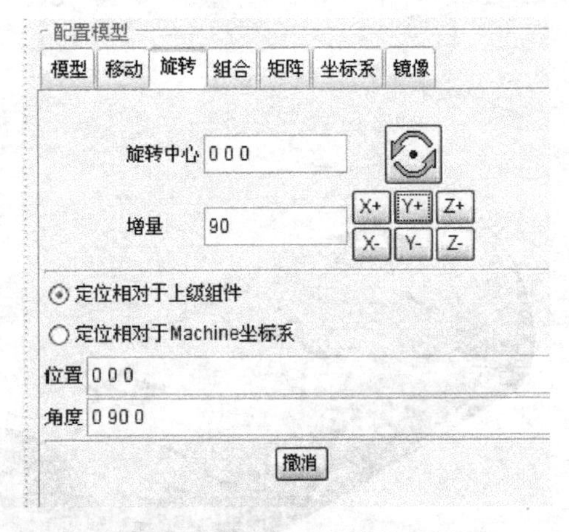


图 2-4-61　绕 Y + 旋转 90°

图 2-4-62　添加毛坯结果

（10）单击【仿真到末端】按钮，进行加工仿真，结果如图 2-4-69 所示。

（11）保存项目。

## 四、零件加工

（1）安装刀具和零件。根据机床型号选择 BT40 刀柄，对照工序卡，安装刀具。所有刀具保证伸出长度大于 50mm。将平口钳安装在加工中心工作台面上，并使用百分表校准并固定，将毛坯夹紧。

（2）对刀。零件加工原点设置毛坯对称中心和上表面。使用机械式寻边器，找正毛坯中心，并设置 G54 参数，使用 Z 向对刀仪，分别找正每把刀的 Z 向补偿值，并设置刀具补偿参数。

（3）程序传输并加工。使用 WINPCIN 软件将后处理得到的加工程序传输到加工中心的数控系统，设置机床为自动加工模式，按循环启动键，机床即开始自动加工零件。

## 【专家点拨】

使用“曲线/点”驱动方法可以通过指定点和选择曲线或面边缘来定义驱动几何体。指定点后，驱动轨迹创建为指定点之间的线段；指定曲线或边时，沿选定曲线和边生成驱动点。驱动几何体投影到部件几何体上，然后在此生成刀轨。曲线可以是开放的或封闭的、连续的或非连续的以及平面的或非平面的。

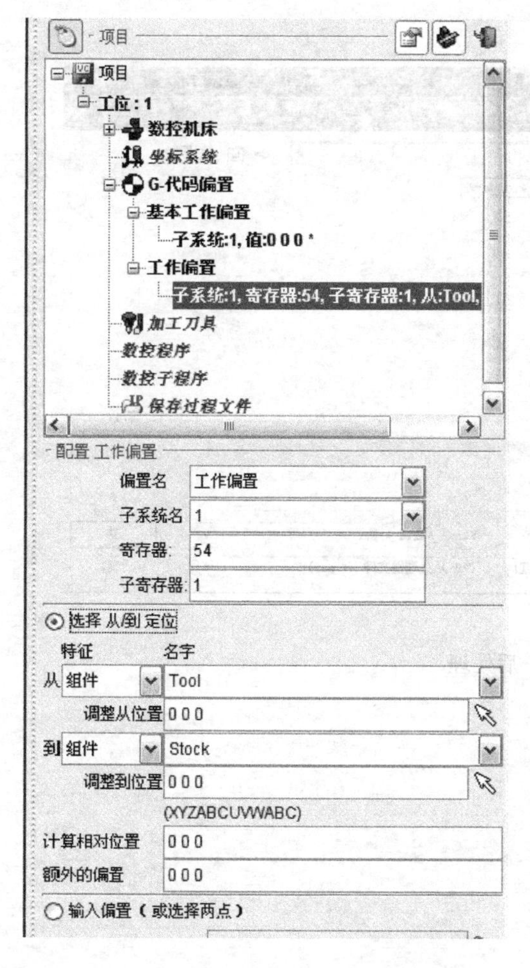


图 2-4-63　设置 G-代码偏置

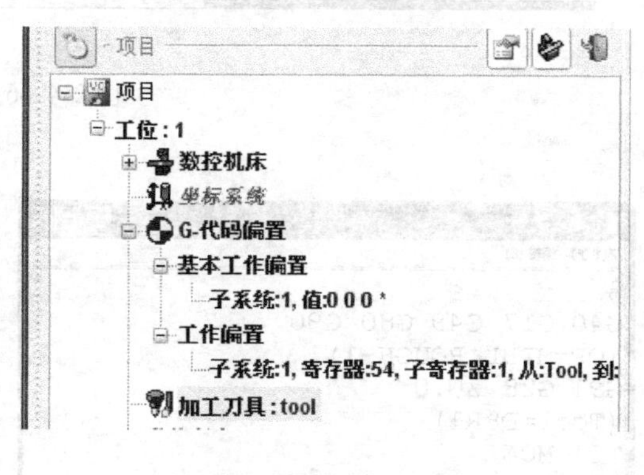


图 2-4-64　添加刀具库

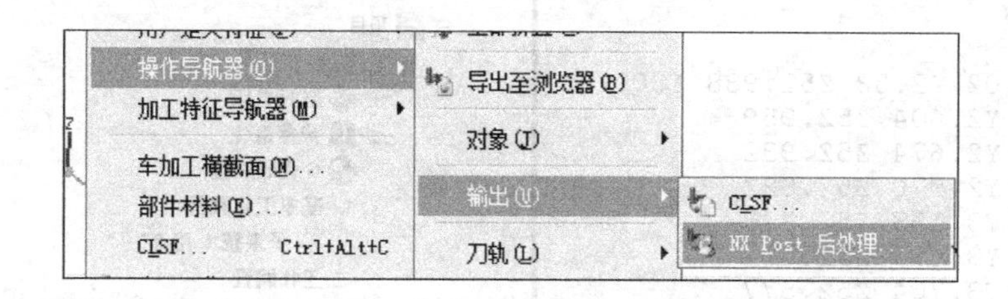


图 2-4-65　后处理命令

当由曲线或边定义驱动几何体时，刀具沿着刀轨按选择的顺序从一条曲线或边运动至下一条。所选的曲线可以是连续的，也可以是非连续的，如图 2-4-70 所示。

对于开放曲线和边，选定的端点决定起点。对于封闭曲线或边，起点和切削方向由选择线段的顺序决定。原点和切削方向由选择顺序决定。用户可以用指定原点曲线命令修改原点。同时，用户可以使用负余量值，使该驱动方法允许刀具只在低于选定部件表面切削，从而创建如图 2-4-71 所示的槽。

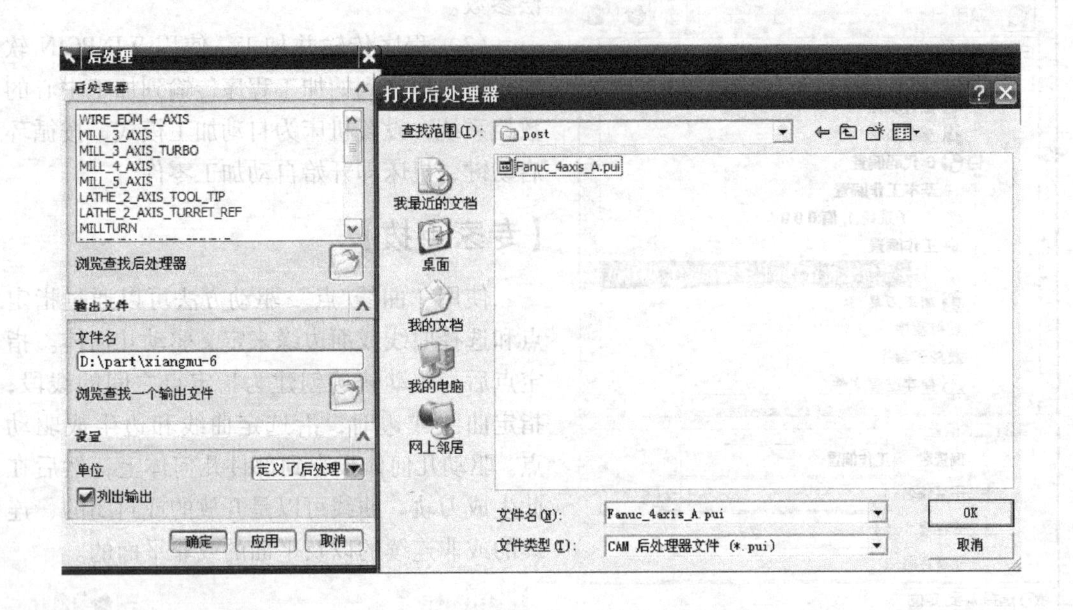

后处理
后处理器
WIRE_EDM_4_AXIS
MILL_3_AXIS
MILL_3_AXIS_TURBO
MILL_4_AXIS
MILL_5_AXIS
LATHE_2_AXIS_TOOL_TIP
LATHE_2_AXIS_TURRET_REF
MILLTURN
浏览查找后处理器
输出文件
文件名
D:\part\xiangmu-6
浏览查找一个输出文件
设置
单位
定义了后处理
列出输出
确定
应用
取消
打开后处理器
查找范围(I):
post
Fanuc_4axis_A.pui
我最近的文档
桌面
我的文档
我的电脑
网上邻居
文件名(N):
Fanuc_4axis_A.pui
文件类型(T):
CAM 后处理器文件 (*.pui)
OK
取消

图 2-4-66 后处理

信息
文件(F) 编辑(E)
%
G40 G17 G49 G80 G90
(OP=MILL_ROUGH-1)
G91 G28 Z0.0
(Tool=D8R1)
T01 M06
G00 G90 G53 X111.086 Y2.499
M13
A0.0
G43 Z100. H01
S2500 M03
Z53.
G01 X111.02 Y2.53 Z52.988 F800.
X110.864 Y2.604 Z52.959
X110.714 Y2.674 Z52.932
X110.166 Y2.976 Z52.822
X109.772 Y3.198 Z52.743
X109.068 Y3.693 Z52.58
X109.056 Y3.704 Z52.577
X109.068 Y3.693 Z52.573
X109.772 Y3.198 Z52.41
X110.166 Y2.976 Z52.331
X110.714 Y2.674 Z52.221

图 2-4-67 加工程序

项目
工位:1
数控机床
坐标系统
G-代码偏置
基本工作偏置
子系统:1, 值:0 0 0
工作偏置
子系统:1, 寄存器:54, 子寄存器:1, 从:Tool, 到:
加工刀具:tool
数控程序
xiangmu-7.NC

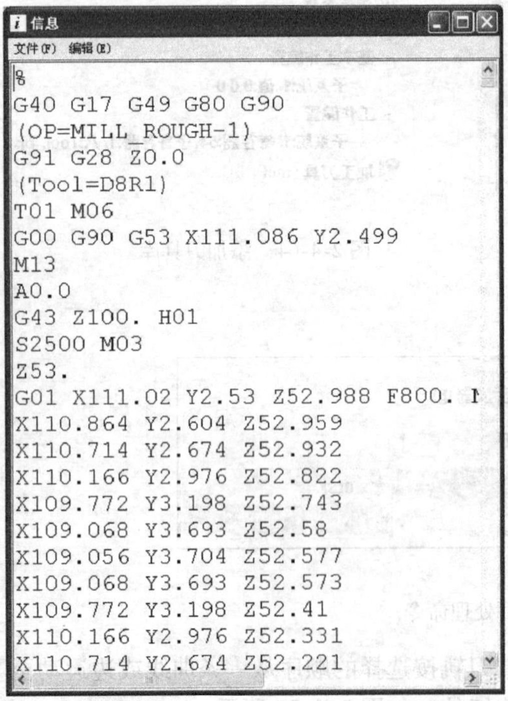

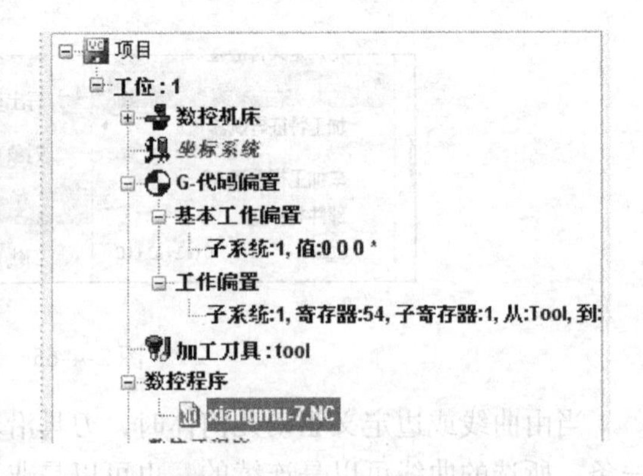

图 2-4-68 添加数控程序

## 【课后训练】

根据图 2-4-72 所示异形零件的特征，制订合理的工艺路线，设置必要的加工参数，生成刀具路径，通过相应的后处理生成数控加工程序，并运用机床加工零件。

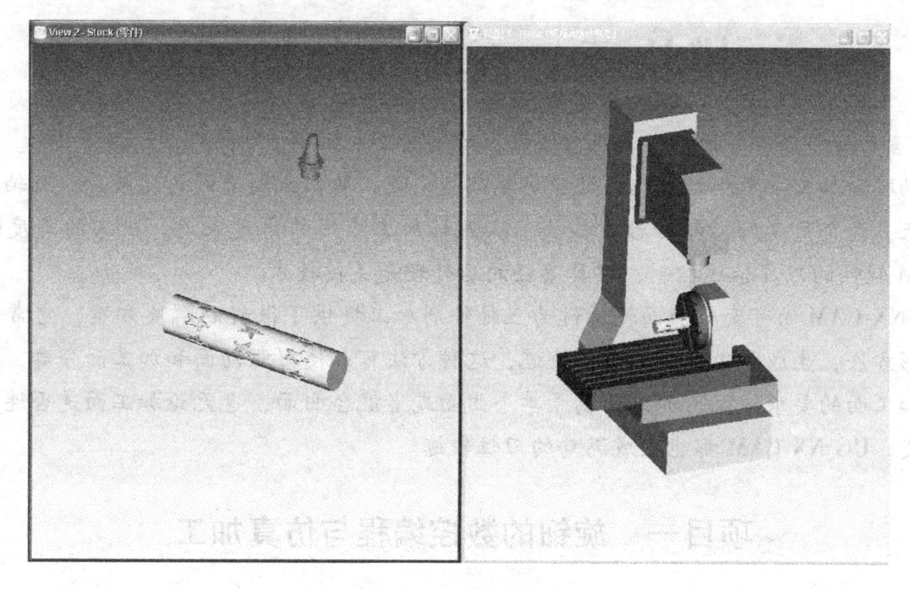

图 2-4-69　仿真结果

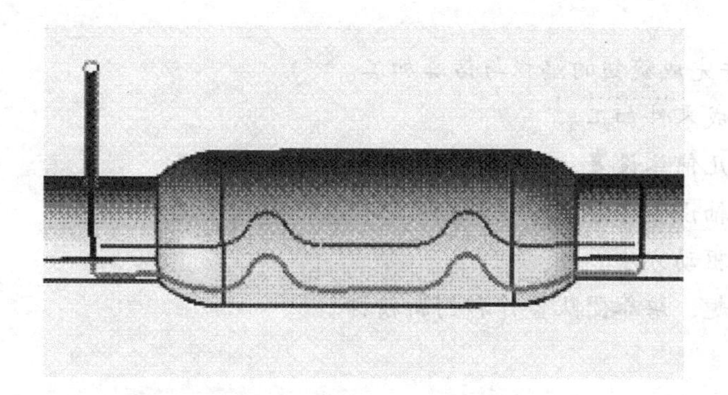

图 2-4-70　由曲线定义的驱动几何体

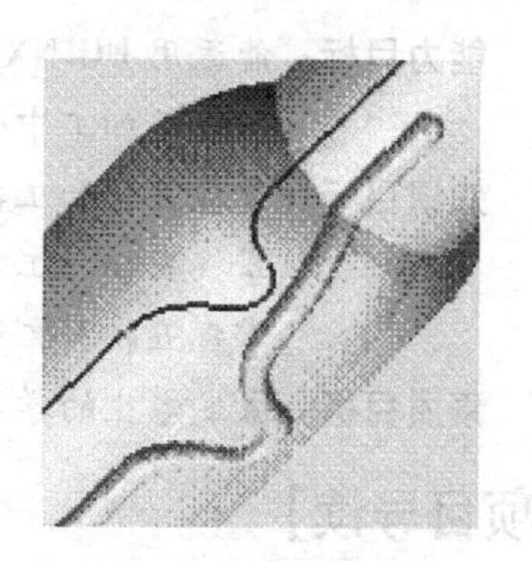

图 2-4-71　负余量槽

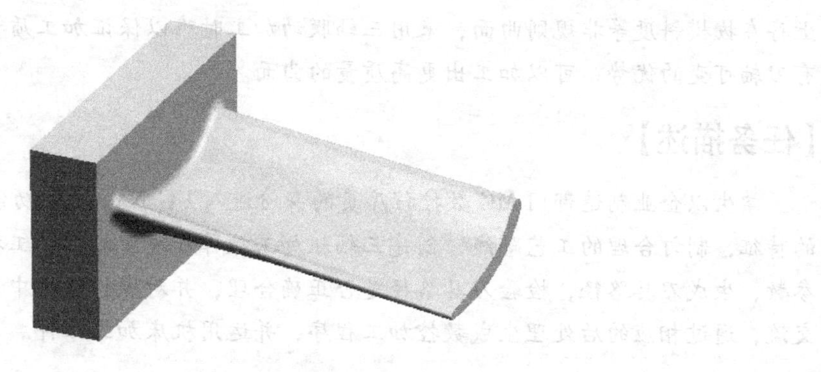

图 2-4-72　异形零件

# 模块三　五轴铣削加工

五轴联动加工技术已经成熟并且应用越来越广泛，从机床制造的角度来看，五轴机床比三轴机床多两个角度轴，即转台或摆头。从五轴加工应用的角度来看，机床的角度轴的配置、CAM 软件的刀具轴线控制、刀具路径的后处理是关键技术。

UG NX CAM 的可变轴曲面轮廓铣为五轴铣削加工提供了很好的解决方案，它常采用驱动面投影方法，生成加工面上的刀位轨迹，这种方法可以使得驱动面和加工面分离，从而降低了对加工面的要求。无论加工面属于单个曲面或者混合曲面，也无论加工面是否连续、是否有突变，UG NX CAM 都能生成满意的刀位轨迹。

## 项目一　旋钮的数控编程与仿真加工

### 【教学目标】

**能力目标：** 能运用 UG NX 软件完成旋钮的编程与仿真加工。
能使用加工中心完成零件加工。

**知识目标：** 掌握五轴加工铣削几何体设置。
掌握五轴加工刀具轴设置方法。
掌握五轴加工曲面驱动方法。

**素质目标：** 激发学生的学习兴趣，培养团队合作和创新精神。

### 【项目导读】

此旋钮零件为注塑模具中的凸模模芯，它的加工质量直接影响塑料件的质量。由于零件上存在拔模斜度等非规则曲面，采用三轴联动加工时难以保证加工质量，可变轴加工由于具有刀轴可变的优势，可以加工出更高质量的曲面。

### 【任务描述】

学生以企业制造部门 MC 数控程序员的身份进入 UG NX CAM 功能模块，根据旋钮零件的特征，制订合理的工艺路线，创建三轴粗加工操作和可变轴精加工操作，设置必要的加工参数，生成刀具路径，检验刀具路径是否正确合理，并对操作过程中存在的问题进行研讨和交流，通过相应的后处理生成数控加工程序，并运用机床加工零件。

### 【工作任务】

按照零件加工要求，制订旋钮的加工工艺；编制旋钮加工程序；完成旋钮的仿真加工，后处理得到数控加工程序，完成零件加工。

## 一、制订加工工艺

### 1. 旋钮零件分析

旋钮零件形状相对比较简单，主要有成型面和分模面组成，主要加工内容为成型面、分模面。

### 2. 毛坯选用

零件材料为42CrMo模具钢，零件外形尺寸已经精加工到位，无须再加工。

### 3. 制订加工工序卡

零件选用立式五轴联动机床加工（双摆台摇篮式），平口钳夹紧的装夹方式。遵循先粗后精加工原则，粗加工均采用三轴联动加工，精加工采用五轴联动加工。加工工序如表3-1-1所示。

表3-1-1 加工工序卡

| 零件号: 274341 | | 工序名称: 旋钮凸模铣削加工 | | 工艺流程卡_工序单 |
|---|---|---|---|---|
| 材料: 42CrMo | | 页码: 1 | 工序号: 01 | 版本号: 0 |
| 夹具: 平口钳 | | 工位: MC | 数控程序号: | |
| 刀具及参数设置 | | | | |
| 加工内容 | 刀具号 | 刀具规格 | 主轴转速 | 进给速度 |
| 粗加工 | T01 | D10R2 | S2600 | F1200 |
| 分型面精加工 | T02 | D6R0 | S3500 | F1000 |
| 拔模斜面精加工 | T02 | D6R0 | S3500 | F1000 |
| 曲面精加工 | T03 | D6R3 | S4500 | F1500 |
| 02 | | | | |
| 01 | | | | |
| 更改号 | 更改内容 | 批准 | 日期 | |
| 拟制: 日期: | 审核: 日期: | 批准: 日期: | | ××工业职业技术学院 |

## 二、编制加工程序

（1）单击【开始】→【所有应用模块】→【加工】，弹出加工环境对话框，CAM会话配置选择“cam_general”；要创建的CAM设置选择“mill_contour”，如图3-1-1所示，然后单击【确定】，进入加工模块。

（2）在加工操作导航器空白处，单击鼠标右键，选择【几何视图】，如图3-1-2所示。

（3）双击操作导航器中的【MCS_MILL】，弹出Mill Orient（加工坐标系）对话框，设置安全距离为“50”，如图3-1-3所示。

（4）单击指定MCS中的CSYS会话框，弹出CSYS对话框，然后选择参考坐标系中的

“WCS”，单击【确定】，使加工坐标系和工作坐标系重合，如图 3-1-4 所示。再单击【确定】完成加工坐标系设置。

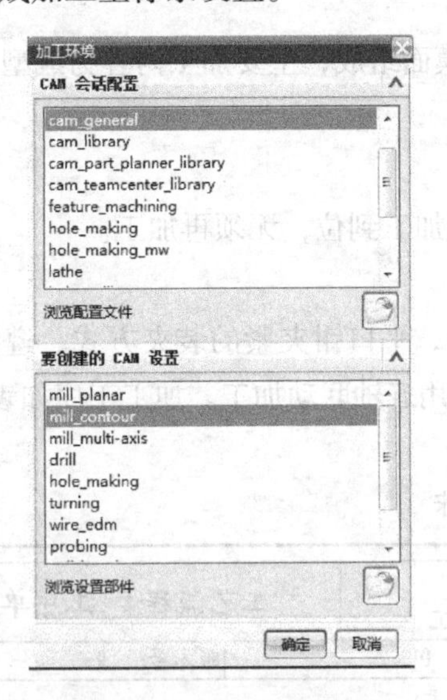


图 3-1-1　加工环境对话框

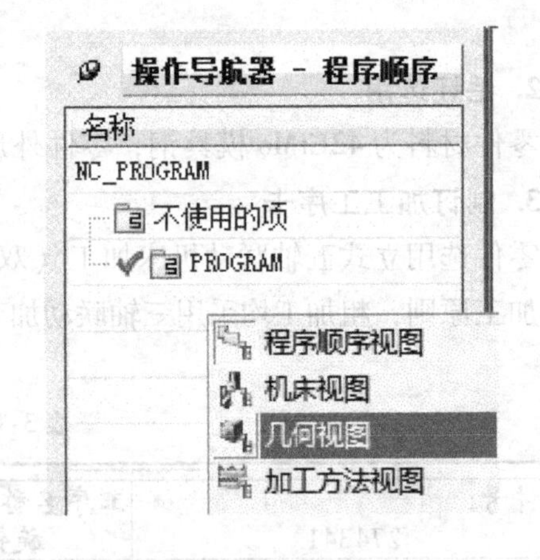


图 3-1-2　几何视图选择

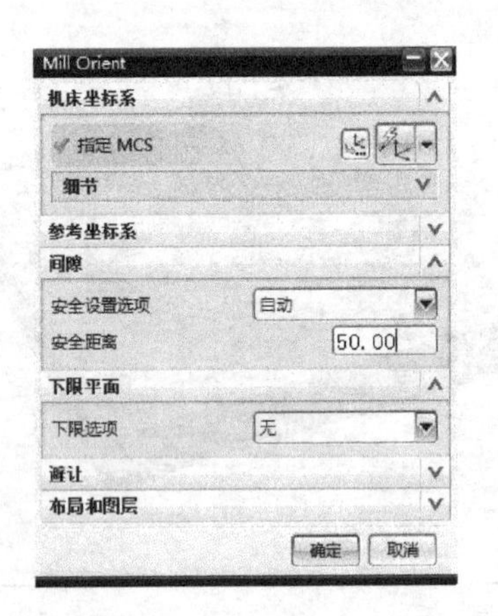


图 3-1-3　加工坐标系设置

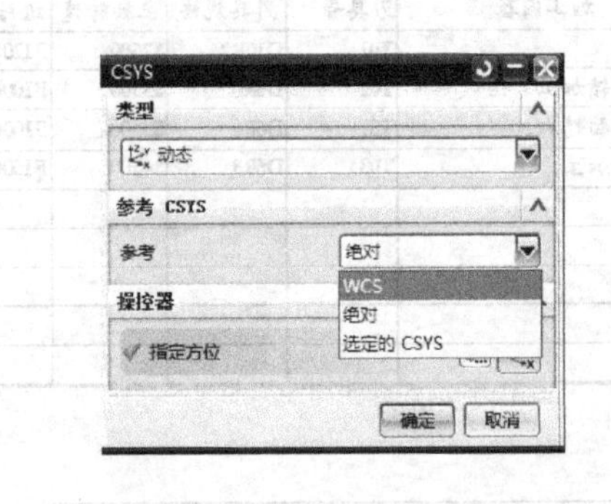


图 3-1-4　加工坐标系设置

（5）双击操作导航器中的 WORKPIECE，弹出铣削几何体对话框，如图 3-1-5 所示。

（6）单击【指定毛坯】，弹出毛坯几何体对话框，选择“几何体”作为毛坯，选择如图 3-1-6 所示几何体（此几何体预先在建模模块创建好）。单击【确定】完成毛坯选择，再单击【确定】完成铣削几何体的设置。

（7）在加工操作导航器空白处，单击鼠标右键，选择【机床视图】，单击菜单条【插入】→【刀具】，弹出创建刀具对话框，如图 3-1-7 所示。类型选择为“mill_planar”，刀具子类型选择为“MILL”，刀具位置为“GENERIC_MACHINE”，刀具名称为“D10R2”，单击【确定】，弹出铣刀-

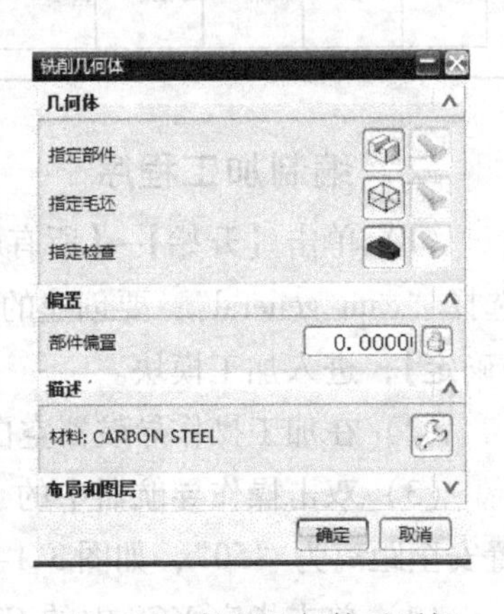


图 3-1-5　铣削几何体对话框

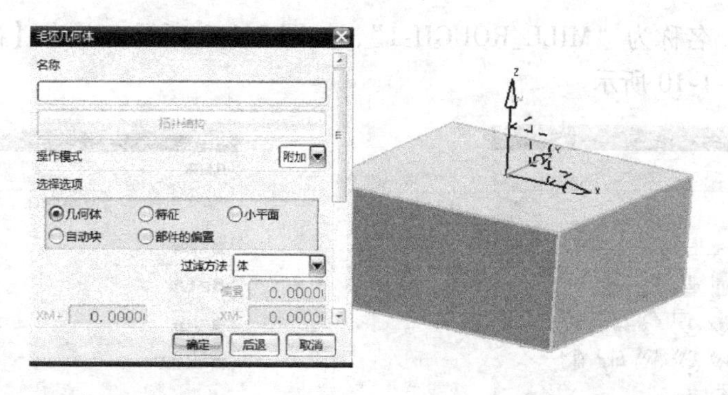


图 3-1-6　毛坯设置

5 参数对话框。设置刀具参数如图 3-1-8 所示，直径为“10”，底圆角半径为“2”，刀刃为“2”，长度为“75”，刀刃长度为“50”，刀具号为“1”，长度补偿为“1”，刀具补偿为“1”，单击【确定】，完成刀具 1 的创建。

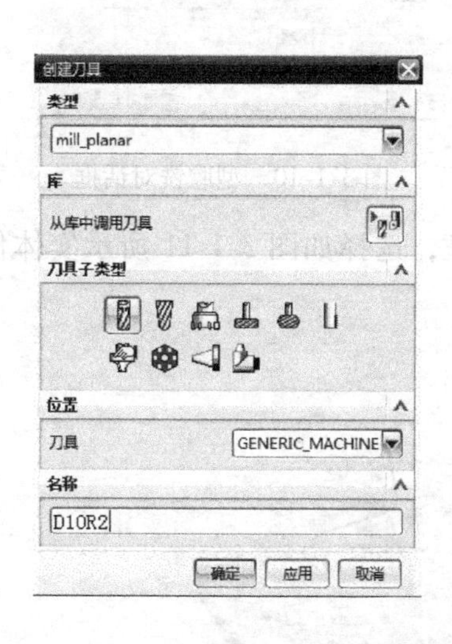


图 3-1-7　创建刀具对话框

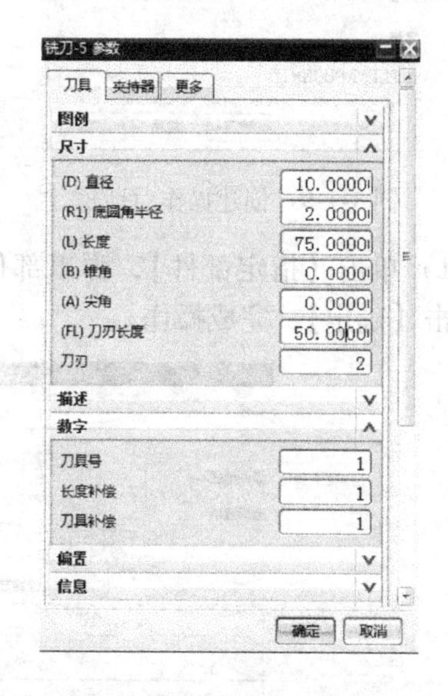


图 3-1-8　刀具参数设置

(8) 用同样的方法创建刀具 2。类型选择为“mill_planar”，刀具子类型选择为“MILL”，刀具位置为“GENERIC_MACHINE”，刀具名称为“D6R0”，直径为“6”，底圆角半径为“0”，刀刃为“2”，长度为“75”，刀刃长度为“50”，刀具号为“2”，长度补偿为“2”，刀具补偿为“2”。

(9) 用同样的方法创建刀具 3。类型选择为“mill_planar”，刀具子类型选择为“MILL”，刀具位置为“GENERIC_MACHINE”，刀具名称为“D6R3”，直径为“6”，底圆角半径为“3”，刀刃为“2”，长度为“75”，刀刃长度为“50”，刀具号为“3”，长度补偿为“3”，刀具补偿为“3”。

(10) 在加工操作导航器空白处，单击鼠标右键，选择【程序视图】，单击菜单条【插入】→【操作】，弹出创建操作对话框，类型为“mill_contour”，操作子类型为“CAVITY_MILL”，程序为“PROGRAM”，刀具为“D10R2”，几何体为“WORKPIECE”，方法为

“MILL_ROUGH”，名称为“MILL_ROUGH-1”，如图 3-1-9 所示，单击【确定】，弹出型腔铣对话框，如图 3-1-10 所示。

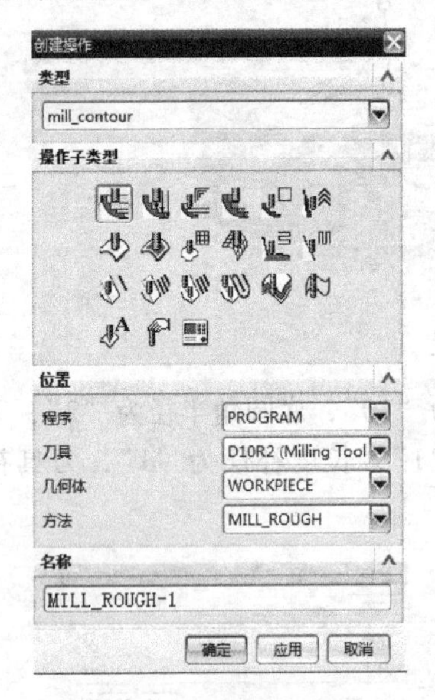


图 3-1-9　创建操作对话框

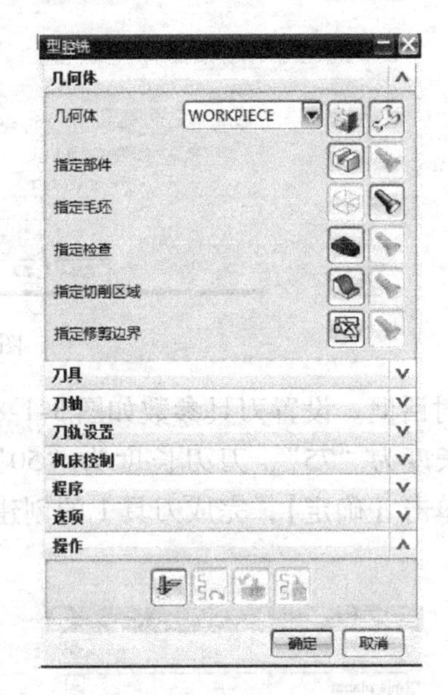


图 3-1-10　型腔铣对话框

（11）单击【指定部件】，弹出部件几何体对话框，选择如图 3-1-11 所示实体作为部件，单击【确定】，完成操作。

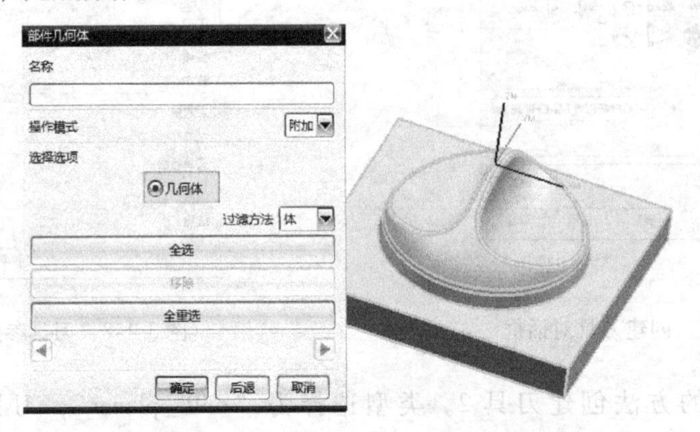


图 3-1-11　指定部件

（12）单击【刀轨设置】，方法为“MILL_ROUGH”，切削模式为“跟随部件”，步距为“刀具平直”，平面直径百分比为“50”，全局每刀深度为“1”，如图 3-1-12 所示。单击【切削参数】，设置部件侧面余量为“0.3”，如图 3-1-13 所示。

（13）单击【进给和速度】，设置主轴速度为“2600”，剪切进给率为“1200”，如图 3-1-14 所示。单击【生成】按钮，得到零件加工刀路，如图 3-1-15 所示。

（14）创建平面精加工操作。单击菜单条【插入】→【操作】，弹出创建操作对话框，类型为“mill_planar”，操作子类型为“FACE_MILL”，程序为“PROGRAM”，刀具为“D6R0”，几何体为“WORKPIECE”，方法为“MILL_FINISH”，名称为“MILL_FINISH-1”，如图 3-1-16 所示，单击【确定】，弹出平面铣对话框，如图 3-1-17 所示。

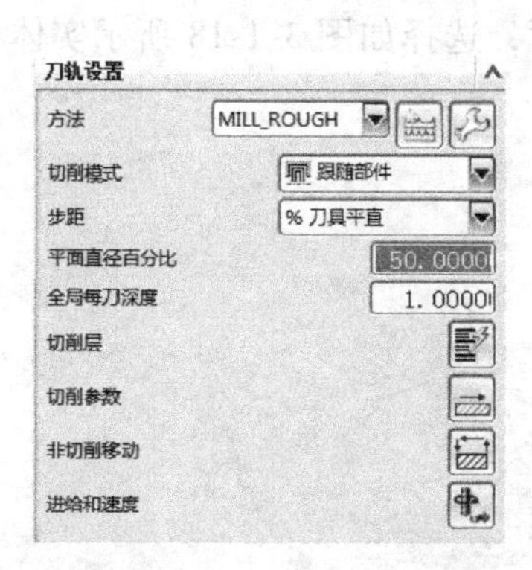


图 3-1-12　刀轨设置

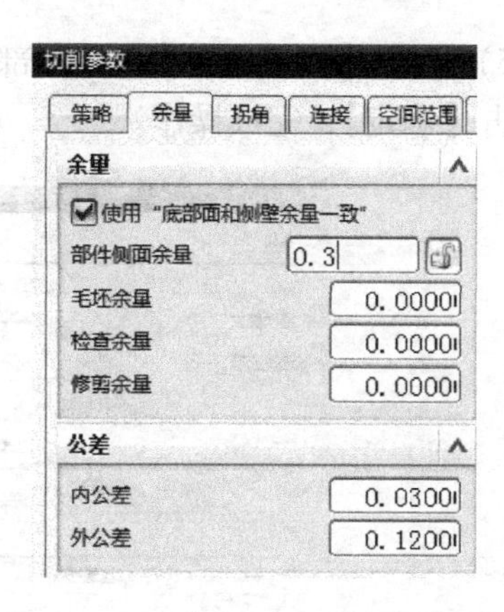


图 3-1-13　切削参数

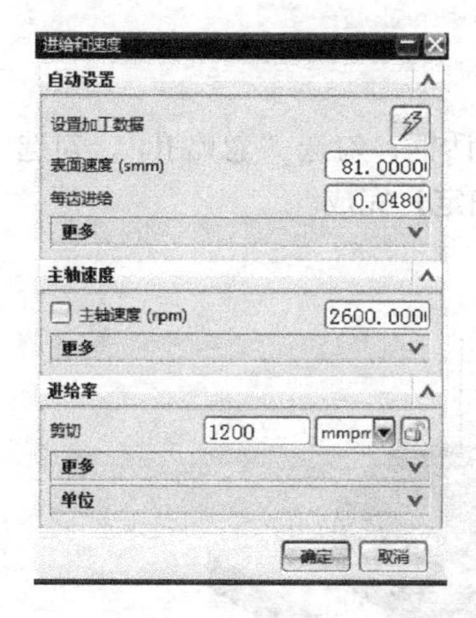


图 3-1-14　进给和速度

图 3-1-15　加工刀路

图 3-1-16　创建操作对话框

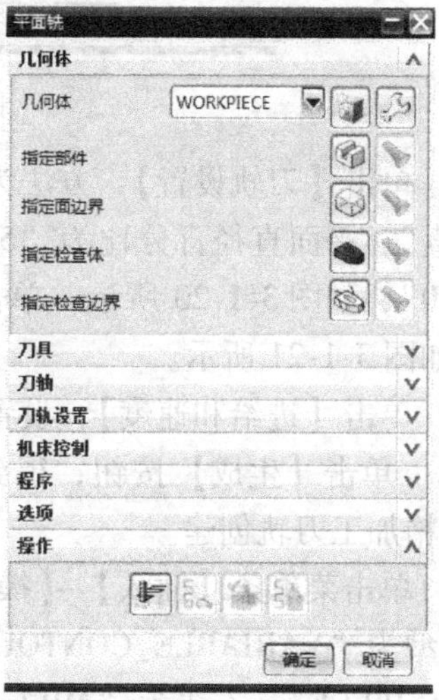

图 3-1-17　平面铣对话框

（15）单击【指定部件】，弹出部件几何体对话框，选择如图 3-1-18 所示实体作为部件，单击【确定】，完成操作。

图 3-1-18　指定部件

（16）单击【指定面边界】，弹出指定面几何体对话框，勾选“忽略孔”，勾选“忽略倒斜角”，选择如图 3-1-19 所示的 3 个平面，单击【确定】完成。

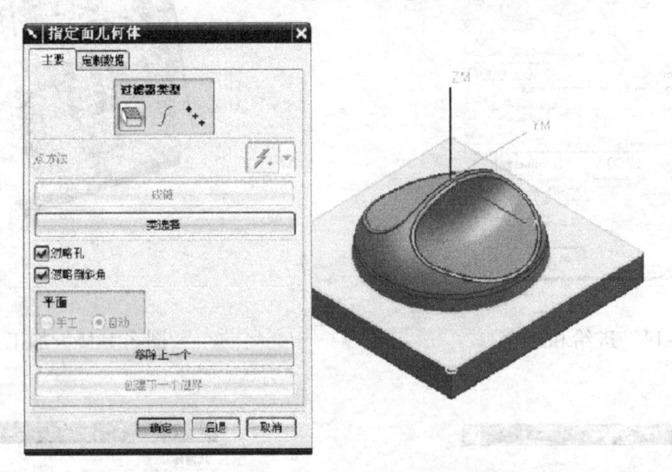


图 3-1-19　指定加工面

（17）单击【刀轨设置】，方法为“MILL_FINISH”，切削模式为“跟随周边”，步距为“刀具平直”，平面直径百分比为“50”，毛坯距离为“3”，每刀深度为“0”，最终底部面余量为“0”，如图 3-1-20 所示。单击【切削参数】，单击策略选项卡，勾选“添加精加工刀路”，如图 3-1-21 所示。

（18）单击【进给和速度】，设置主轴速度为“3500”，剪切进给率为“1000”，如图 3-1-22 所示。单击【生成】按钮，得到零件的加工刀路，如图 3-1-23 所示。单击【确定】，完成平面精加工刀轨创建。

（19）单击菜单条【插入】→【操作】，弹出创建操作对话框，类型为“mill_multi-axis”，操作子类型为“VARIABLE_CONTOUR”，程序为“PROGRAM”，刀具为“D6R0”，几何体为“WORKPIECE”，方法为“MILL_FINISH”，名称为“MILL_FINISH-2”，如图 3-1-24 所示，单击【确定】，弹出可变轮廓铣对话框，如图 3-1-25 所示。

图 3-1-20　刀轨设置

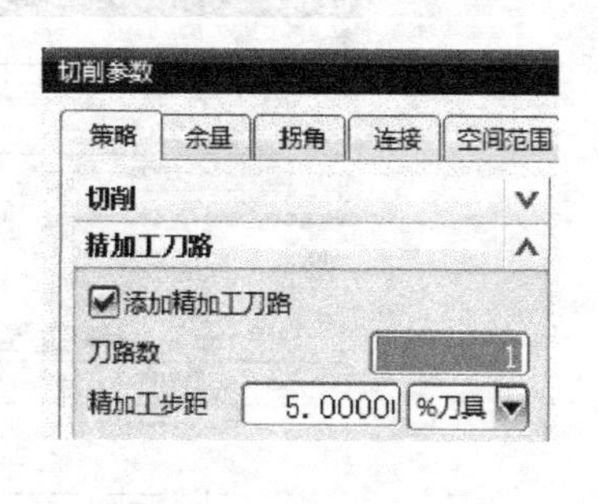


图 3-1-21　添加精加工刀路

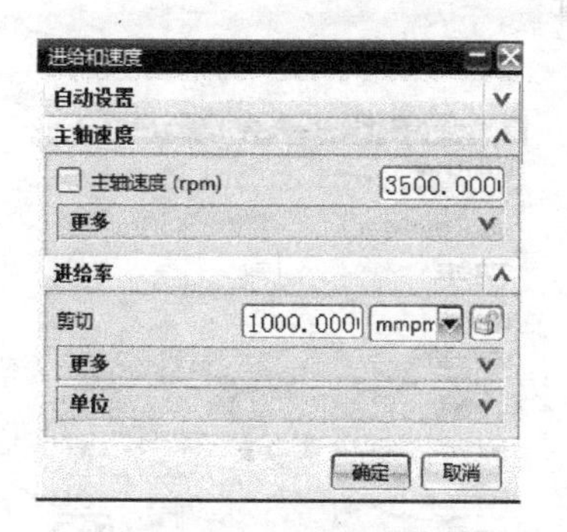


图 3-1-22　进给和速度

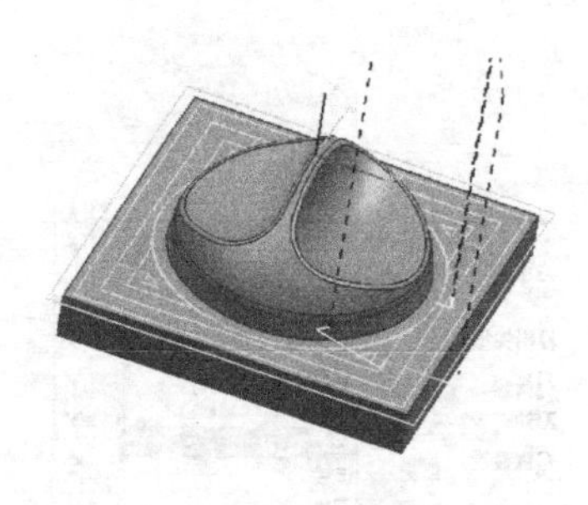

图 3-1-23　加工刀路

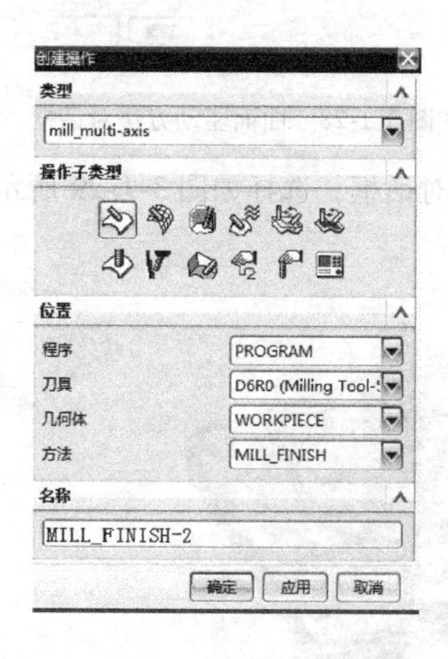


图 3-1-24　创建操作对话框

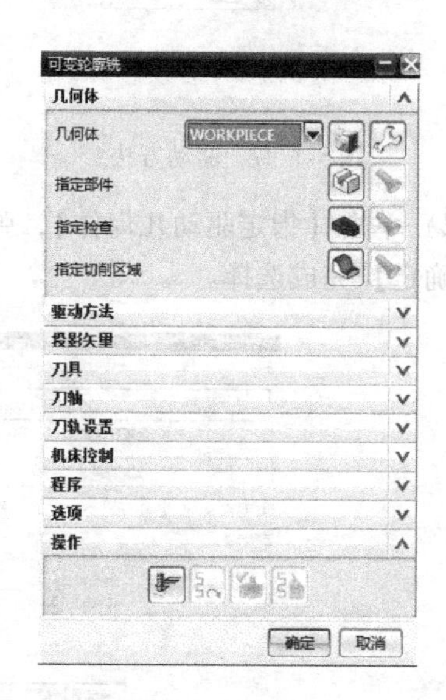


图 3-1-25　可变轮廓铣对话框

（20）单击【指定检查】，选择如图 3-1-26 所示的平面，单击【确定】，完成操作。

（21）单击【驱动方法】，设置驱动方法为“曲面”，如图 3-1-27 所示，弹出曲面驱动方法对话框，设置刀具位置为“相切”，设置切削模式为“螺旋”，设置步距为“数量”，设置步距数为“6”，如图 3-1-28 所示。

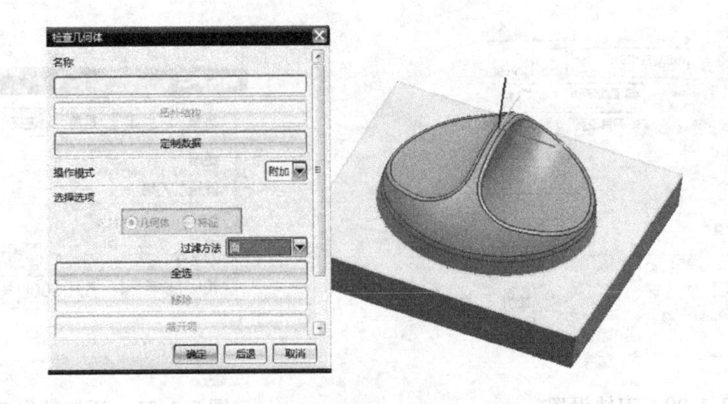


图 3-1-26 指定检查

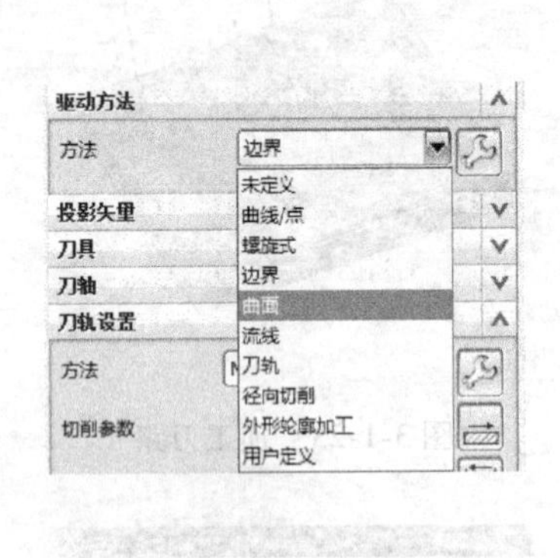


图 3-1-27 驱动方法

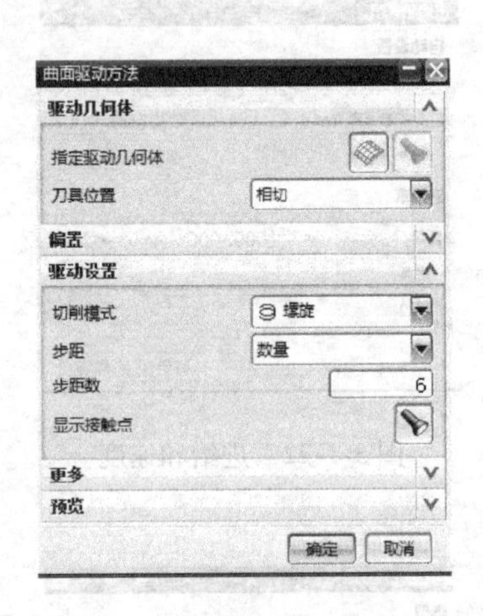


图 3-1-28 曲面驱动方法对话框

（22）单击【指定驱动几何体】，弹出驱动几何体对话框，选择如图 3-1-29 所示曲面，单击【确定】完成选择。

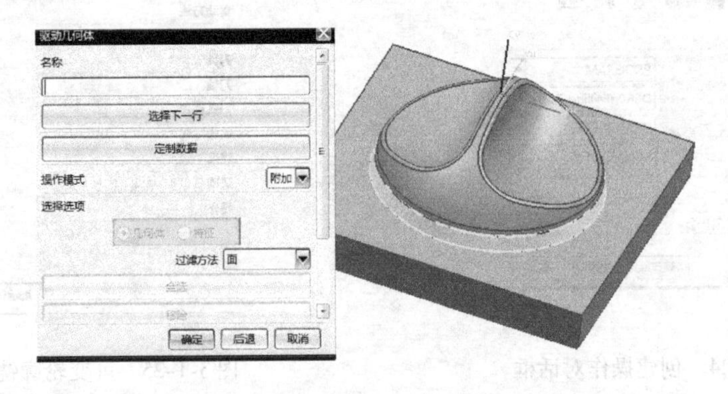


图 3-1-29 曲面选择

（23）设置投影矢量为“刀轴”，如图 3-1-30 所示，设置刀轴为“侧刃驱动体”，如图 3-1-31所示，弹出侧刃驱动体对话框，设置侧刃加工侧倾角为“0”，点选向上箭头，完成设定，如图 3-1-32 所示。

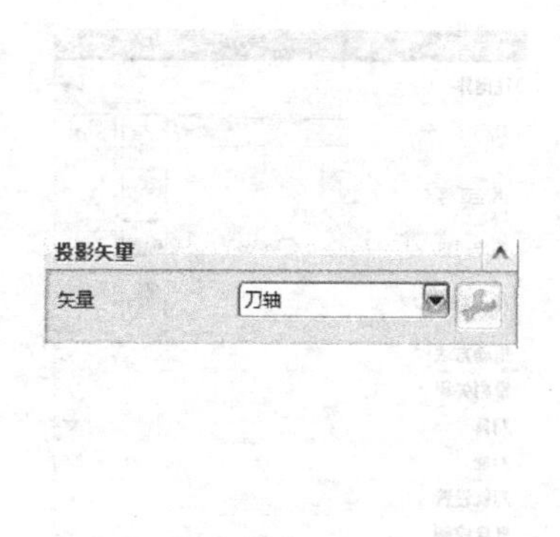


图 3-1-30　投影矢量

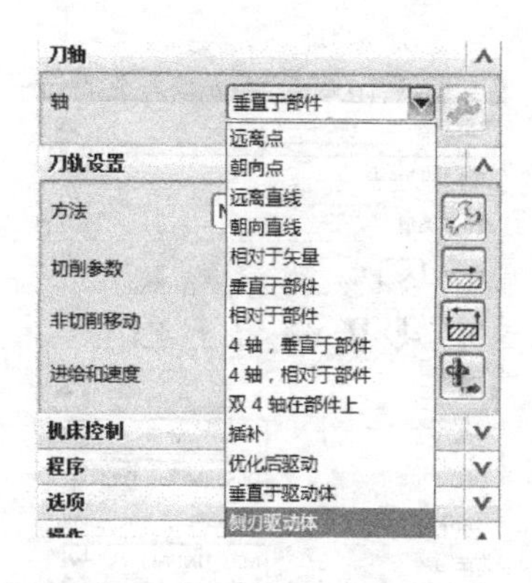


图 3-1-31　刀轴

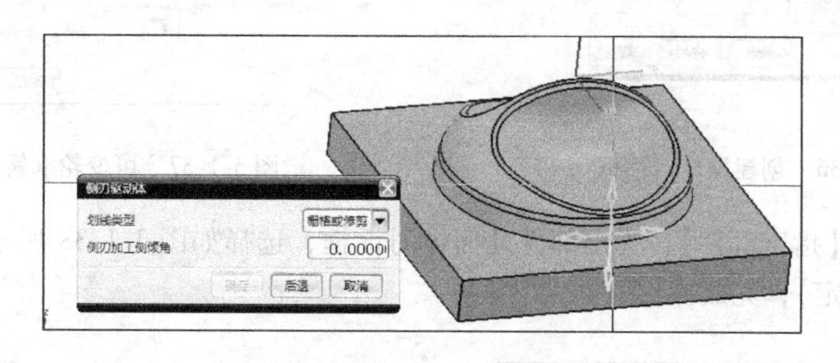


图 3-1-32　侧刃驱动体

（24）单击【切削参数】，单击安全设置选项卡，设置检查安全距离为“0.01”，如图 3-1-33 所示。单击【进给和速度】，设置主轴速度为“3500”，剪切进给率为“1000”，如图 3-1-34 所示，单击【确定】，完成设置。

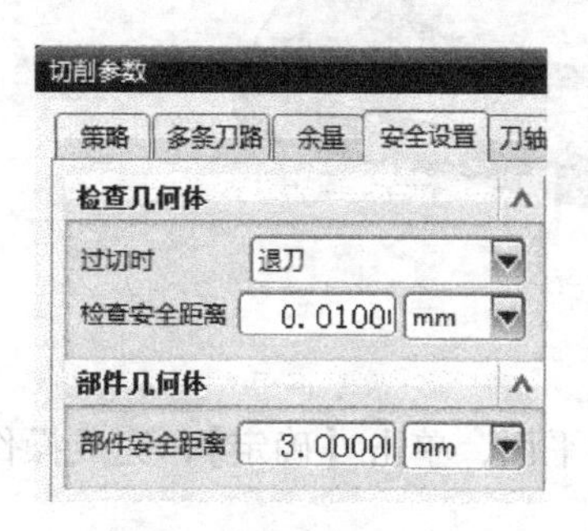


图 3-1-33　安全设置

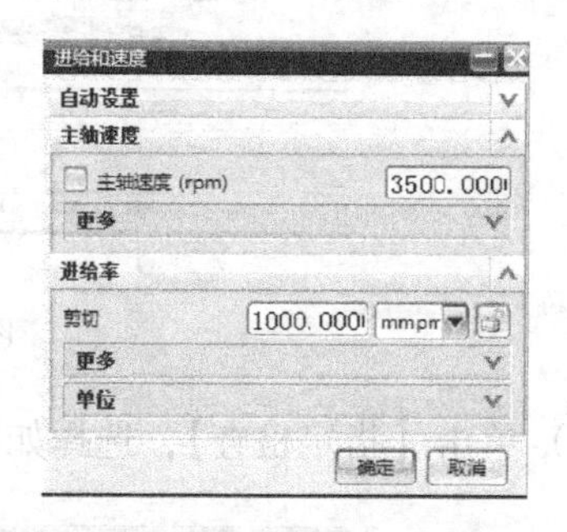


图 3-1-34　进给和速度

（25）单击【生成】按钮，得到拔模斜面精密加工刀路，如图 3-1-35 所示。

（26）单击菜单条【插入】→【操作】，弹出创建操作对话框，类型为“mill_multi-axis”，操作子类型为“VARIABLE_CONTOUR”，程序为“PROGRAM”，刀具为“D6R3”，几何体为“WORKPIECE”，方法为“MILL_FINISH”，名称为“MILL_FINISH-3”，如图 3-1-36 所示，单击【确定】，弹出可变轮廓铣对话框，如图 3-1-37 所示。

图 3-1-35　加工刀路

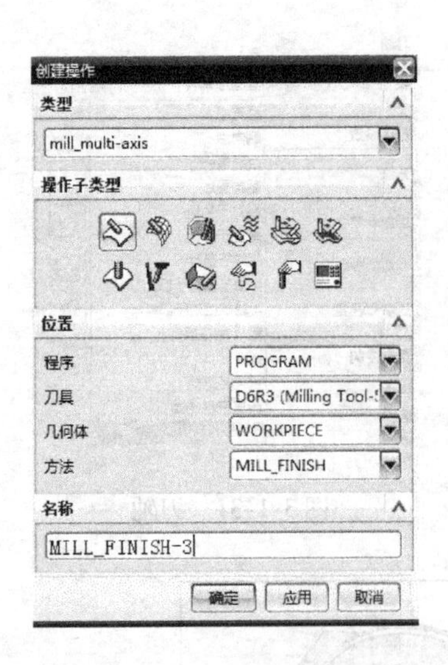


图 3-1-36　创建操作对话框

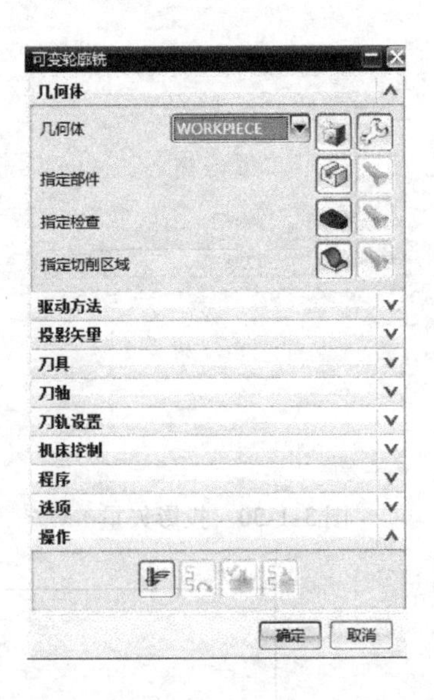


图 3-1-37　可变轮廓铣对话框

（27）单击【指定部件】，弹出部件几何体对话框，选择如图 3-1-38 所示曲面作为加工部件。单击【确定】，完成操作。

图 3-1-38　指定部件

（28）单击【指定检查】，选择如图 3-1-39 所示的平面，单击【确定】，完成操作。

图 3-1-39　指定检查

（29）单击【驱动方法】，设置驱动方法为“曲面”，如图3-1-40所示，弹出如图3-1-41所示对话框，设置刀具位置为“相切”，设置切削模式为“螺旋”，设置步距为“残余高度”，残余高度为“0.01”，如图3-1-41所示。

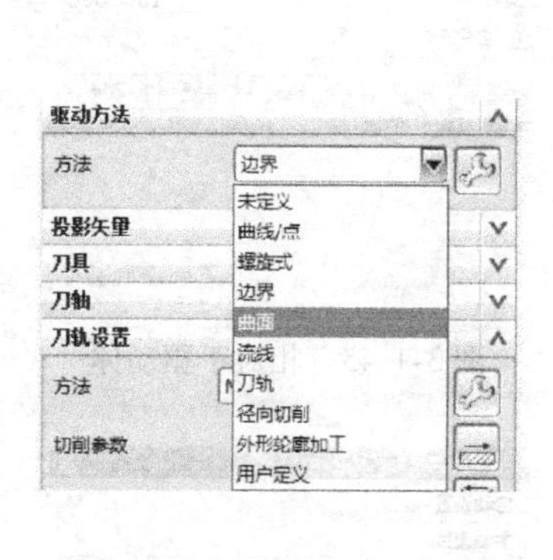


图3-1-40　驱动方法

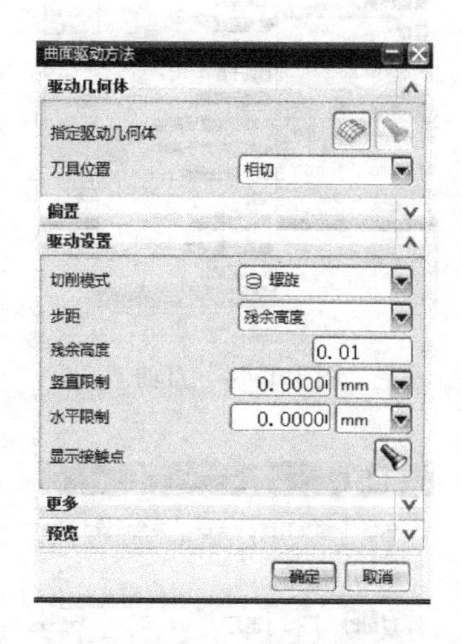


图3-1-41　曲面驱动方法对话框

（30）单击【指定驱动几何体】，弹出驱动几何体对话框，选择如图3-1-42所示曲面（此曲面已经构建好，可用隐藏功能将其显示出来），单击【确定】完成选择。

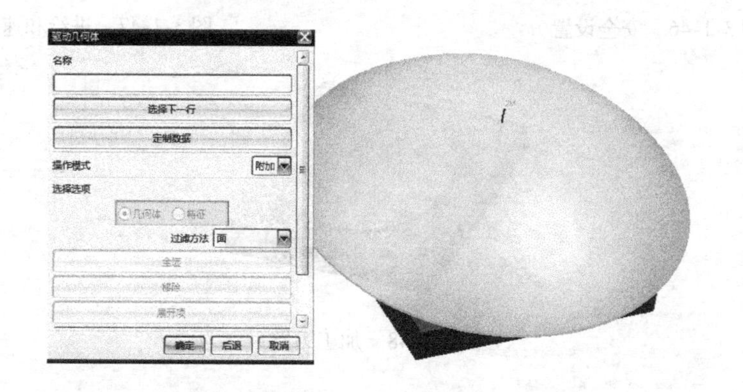


图3-1-42　曲面选择

（31）设置投影矢量为“刀轴”，如图3-1-43所示，设置刀轴为“相对于驱动体”，如图3-1-44所示，弹出相对于驱动体对话框，设置前倾角为“0”，侧倾为“15”，如图3-1-45所示，单击【确定】完成操作。

图3-1-43　投影矢量

（32）单击【切削参数】，单击安全设置选项卡，设置检查安全距离为“0.01”，如图3-1-46所示。单击【进给和速度】，设置主轴速度为“4500”，剪切进给率为“1500”，如图3-1-47所示，单击【确定】，完成设置。

（33）单击【生成】按钮，得到加工刀路，如图3-1-48所示。

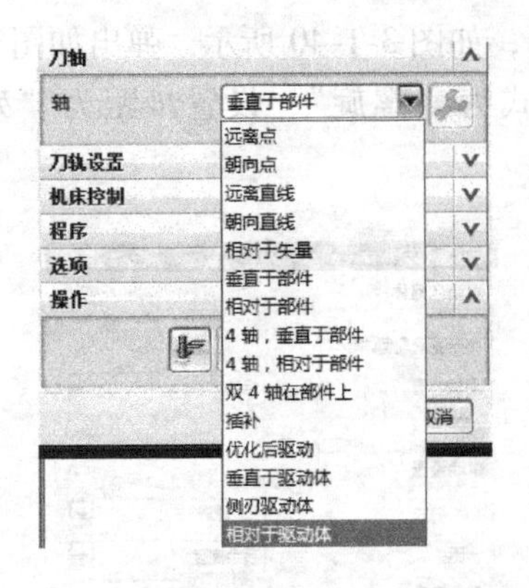


图 3-1-44　刀轴

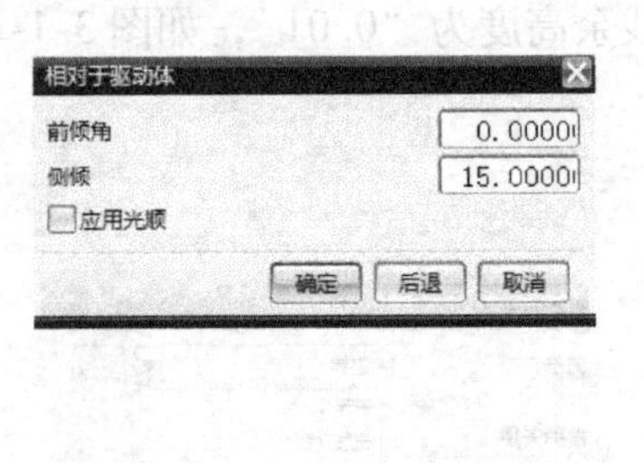


图 3-1-45　相对于驱动体

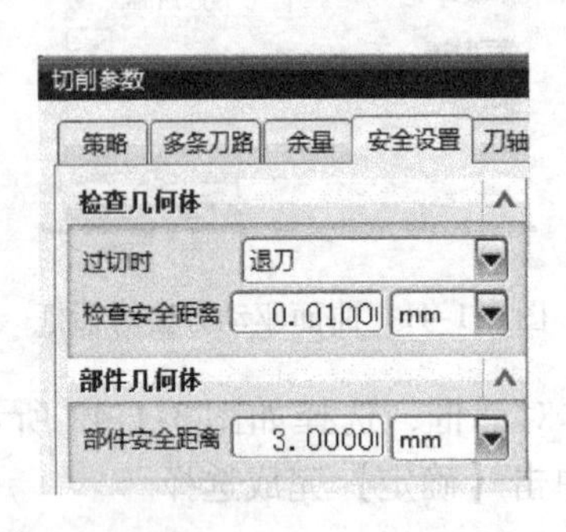


图 3-1-46　安全设置

图 3-1-47　进给和速度

图 3-1-48　加工刀路

## 三、仿真加工

（1）打开 VERICUT 软件，设置工作目录。新建一毫米制文件。

（2）添加机床。右键单击项目树中机床，单击打开命令，在打开机床对话框中选择 Mikron. mch 文件，如图 3-1-49 所示。

（3）添加控制文件。右键单击项目树控制，选择打开命令，在打开系统控制对话框中选择 hei530. ctl 控制系统，结果如图 3-1-50 所示。

（4）添加工装。右键单击 Stock，选择添加模型文件下的方块，设置长度为“80”，宽度为“80”，高度为“38”，选择移动，位置设置为（－40，－40，5），右键单击 Fixture，选择添加模型文件下的方块，设置长度为“10”，宽度为“100”，高度为“10”，选择移动，位置设置为（－50，－50，0），再右键单击 Fixture，选择添加模型文件下的方块，设置长度为“10”，宽度为“100”，高度为“10”，选择移动，位置设置为（－40，－50，0），结

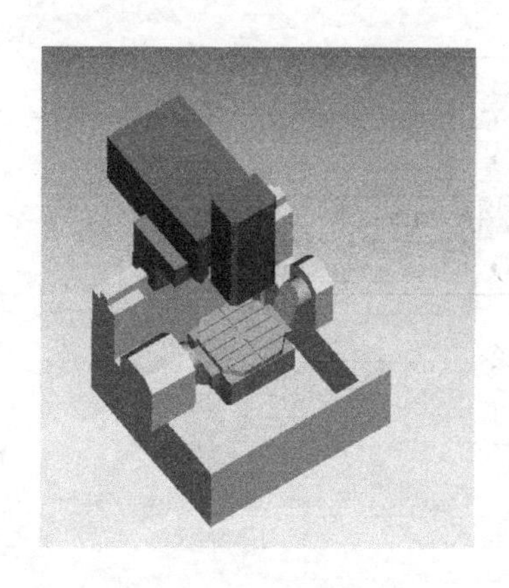

图 3-1-49　添加机床

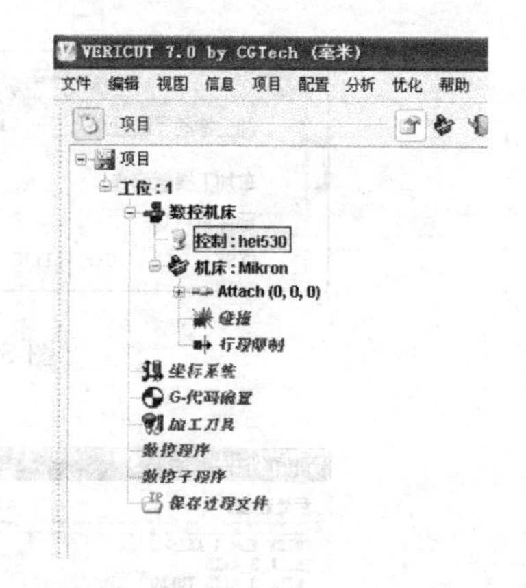


图 3-1-50　选择控制系统

果如图 3-1-51 所示。

（5）设置 G-代码偏置。选择项目树中的 G-代码偏置，单击添加按钮，偏置名为“工作偏置”，寄存器为“54”，定位方式为从 Tool 到 Stock，如图 3-1-52 所示。

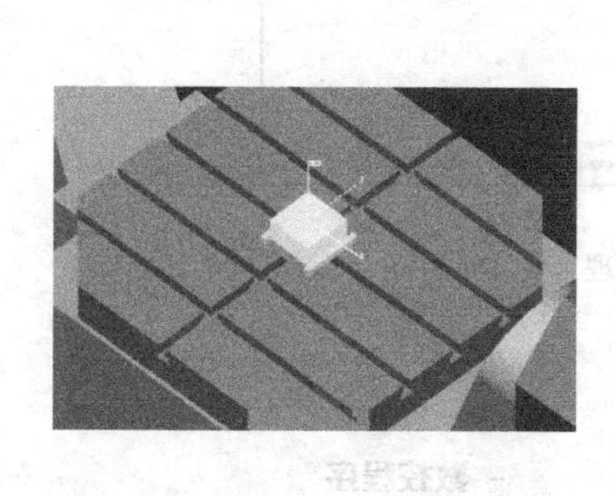

图 3-1-51　添加毛坯结果

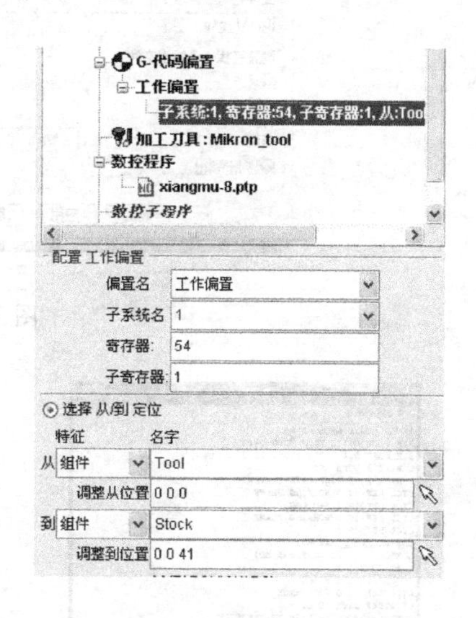


图 3-1-52　设置 G-代码偏置

（6）添加刀具库。右键单击项目树中加工刀具，选择打开命令，在打开刀具库对话框选择 tool. tls 文件，结果如图 3-1-53 所示。

（7）后处理得到加工程序。在 UG NX 软件的刀轨操作导航器中选中所有操作，单击【工具】→【操作导航器】→【输出】→【NX POST 后处理】，如图 3-1-54 所示，弹出后处理对话框。

（8）后处理器选择“hai530_AC”，指定合适的文件路径和文件名，单位设置为“公制”，勾选“列出输出”，如图 3-1-55 所示，单击【确定】完成后处理，得到加工程序，如图 3-1-56所示。

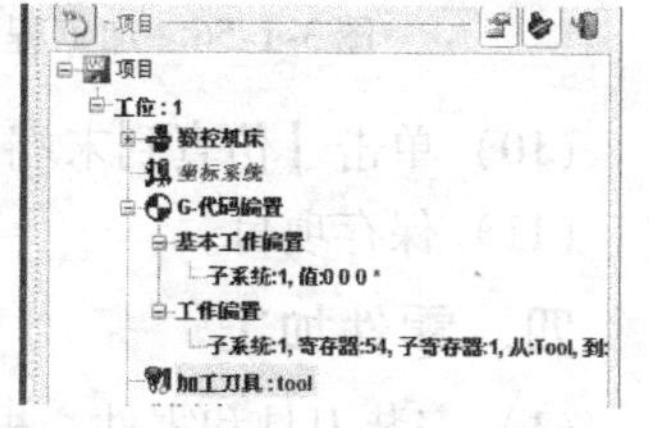


图 3-1-53　添加刀具库

（9）添加数控程序。单击项目树中数控程序，选择添加 NC 程序文件，选择加工程序，结果如图 3-1-57 所示。

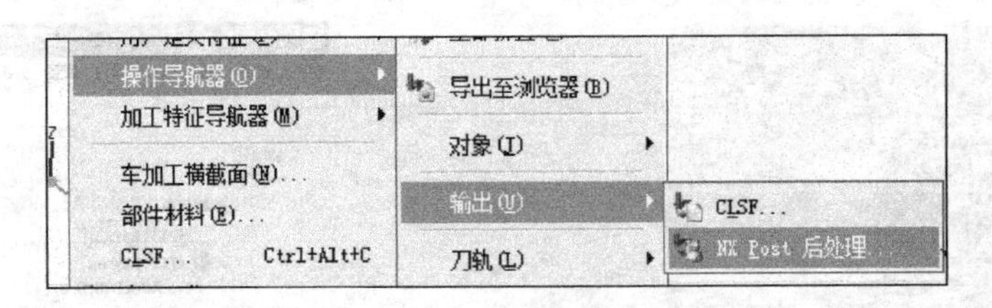


图 3-1-54　后处理命令

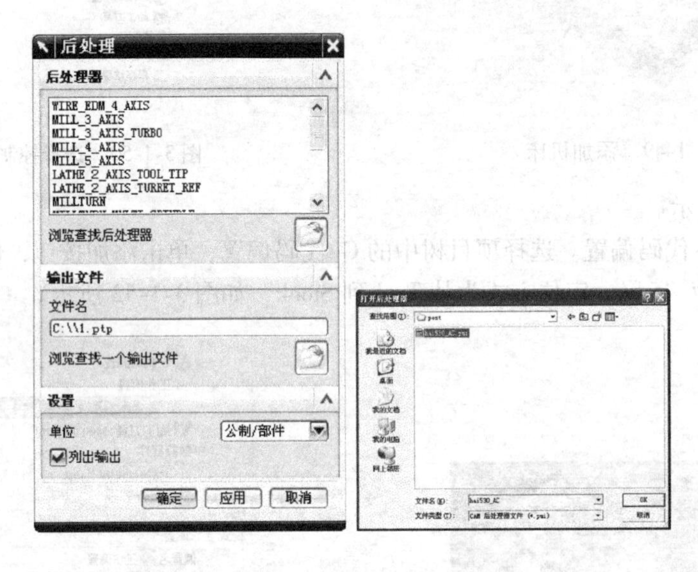


图 3-1-55　后处理

图 3-1-56　加工程序

图 3-1-57　添加数控程序

（10）单击【仿真到末端】按钮，进行加工仿真，结果如图 3-1-58 所示。

（11）保存项目。

## 四、零件加工

（1）安装刀具和零件。根据机床型号选择 BT40 刀柄，对照工序卡，安装刀具。所有刀具保证伸出长度大于 50mm。将毛坯安装在工作台上的平口钳上并夹紧。

（2）对刀。零件加工原点设置毛坯对称中心。使用机械式寻边器，找正毛坯中心，并设置 G54 参数，使用 Z 向对刀仪，分别找正每把刀的 Z 向补偿值，并设置刀具补偿参数。

（3）程序传输并加工。使用 WINPCIN 软件将后处理得到的加工程序传输到加工中心的

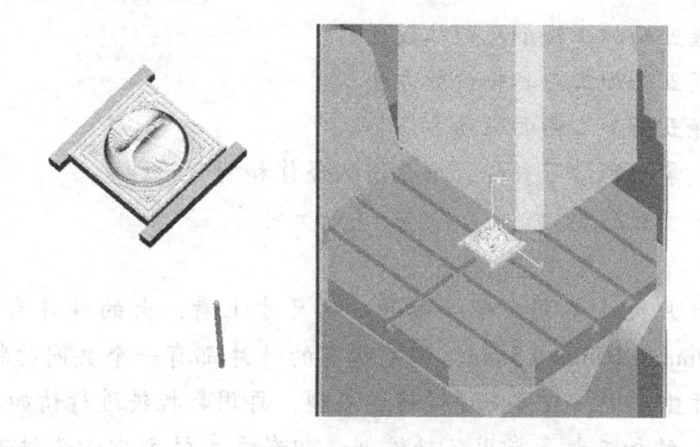

图 3-1-58　仿真结果

数控系统，设置机床为自动加工模式，按循环启动键，机床即开始自动加工零件。

## 【专家点拨】

（1）粗加工时，尽可能用平面加工或者三轴加工去除大余量。这样做的好处是切削效率高，可预见性强。

（2）分层加工时，留够精加工余量。分层加工使零件的内应力均衡，防止变形过大。

（3）遇到难加工材料或者加工区域窄小，刀具长径比较大的情况时，粗加工可采用插铣方式。

（4）模具零件的加工顺序应遵循曲面→清根→曲面反复进行。切忌两相邻曲面的余量相差过大，造成在加工大余量时，刀具向相邻的而又余量小的曲面方向让刀，从而造成相邻曲面过切。

## 【课后训练】

根据图 3-1-59 所示 CD 机外壳凸模零件的特征，制订合理的工艺路线，设置必要的加工参数，生成刀具路径，通过相应的后处理生成数控加工程序，并运用机床加工零件。

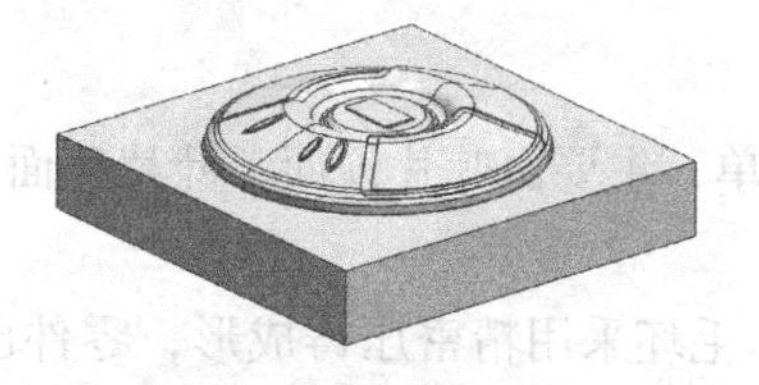

图 3-1-59　CD 机外壳凸模零件

# 项目二　叶片的数控编程与仿真加工

## 【教学目标】

**能力目标：** 能运用 UG NX 软件完成叶片的编程与仿真加工。

能使用加工中心完成零件加工。

**知识目标：** 掌握五轴加工铣削几何体设置。

掌握五轴加工刀具轴设置方法。

掌握五轴加工曲面驱动方法。

**素质目标：** 激发学生的学习兴趣，培养团队合作和创新精神。

## 【项目导读】

不同的发动机叶片大小不同，形状各异。从尺寸上看，大的叶片有250mm×60mm×10mm，小的只有30mm×10mm×5mm，但是所有的叶片都有一个共同的特点，就是薄，加工时易变形。在实际生产中，应首先通过铸造成型，再用数控铣进行精加工。目前，发动机叶片（叶背、叶盆）的加工大多采用三轴铣削，即在立式铣削中心先铣削叶背，然后旋转180°，再铣削叶盆。这种铣削方法装夹次数多，加工效率低，并且加工后叶片变形大，叶片截面形状与原设计有较大误差。如果采用多轴联动铣削，一次装夹即可将叶背、叶盆及叶根同时加工出来，加工后的叶片变形也很小。如果走刀路径设计得合理，加工后叶片表面的光洁度高，后续的辅助工序可以取消或简化。从整体来看，叶片的加工质量和效率都会大为提高。

## 【任务描述】

学生以企业制造部门MC数控程序员的身份进入UG NX CAM功能模块，根据叶片零件的特征，制订合理的工艺路线，创建三轴粗加工操作和可变轴精加工操作，设置必要的加工参数，生成刀具路径，检验刀具路径是否正确合理，并对操作过程中存在的问题进行研讨和交流，通过相应的后处理生成数控加工程序，并运用机床加工零件。

## 【工作任务】

按照零件加工要求，制订叶片的加工工艺；编制叶片加工程序；完成叶片的仿真加工，后处理得到数控加工程序，完成零件加工。

### 一、制订加工工艺

#### 1. 叶片零件分析

叶片零件形状相对比较简单，主要由叶片顶面、叶片侧面、叶根面、底座组成。

#### 2. 毛坯选用

零件材料为7075航空铝，毛坯采用精密压铸成形，零件已经过前道工序加工，零件总高和底座侧面已经加工到位，叶片侧面、叶根面、底座顶面为需要加工部位，余量为2mm。

#### 3. 制订加工工序卡

零件选用立式五轴联动机床加工（双摆台摇篮式），平口钳装夹，遵循粗加工→精加工→清根的加工顺序，加工工序如表3-2-1所示。

### 二、编制加工程序

（1）单击【开始】→【所有应用模块】→【加工】，弹出加工环境对话框，CAM会话配置选择“cam_general”；要创建的CAM设置选择“mill_multi_axis”，如图3-2-1所示，然后单击【确定】，进入加工模块。

**表 3-2-1 加工工序卡**

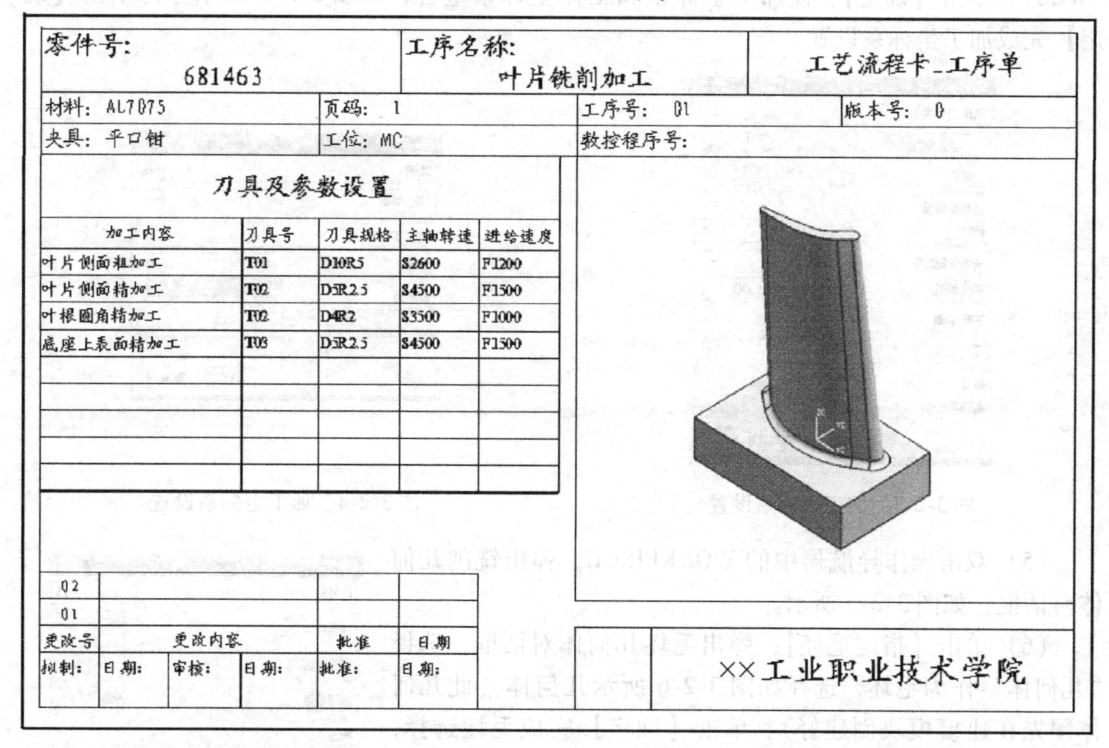

| 零件号：681463 | 工序名称：叶片铣削加工 | 工艺流程卡_工序单 |
|---|---|---|

| 材料：AL7075 | 页码：1 | 工序号：01 | 版本号：0 |
|---|---|---|---|
| 夹具：平口钳 | 工位：MC | 数控程序号： | |

刀具及参数设置

| 加工内容 | 刀具号 | 刀具规格 | 主轴转速 | 进给速度 |
|---|---|---|---|---|
| 叶片侧面粗加工 | T01 | D10R5 | S2600 | F1200 |
| 叶片侧面精加工 | T02 | D5R2.5 | S4500 | F1500 |
| 叶根圆角精加工 | T02 | D4R2 | S3500 | F1000 |
| 底座上表面精加工 | T03 | D5R2.5 | S4500 | F1500 |
| | | | | |
| | | | | |
| | | | | |
| | | | | |

| | | | | |
|---|---|---|---|---|
| 02 | | | | |
| 01 | | | | |
| 更改号 | 更改内容 | | 批准 | 日期 |
| 拟制： | 日期： | 审核： | 日期： | 批准： | 日期： |

××工业职业技术学院

（2）在加工操作导航器空白处，单击鼠标右键，选择【几何视图】，如图 3-2-2 所示。

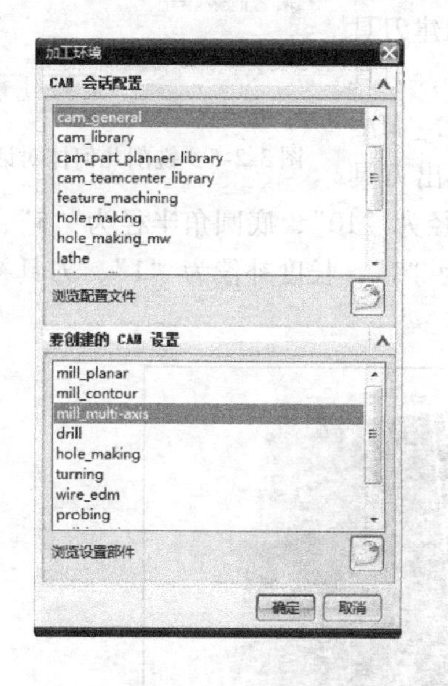


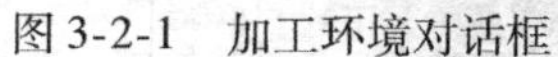

图 3-2-1 加工环境对话框

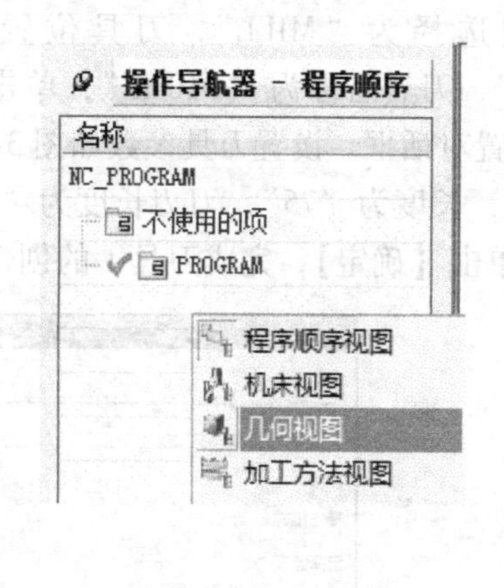


图 3-2-2 几何视图选择

（3）双击操作导航器中的【MCS_MILL】，弹出 Mill Orient（加工坐标系）对话框，设置安全距离为“50”，如图 3-2-3 所示。

（4）单击指定 MCS 中的 CSYS 会话框，弹出 CSYS 对话框，然后选择参考坐标系中的

“WCS”，单击【确定】，使加工坐标系和工作坐标系重合，如图 3-2-4 所示。再单击【确定】完成加工坐标系设置。

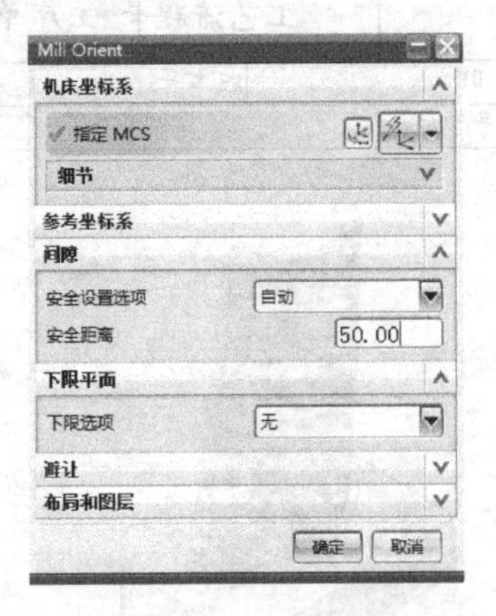


图 3-2-3　加工坐标系设置

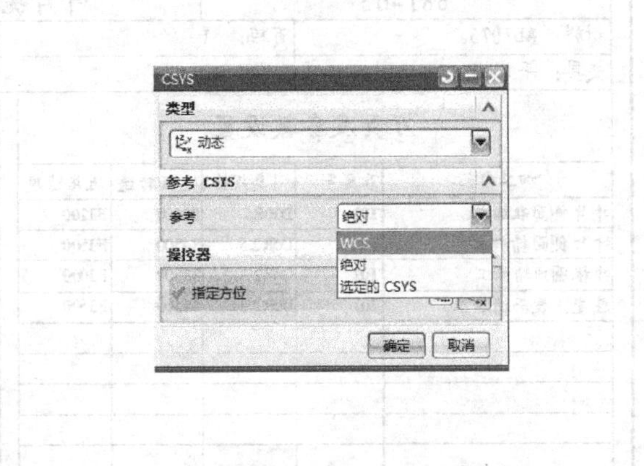


图 3-2-4　加工坐标系设置

（5）双击操作导航器中的 WORKPIECE，弹出铣削几何体对话框，如图 3-2-5 所示。

（6）单击【指定毛坯】，弹出毛坯几何体对话框，选择“几何体”作为毛坯，选择如图 3-2-6 所示几何体（此几何体预先在建模模块创建好）。单击【确定】完成毛坯选择，再单击【确定】完成铣削几何体的设置。

图 3-2-5　铣削几何体对话框

（7）在加工操作导航器空白处，单击鼠标右键，选择【机床视图】，单击菜单条【插入】→【刀具】，弹出创建刀具对话框，如图 3-2-7 所示。类型选择为“mill_planar”，刀具子类型选择为“MILL”，刀具位置为“GENERIC_MACHINE”，刀具名称为“D10R5”，单击【确定】，弹出刀具参数设置对话框。设置刀具参数如图 3-2-8 所示，直径为“10”，底圆角半径为“5”，刀刃为“2”，长度为“75”，刀刃长度为“50”，刀具号为“1”，长度补偿为“1”，刀具补偿为“1”，单击【确定】，完成刀具 1 的创建。

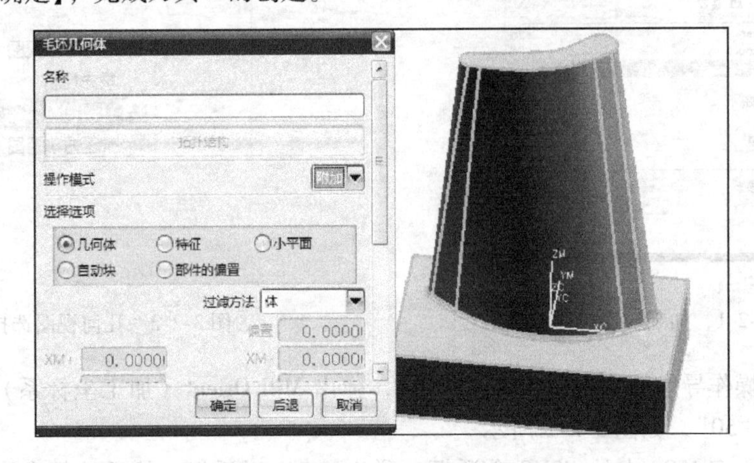


图 3-2-6　毛坯设置

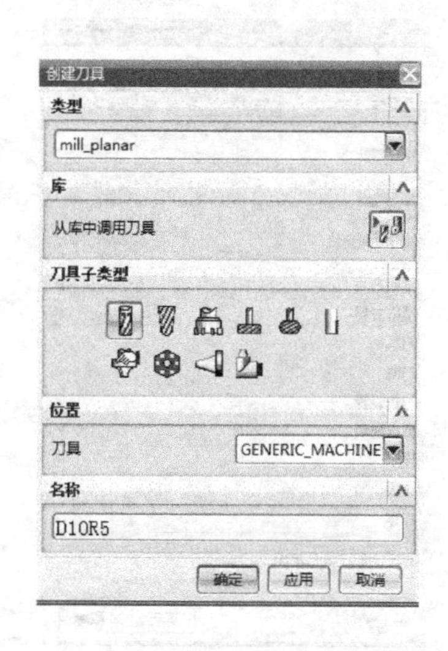


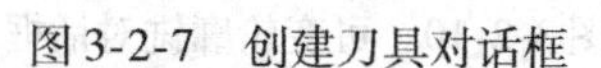
图3-2-7 创建刀具对话框

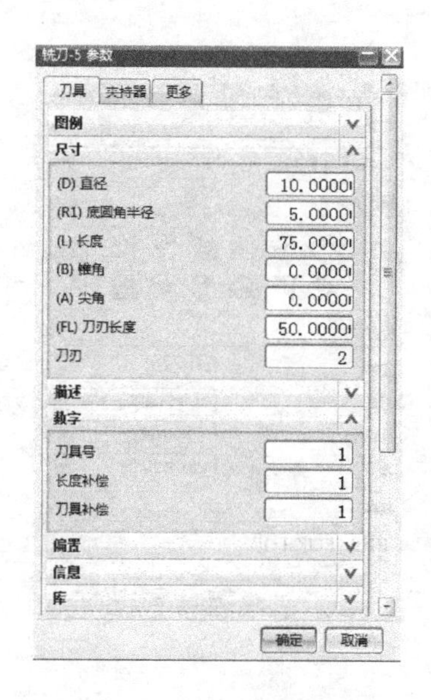

图3-2-8 刀具参数设置

(8) 用同样的方法创建刀具2。类型选择为“mill_planar”，刀具子类型选择为“MILL”，刀具位置为“GENERIC_MACHINE”，刀具名称为“D5R2.5”，直径为“5”，底圆角半径为“2.5”，刀刃为“2”，长度为“75”，刀刃长度为“50”，刀具号为“2”，长度补偿为“2”，刀具补偿为“2”。

(9) 用同样的方法创建刀具3。类型选择为“mill_planar”，刀具子类型选择为“MILL”，刀具位置为“GENERIC_MACHINE”，刀具名称为“D4R2”，直径为“4”，底圆角半径为“2”，刀刃为“2”，长度为“75”，刀刃长度为“50”，刀具号为“3”，长度补偿为“3”，刀具补偿为“3”。

(10) 在加工操作导航器空白处，单击鼠标右键，选择【程序视图】，单击菜单条【插入】→【操作】，弹出创建操作对话框，类型为“mill_multi_axis”，操作子类型为“VARIABLE_CONTOUR”，程序为“PROGRAM”，刀具为“D10R5”，几何体为“WORKPIECE”，方法为“MILL_ROUGH”，名称为“MILL_ROUGH-1”，如图3-2-9所示，单击【确定】，弹出可变轮廓铣对话框，如图3-2-10所示。

(11) 单击【指定检查】，选择如图3-2-11所示的平面，单击【确定】，完成操作。

(12) 单击【驱动方法】，设置驱动方法为“曲面”，如图3-2-12所示，弹出曲面驱动方法对话框，设置刀具位置为“相切”，设置切削模式为“螺旋”，设置步距为“数量”，设置步距数为“50”，如图3-2-13所示。

(13) 单击【指定驱动几何体】，弹出驱动几何体对话框，选择如图3-2-14所示曲面，单击【确定】完成选择。

(14) 设置投影矢量为“刀轴”，如图3-2-15所示，设置刀轴为“相对于驱动体”，如图3-2-16所示，弹出相对于驱动体对话框，设置前倾角为“10”，侧倾为“45”，单击【确定】完成设定，如图3-2-17所示。

(15) 单击【切削参数】，单击余量选项卡，设置部件余量为“0.3”，如图3-2-18所示，单击安全设置选项卡，设置检查安全距离为“0.01”，如图3-2-19所示。

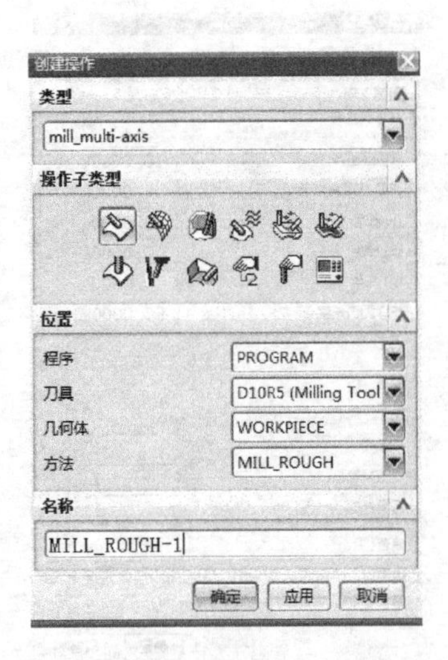


图 3-2-9　创建操作对话框

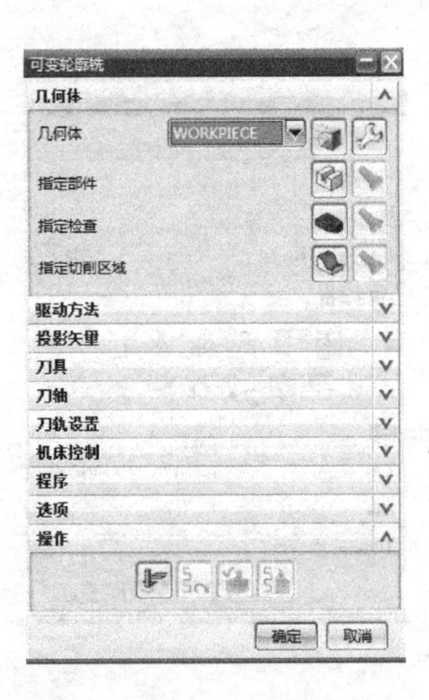


图 3-2-10　可变轮廓铣对话框

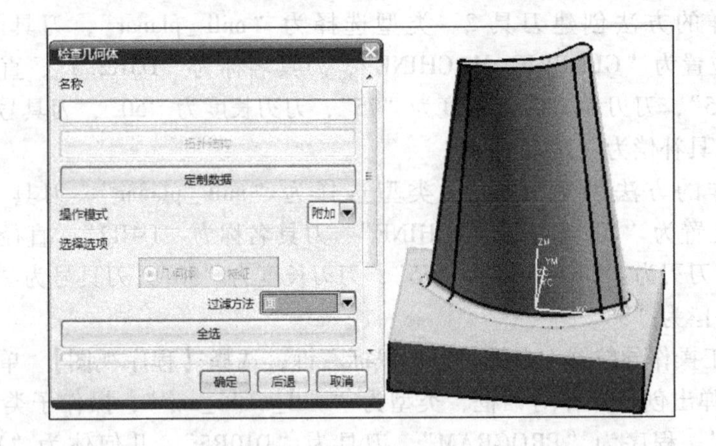


图 3-2-11　指定检查

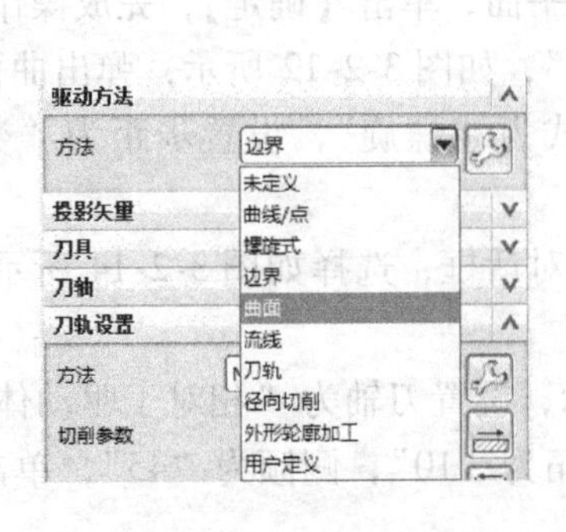


图 3-2-12　驱动方法

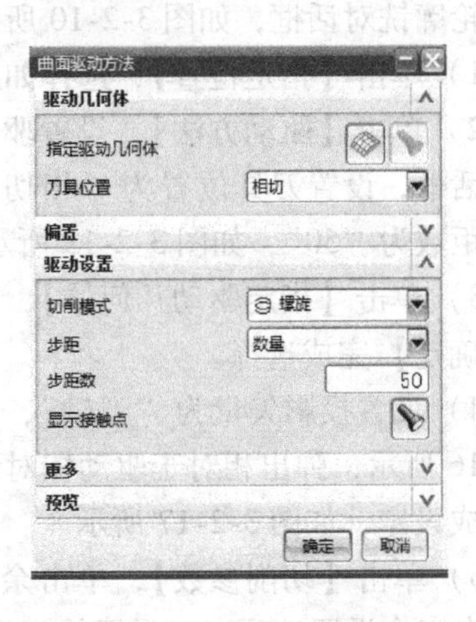


图 3-2-13　曲面驱动方法对话框

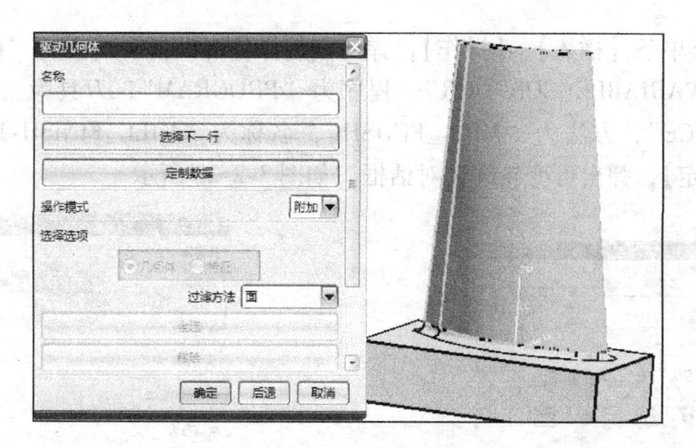


图 3-2-14　曲面选择

图 3-2-15　投影矢量

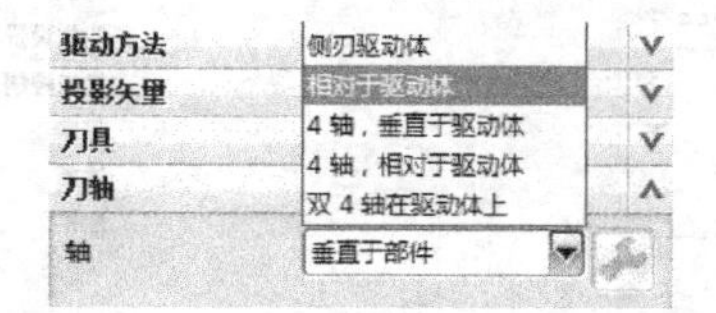


图 3-2-16　刀轴

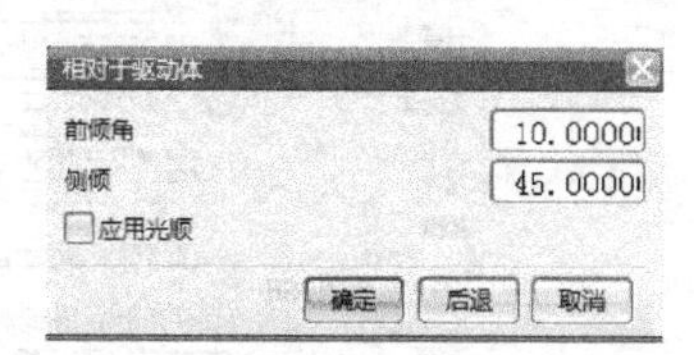


图 3-2-17　相对于驱动体

图 3-2-18　余量设置

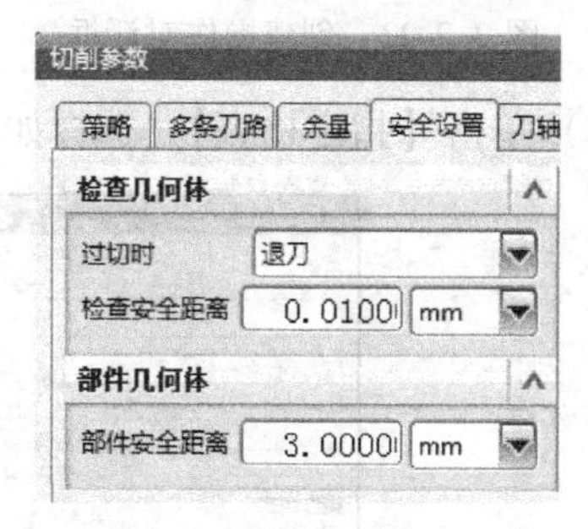


图 3-2-19　安全设置

（16）单击【进给和速度】，设置主轴速度为“2600”，剪切进给率为“1200”，如图 3-2-20 所示，单击【确定】，完成设置。单击【生成】按钮，得到叶片侧面粗加工刀路，如图 3-2-21 所示。

图 3-2-20　进给和速度

图 3-2-21　叶片侧面粗加工刀路

（17）单击菜单条【插入】→【操作】，弹出创建操作对话框，类型为“mill_multi_axis”，操作子类型为“VARIABLE_CONTOUR”，程序为“PROGRAM”，刀具为“D5R2.5”，几何体为“WORKPIECE”，方法为“MILL_FINISH”，名称为“MILL_FINISH-1”，如图 3-2-22 所示，单击【确定】，弹出可变轮廓铣对话框，如图 3-2-23 所示。

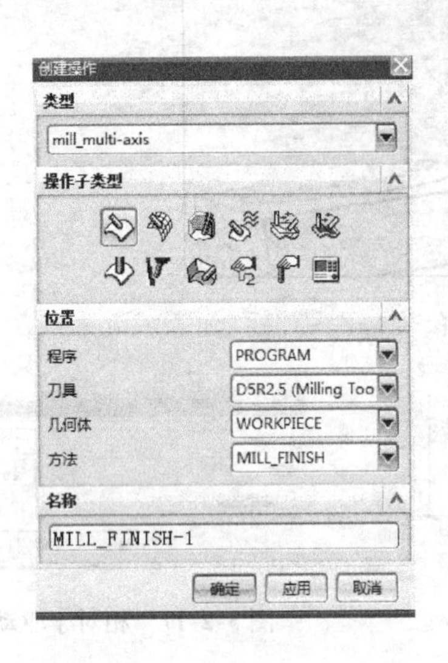


图 3-2-22　创建操作对话框

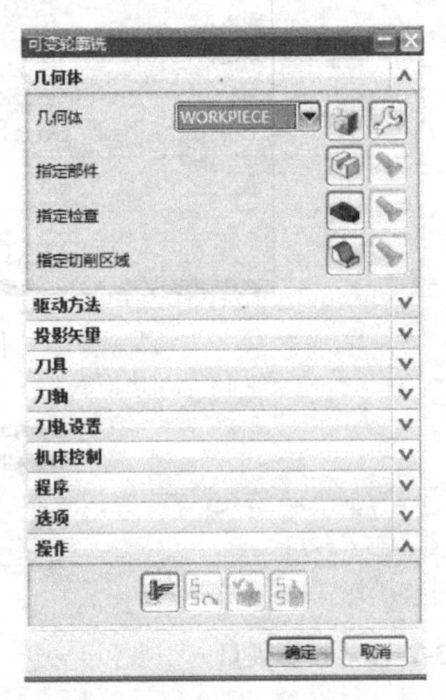


图 3-2-23　可变轮廓铣对话框

（18）单击【指定检查】，选择如图 3-2-24 所示的平面，单击【确定】，完成操作。

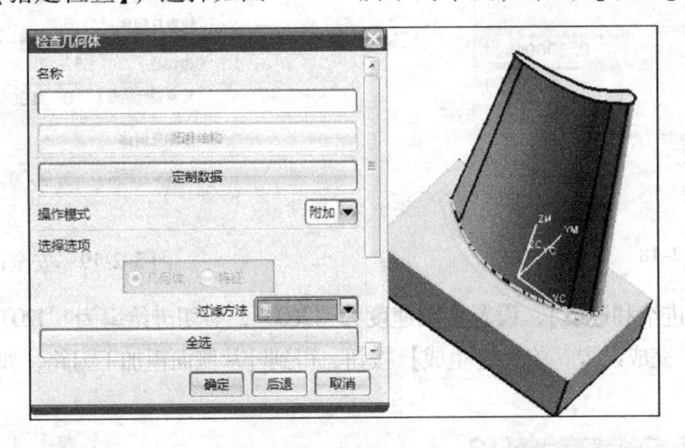


图 3-2-24　指定检查

（19）单击【驱动方法】，设置驱动方法为“曲面”，如图 3-2-25 所示，弹出曲面驱动方法对话框，设置刀具位置为“相切”，设置切削模式为“螺旋”，设置步距为“残余高度”，残余高度为“0.01”，如图 3-2-26 所示。

（20）单击【指定驱动几何体】，弹出驱动几何体对话框，选择如图 3-2-27 所示曲面，单击【确定】完成选择。

（21）设置投影矢量为“刀轴”，如图 3-2-28 所示，设置刀轴为“相对于驱动体”，如图 3-2-29 所示，弹出相对于驱动体对话框，设置前倾角为“10”，侧倾为“45”，勾选“应用光顺”，单击【确定】完成设定，如图 3-2-30 所示。

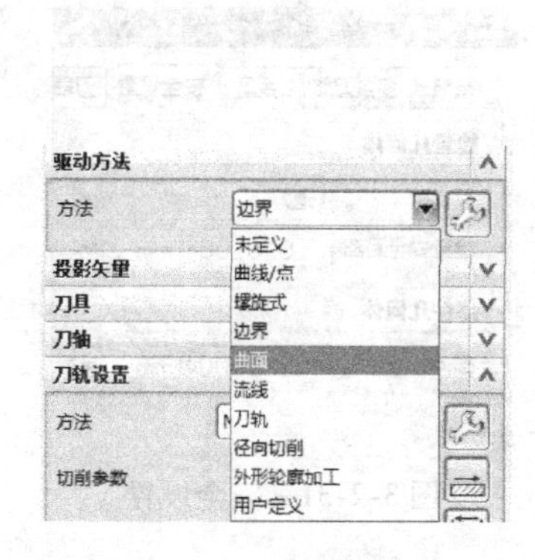


图 3-2-25　驱动方法

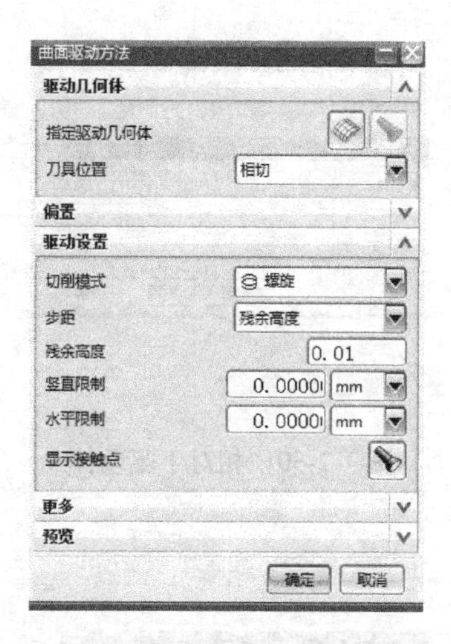


图 3-2-26　曲面驱动方法对话框

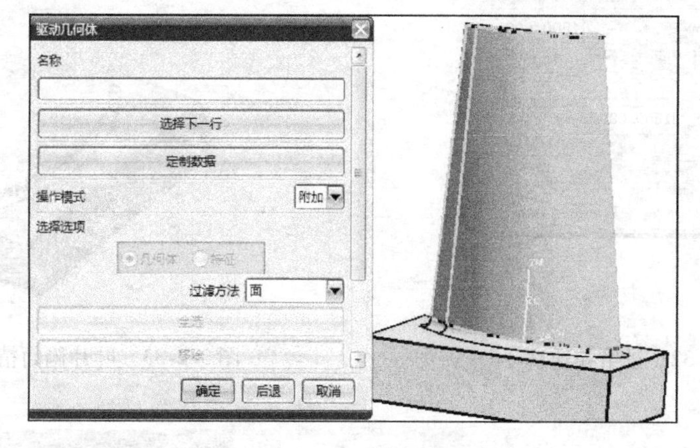


图 3-2-27　曲面选择

图 3-2-28　投影矢量

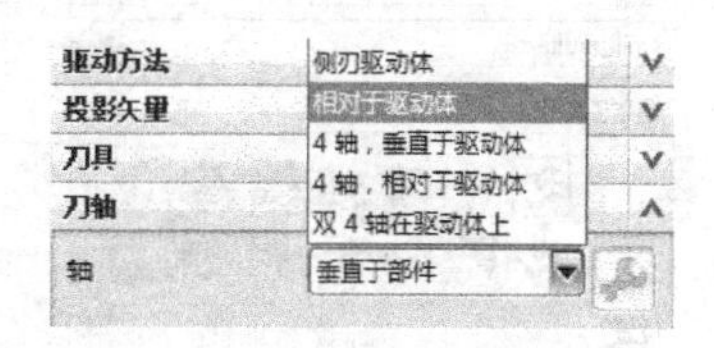


图 3-2-29　刀轴

（22）单击【切削参数】，单击安全设置选项卡，设置检查安全距离为“0.01”，如图 3-2-31所示。

（23）单击【进给和速度】，设置主轴速度为“4500”，剪切进给率为“1500”，如图 3-2-32 所示，单击【确定】，完成设置。单击【生成】按钮，得到叶片侧面精加工刀路，如图 3-2-33 所示。

（24）单击菜单条【插入】→【操作】，弹出创建操作对话框，类型为“mill_multi_axis”，操作子类型为“VARIABLE_CONTOUR”，程序为“PROGRAM”，刀具为“D4R2”，几何体为“WORKPIECE”，方法为“MILL_FINISH”，名称为“MILL_FINISH-2”，如图 3-2-34 所示，单击【确定】，弹出可变轮廓铣对话框，如图 3-2-35 所示。

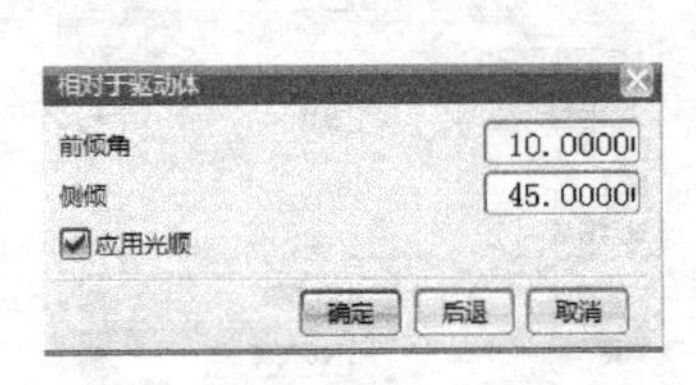


图 3-2-30　相对于驱动体

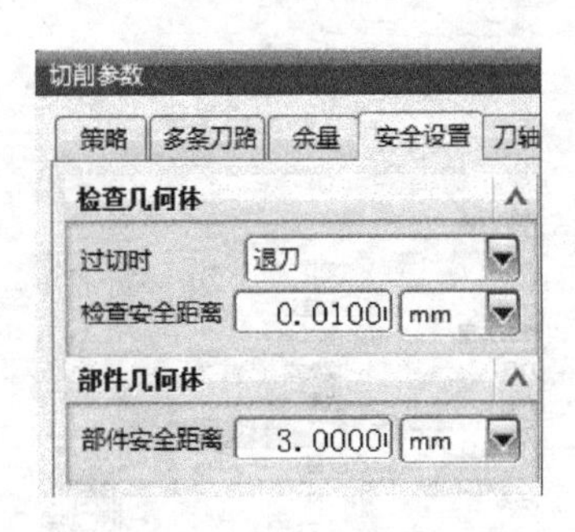


图 3-2-31　安全设置

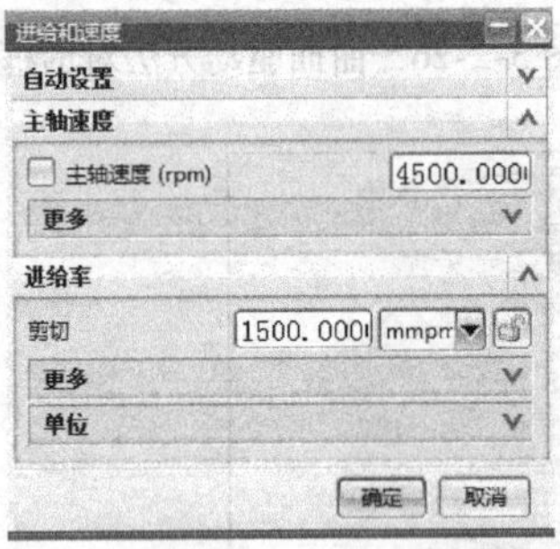

进给和速度
自动设置
主轴速度
主轴速度 (rpm)　4500.000
更多
进给率
剪切　1500.000　mmpm
更多
单位
确定　取消

图 3-2-32　进给和速度

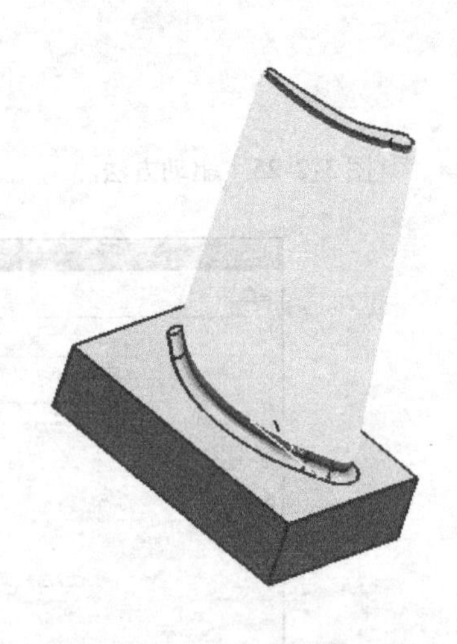

图 3-2-33　叶片侧面精加工刀路

图 3-2-34　创建操作对话框

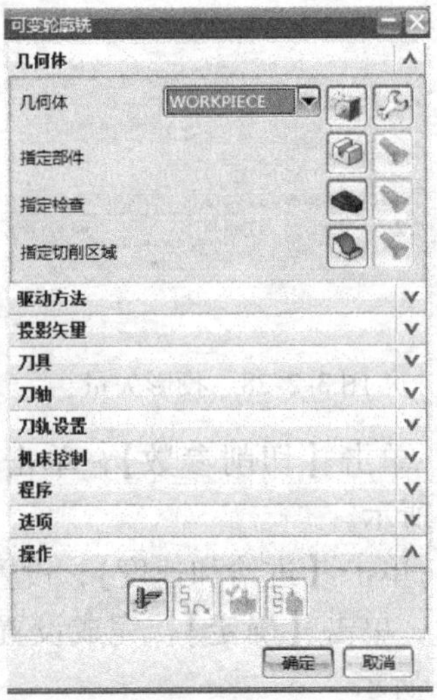

可变轮廓铣
几何体
几何体　WORKPIECE
指定部件
指定检查
指定切削区域
驱动方法
投影矢量
刀具
刀轴
刀轨设置
机床控制
程序
选项
操作
确定　取消

图 3-2-35　可变轮廓铣对话框

(25) 单击【指定检查】，选择如图 3-2-36 所示的平面，单击【确定】，完成操作。

(26) 单击【指定部件】，选择如图 3-2-37 所示的平面，单击【确定】，完成操作。

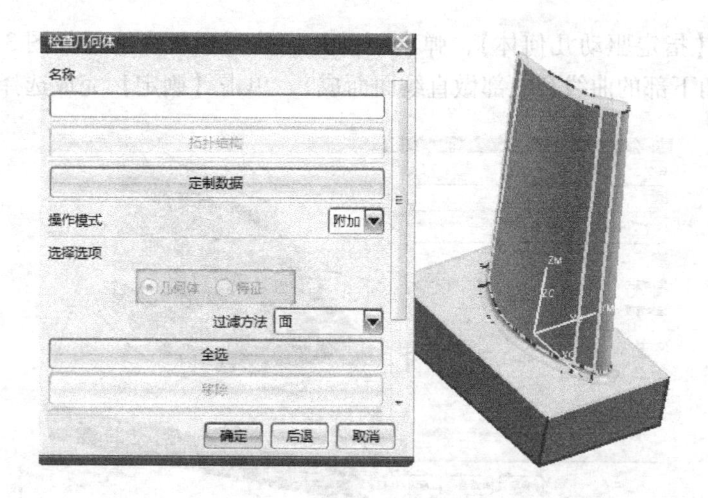


图 3-2-36　指定检查

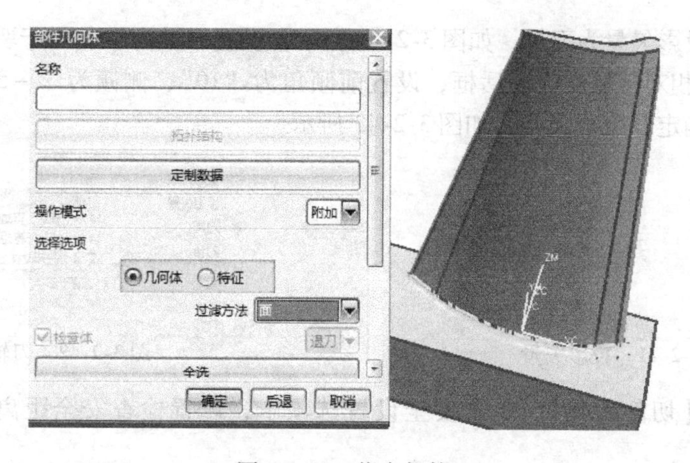


图 3-2-37　指定部件

（27）单击【驱动方法】，设置驱动方法为“曲面”，如图 3-2-38 所示，弹出曲面驱动方法对话框，设置刀具位置为“相切”，设置切削模式为“螺旋”，设置步距为“数量”，步距数为“5”，如图 3-2-39 所示。

图 3-2-38　驱动方法

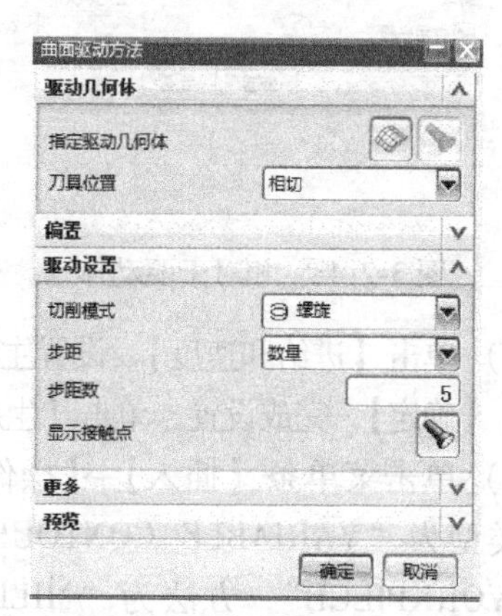


图 3-2-39　曲面驱动方法对话框

（28）单击【指定驱动几何体】，弹出驱动几何体对话框，选择如图 3-2-40 所示曲面（此面预选用圆角下部的曲线和上部做直纹面而成），单击【确定】完成选择。

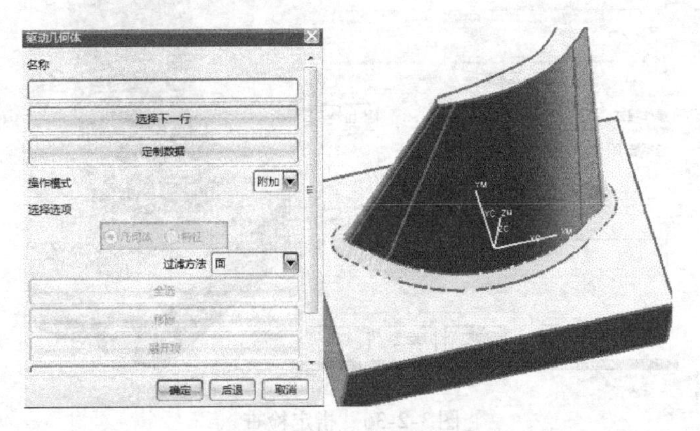


图 3-2-40　曲面选择

（29）设置投影矢量为刀轴，如图 3-2-41 所示，设置刀轴为“相对于驱动体”，如图 3-2-42 所示，弹出相对于驱动体对话框，设置前倾角为“10”，侧倾为“－5”，勾选“应用光顺”，单击【确定】完成设定，如图 3-2-43 所示。

图 3-2-41　投影矢量

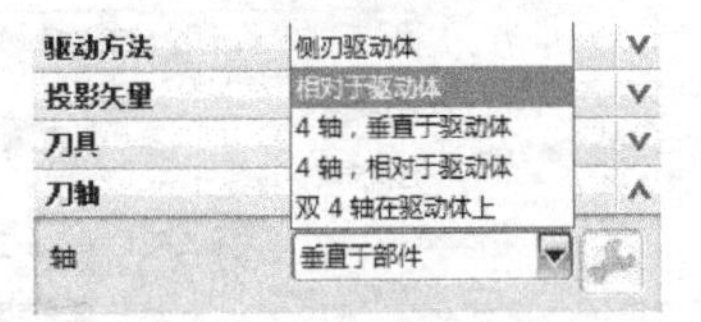


图 3-2-42　刀轴

（30）单击【切削参数】，单击安全设置选项卡，设置检查安全距离为“0.01”，如图 3-2-44所示。

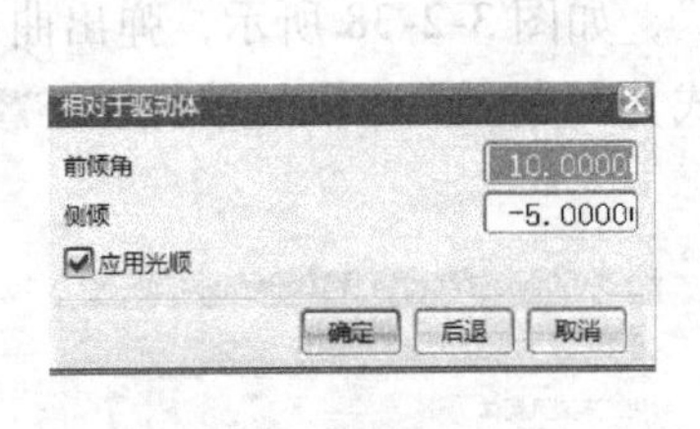


图 3-2-43　相对于驱动体

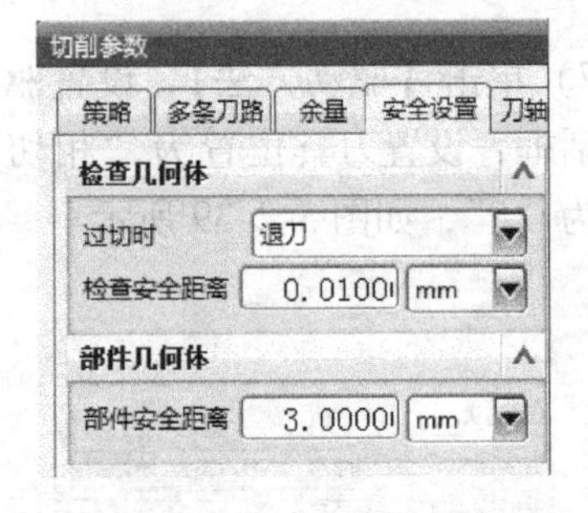


图 3-2-44　安全设置

（31）单击【进给和速度】，设置主轴速度为“3500”，剪切进给率为“1000”，如图 3-2-45 所示，单击【确定】，完成设置。单击【生成】按钮，得到叶根圆角精加工刀路，如图 3-2-46 所示。

（32）单击菜单条【插入】→【操作】，弹出创建操作对话框，类型为“mill_multi_axis”，操作子类型为“VARIABLE_CONTOUR”，程序为“PROGRAM”，刀具为“D5R2.5”，几何体为“WORKPIECE”，方法为“MILL_FINISH”，名称为“MILL_FINISH-3”，如图 3-2-47 所示，单击【确定】，弹出可变轮廓铣对话框，如图 3-2-48 所示。

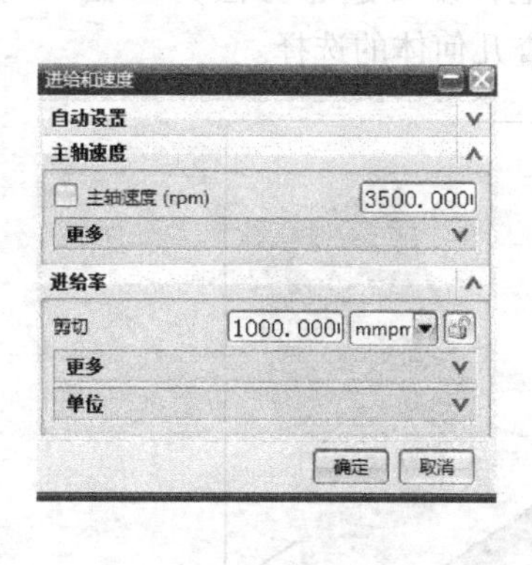


图 3-2-45　进给和速度

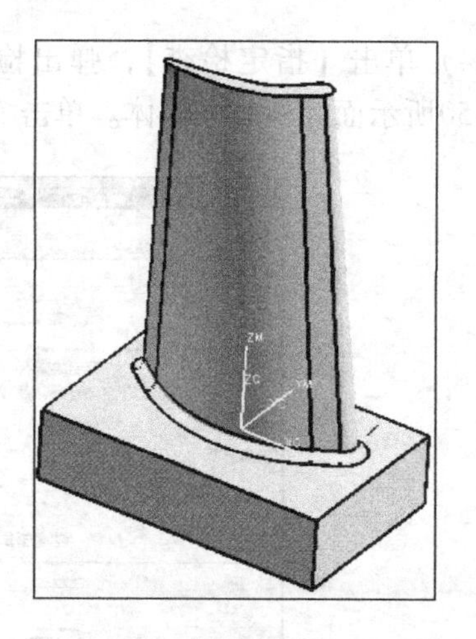

图 3-2-46　叶根圆角精加工刀路

图 3-2-47　创建操作对话框

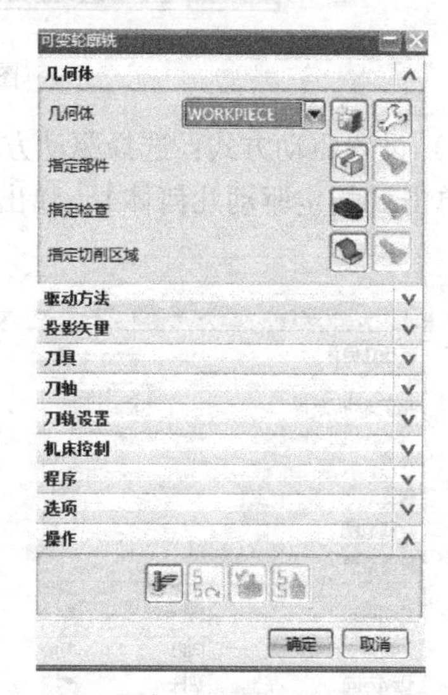


图 3-2-48　可变轮廓铣对话框

（33）设置部件：单击【指定部件】，弹出部件几何体对话框，设置过滤方法为“面”，选择如图 3-2-49 所示面为部件。单击【确定】完成部件选择。

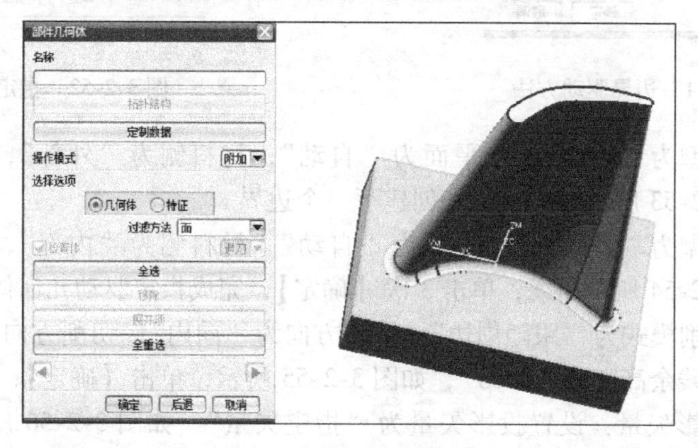


图 3-2-49　指定部件

（34）单击【指定检查】，弹出检查几何体对话框，设置过滤方法为“面”，选择如图3-2-50所示面为检查几何体。单击【确定】完成检查几何体的选择。

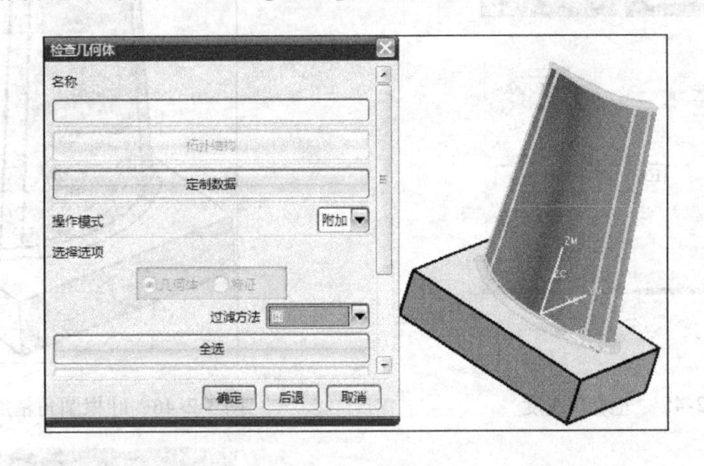


图3-2-50　指定检查

（35）设置驱动方式：选择驱动方法为“边界”，弹出边界驱动方法对话框如图3-2-51所示。单击【指定驱动几何体】，弹出对话框如图3-2-52所示，模式为“曲线/边”，弹出对话框。

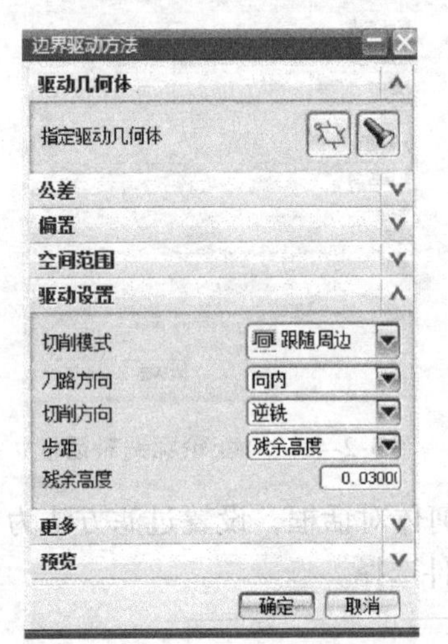


图3-2-51　边界驱动方法

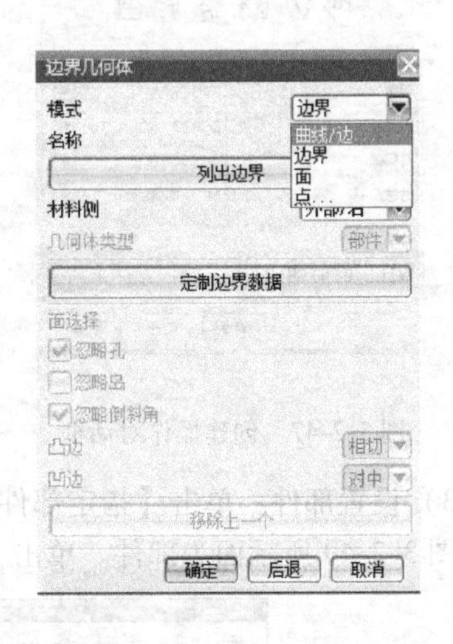


图3-2-52　指定驱动

（36）设置类型为“封闭的”，平面为“自动”，材料侧为“外部”，刀具位置为“对中”，选择如图3-2-53所示曲线，单击创建下一个边界。

（37）设置类型为“封闭的”，平面为“自动”，材料侧为“内部”，刀具位置为“对中”，选择如图3-2-54所示曲线，单击3次【确定】，完成指定驱动几何体。

（38）设置切削模式为“跟随周边”，刀路方向为“向内”，切削方向为“逆铣”，步距为“残余高度”，残余高度为“0.03”，如图3-2-55所示，单击【确定】，完成设置。

（39）设置投影矢量：设置投影矢量为“指定矢量”，如图3-2-56所示，指定矢量为－ZC，如图3-2-57所示。

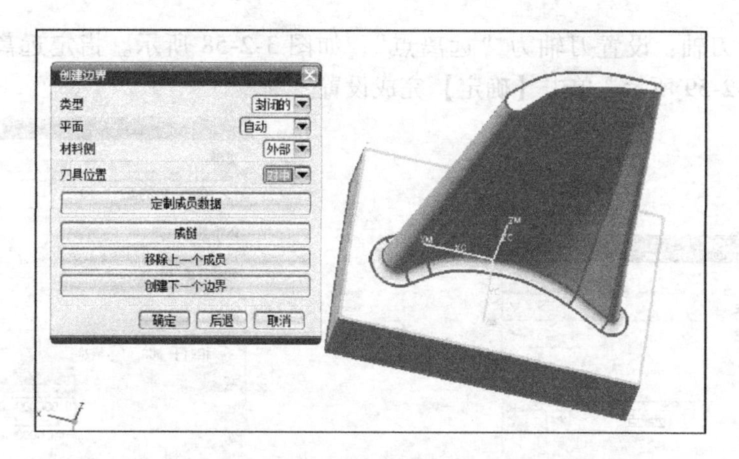


图 3-2-53　创建边界

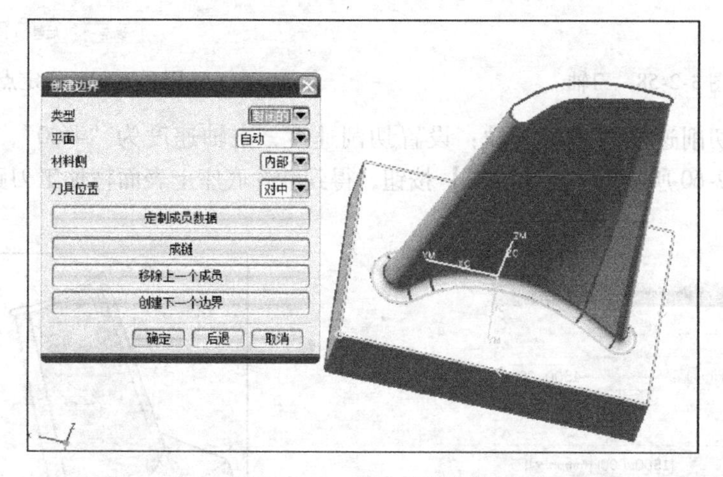


图 3-2-54　创建下个边界

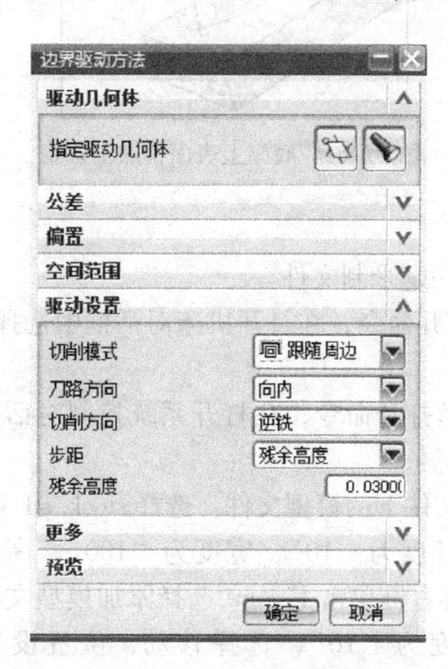


图 3-2-55　边界驱动方法

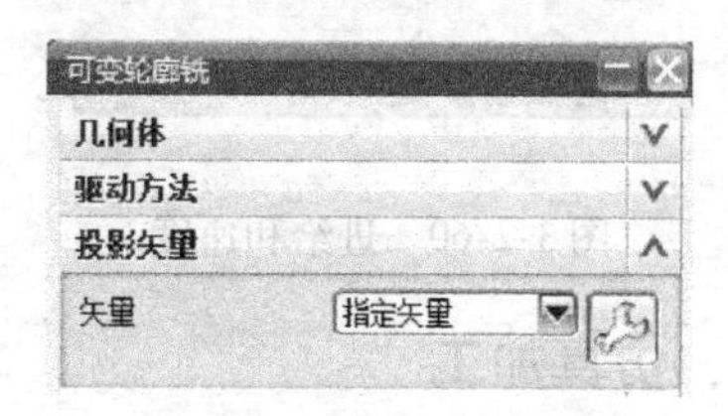


图 3-2-56　投影矢量

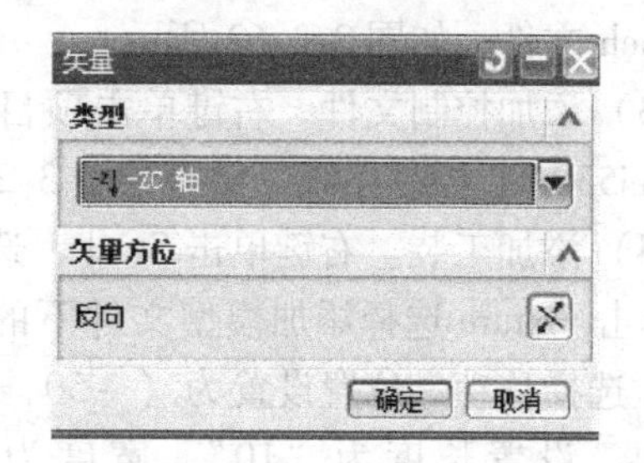


图 3-2-57　指定矢量

(40) 设置刀轴：设置刀轴为“远离点”，如图 3-2-58 所示。指定远离点为（0，0，-40），如图 3-2-59 所示，单击【确定】完成设置。

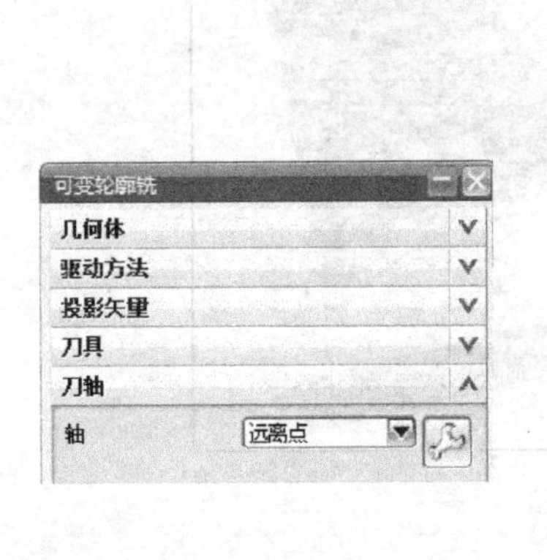


图 3-2-58　刀轴

图 3-2-59　指定点

(41) 设置切削速度并生成刀轨：设置切削速度，主轴速度为“4500”，剪切进给率为“1500”，如图 3-2-60 所示，单击【生成】按钮，得到叶片底座上表面精加工刀路，如图 3-2-61 所示。

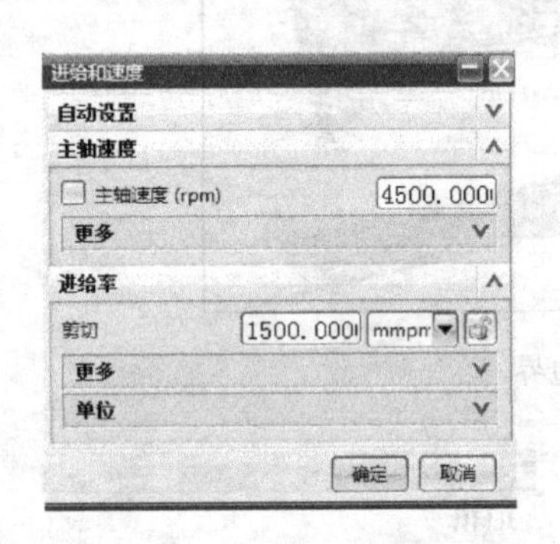


图 3-2-60　进给和速度

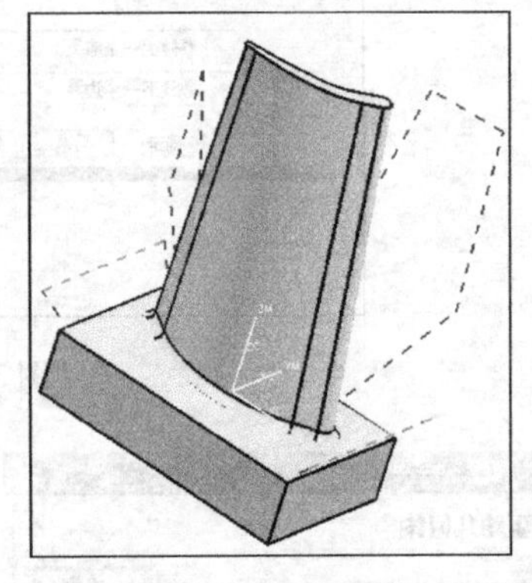

图 3-2-61　底座上表面精加工刀路

## 三、仿真加工

(1) 打开 VERICUT 软件，设置工作目录。新建一毫米制文件。

(2) 添加机床。右键单击项目树中机床，单击打开命令，在打开机床对话框中选择 Mikron. mch 文件，如图 3-2-62 所示。

(3) 添加控制文件。右键单击项目树控制，选择打开命令，在打开系统控制对话框中选择 hei530. ctl 控制系统，结果如图 3-2-63 所示。

(4) 添加工装。右键单击 Stock，选择添加模型文件下的模型文件，选择 stock. stl 文件，右键单击 Fixture 选择添加模型文件下的方块，设置长度为“10”，宽度为“100”，高度为“10”，选择移动，位置设置为（-50，-50，0），再右键单击 Fixture 选择添加模型文件下的方块，设置长度为“10”，宽度为“100”，高度为“10”，选择移动，位置设置为（-40，-50，0），结果如图 3-2-64 所示。

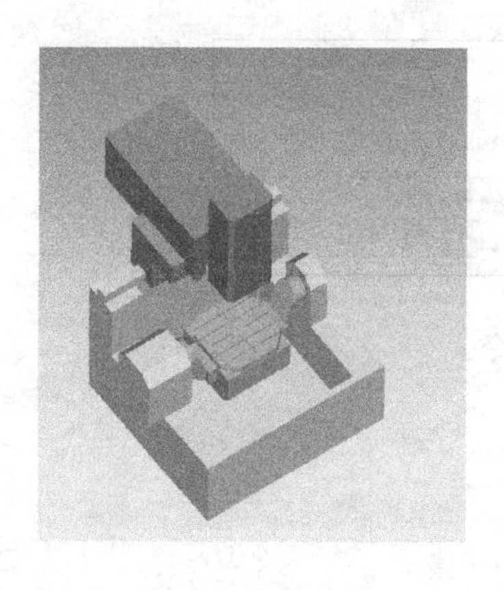

图 3-2-62　添加机床

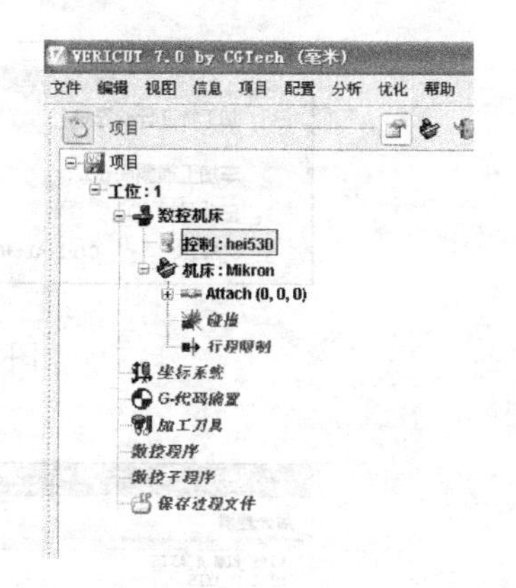


图 3-2-63　选择控制系统

（5）设置 G-代码偏置。选择项目树中的 G-代码偏置，单击添加按钮，偏置名为“工作偏置”，寄存器为“54”，定位方式为从 Tool 到 Stock，如图 3-2-65 所示。

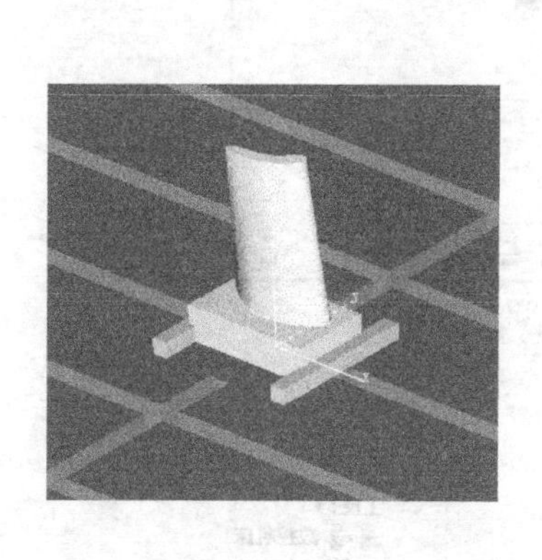

图 3-2-64　添加毛坯结果

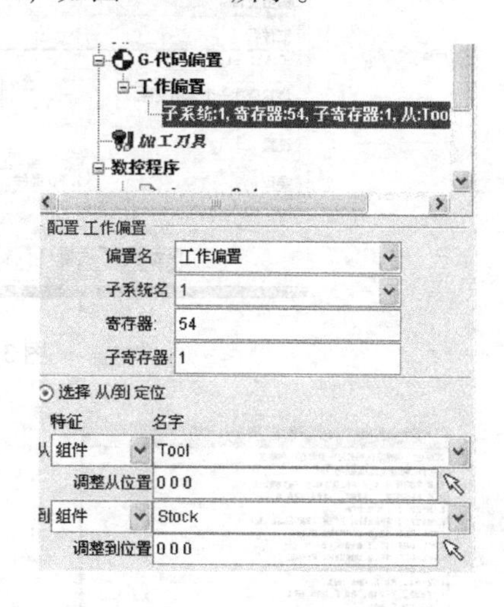


图 3-2-65　设置 G-代码偏置

（6）添加刀具库。右键单击项目树中加工刀具，选择打开命令，在打开刀具库对话框选择 tool. tls 文件，结果如图 3-2-66 所示。

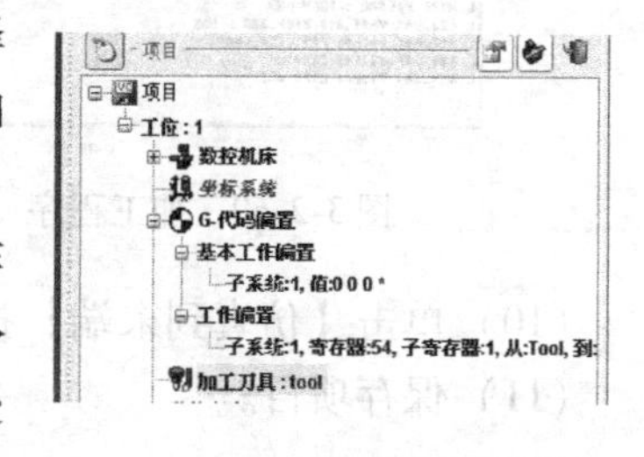


图 3-2-66　添加刀具库

（7）后处理得到加工程序。在 UG NX 软件的刀轨操作导航器中选中所有操作，单击【工具】→【操作导航器】→【输出】→【NX POST 后处理】，如图 3-2-67 所示，弹出后处理对话框。

（8）后处理器选择“hai530_AC”，指定合适的文件路径和文件名，单位设置为“公制”，勾选“列出输出”，如图 3-2-68 所示，单击【确定】完成后处理，得到加工程序，如图 3-2-69 所示。

（9）添加数控程序。单击项目树中数控程序，选择添加 NC 程序文件，选择加工程序，结果如图 3-2-70 所示。

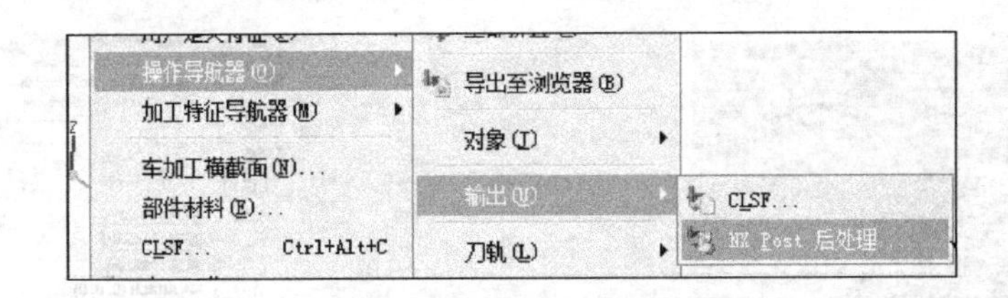


图 3-2-67　后处理命令

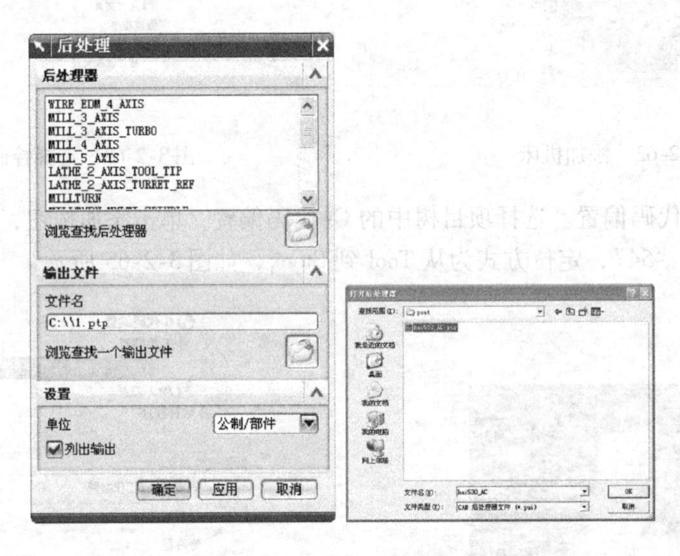


图 3-2-68　后处理

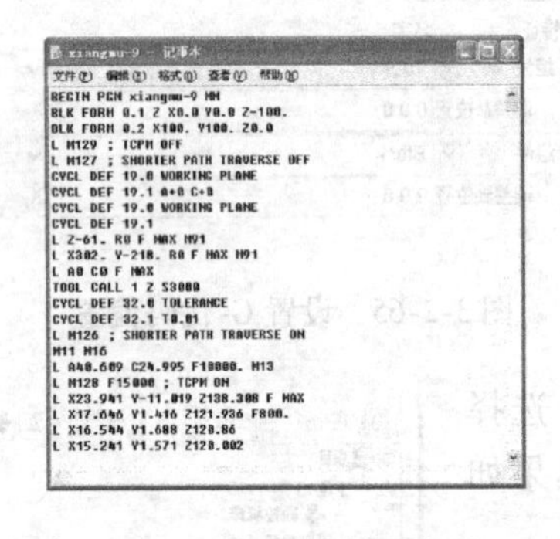


图 3-2-69　加工程序

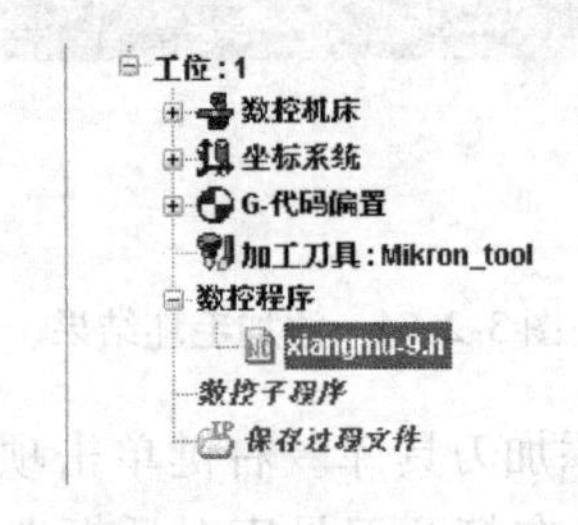


图 3-2-70　添加数控程序

（10）单击【仿真到末端】按钮，进行加工仿真，结果如图 3-2-71 所示。

（11）保存项目。

## 四、零件加工

（1）安装刀具和零件。根据机床型号选择 BT40 刀柄，对照工序卡，安装刀具。所有刀具保证伸出长度大于 50mm。将毛坯安装在工作台上的平口钳上并夹紧。

（2）对刀。零件加工原点设置毛坯对称中心。使用机械式寻边器，找正毛坯中心，并设置 G54 参数，使用 Z 向对刀仪，分别找正每把刀的 Z 向补偿值，并设置刀具补偿参数。

（3）程序传输并加工。使用 WINPCIN 软件将后处理得到的加工程序传输到加工中心的

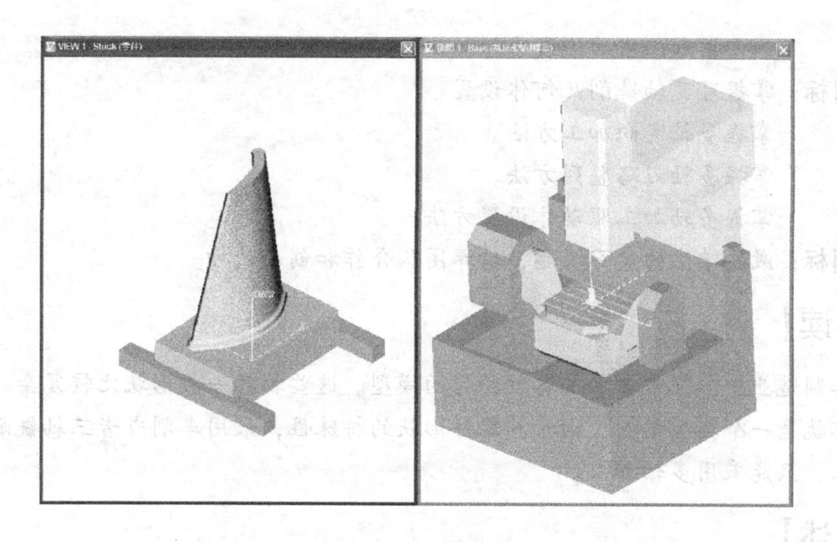

图 3-2-71　仿真结果

数控系统，设置机床为自动加工模式，按循环启动键，机床即开始自动加工零件。

## 【专家点拨】

（1）精加工采用分层、分区域加工。顺序最好是从浅到深，从上到下。对于叶片、叶轮类零件最好是从叶盆、叶背开始精加工，再到轮毂精加工。

（2）叶片、叶轮零件的加工顺序应遵循曲面→清根→曲面反复进行。切忌两相邻曲面的余量相差过大，造成在加工大余量时，刀具向相邻的而又余量小的曲面方向让刀，从而造成相邻曲面过切。

（3）在定制后处理时，要注意圆弧导轨输出 cord 选项中一定选择 Yes，这时加工出来的曲面才不会出现马赛克平面，才能符合要求。因为这时候输出的加工曲面数控代码为 G01、G02、G03，而不是单纯的 C01。数控 5 轴机床作为高端设备，要经常加工复杂曲面，所以选择 Yes。如果机床不加工复杂曲面，就要选择 No，这时候后处理器生成的数控程序简短而高效，机床的加工效率非常高。

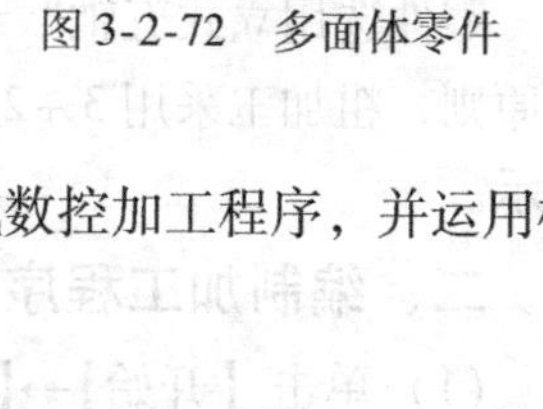

## 【课后训练】

图 3-2-72　多面体零件

根据图 3-2-72 所示多面体零件的特征，制订合理的工艺路线，设置必要的加工参数，生成刀具路径，通过相应的后处理生成数控加工程序，并运用机床加工零件。

# 项目三　大力神杯的数控编程与仿真加工

## 【教学目标】

**能力目标**：能运用 UG NX 软件完成大力神杯的编程与仿真加工。

能使用加工中心完成零件加工。

**知识目标：** 掌握可变轴铣削几何体设置。

掌握多轴定向加工方法。

掌握多轴刀路整列方法。

掌握多轴加工驱动体设置方法。

**素质目标：** 激发学生的学习兴趣，培养团队合作和创新精神。

## 【项目导读】

在玩具制造业中，经常会加工各种物品的模型。这些物品一般形状比较复杂，本项目中的大力神杯就是一个典型案例。由于其零件形状的特殊性，采用车削或者三轴铣削都没法完成零件加工，只能采用多轴加工。

## 【任务描述】

学生以企业制造部门MC数控程序员的身份进入UG NX CAM功能模块，根据大力神杯零件的特征，制订合理的工艺路线，创建型腔铣、可变轴轮廓铣等加工操作，设置必要的加工参数，生成刀具路径，检验刀具路径是否正确合理，并对操作过程中存在的问题进行研讨和交流，通过相应的后处理生成数控加工程序，并运用机床加工零件。

## 【工作任务】

按照零件加工要求，制订大力神杯的加工工艺；编制大力神杯加工程序；完成大力神杯的仿真加工，后处理得到数控加工程序，完成零件加工。

### 一、制订加工工艺

#### 1. 大力神杯零件分析

大力神杯零件形状比较复杂，但是加工精度要求不高。

#### 2. 毛坯选用

零件材料为6061铝棒，尺寸为$\phi$110mm×250mm。零件长度、直径尺寸已经精加工到位，无须再加工。

#### 3. 制订加工工序卡

零件选用立式五轴联动机床加工（双摆台摇篮式），自定心卡盘装夹，遵循先粗后精加工原则，粗加工采用3+2轴型腔铣方式，精加工采用五轴联动加工。加工工序如表3-3-1所示。

### 二、编制加工程序

（1）单击【开始】→【所有应用模块】→【加工】，弹出加工环境对话框，CAM会话配置选择“cam_general”；要创建的CAM设置选择“mill_contour”，如图3-3-1所示，然后单击【确定】，进入加工模块。

（2）在加工操作导航器空白处，单击鼠标右键，选择【几何视图】，如图3-3-2所示。

（3）双击操作导航器中的【MCS_MILL】，弹出Mill Orient（加工坐标系）对话框，设置安全距离为“50”，如图3-3-3所示。

表 3-3-1　加工工序卡

| 零件号:<br>724819 | 工序名称:<br>大力神杯铣削加工 | | 工艺流程卡_工序单 |
|---|---|---|---|
| 材料: 6061 | 页码: 1 | 工序号: 01 | 版本号: 0 |
| 夹具: 自定心卡盘 | 工位: MC | 数控程序号: | |

刀具及参数设置

| 加工内容 | 刀具号 | 刀具规格 | 主轴转速 | 进给速度 |
|---|---|---|---|---|
| 粗加工 | T01 | D8R1 | S3200 | F1200 |
| 斜面精加工 | T01 | D8R1 | S4000 | F1200 |
| 曲面精加工 | T02 | D6R3 | S4500 | F1500 |
| 底座圆角精加工 | T02 | D6R3 | S4500 | F1500 |
| | | | | |
| | | | | |
| | | | | |
| | | | | |

| 更改号 | 更改内容 | | 批准 | 日期 | |
|---|---|---|---|---|---|
| 02 | | | | | |
| 01 | | | | | |
| 拟制: | 日期: | 审核: | 日期: | 批准: | 日期: |

××工业职业技术学院

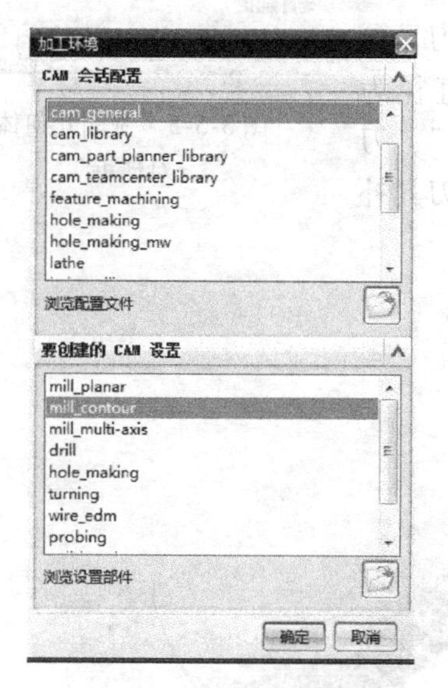


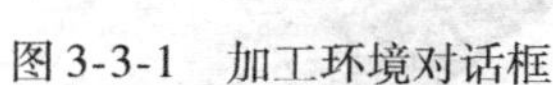

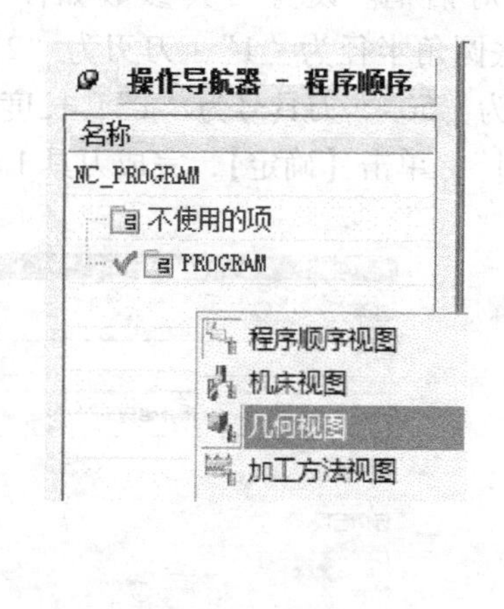


图 3-3-1　加工环境对话框　　　　图 3-3-2　几何视图选择

（4）单击指定 MCS 中的 CSYS 会话框，弹出 CSYS 对话框，然后选择参考坐标系中的“WCS”，单击【确定】，使加工坐标系和工作坐标系重合，如图 3-3-4 所示。再单击【确定】完成加工坐标系设置。

（5）双击操作导航器中的 WORKPIECE，弹出铣削几何体对话框，如图 3-3-5 所示。

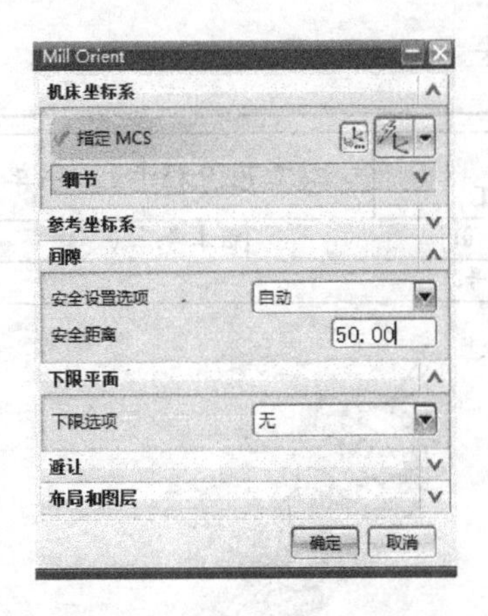


图 3-3-3　加工坐标系设置

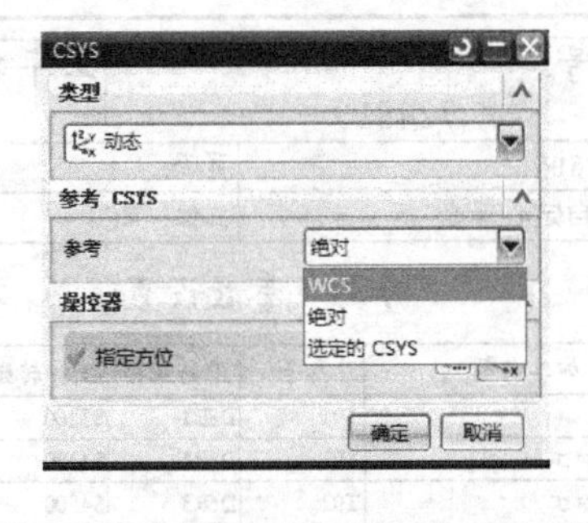


图 3-3-4　加工坐标系设置

（6）单击【指定毛坯】，弹出毛坯几何体对话框，选择如图 3-3-6 所示几何体（此几何体预先在建模模块创建好）作为毛坯。单击【确定】完成毛坯选择，单击【确定】完成铣削几何体的设置。

（7）在加工操作导航器空白处，单击鼠标右键，选择【机床视图】，单击菜单条【插入】→【刀具】，弹出创建刀具对话框，如图 3-3-7 所示。类型选择为“mill_contour”，刀具子类型选择为“MILL”，刀具位置为“GENERIC_MACHINE”，刀具名称为“D8R1”，单击【确定】，弹出刀具参数设置对话框。设置刀具参数如图 3-3-8 所示，直径为“8”，底圆角半径为“1”，刀刃为“2”，长度为“75”，刀刃长度为“50”，刀具号为“1”，长度补偿为“1”，刀具补偿为“1”，单击【确定】，完成刀具 1 的创建。

图 3-3-5　铣削几何体对话框

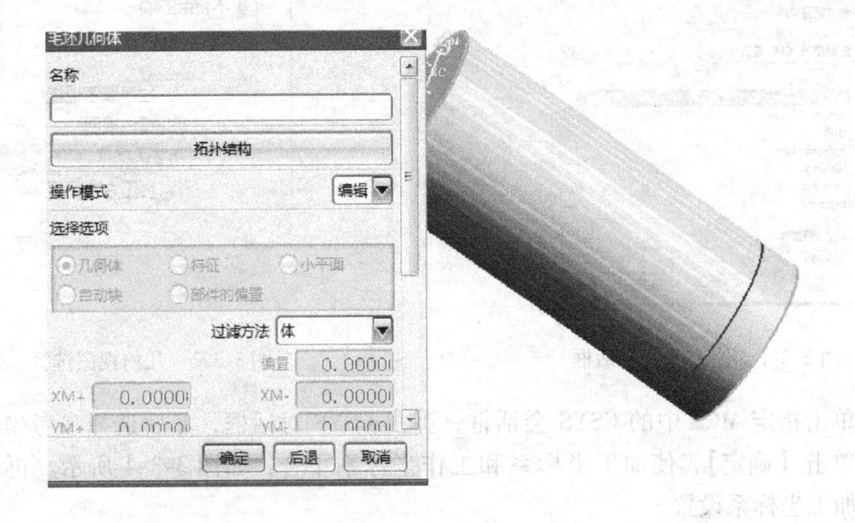


图 3-3-6　毛坯设置

图 3-3-7　创建刀具对话框

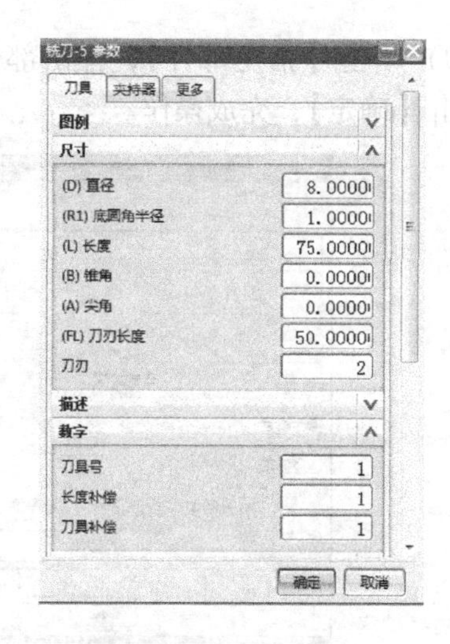


图 3-3-8　刀具参数设置

（8）用同样的方法创建刀具 2。类型选择为“mill_contour”，刀具子类型选择为“MILL”，刀具位置为“GENERIC_MACHINE”，刀具名称为“D6R3”，直径为“6”，底圆角半径为“3”，刀刃为“2”，长度为“75”，刀刃长度为“50”，刀具号为“2”，长度补偿为“2”，刀具补偿为“2”。

（9）在加工操作导航器空白处，单击鼠标右键，选择【程序视图】，单击菜单条【插入】→【操作】，弹出创建操作对话框，类型为“mill_contour”，操作子类型为“CAVITY_MILL”，程序为“PROGRAM”，刀具为“D8R1”，几何体为“WORKPIECE”，方法为“MILL_ROUGH”，名称为“MILL_ROUGH-1”，如图 3-3-9 所示，单击【确定】，弹出型腔铣对话框，如图 3-3-10 所示。

图 3-3-9　创建操作对话框

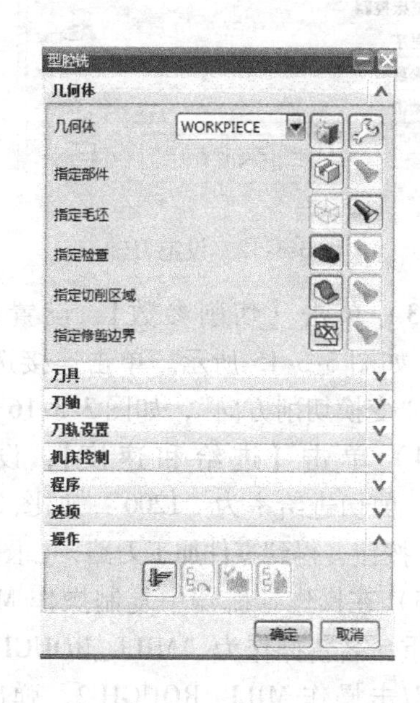


图 3-3-10　型腔铣对话框

（10）单击【指定部件】，弹出部件几何体对话框，选择如图 3-3-11 所示几何体为零件，单击【确定】，完成操作。

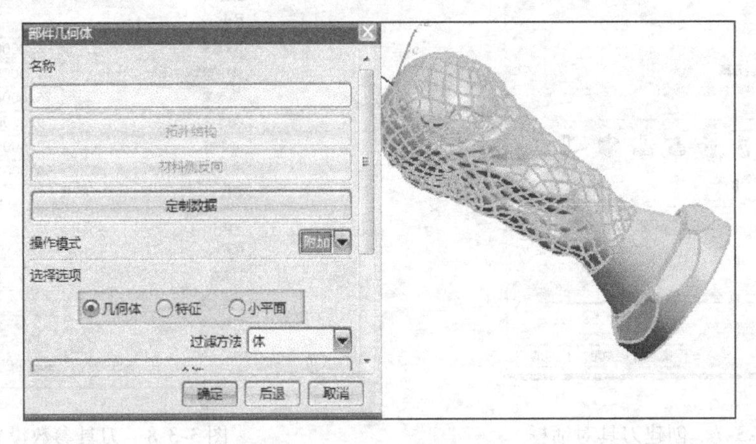


图 3-3-11　指定部件

（11）单击【刀轴】，设定刀轴为“指定矢量”，并选择 +X 作为刀轴，如图 3-3-12 所示。

（12）单击【刀轨设置】，方法为“MILL_ROUGH”，切削模式为“跟随部件”，步距为“刀具平直”，平面直径百分比为“75”，全局每刀深度为“1”，如图 3-3-13 所示。单击【切削层】，弹出对话框，单击【编辑当前范围】，选择轴端圆的圆心，如图 3-3-14 所示。

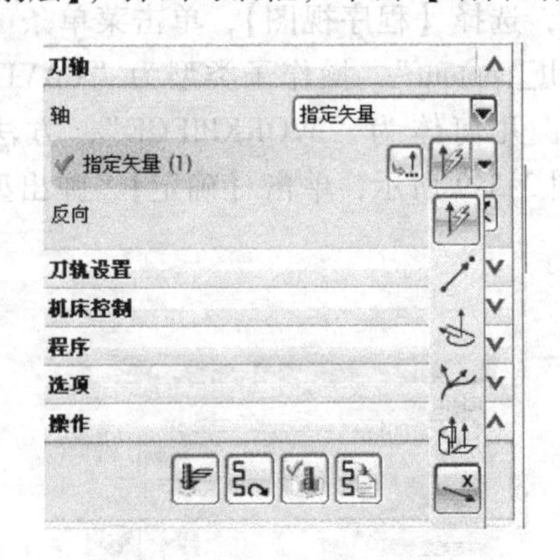


图 3-3-12　设定刀轴

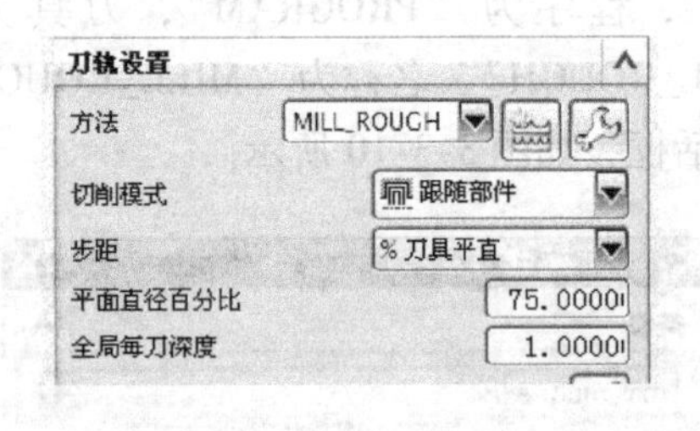


图 3-3-13　刀轨设置

（13）单击【切削参数】，设置部件侧面余量为“0.3”，如图 3-3-15 所示。单击连接选项卡，设置开放刀路为“变换切削方向”，如图 3-3-16 所示。

（14）单击【进给和速度】，设置主轴速度为“3200”，剪切进给率为“1200”，如图 3-3-17 所示。单击【生成】按钮，得到零件加工刀路，如图 3-3-18 所示。

（15）在操作导航器中复制操作 MILL_ROUGH-1 并粘贴，重命名新操作为“MILL_ROUGH-2”，如图 3-3-19 所示。双击操作 MILL_ROUGH-2，弹出型腔铣对话框，如图 3-3-20 所示。

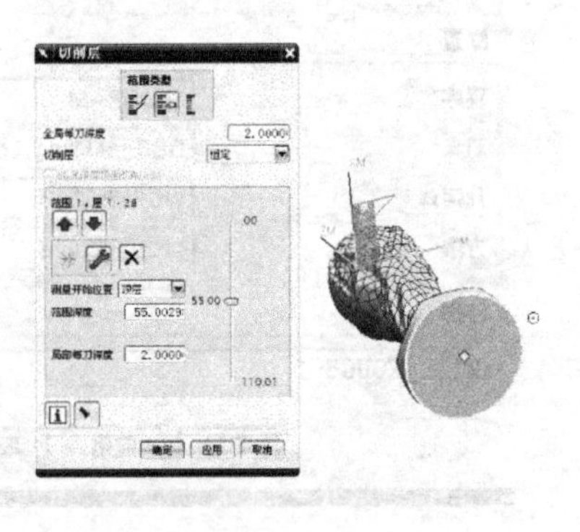


图 3-3-14　切削层设置

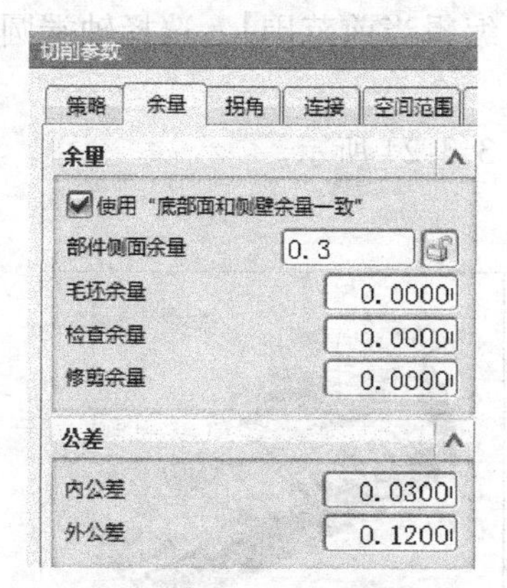


图 3-3-15　切削参数

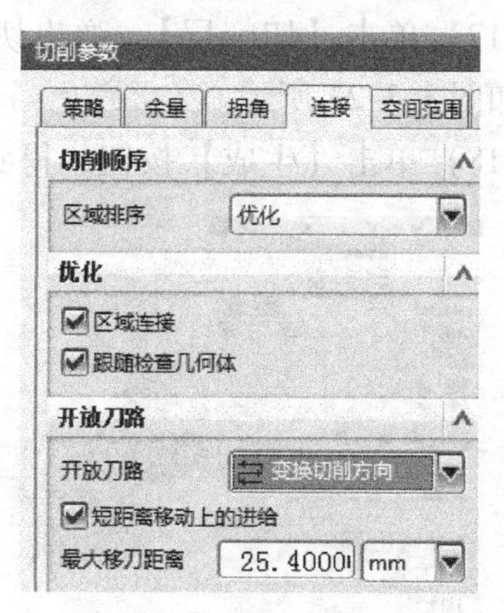


图 3-3-16　连接

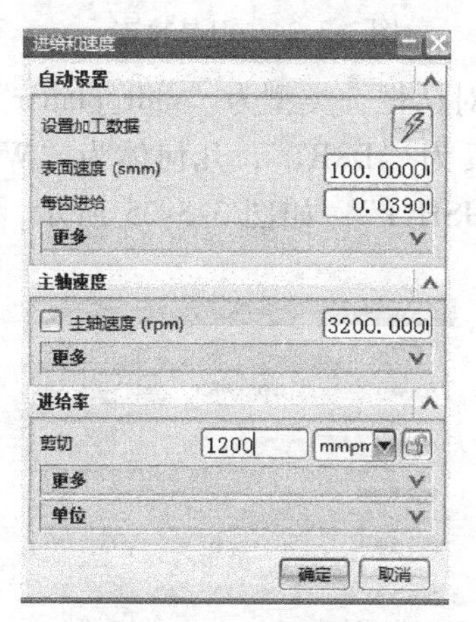


图 3-3-17　进给和速度

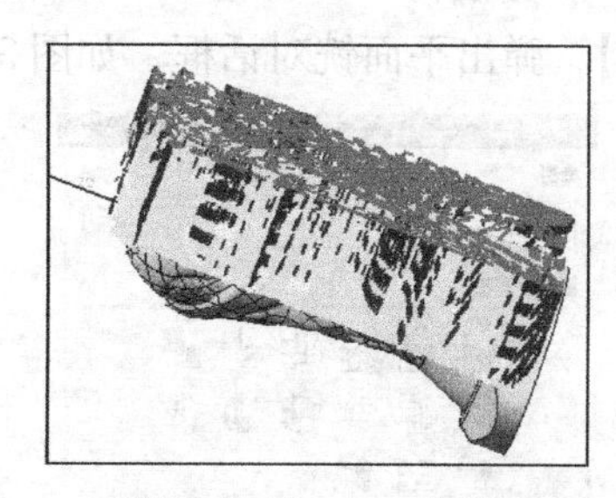

图 3-3-18　加工刀路

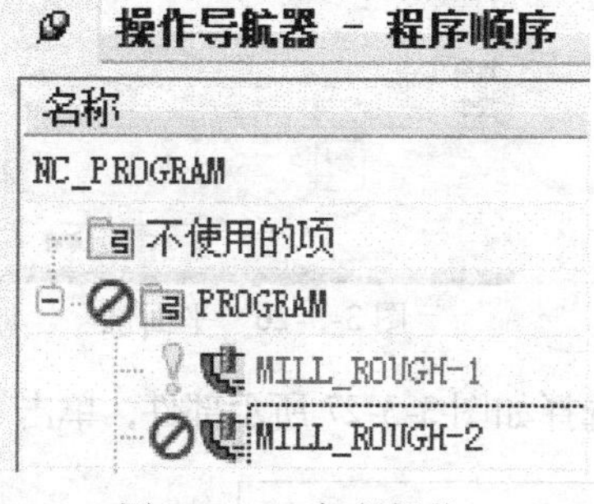


图 3-3-19　复制操作

图 3-3-20　型腔铣对话框

（16）单击【刀轴】，选择“指定矢量”，如图 3-3-21 所示，选择 – X 轴为刀轴，如图 3-3-22 所示。

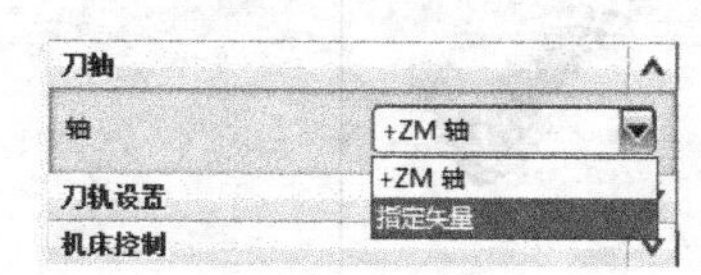


图 3-3-21　刀轴

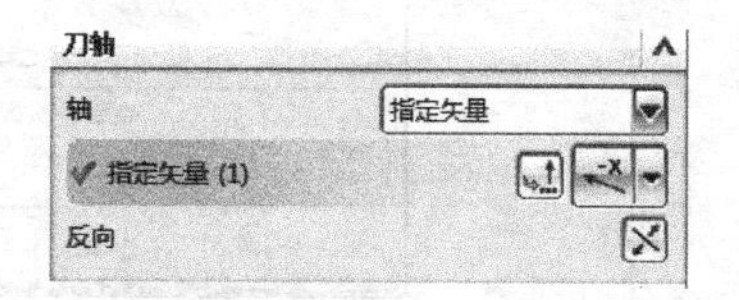


图 3-3-22　指定 – X 轴为刀轴

（17）单击【切削层】，弹出切削层对话框，单击【编辑当前范围】，选择轴端圆的圆心，如图 3-3-23 所示。

（18）单击【生成】按钮，得到零件加工刀路，如图 3-3-24 所示。

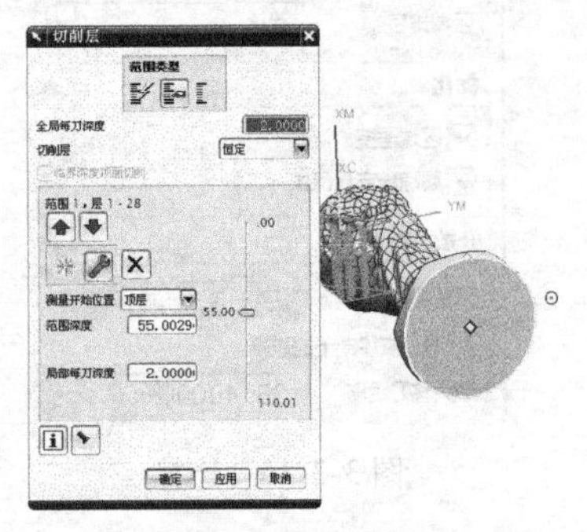


图 3-3-23　切削层

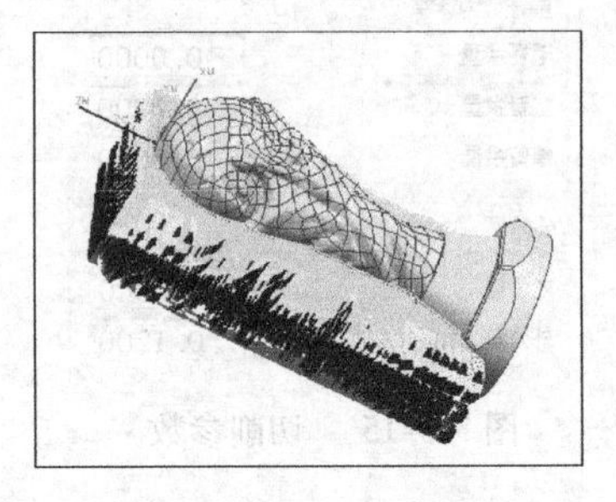

图 3-3-24　刀具轨迹

（19）单击菜单条【插入】→【操作】，弹出创建操作对话框，类型为“mill_planar”，操作子类型为“FACE_MILL”，程序为“PROGRAM”，刀具为“D8R1”，几何体为“WORKPIECE”，方法为“MILL_FINISH”，名称为“MILL_FINISH-1”，如图 3-3-25 所示，单击【确定】，弹出平面铣对话框，如图 3-3-26 所示。

图 3-3-25　创建操作对话框

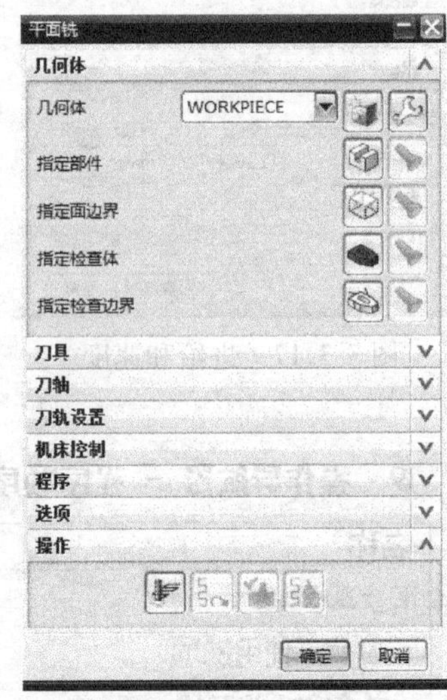


图 3-3-26　平面铣

（20）单击【指定部件】，弹出部件几何体对话框，选择如图 3-3-27 所示部件，单击【确定】完成操作。

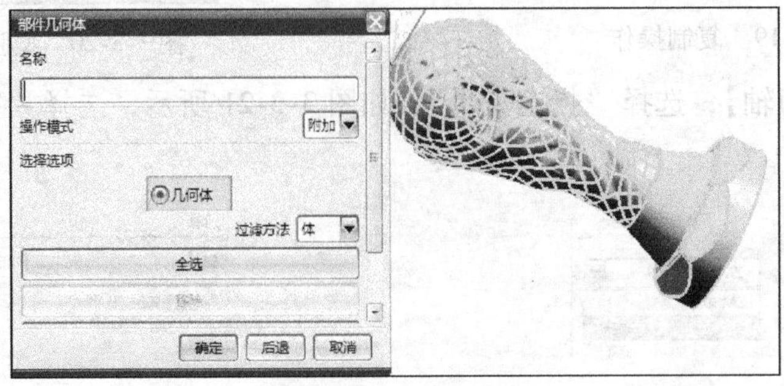


图 3-3-27　指定部件

（21）单击【指定面边界】，选择如图 3-3-28 所示面，单击【确定】完成操作。

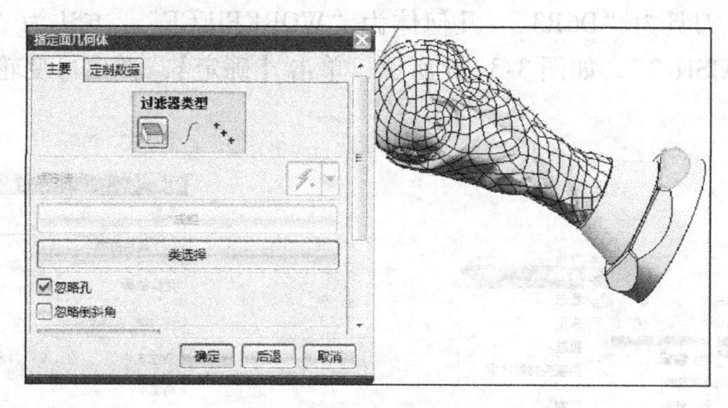


图 3-3-28　指定面边界

（22）单击【刀轴】，设置刀轴为“垂直于第一个面”，如图 3-3-29 所示。

图 3-3-29　设置刀轴

（23）单击【刀轨设置】，设置方法为“MILL_FINISH”，设置切削模式为“往复”，设置步距为“刀具平直”，平面直径百分比为“75”，毛坯距离为“3”，每刀深度为“0”，最终底部面余量为“0”，如图 3-3-30 所示。单击【进给和速度】，弹出对话框，设定主轴速度为“4000”，进给速度为“1200”，如图 3-3-31 所示。

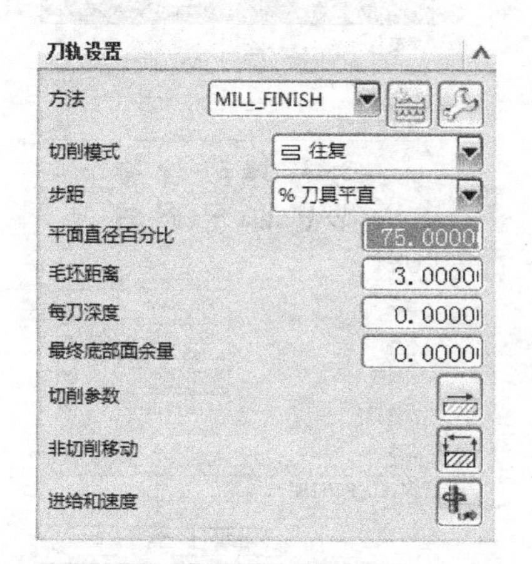


图 3-3-30　刀轨设置

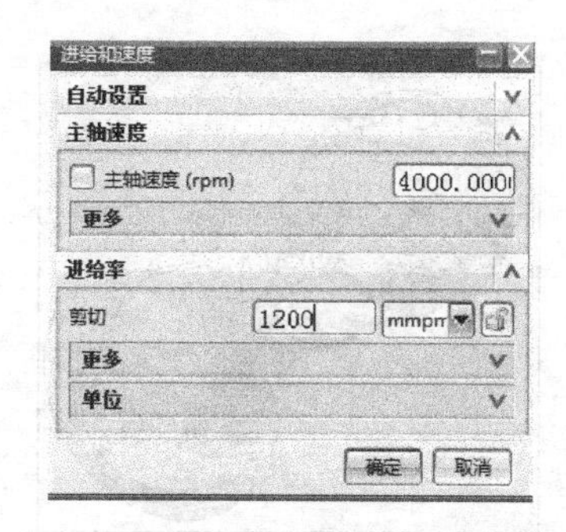


图 3-3-31　进给和速度

（24）单击【生成】按钮，得到斜面精加工刀路，如图 3-3-32 所示。

（25）在操作导航器中右键选中操作 MILL_FINISH-1，选择对象，选择变换，如图 3-3-33所示，弹出对话框。

（26）设定类型为“绕点旋转”，指定点为（0，0，0），指定角度为“60”，设定结果为“复制”，设定非关联副本数为“5”，如图 3-3-34 所示，单击【确定】，得到其他 5 个斜面的加工刀路，如图 3-3-35 所示。

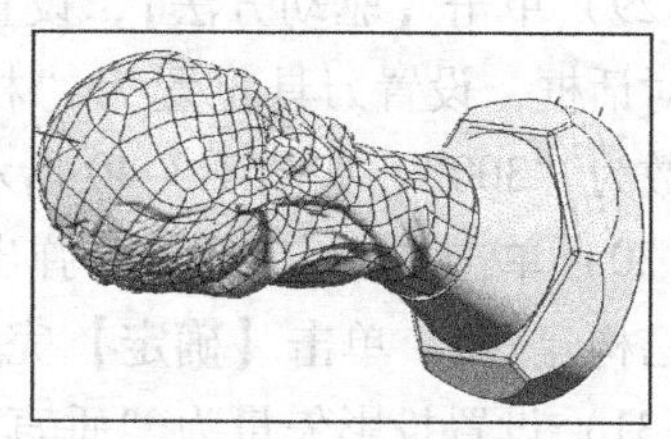

图 3-3-32　斜面精加工刀路

（27）单击菜单条【插入】→【操作】，弹出创建操作对话框，类型为“mill_multi_axis”，操作子类型为“VARIABLE_CONTOUR”，程序为“PROGRAM”，刀具为“D6R3”，几何体为“WORKPIECE”，方法为“MILL_FINISH”，名称为“MILL_FINISH-2”，如图3-3-36所示，单击【确定】，弹出可变轮廓铣对话框，如图3-3-37所示。

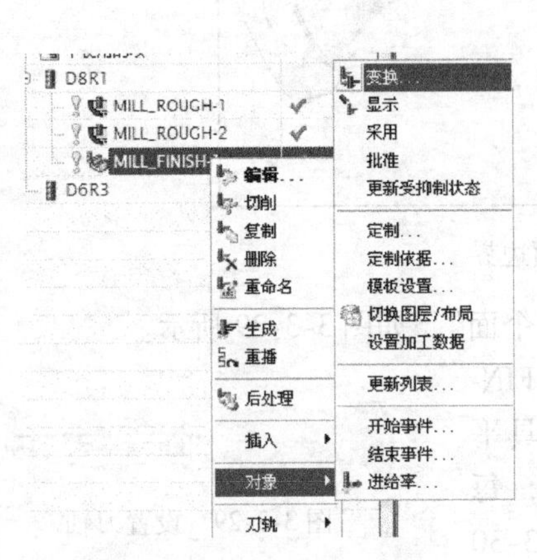


图3-3-33　刀轨变换

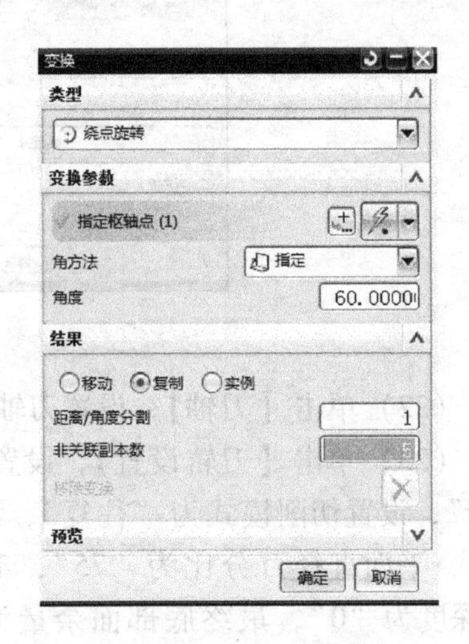


图3-3-34　变换

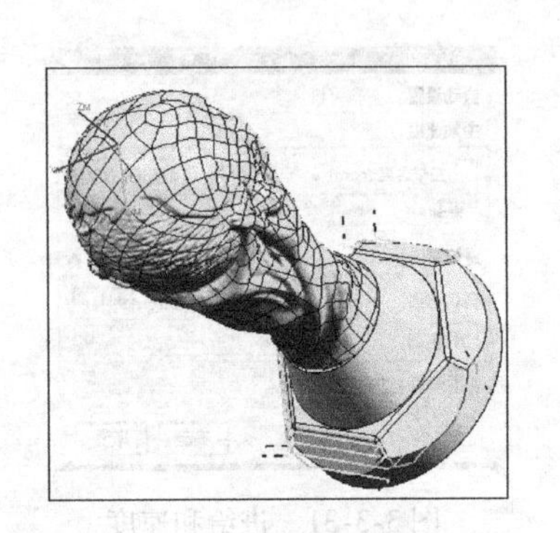

图3-3-35　斜面加工刀路

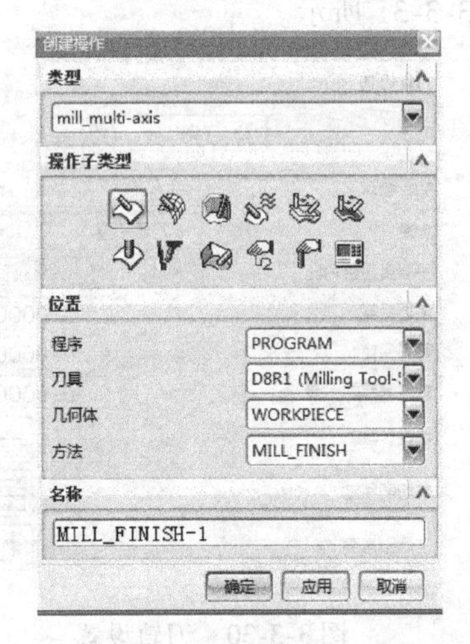


图3-3-36　创建操作对话框

（28）单击【指定部件】，选择如图3-3-38所示的部件，单击【确定】，完成操作。

（29）单击【驱动方法】，设置驱动方法为“曲面”，如图3-3-39所示，弹出曲面驱动方法对话框，设置刀具位置为“相切”，设置切削模式为“螺旋”，设置步距为“数量”，步距数为“300”，如图3-3-40所示。

（30）单击【指定曲面】，弹出驱动几何体对话框，选择如图3-3-41所示圆柱面（此面预先已构建好），单击【确定】完成选择。

（31）设置投影矢量为“垂直于驱动体”，如图3-3-42所示，设置刀轴为“相对于驱动体”，如图3-3-43所示，弹出相对于驱动体对话框，设置前倾角为“10”，侧倾为“45”，勾选“应用光顺”，单击【确定】完成设定，如图3-3-44所示。

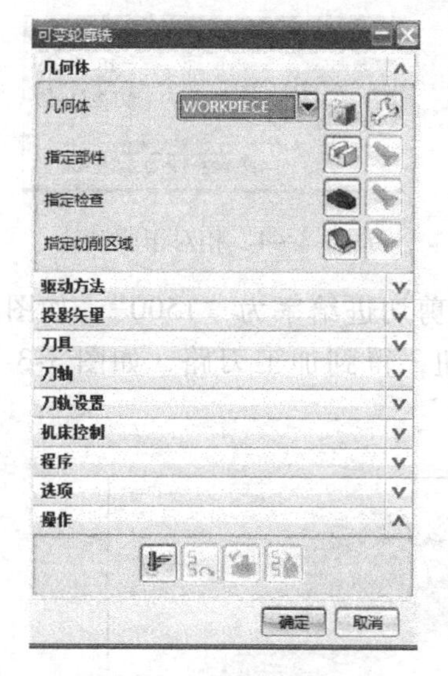


图3-3-37　可变轮廓铣对话框

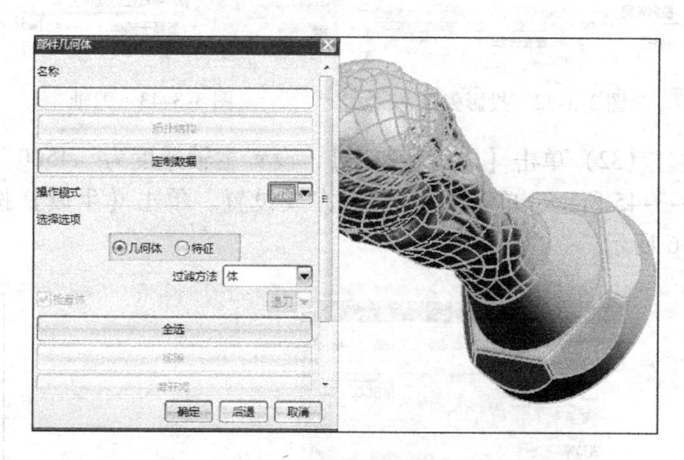


图3-3-38　指定部件

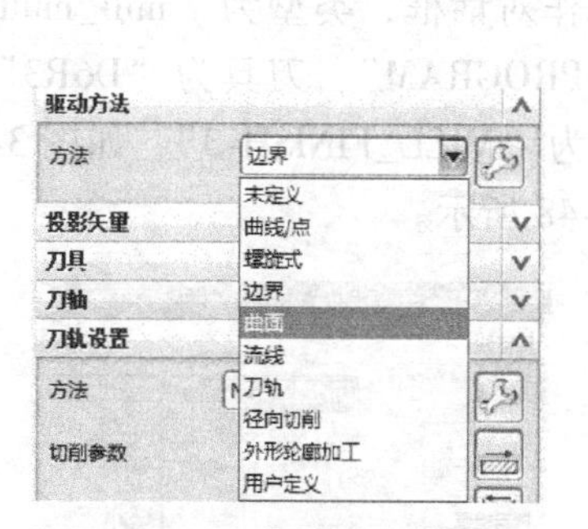


图3-3-39　驱动方法

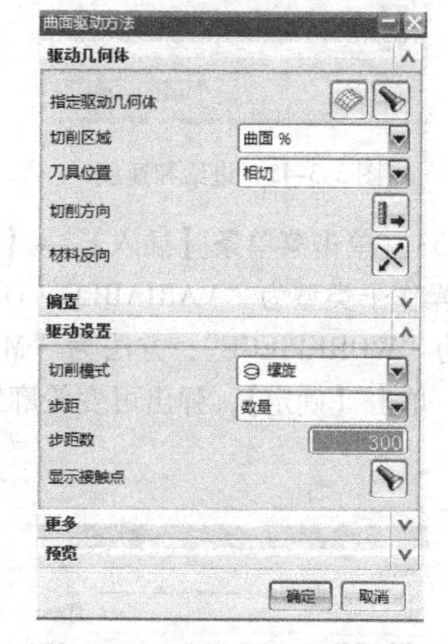


图3-3-40　曲面驱动方法对话框

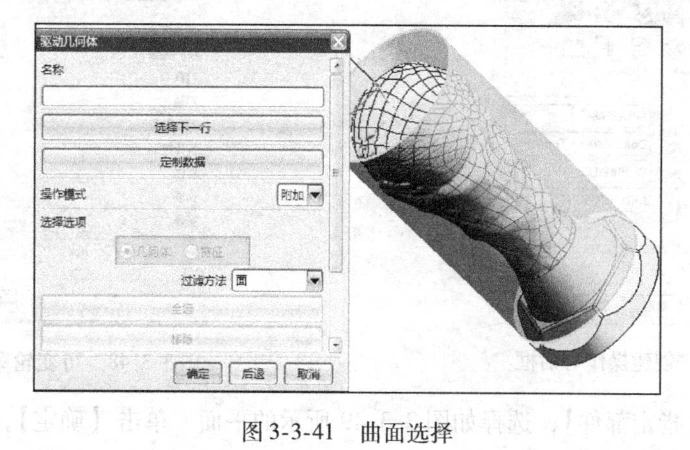


图3-3-41　曲面选择

图 3-3-42　投影矢量

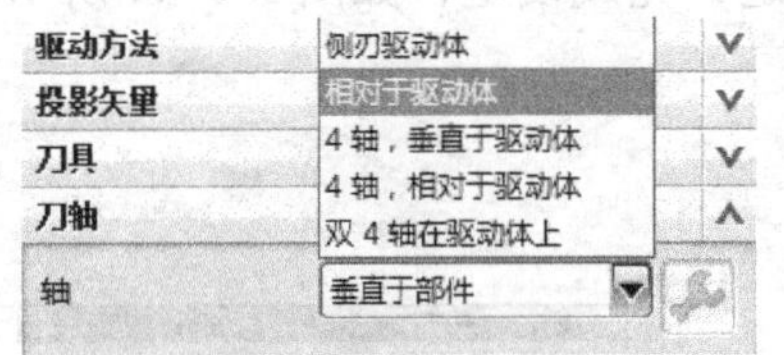


图 3-3-43　刀轴

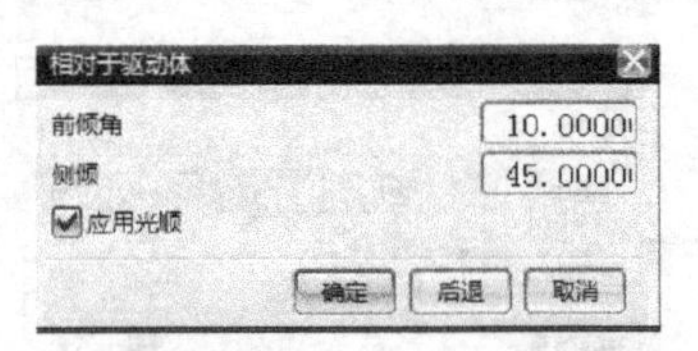


图 3-3-44　相对于驱动体

（32）单击【进给和速度】，设置主轴速度为“4500”，剪切进给率为“1500”，如图 3-3-45 所示，单击【确定】，完成设置。单击【生成】按钮，得到加工刀路，如图 3-3-46 所示。

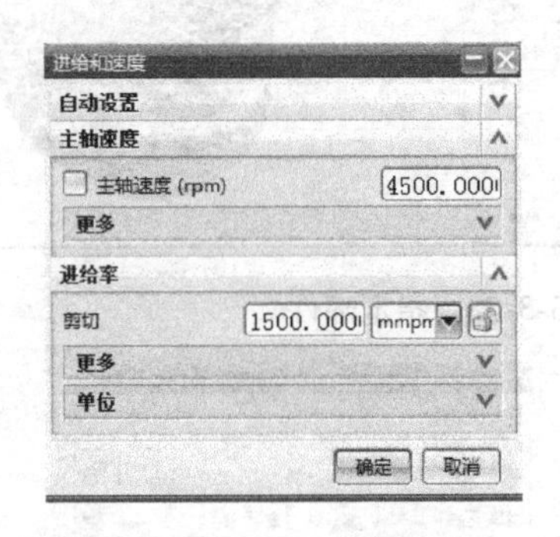


图 3-3-45　进给和速度

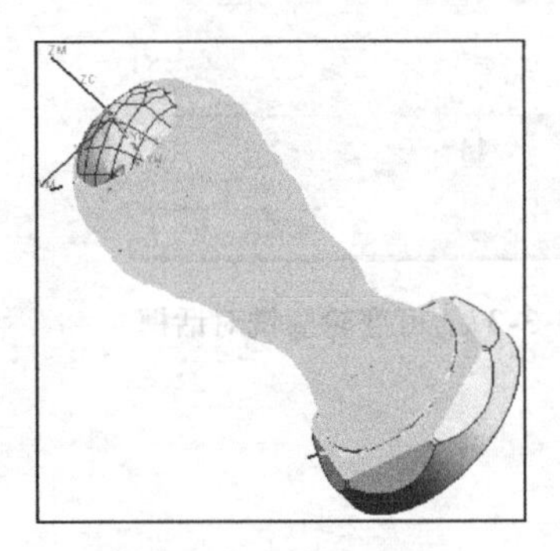

图 3-3-46　加工刀路

（33）单击菜单条【插入】→【操作】，弹出创建操作对话框，类型为“mill_multi_axis”，操作子类型为“VARIABLE_CONTOUR”，程序为“PROGRAM”，刀具为“D6R3”，几何体为“WORKPIECE”，方法为“MILL_FINISH”，名称为“MILL_FINISH-3”，如图 3-3-47 所示，单击【确定】，弹出可变轮廓铣对话框，如图 3-3-48 所示。

图 3-3-47　创建操作对话框

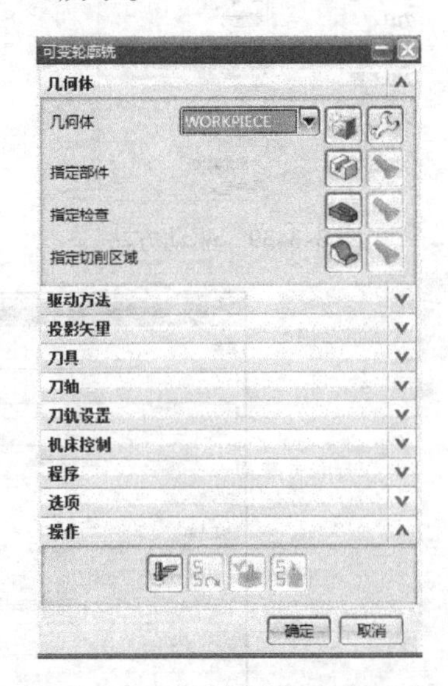


图 3-3-48　可变轮廓铣对话框

（34）单击【指定部件】，选择如图 3-3-49 所示的平面，单击【确定】，完成操作。

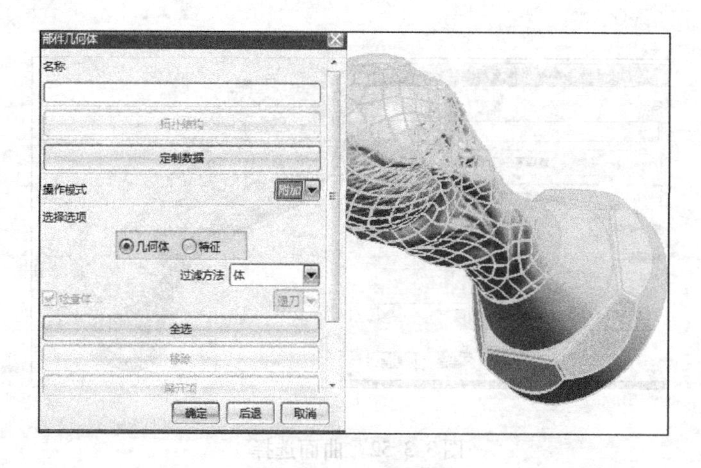


图 3-3-49　指定部件

（35）单击【驱动方法】，设置驱动方法为“曲面”，如图 3-3-50 所示，弹出曲面驱动方法对话框，设置刀具位置为“相切”，设置切削模式为“螺旋”，设置步距为“数量”，步距数为“300”，如图 3-3-51 所示。

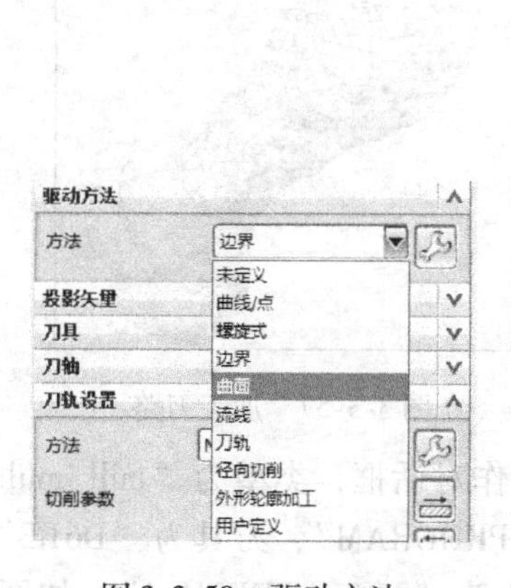


图 3-3-50　驱动方法

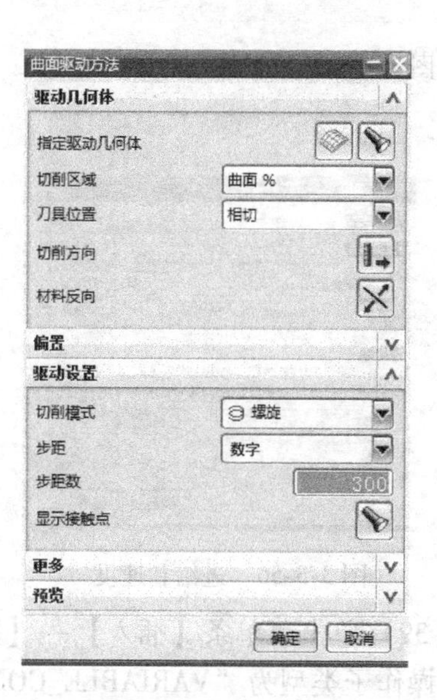


图 3-3-51　曲面驱动方法对话框

（36）单击【指定曲面】，弹出驱动几何体对话框，选择如图 3-3-52 所示圆柱面（此面预先已构建好），单击【确定】完成选择。

（37）设置投影矢量为“指定矢量”，如图 3-3-53 所示，指定投影矢量为“－Z”，设置刀轴为“相对于驱动体”，如图 3-3-54 所示，弹出相对于驱动体对话框，设置前倾角为“10”，侧倾为“45”，勾选“应用光顺”，单击【确定】完成设定，如图 3-3-55 所示。

（38）单击【进给和速度】，设置主轴速度为“4500”，剪切进给率为“1500”，如图 3-3-56所示，单击【确定】，完成设置。单击【生成】按钮，得到加工刀路，如图 3-3-57 所示。

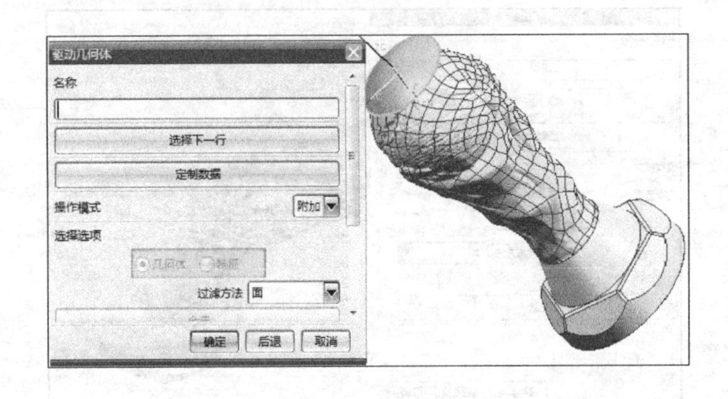


图 3-3-52　曲面选择

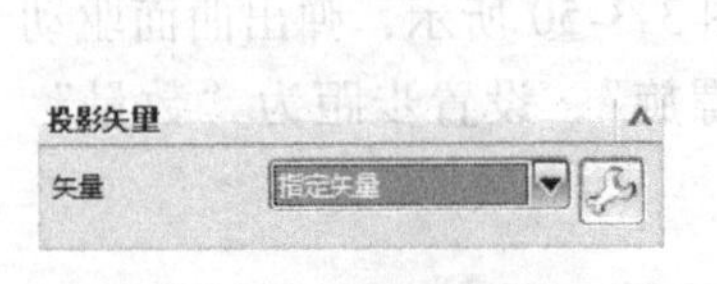


图 3-3-53　投影矢量

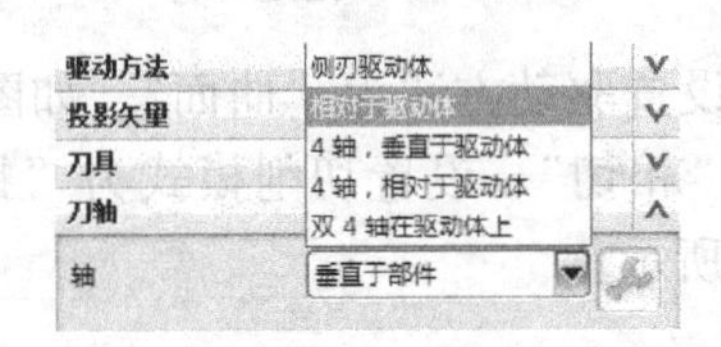


图 3-3-54　刀轴

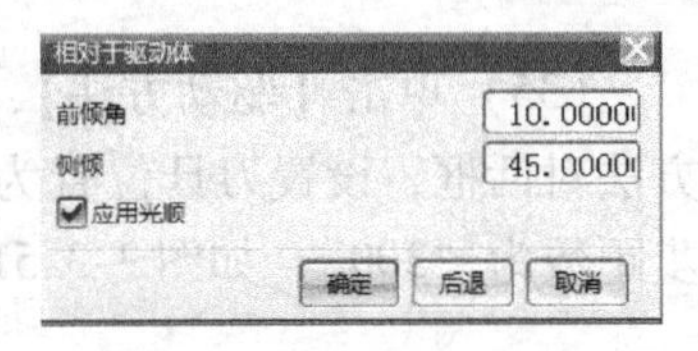


图 3-3-55 相对于驱动体

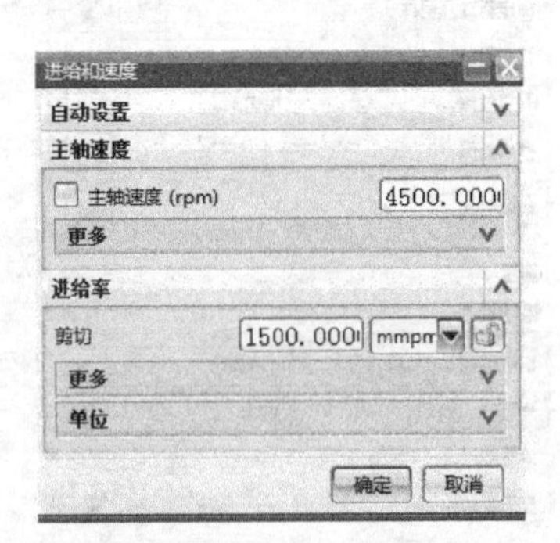


图 3-3-56　进给和速度

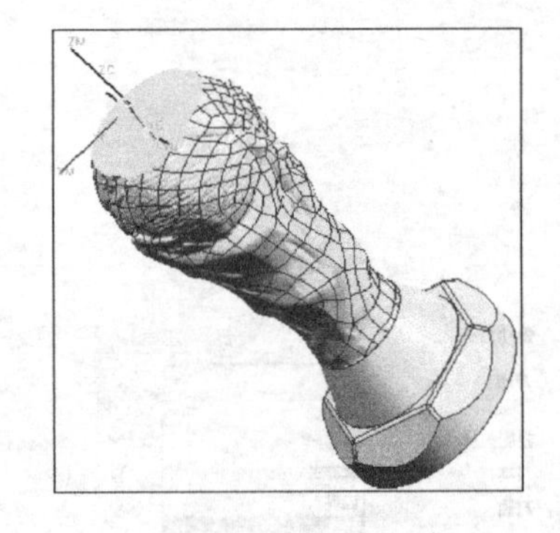

图 3-3-57　加工刀路

(39) 单击菜单条【插入】→【操作】，弹出创建操作对话框，类型为“mill_multi_axis”，操作子类型为“VARIABLE_CONTOUR”，程序为“PROGRAM”，刀具为“D6R3”，几何体为“WORKPIECE”，方法为“MILL_FINISH”，名称为“MILL_FINISH-4”，如图 3-3-58 所示，单击【确定】，弹出可变轮廓铣对话框，如图 3-3-59 所示。

(40) 单击【指定部件】，选择如图 3-3-60 所示的平面，单击【确定】，完成操作。

(41) 单击【驱动方法】，设置驱动方法为“曲面”，如图 3-3-61 所示，弹出曲面驱动方法对话框，设置刀具位置为“相切”，设置切削模式为“螺旋”，设置步距为“数量”，步距数为“300”，如图 3-3-62 所示。

(42) 单击【指定曲面】，弹出驱动几何体对话框，选择如图 3-3-63 所示圆角面，单击【确定】完成选择。

(43) 设置投影矢量为“刀轴”，如图 3-3-64 所示，设置刀轴为“垂直于驱动体”，如图 3-3-65 所示。

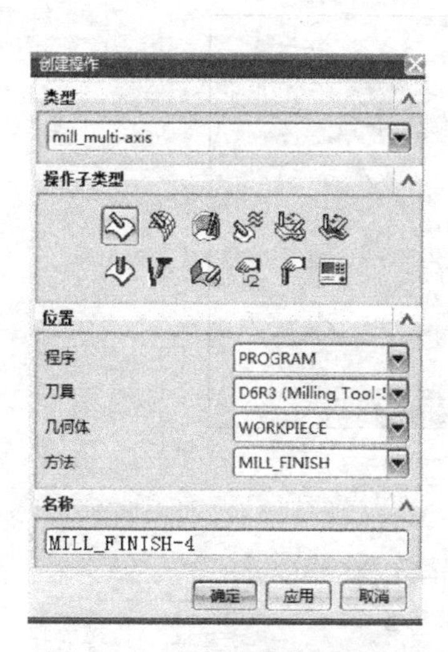


图 3-3-58　创建操作对话框

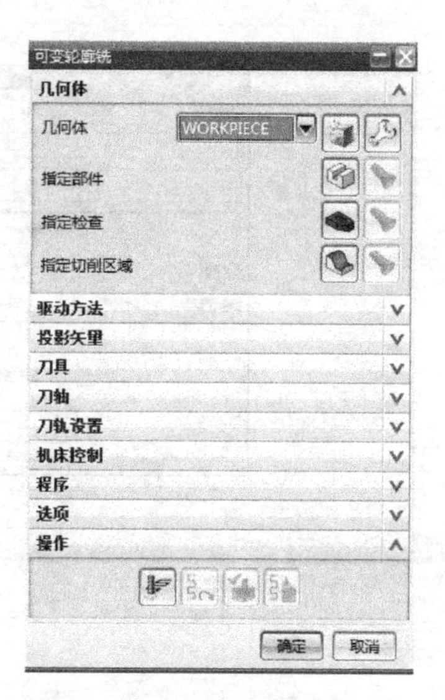


图 3-3-59　可变轮廓铣对话框

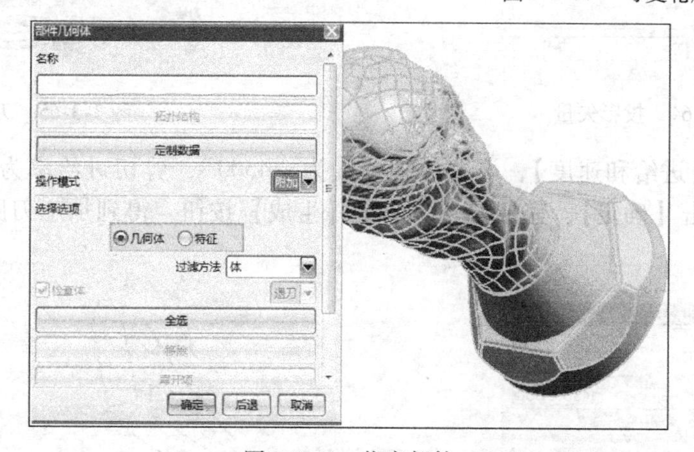


图 3-3-60　指定部件

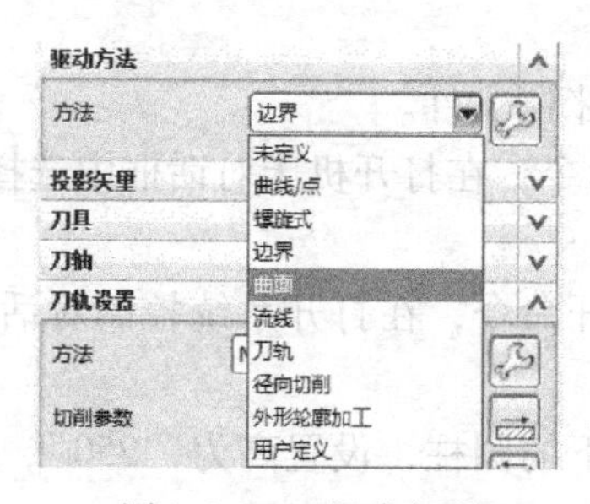


图 3-3-61　驱动方法

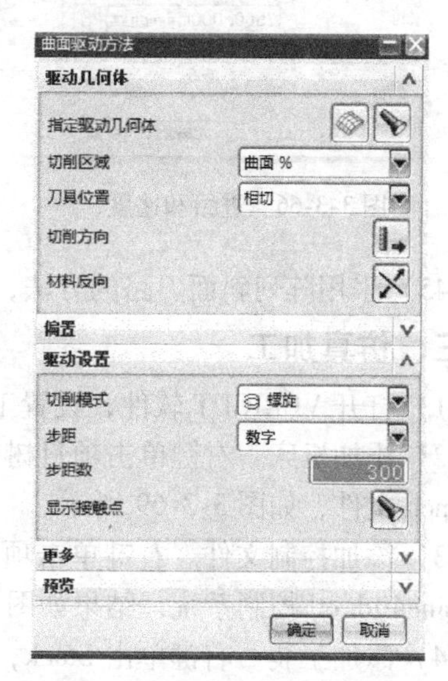


图 3-3-62　曲面驱动方法对话框

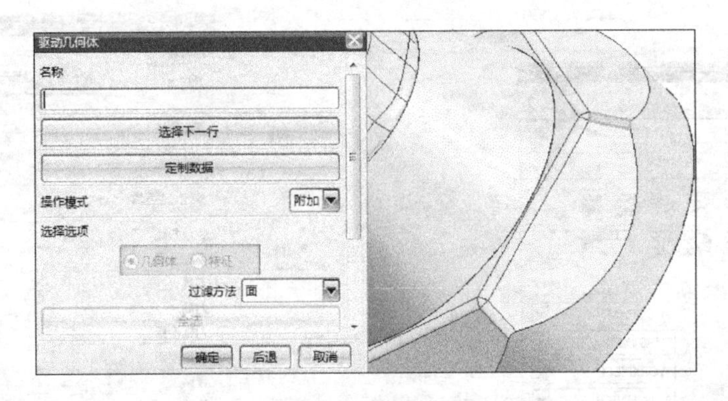


图 3-3-63　曲面选择

图 3-3-64　投影矢量

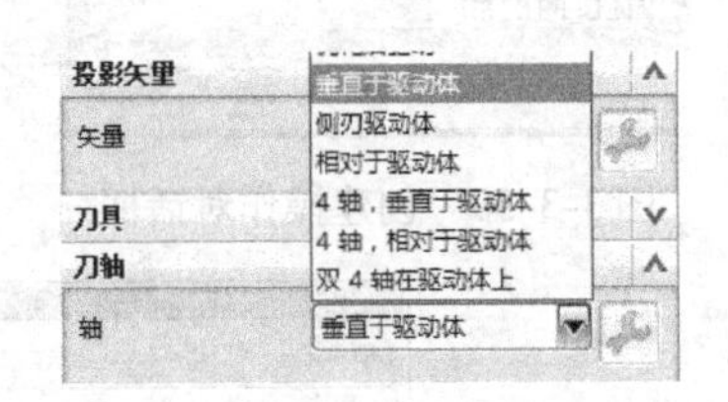


图 3-3-65　刀轴

(44) 单击【进给和速度】，设置主轴速度为“4500”，剪切进给率为“1500”，如图 3-3-66所示，单击【确定】，完成设置。单击【生成】按钮，得到加工刀路，如图 3-3-67 所示。

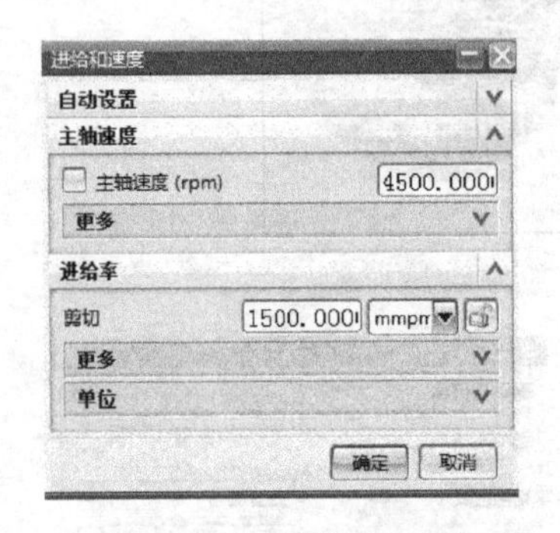


图 3-3-66　进给和速度

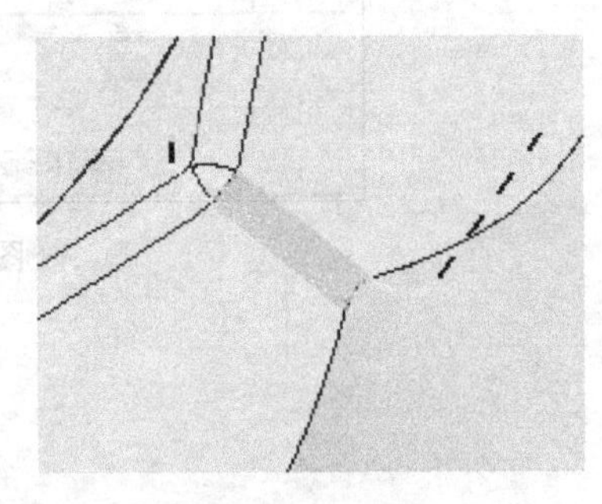

图 3-3-67　加工刀路

(45) 采用阵列斜面刀路的方法，对此圆角刀路进行阵列，得到如图 3-3-68 所示刀路。

## 三、仿真加工

(1) 打开 VERICUT 软件，设置工作目录。新建一毫米制文件。

(2) 添加机床。右键单击项目树中机床，单击打开命令，在打开机床对话框中选择 Mikron. mch 文件，如图 3-3-69 所示。

(3) 添加控制文件。右键单击项目树控制，选择打开命令，在打开系统控制对话框中选择 sin840d. ctl 控制系统，结果如图 3-3-70 所示。

(4) 添加工装。右键单击 Stock，选择添加模型文件下的圆柱，设置高为“250”，半径为“55”，结果如图 3-3-71 所示。

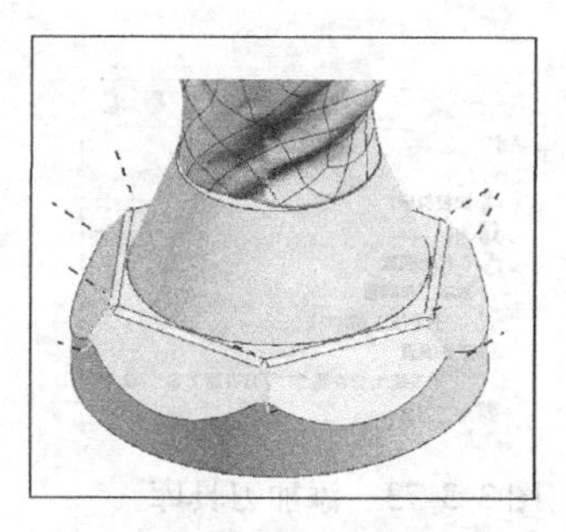

图 3-3-68　圆角刀路

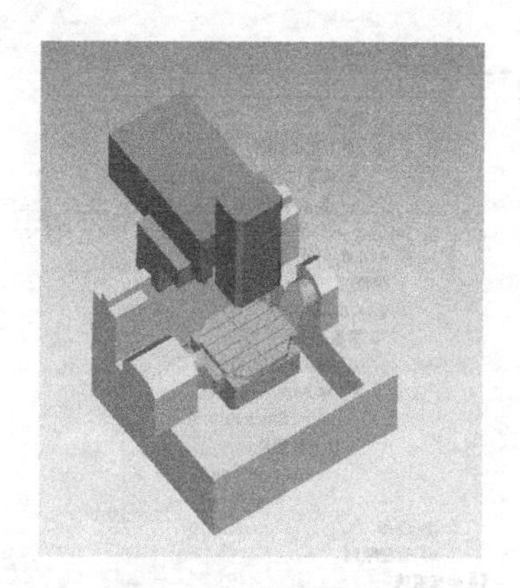

图 3-3-69　添加机床

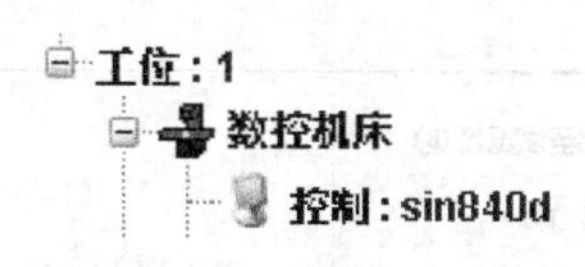


图 3-3-70　选择控制系统

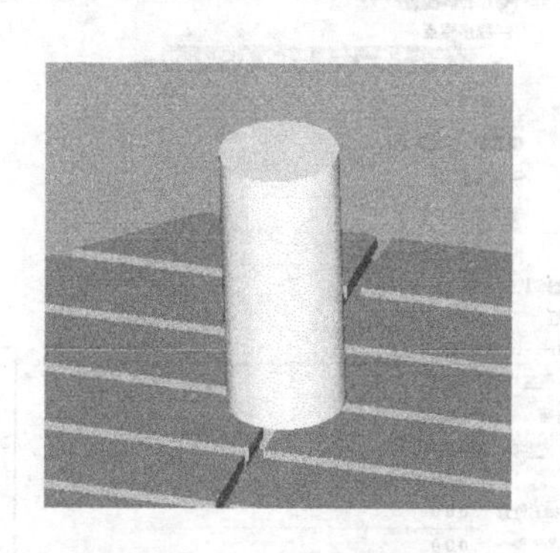

图 3-3-71　添加毛坯结果

（5）设置 G-代码偏置。选择项目树中的 G-代码偏置，单击添加按钮，偏置名为“程序零点”，寄存器为“1”，定位方式为从 Tool 到 Stock，如图 3-3-72 所示。

（6）添加刀具库。右键单击项目树中加工刀具，选择打开命令，在打开刀具库对话框选择 tool. tls 文件，结果如图 3-3-73 所示。

（7）后处理得到加工程序。在 UG NX 软件的刀轨操作导航器中选中所有操作，单击【工具】→【操作导航器】→【输出】→【NX POST 后处理】，如图 3-3-74 所示，弹出后处理对话框。

（8）后处理器选择“sin840d_AC”，指定合适的文件路径和文件名，单位设置为“公制”，勾选“列出输出”，如图 3-3-75 所示，单击【确定】完成后处理，得到加工程序，如图 3-3-76 所示。

（9）添加数控程序。单击项目树中数控程序，选择添加 NC 程序文件，选择加工程序，结果如图 3-3-77 所示。

（10）单击【仿真到末端】按钮，进行加工仿真，结果如图 3-3-78 所示。

（11）保存项目。

## 四、零件加工

（1）安装刀具和零件。根据机床型号选择 BT40 刀柄，对照工序卡，安装刀具。所有刀具保证伸出长度大于 50mm。将平口钳安装在加工中心工作台面上，并使用百分表校准并固定，将毛坯夹紧。

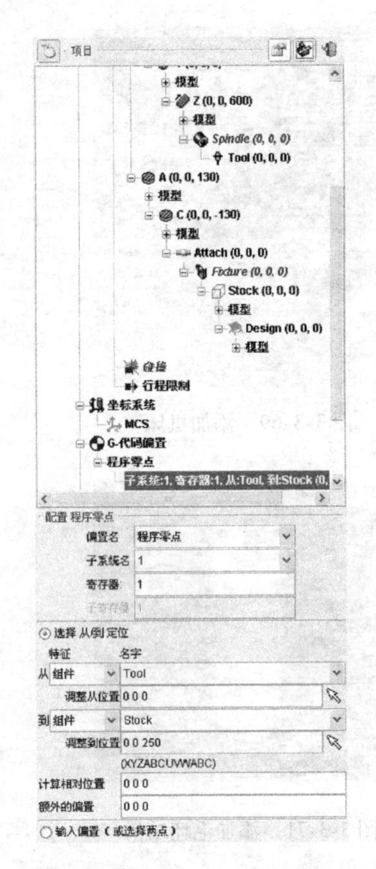


图 3-3-72　设置 G-代码偏置

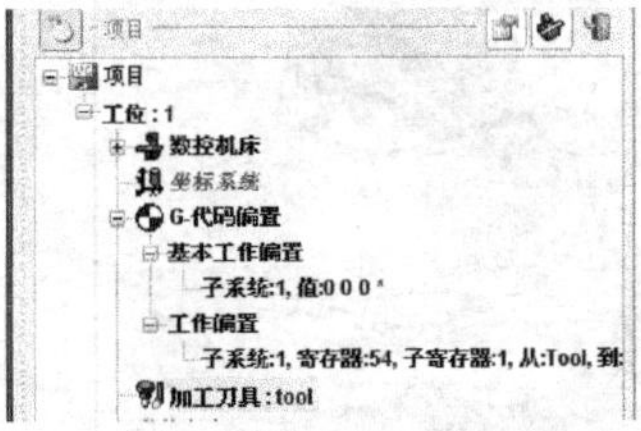

图 3-3-73　添加刀具库

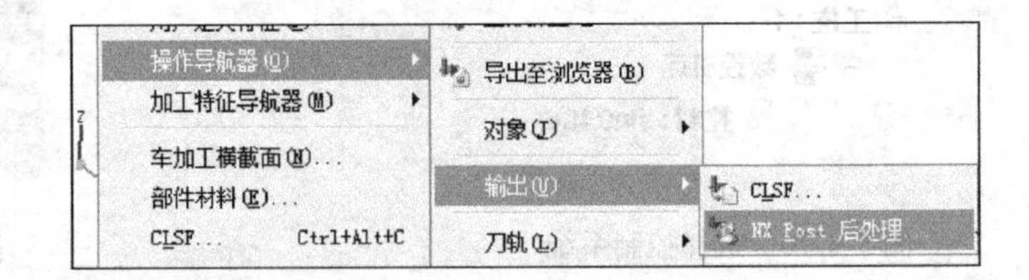


图 3-3-74　后处理命令

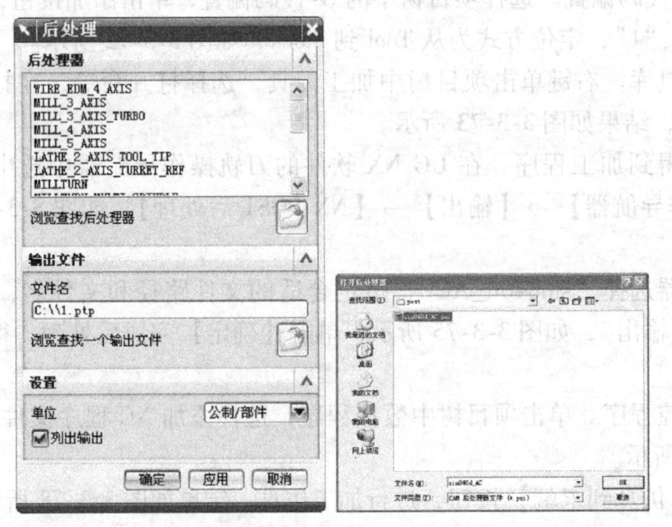


图 3-3-75　后处理

（2）对刀。零件加工原点设置毛坯左端面中心。使用机械式寻边器，找正毛坯中心，并设置 G54 参数，使用 Z 向对刀仪，分别找正每把刀的 Z 向补偿值，并设置刀具补偿参数。

（3）程序传输并加工。使用 WINPCIN 软件将后处理得到的加工程序传输到加工中心的数控系统，设置机床为自动加工模式，按循环启动键，机床即开始自动加工零件。

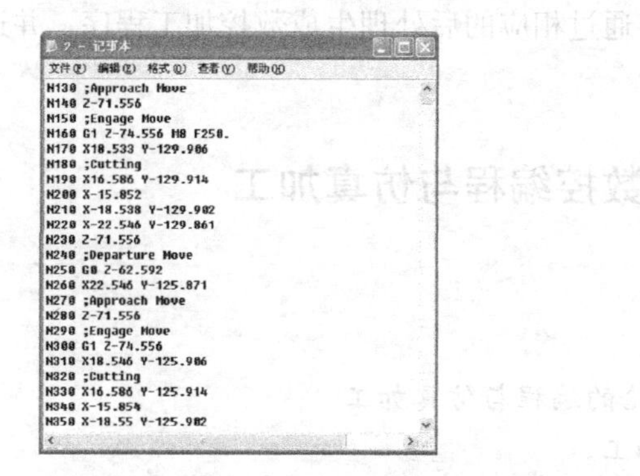


图 3-3-76　加工程序

图 3-3-77　添加数控程序

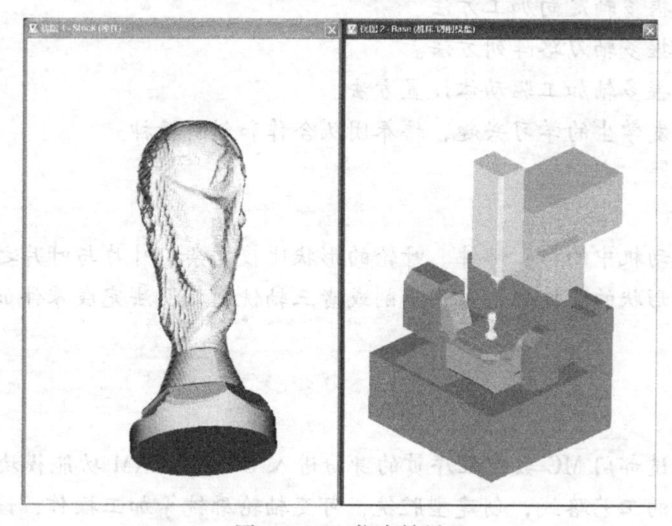

图 3-3-78　仿真结果

## 【专家点拨】

（1）VERICUT 的自动比较功能的主要作用是进行过切与欠切的检查，它能将仿真加工后的模型和设计模型叠加在一起进行精确比较，自动识别并显示出留在工件上的过切与欠切的部位，并显示发生该情况的程序行提醒用户修改。这样就可以保证加工完毕的零件能够满足最开始的设计要求，从而减少试件切削的时间，提高了生产的效率。

（2）VERICUT 优化刀具库用于设置不同刀具在不同切削情形下设置进给速率和主轴转速等优化数据。用户可以根据自身的实际生产经验对这些优化参数不断地进行调整，通过仿真找出最适合的一组参数加以保存，从而建立适合于自身机床或刀具的加工数据库。

（3）通过调用设定优化刀轨库的优化记录，选择加工零件材料类型和采用的数控机床，设定优化方式，从而生成一个被优化的数控程序文件。

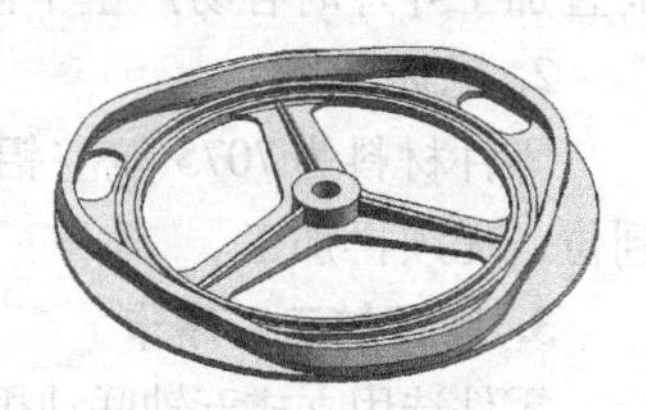

图 3-3-79　轮盘类零件

## 【课后训练】

根据图 3-3-79 所示轮盘类零件的特征，制订合理的工艺路线，设置必要的加工参数，生成刀具路径，通过相应的后处理生成数控加工程序，并运用机床加工零件。

## 项目四　叶轮的数控编程与仿真加工

### 【教学目标】

**能力目标：**能运用 UG NX 软件完成叶轮的编程与仿真加工。
能使用加工中心完成零件加工。

**知识目标：**掌握可变轴铣削几何体设置。
掌握多轴定向加工方法。
掌握多轴刀路阵列方法。
掌握多轴加工驱动体设置方法。

**素质目标：**激发学生的学习兴趣，培养团队合作和创新精神。

### 【项目导读】

叶轮是航空发动机中的核心部件。叶轮的形状比较复杂，叶片与叶片之间一般会有加工干涉，由于其零件形状的特殊性，采用车削或者三轴铣削都没法完成零件加工，只能采用多轴加工。

### 【任务描述】

学生以企业制造部门 MC 数控程序员的身份进入 UG NX CAM 功能模块，根据叶轮零件的特征，制订合理的工艺路线，创建型腔铣，可变轴轮廓铣等加工操作，设置必要的加工参数，生成刀具路径，检验刀具路径是否正确合理，并对操作过程中存在的问题进行研讨和交流，通过相应的后处理生成数控加工程序，并运用机床加工零件。

### 【工作任务】

按照零件加工要求，制订叶轮的加工工艺；编制叶轮加工程序；完成叶轮的仿真加工，后处理得到数控加工程序，完成零件加工。

#### 一、制订加工工艺

**1. 叶轮零件分析**

叶轮零件形状比较复杂，加工精度要求高，叶片属于薄壁零件，加工时容易产生变形，而且加工叶片时容易产生干涉。

**2. 毛坯选用**

零件材料为 7075 航空铝棒，尺寸为 $\phi$56mm × 20mm。零件长度、直径尺寸已经精加工到位，无须再加工。

**3. 制订加工工序卡**

零件选用立式五轴联动机床加工（双摆台摇篮式），自定心卡盘装夹，遵循先粗后精加工原则，粗加工采用 3 + 2 轴型腔铣方式，精加工采用五轴联动加工。加工工序如表 3-4-1 所示。

**表 3-4-1　加工工序卡**

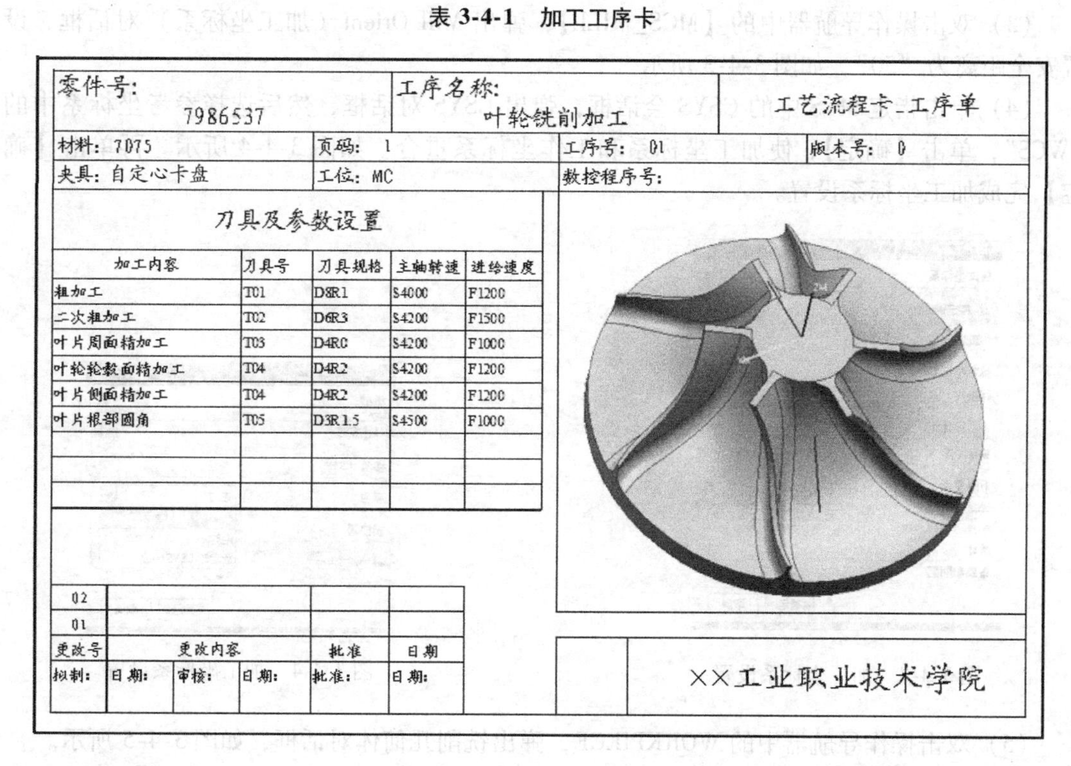

| 零件号: 7986537 | | 工序名称: 叶轮铣削加工 | | 工艺流程卡_工序单 | |
|---|---|---|---|---|---|
| 材料: 7075 | | 页码: 1 | 工序号: 01 | 版本号: 0 | |
| 夹具: 自定心卡盘 | | 工位: MC | 数控程序号: | | |

刀具及参数设置

| 加工内容 | 刀具号 | 刀具规格 | 主轴转速 | 进给速度 |
|---|---|---|---|---|
| 粗加工 | T01 | D8R1 | S4000 | F1200 |
| 二次粗加工 | T02 | D6R3 | S4200 | F1500 |
| 叶片周面精加工 | T03 | D4R0 | S4200 | F1000 |
| 叶轮轮毂面精加工 | T04 | D4R2 | S4200 | F1200 |
| 叶片侧面精加工 | T04 | D4R2 | S4200 | F1200 |
| 叶片根部圆角 | T05 | D3R1.5 | S4500 | F1000 |
| | | | | |
| | | | | |
| | | | | |

| 更改号 | 更改内容 | | 批准 | 日期 |
|---|---|---|---|---|
| 02 | | | | |
| 01 | | | | |
| 拟制: | 日期: | 审核: | 日期: | 批准: | 日期: |

××工业职业技术学院

## 二、编制加工程序

（1）单击【开始】→【所有应用模块】→【加工】，弹出加工环境对话框，CAM 会话配置选择“cam_general”；要创建的 CAM 设置选择“mill_contour”，如图 3-4-1 所示，然后单击【确定】，进入加工模块。

（2）在加工操作导航器空白处，单击鼠标右键，选择【几何视图】，如图 3-4-2 所示。

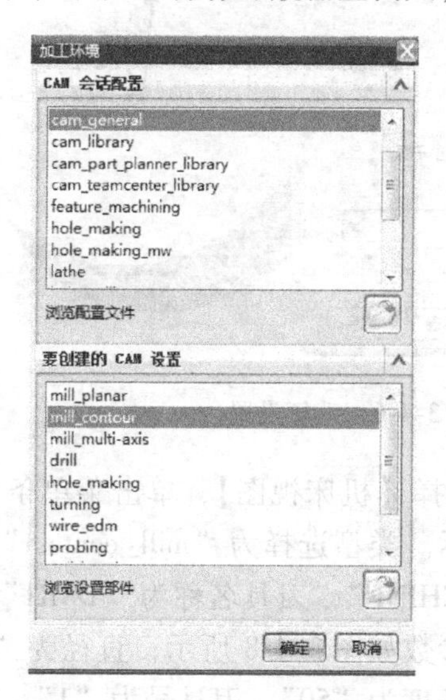


图 3-4-1　加工环境对话框

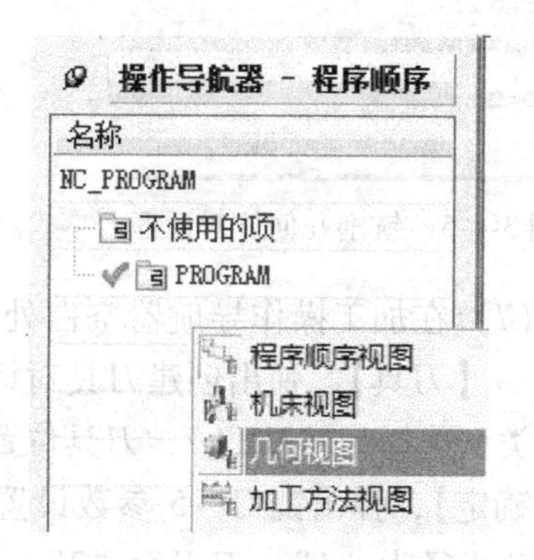


图 3-4-2　几何视图选择

（3）双击操作导航器中的【MCS_MILL】，弹出 Mill Orient（加工坐标系）对话框，设置安全距离为“50”，如图 3-4-3 所示。

（4）单击指定 MCS 中的 CSYS 会话框，弹出 CSYS 对话框，然后选择参考坐标系中的“WCS”，单击【确定】，使加工坐标系和工作坐标系重合，如图 3-4-4 所示。再单击【确定】完成加工坐标系设置。

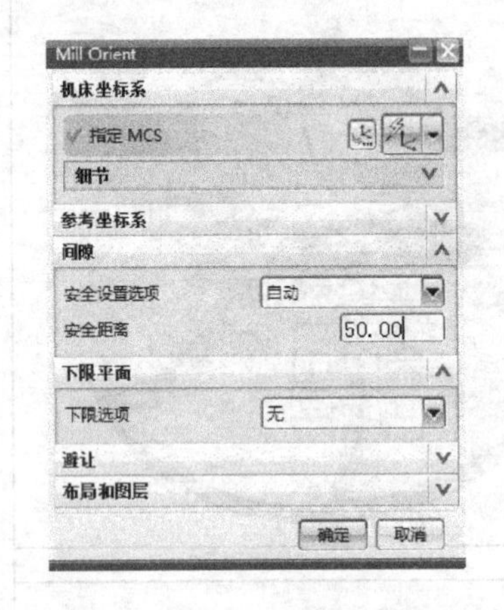


图 3-4-3　加工坐标系设置

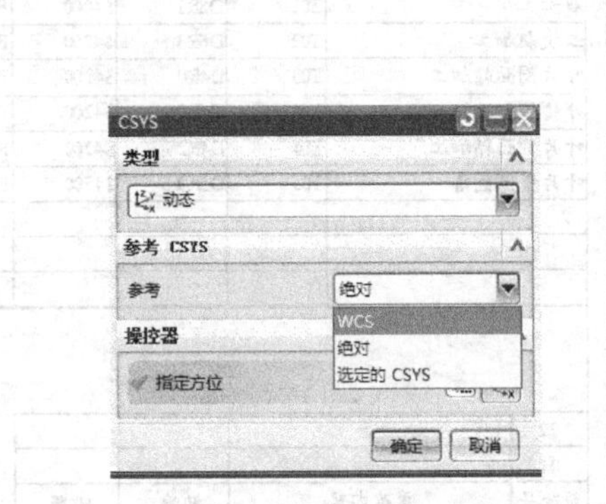


图 3-4-4　加工坐标系设置

（5）双击操作导航器中的 WORKPIECE，弹出铣削几何体对话框，如图 3-4-5 所示。

（6）单击【指定毛坯】，弹出毛坯几何体对话框，选择“几何体”作为毛坯，选择如图 3-4-6 所示几何体（此几何体预先在建模模块创建好）。单击【确定】完成毛坯选择，单击【确定】完成铣削几何体的设置。

图 3-4-5　铣削几何体对话框

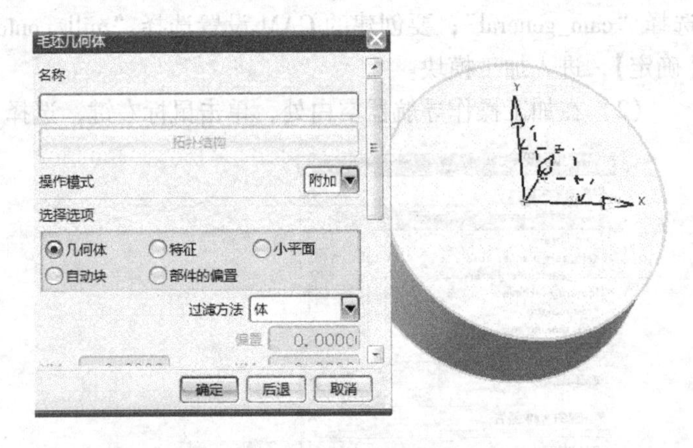


图 3-4-6　毛坯设置

（7）在加工操作导航器空白处，单击鼠标右键，选择【机床视图】，单击菜单条【插入】→【刀具】，弹出创建刀具对话框，如图 3-4-7 所示。类型选择为“mill_contour”，刀具子类型选择为“MILL”，刀具位置为“GENERIC_MACHINE”，刀具名称为“D8R1”，单击【确定】，弹出铣刀 -5 参数设置对话框。设置刀具参数如图 3-4-8 所示，直径为“8”，底圆角半径为“1”，刀刃为“2”，长度为“75”，刀刃长度为“50”，刀具号为“1”，长度补偿为“1”，刀具补偿为“1”，单击【确定】，完成刀具 1 的创建。

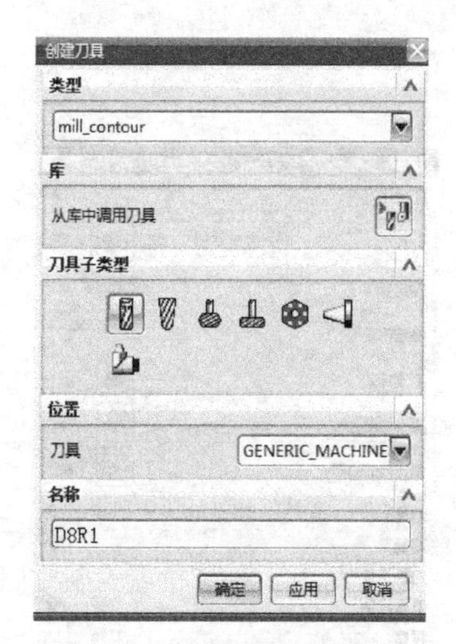

图 3-4-7　创建刀具对话框

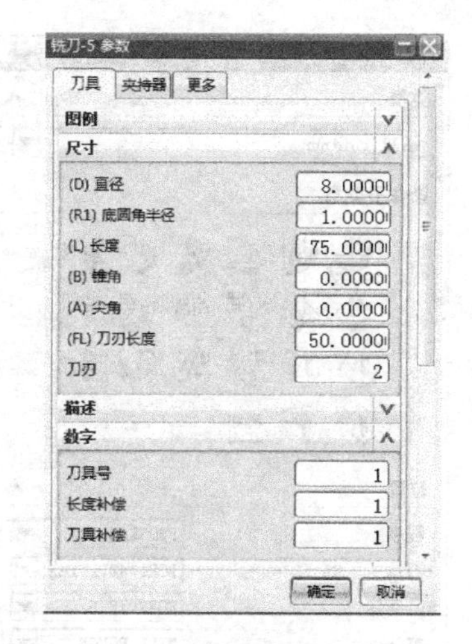

图 3-4-8　刀具参数设置

（8）用同样的方法创建刀具 2。类型选择为“mill_contour”，刀具子类型选择为“MILL”，刀具位置为“GENERIC_MACHINE”，刀具名称为“D6R3”，直径为“6”，底圆角半径为“3”，刀刃为“2”，长度为“75”，刀刃长度为“50”，刀具号为“2”，长度补偿为“2”，刀具补偿为“2”。

（9）用同样的方法创建刀具 3。类型选择为“mill_contour”，刀具子类型选择为“MILL”，刀具位置为“GENERIC_MACHINE”，刀具名称为“D4R0”，直径为“4”，底圆角半径为“0”，刀刃为“2”，长度为“75”，刀刃长度为“50”，刀具号为“3”，长度补偿为“3”，刀具补偿为“3”。

（10）用同样的方法创建刀具 4。类型选择为“mill_contour”，刀具子类型选择为“MILL”，刀具位置为“GENERIC_MACHINE”，刀具名称为“D4R2”，直径为“4”，底圆角半径为“2”，刀刃为“2”，长度为“75”，刀刃长度为“50”，刀具号为“4”，长度补偿为“4”，刀具补偿为“4”。

（11）用同样的方法创建刀具 5。类型选择为“mill_contour”，刀具子类型选择为“MILL”，刀具位置为“GENERIC_MACHINE”，刀具名称为“D3R1.5”，直径为“3”，底圆角半径为“1.5”，刀刃为“2”，长度为“75”，刀刃长度为“50”，刀具号为“5”，长度补偿为“5”，刀具补偿为“5”。

（12）在加工操作导航器空白处，单击鼠标右键，选择【程序视图】，单击菜单条【插入】→【操作】，弹出创建操作对话框，类型为“mill_contour”，操作子类型为“CAVITY-MILL”，程序为“PROGRAM”，刀具为“D8R1”，几何体为“WORKPIECE”，方法为“MILL_ROUGH”，名称为“MILL_ROUGH-1”，如图 3-4-9 所示，单击【确定】，弹出型腔铣对话框，如图 3-4-10 所示。

（13）单击【指定部件】，弹出部件几何体对话框，选择如图 3-4-11 所示几何体为零件，单击【确定】，完成操作。

（14）单击【刀轴】，设定刀轴为“+ZM 轴”，如图 3-4-12 所示。

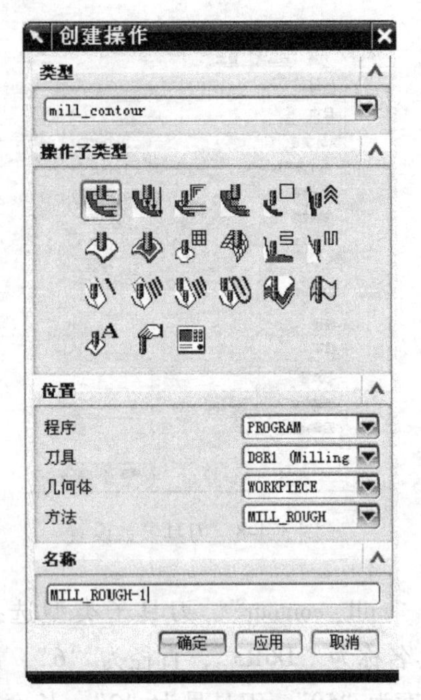


图 3-4-9　创建操作对话框

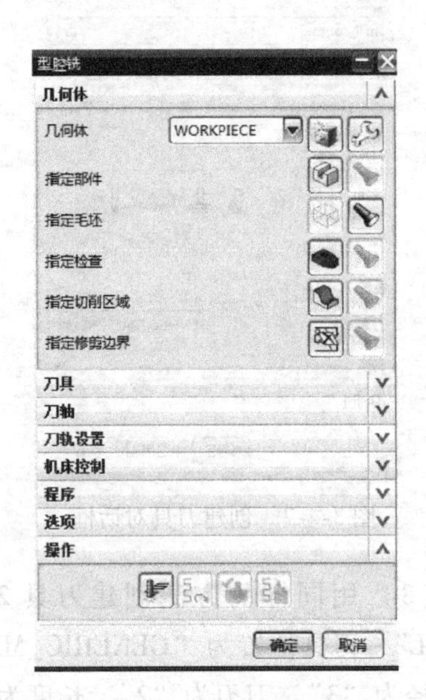


图 3-4-10　型腔铣对话框

（15）单击【刀轨设置】，方法为“MILL_ROUGH”；切削模式为“跟随部件”；步距为“刀具平直”；平面直径百分比为“75”，全局每刀深度为“1”，如图 3-4-13 所示。

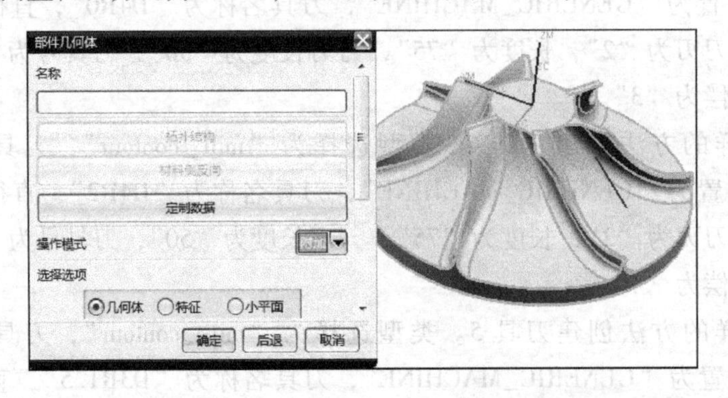


图 3-4-11　指定部件

图 3-4-12　设定刀轴

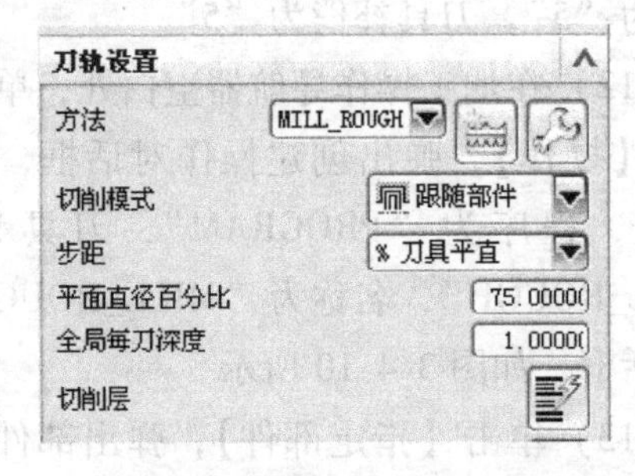


图 3-4-13　刀轨设置

（16）单击【切削参数】，设置部件侧面余量为“0.5”，如图 3-4-14 所示。单击连接选项卡，设置开放刀路为“变换切削方向”，如图 3-4-15 所示。

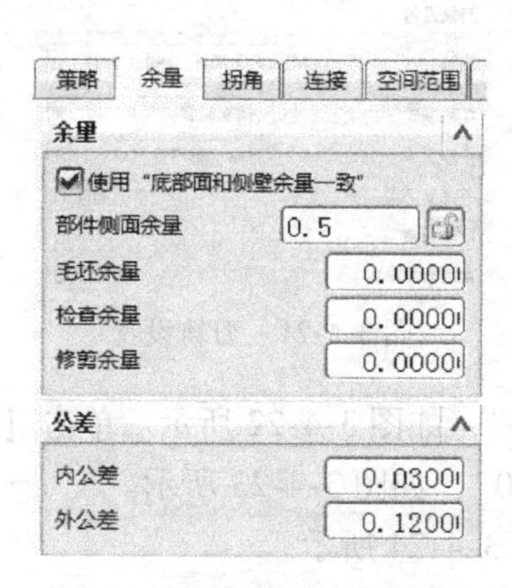


图 3-4-14 切削参数

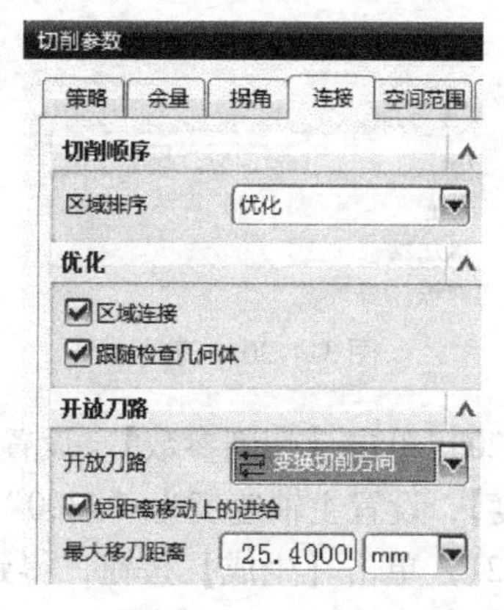


图 3-4-15 连接

（17）单击【进给和速度】，设置主轴速度为“4000”，剪切进给率为“1200”，如图 3-4-16所示。单击【生成】按钮，得到零件加工刀路，如图 3-4-17 所示。

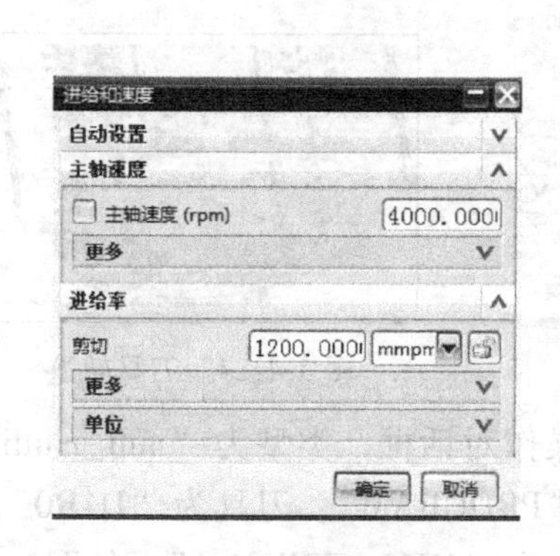


图 3-4-16 进给和速度

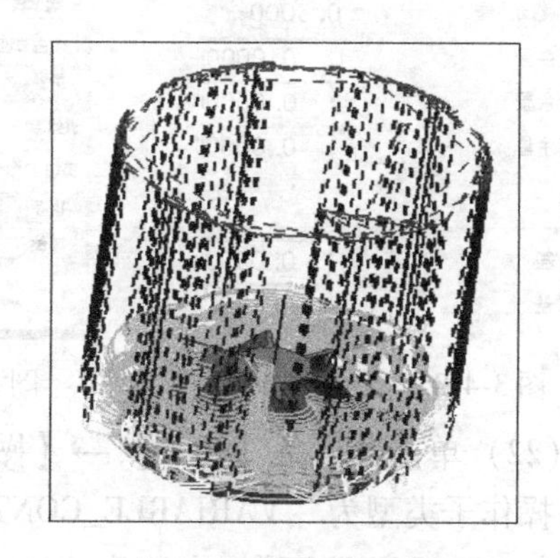

图 3-4-17 加工刀路

（18）在操作导航器中复制操作 MILL_ROUGH-1 并粘贴，重命名新操作为 MILL_ROUGH-2，如图 3-4-18 所示。双击操作 MILL_ROUGH-2，弹出型腔铣对话框，如图 3-4-19 所示。

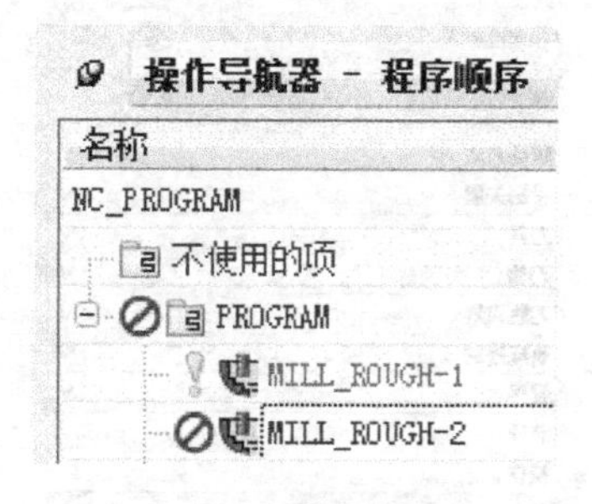


图 3-4-18 复制操作

图 3-4-19 型腔铣对话框

（19）单击【刀具】，重新选定刀具为“D6R3”，如图 3-4-20 所示。单击【刀轨设置】，设置方法为“MILL_ROUGH”，设置切削模式为“轮廓”，步距为“刀具平直”，平面直径百分比为“75”，附加刀路为“0”，全局每刀深度为“0.5”，如图3-4-21所示。

图3-4-20　刀具

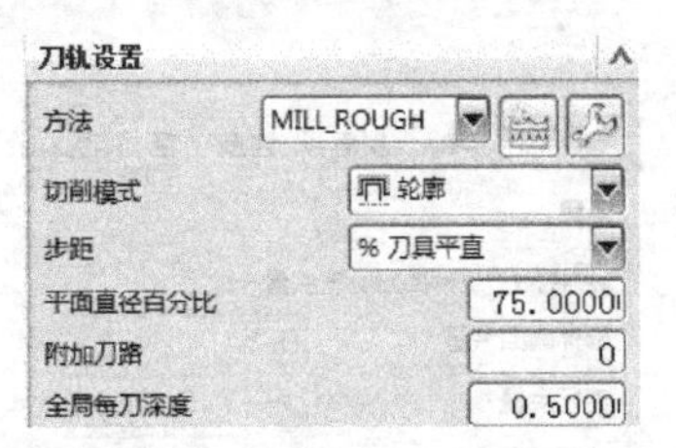

图3-4-21　刀轨设置

(20) 单击【切削参数】，设置部件侧面余量为“0.3”，如图3-4-22所示。单击【进给和速度】，设置主轴速度为“4200”，剪切进给率为“1500”，如图3-4-23所示。

(21) 单击【生成】按钮，得到零件加工刀路，如图3-4-24所示。

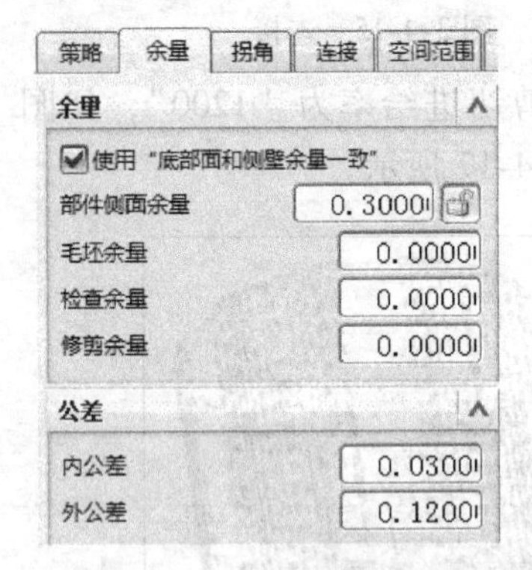

图3-4-22　余量设置

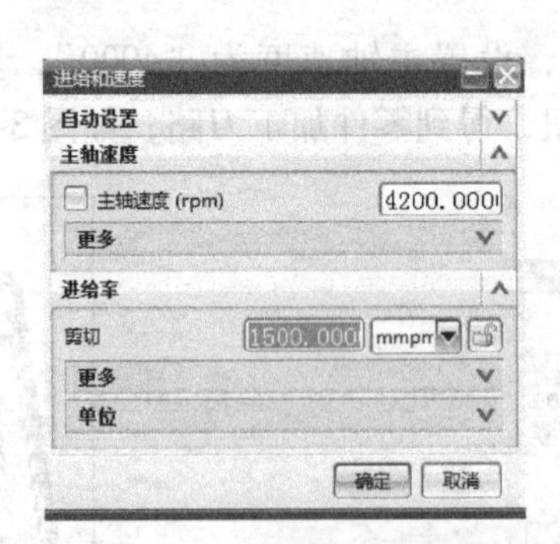

图3-4-23　进给和速度

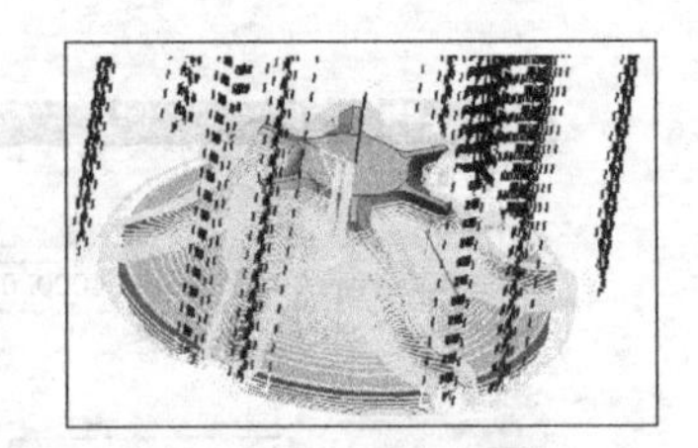
图3-4-24　刀具轨迹

(22) 单击菜单条【插入】→【操作】，弹出创建操作对话框，类型为“mill_multi_axis”，操作子类型为“VARIABLE_CONTOUR”，程序为“PROGRAM”，刀具为“D4R0”，几何体为“WORKPIECE”，方法为“MILL_FINISH”，名称为“MILL_FINISH-1”，如图3-4-25所示，单击【确定】，弹出可变轮廓铣对话框，如图3-4-26所示。

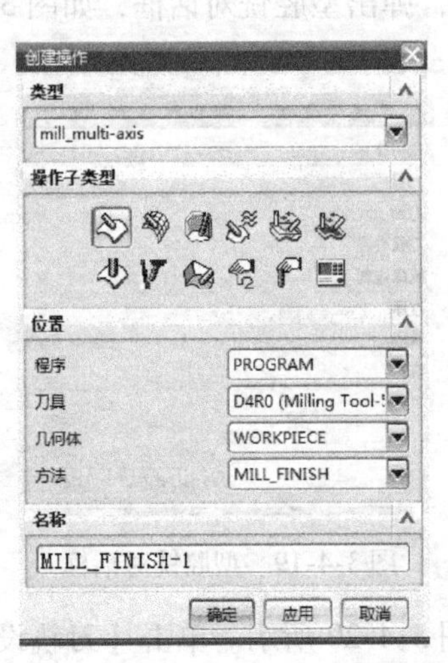

图3-4-25　创建操作对话框

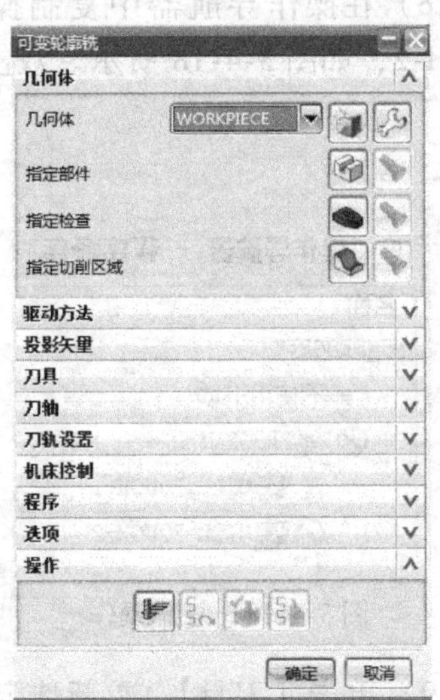

图3-4-26　可变轮廓铣对话框

（23）单击【驱动方法】，设置驱动方法为“曲面”，如图3-4-27所示，弹出曲面驱动方法对话框，设置刀具位置为“相切”，设置切削模式为“往复”，设置步距为“数量”，步距数为“8”，如图3-4-28所示。

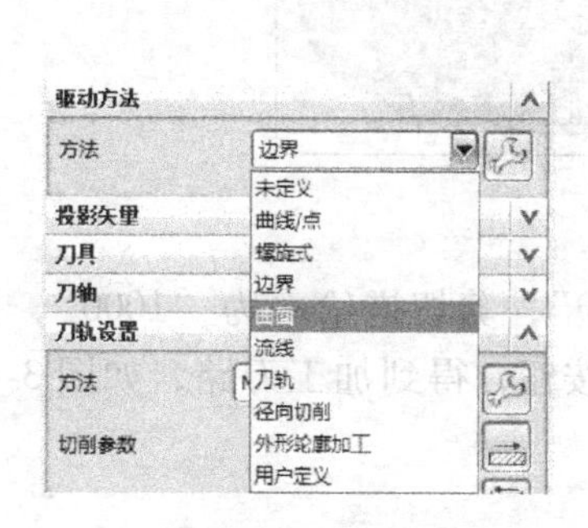


图3-4-27　驱动方法

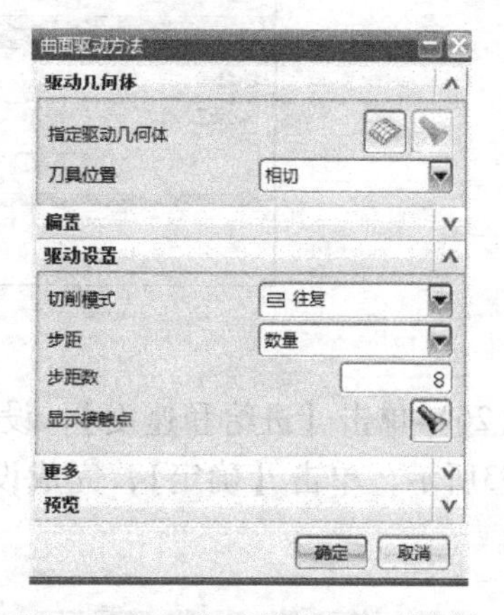


图3-4-28　曲面驱动方法对话框

（24）单击【指定曲面】，弹出驱动几何体对话框，选择如图3-4-29所示曲面，单击【确定】完成选择。

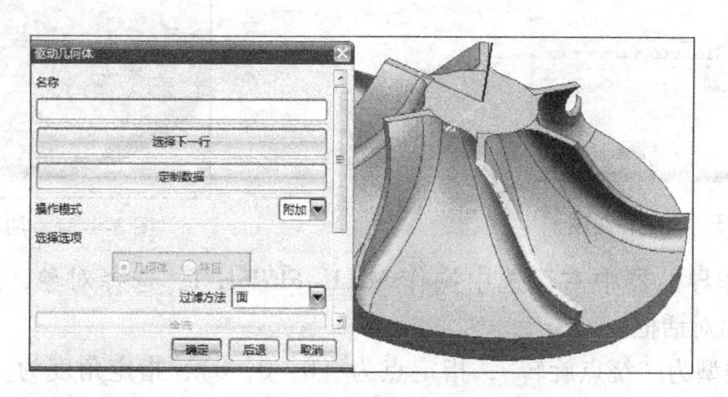


图3-4-29　曲面选择

（25）设置投影矢量为“刀轴”，如图3-4-30所示，设置刀轴为“侧刃驱动体”，如图3-4-31所示，弹出侧刃驱动体对话框，设置侧刃加工侧倾角为“0”，单击右侧箭头，完成操作如图3-4-32所示。

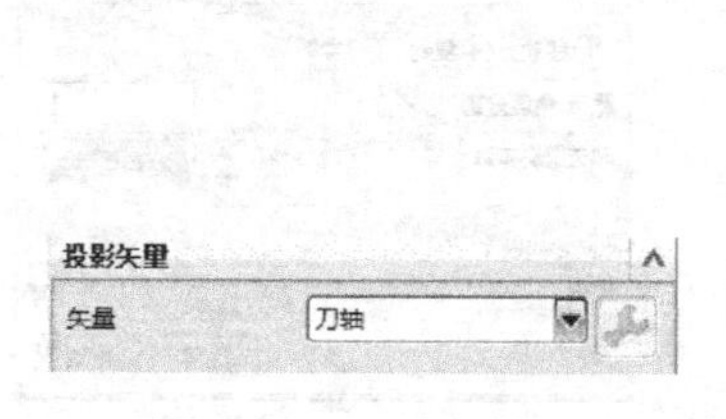


图3-4-30　投影矢量

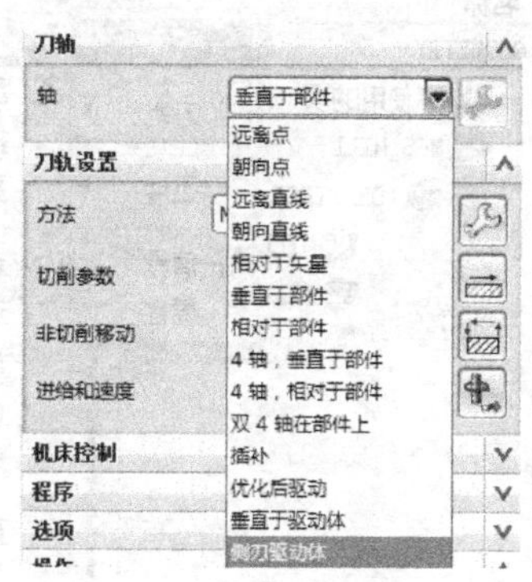


图3-4-31　刀轴

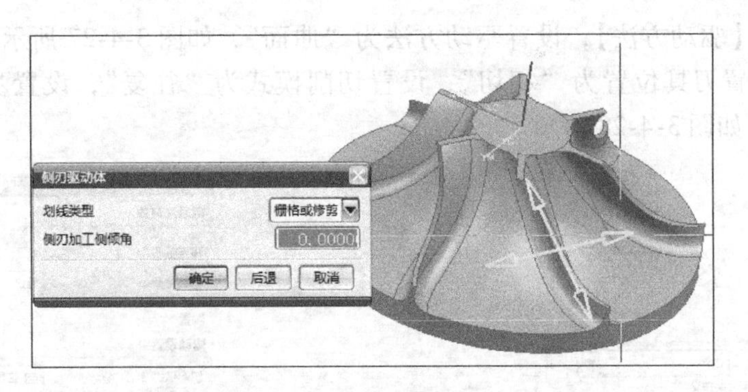


图 3-4-32　侧刃驱动体

（26）单击【进给和速度】，设置主轴速度为“4200”，剪切进给率为“1000”，如图 3-4-33所示，单击【确定】，完成设置。单击【生成】按钮，得到加工刀路，如图 3-4-34 所示。

图 3-4-33　进给和速度

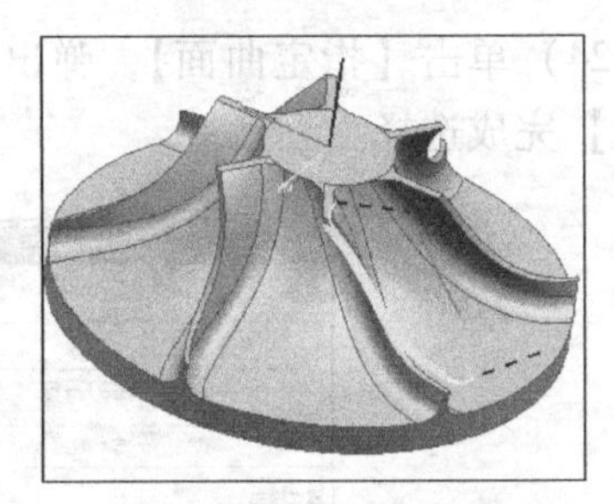

图 3-4-34　加工刀路

（27）在操作导航器中右键选中操作 MILL_FINISH-1，选择对象，选择变换，如图 3-4-35所示，弹出对话框。

（28）设定类型为“绕点旋转”，指定点为（0，0，0），指定角度为“60”，设定结果为“复制”，设定非关联副本数为“5”，如图 3-4-36 所示，单击【确定】，得到其他 5 个曲面的加工刀路，如图 3-4-37 所示。

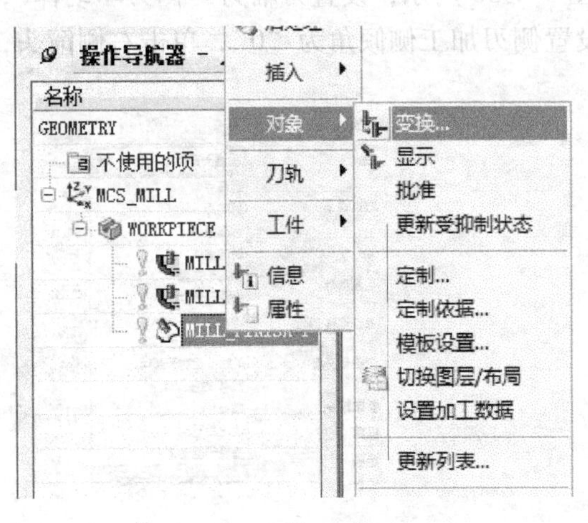


图 3-4-35　刀轨变换

图 3-4-36　变换

(29) 单击菜单条【插入】→【操作】，弹出创建操作对话框，类型为“mill_multi_ axis”，操作子类型为“VARIABLE_CONTOUR”，程序为“PROGRAM”，刀具为“D4R2”，几何体为“WORKPIECE”，方法为“MILL_FINISH”，名称为“MILL_FINISH-2”，如图 3-4-38 所示，单击【确定】，弹出可变轮廓铣对话框，如图 3-4-39 所示。

(30) 单击【指定部件】，选择如图 3-4-40 所示曲面（注意，选择上面有一条直线段的曲面），单击【确定】完成操作。

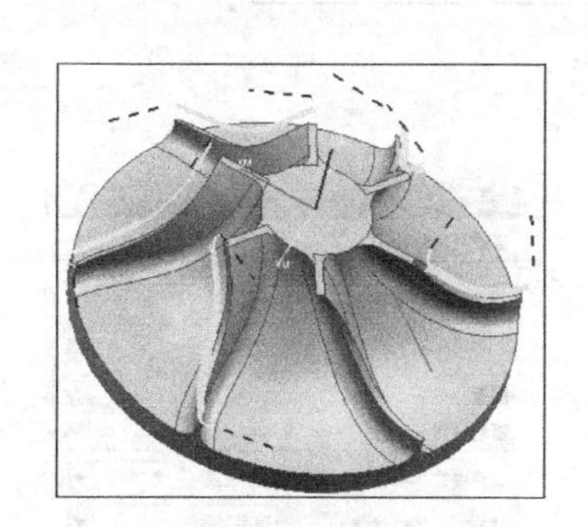

图 3-4-37　曲面加工刀路

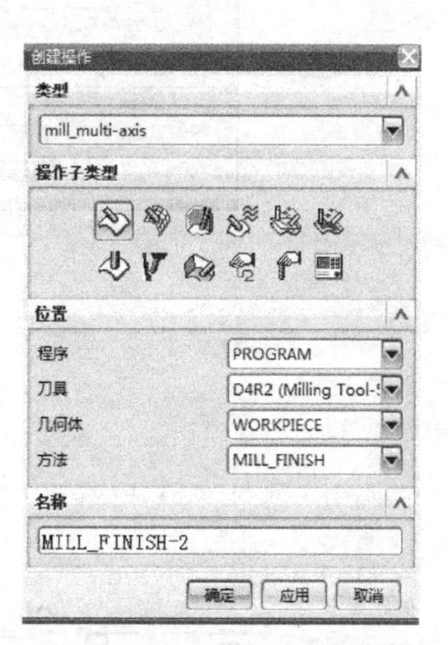


图 3-4-38　创建操作对话框

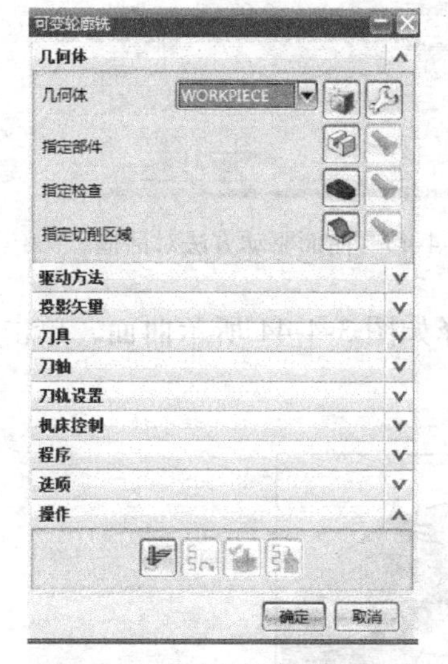


图 3-4-39　可变轮廓铣对话框

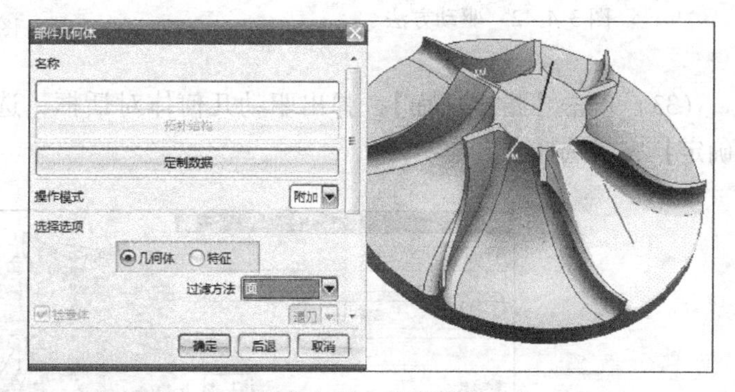


图 3-4-40　指定部件

(31) 单击【指定检查】，选择如图 3-4-41 所示曲面（注意，此部分曲面是加工上一步中指定的部件曲面时有可能产生干涉的曲面），单击【确定】，完成操作。

(32) 单击【驱动方法】，设置驱动方法为“曲面”，如图 3-4-42 所示，弹出曲面驱动方法对话框，设置刀具位置为“相切”，设置切削模式为“往复”，设置步距为“残余高度”，残余高度为“0. 02”，如图 3-4-43 所示。

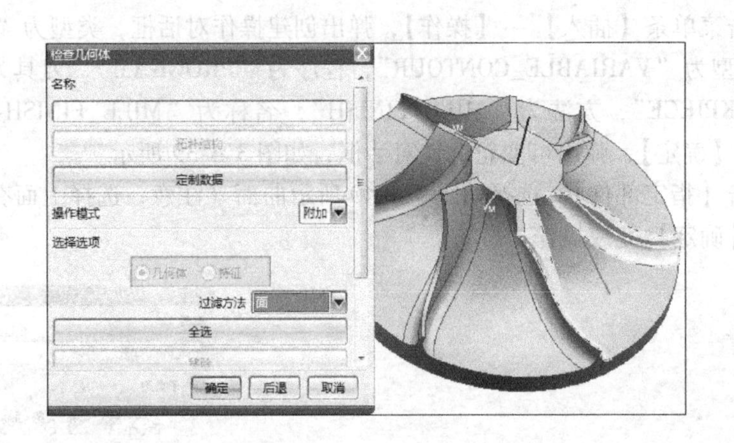


图 3-4-41　指定检查

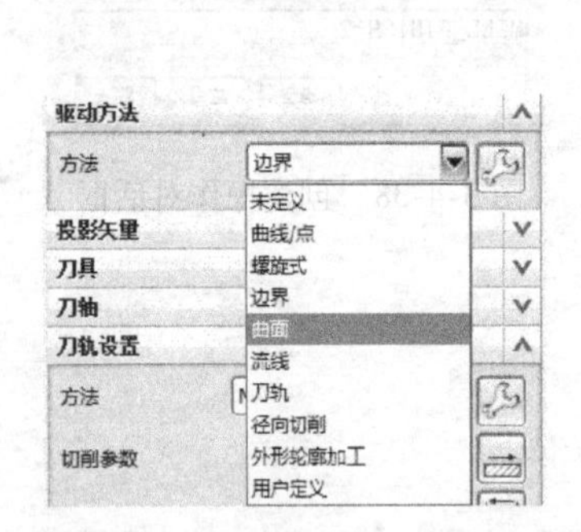


图 3-4-42　驱动方法

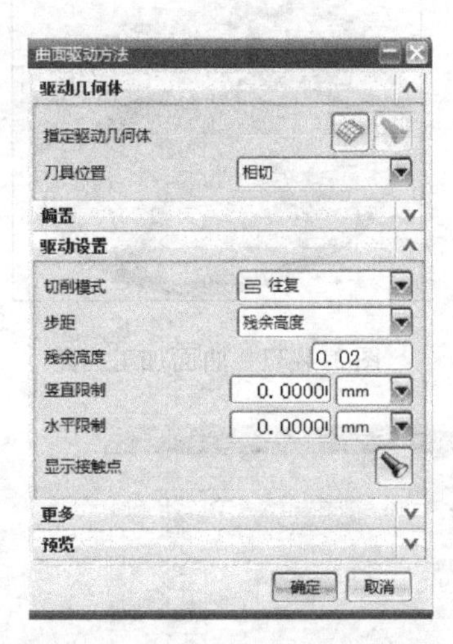


图 3-4-43　曲面驱动方法对话框

（33）单击【指定曲面】，弹出驱动几何体对话框，选择如图 3-4-44 所示曲面，单击【确定】完成选择。

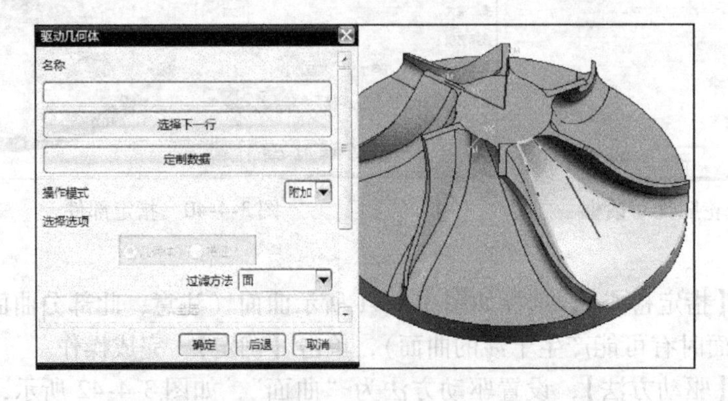


图 3-4-44　曲面选择

（34）设置投影矢量为“刀轴”，如图 3-4-45 所示，设置刀轴为“朝向直线”，选择现有直线，然后点选图中直线，如图3-4-46所示，完成操作。

图3-4-45　投影矢量

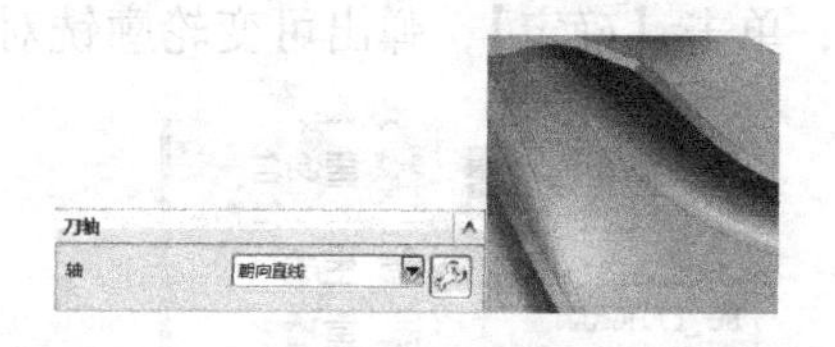
图3-4-46　刀轴

（35）单击【切削参数】，单击多条刀路选项卡，设置部件余量偏置为“1.5”，勾选“多重深度切削”，步进方法为“刀路”，刀路数为“3”，如图3-4-47所示。单击安全设置选项卡，设置检查安全距离为“0.01”，如图3-4-48所示。

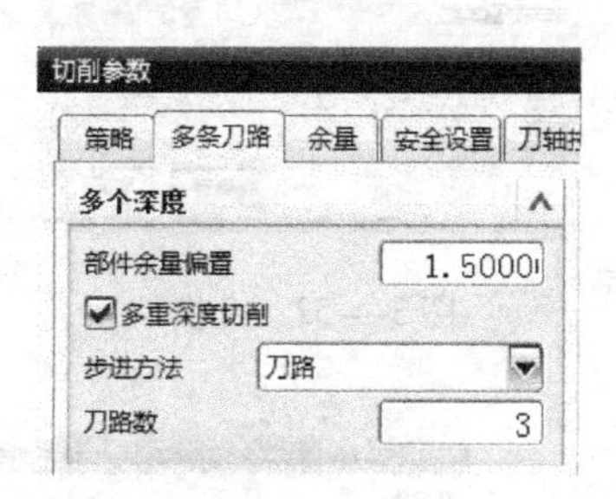

图3-4-47　多条刀路

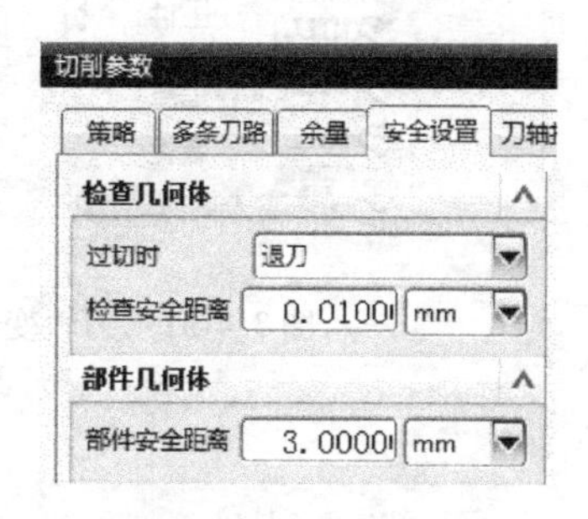

图3-4-48　安全设置

（36）单击【进给和速度】，设置主轴速度为“4200”，剪切进给率为“1200”，如图3-4-49所示，单击【确定】，完成设置。单击【生成】按钮，得到加工刀路，如图3-4-50所示。

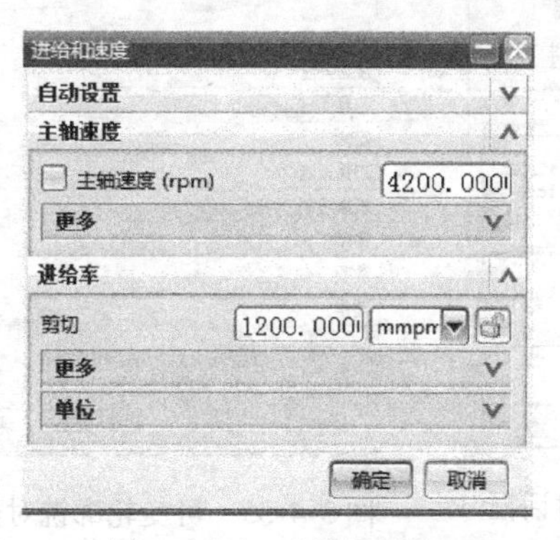

图3-4-49　进给和速度

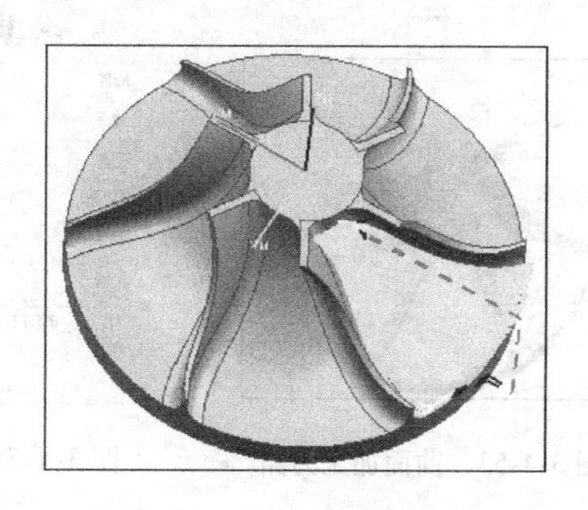
图3-4-50　加工刀路

（37）在操作导航器中右键选中操作MILL_FINISH-2，选择对象，选择变换，如图3-4-51所示，弹出对话框。

（38）设定类型为“绕点旋转”，指定点为（0，0，0），指定角度为“60”，设定结果为“复制”，设定非关联副本数为“5”，如图3-4-52所示，单击【确定】，得到其他5个曲面的加工刀路，如图3-4-53所示。

（39）单击菜单条【插入】→【操作】，弹出创建操作对话框，类型为“mill_multi_axis”，操作子类型为“VARIABLE_CONTOUR”，程序为“PROGRAM”，刀具为“D4R2”，几何体为“WORKPIECE”，方法为“MILL_FINISH”，名称为“MILL_FINISH-3”，如图3-4-54所示，单击【确定】，弹出可变轮廓铣对话框，如图 3-4-55 所示。

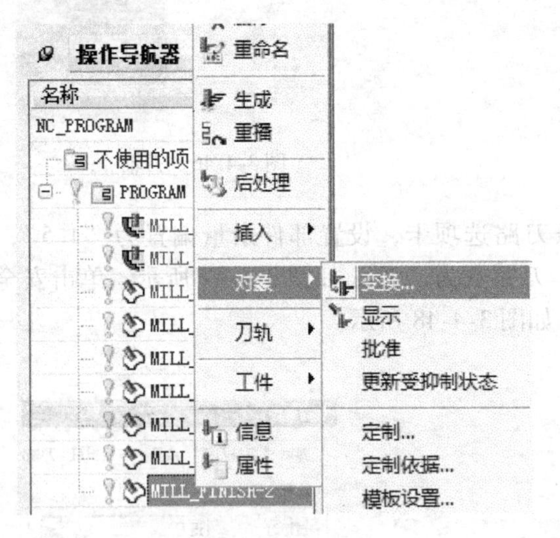


图 3-4-51　刀轨变换

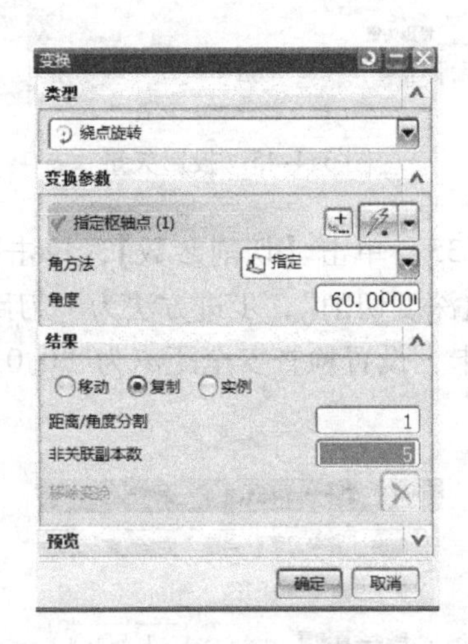


图 3-4-52　变换

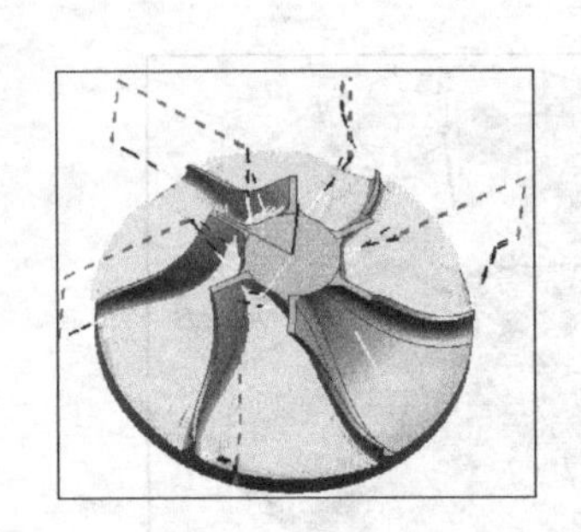

图 3-4-53　曲面加工刀路

图 3-4-54　创建操作对话框

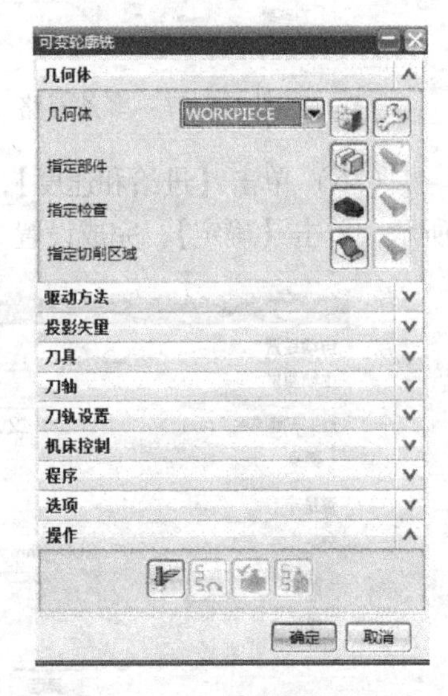


图 3-4-55　可变轮廓铣对话框

（40）单击【驱动方法】，设置驱动方法为“曲面”，如图 3-4-56 所示，弹出曲面驱动方法对话框，设置刀具位置为“相切”，设置切削模式为“往复”，设置步距为“数量”，步距数为“30”，如图 3-4-57 所示。

（41）单击【指定驱动几何体】，弹出驱动几何体对话框，选择如图 3-4-58 所示曲面，单击【确定】完成选择。

（42）设置投影矢量为“刀轴”，如图 3-4-59 所示，设置刀轴为“侧刃驱动体”，如图 3-4-60 所示，弹出侧刃驱动体对话框，设置侧刃加工侧倾角为“10”，单击左上方箭头，完成操作如图 3-4-61 所示。

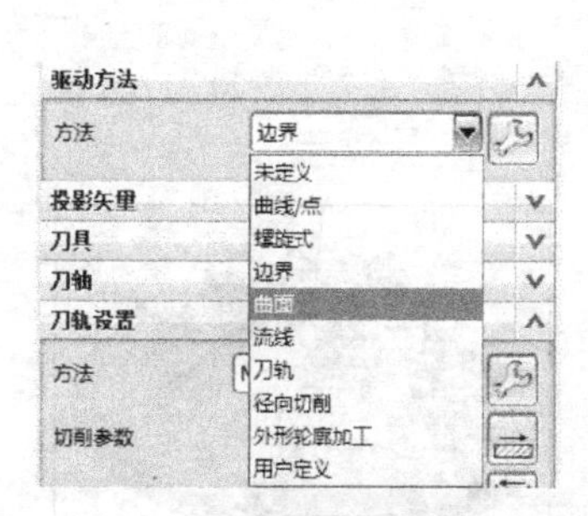


图 3-4-56　驱动方法

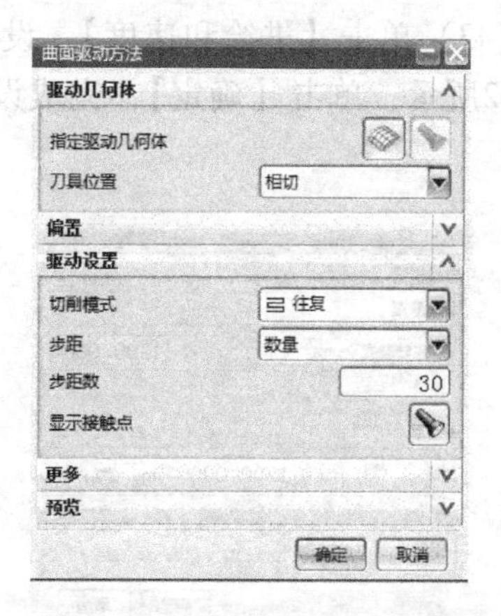


图 3-4-57　曲面驱动方法对话框

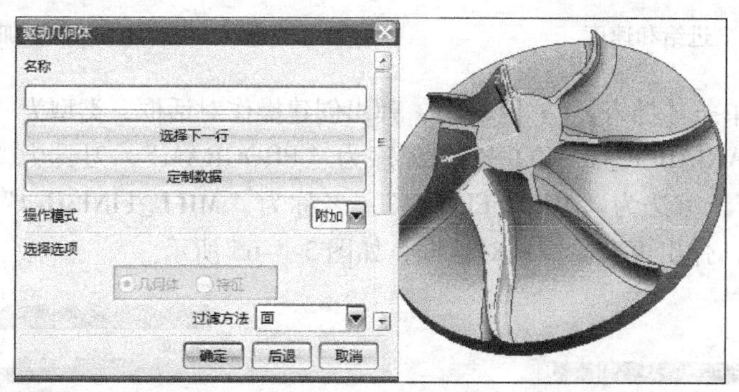


图 3-4-58　曲面选择

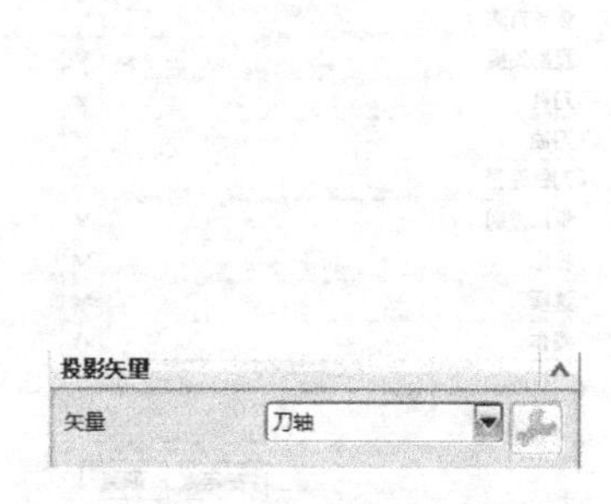


图 3-4-59　投影矢量

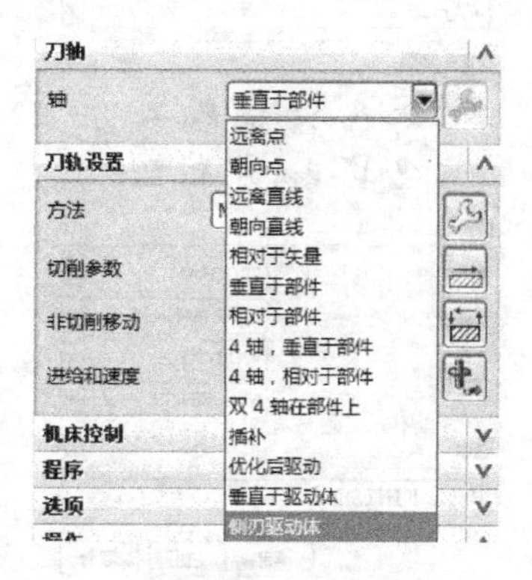


图 3-4-60　刀轴

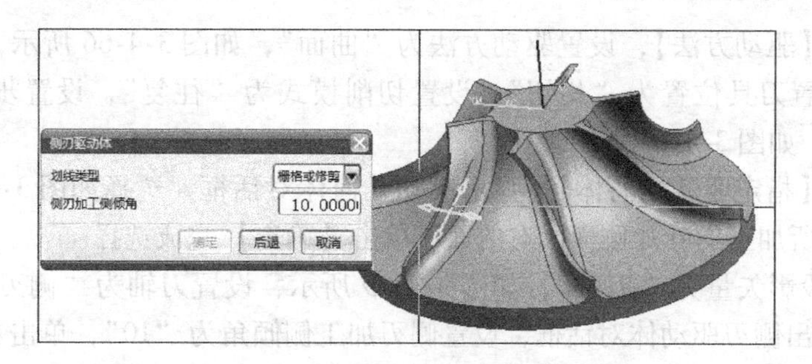


图 3-4-61　侧刃驱动体

（43）单击【进给和速度】，设置主轴速度为“4200”，剪切进给率为“1200”，如图 3-4-62所示，单击【确定】，完成设置。单击【生成】按钮，得到加工刀路，如图 3-4-63 所示。

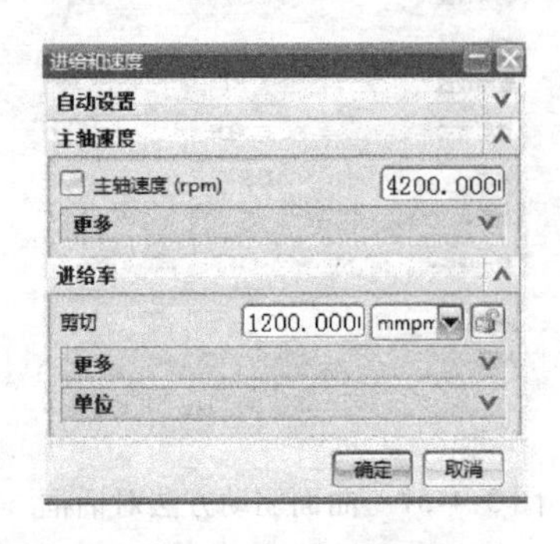


图 3-4-62　进给和速度

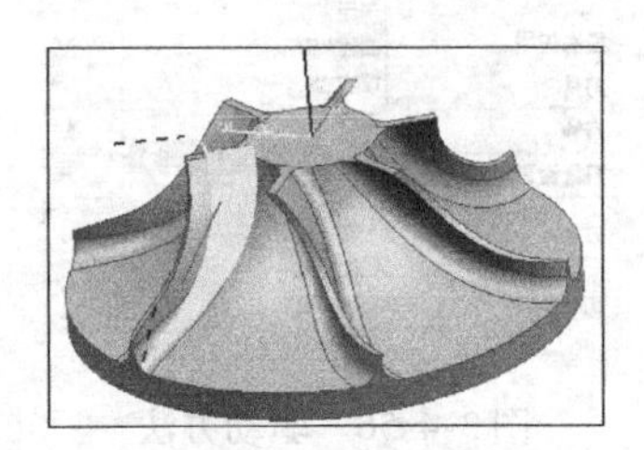

图 3-4-63　加工刀路

（44）单击菜单条【插入】→【操作】，弹出创建操作对话框，类型为“mill_multi_axis”，操作子类型为“VARIABLE_CONTOUR”，程序为“PROGRAM”，刀具为“D4R2”，几何体为“WORKPIECE”，方法为“MILL_FINISH”，名称为“MILL_FINISH-4”，如图 3-4-64 所示，单击【确定】，弹出可变轮廓铣对话框，如图 3-4-65 所示。

图 3-4-64　创建操作对话框

图 3-4-65　可变轮廓铣对话框

（45）单击【驱动方法】，设置驱动方法为“曲面”，如图 3-4-66 所示，弹出曲面驱动方法对话框，设置刀具位置为“相切”，设置切削模式为“往复”，设置步距为“数量”，步距数为“30”，如图 3-4-67 所示。

（46）单击【指定驱动几何体】，弹出驱动几何体对话框，选择如图 3-4-68 所示曲面，此面是与上步中所加工的叶片侧面所对的面，单击【确定】完成选择。

（47）设置投影矢量为“刀轴”，如图 3-4-69 所示，设置刀轴为“侧刃驱动体”，如图 3-4-70 所示，弹出侧刃驱动体对话框，设置侧刃加工侧倾角为“10”，单击右侧箭头，完成操作如图 3-4-71 所示。

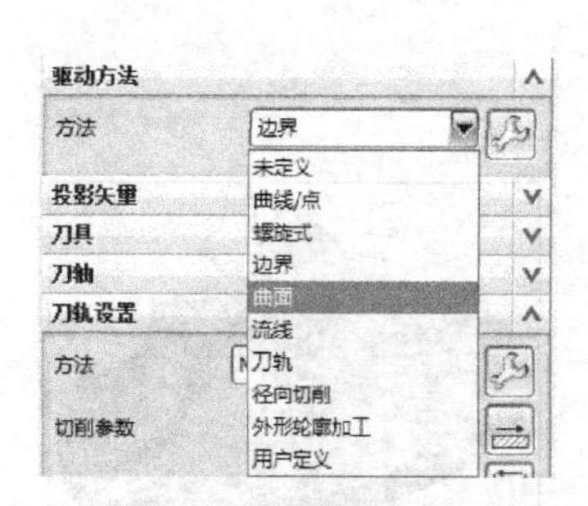


图 3-4-66　驱动方法

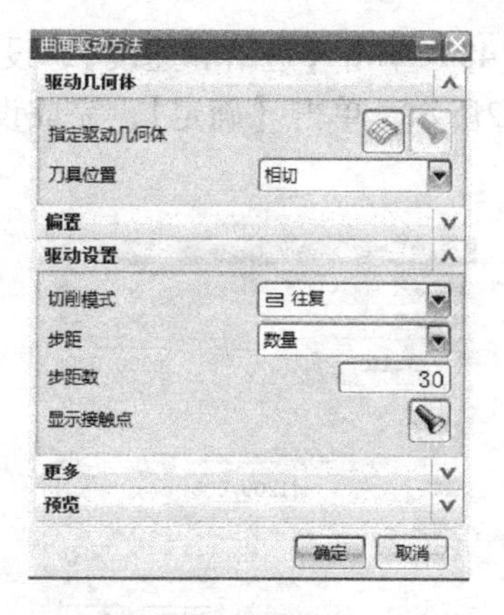


图 3-4-67　曲面驱动方法对话框

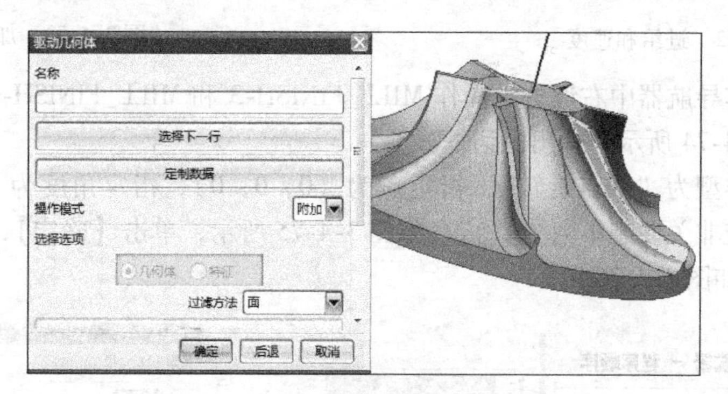


图 3-4-68　曲面选择

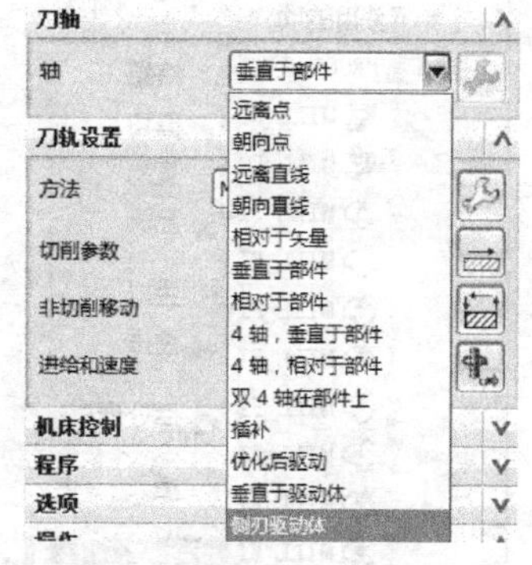


投影矢量
矢量　刀轴

图 3-4-69　投影矢量

图 3-4-70　刀轴

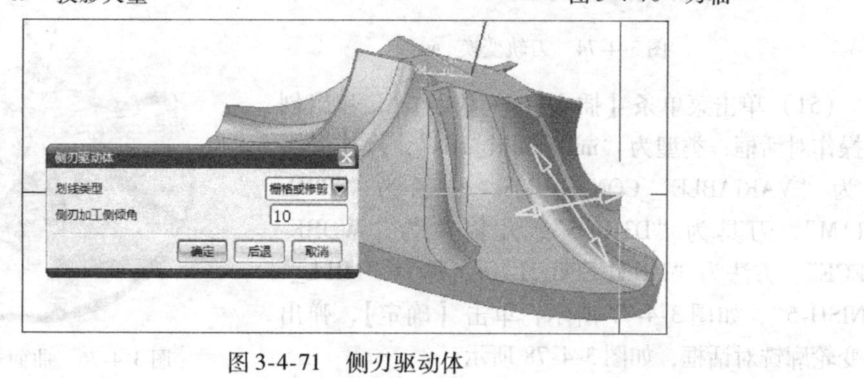


图 3-4-71　侧刃驱动体

（48）单击【进给和速度】，设置主轴速度为“4200”，剪切进给率为“1200”，如图3-4-72所示，单击【确定】，完成设置。单击【生成】按钮，得到加工刀路，如图3-4-73所示。

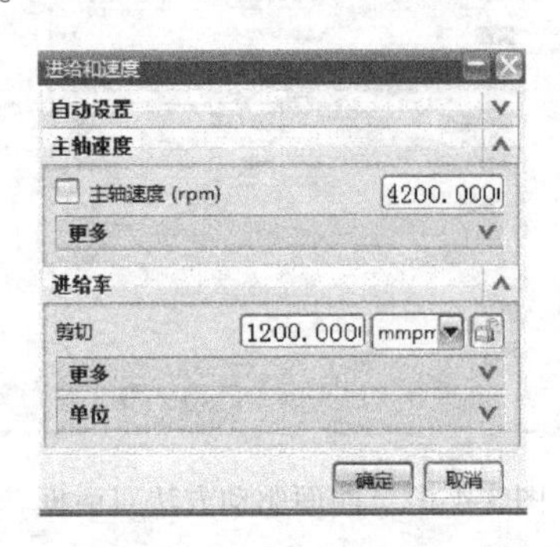


图3-4-72　进给和速度

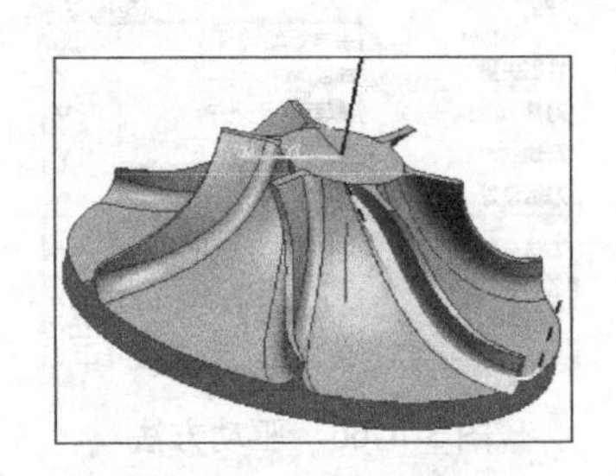

图3-4-73　加工刀路

（49）在操作导航器中右键选中操作MILL_FINISH-3和MILL_FINISH-4，选择对象，选择变换，如图3-4-74所示，弹出对话框。

（50）设定类型为“绕点旋转”，指定点为（0，0，0），指定角度为“60”，设定结果为“复制”，设定非关联副本数为“5”，如图3-4-75所示，单击【确定】，得到其他5个曲面的加工刀路，如图3-4-76所示。

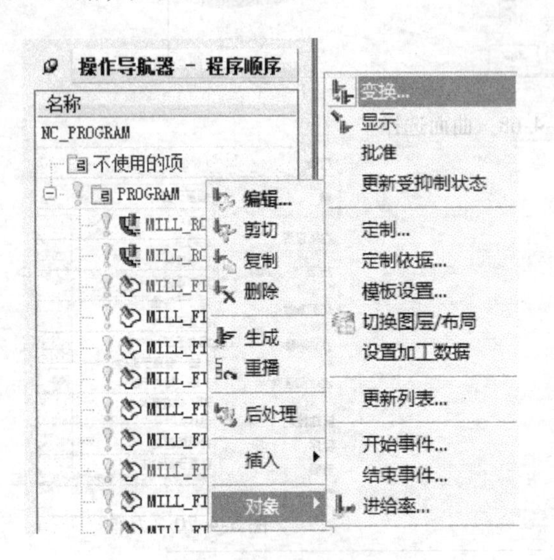


图3-4-74　刀轨变换

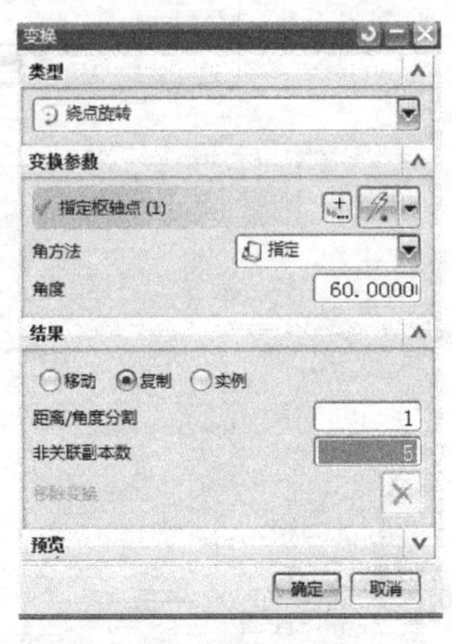


图3-4-75　变换

（51）单击菜单条【插入】→【操作】，弹出创建操作对话框，类型为“mill_multi_axis”，操作子类型为“VARIABLE _ CONTOUR”，程序为“PROGRAM”，刀具为“D3R1.5”，几何体为“WORKPIECE”，方法为“MILL_FINISH”，名称为“MILL_FINISH-5”，如图3-4-77所示，单击【确定】，弹出可变轮廓铣对话框，如图3-4-78所示。

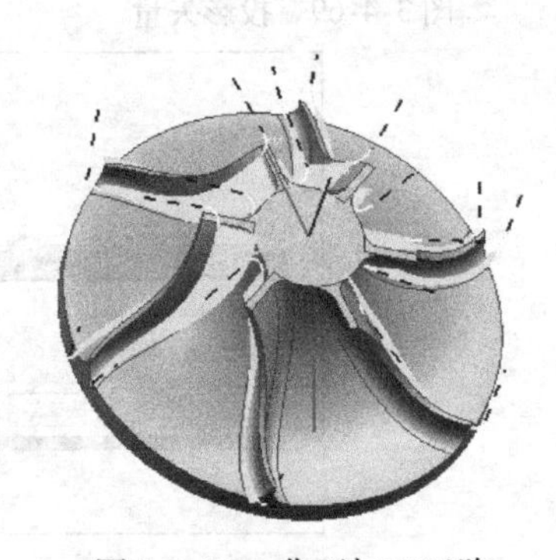

图3-4-76　曲面加工刀路

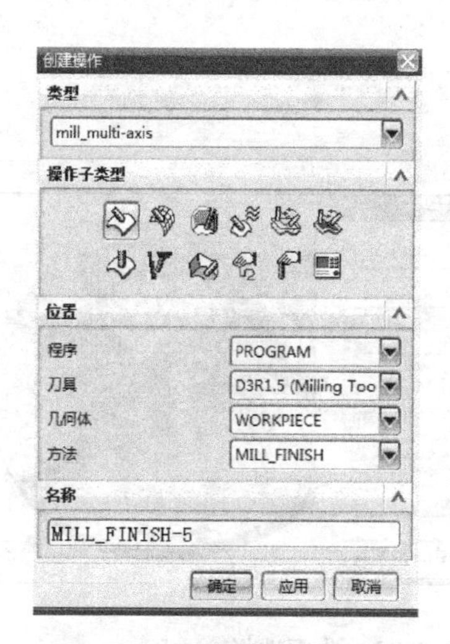


图 3-4-77　创建操作对话框

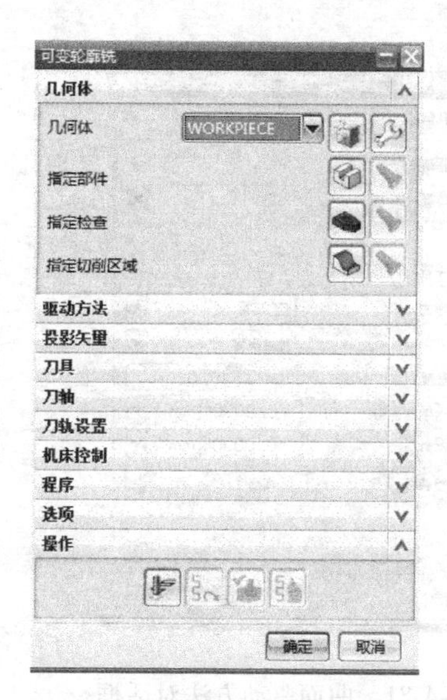


图 3-4-78　可变轮廓铣对话框

（52）单击【指定检查】，选择如图 3-4-79 所示曲面（注意，此部分曲面是加工叶片根部圆角时有可能产生干涉的曲面），单击【确定】，完成操作。

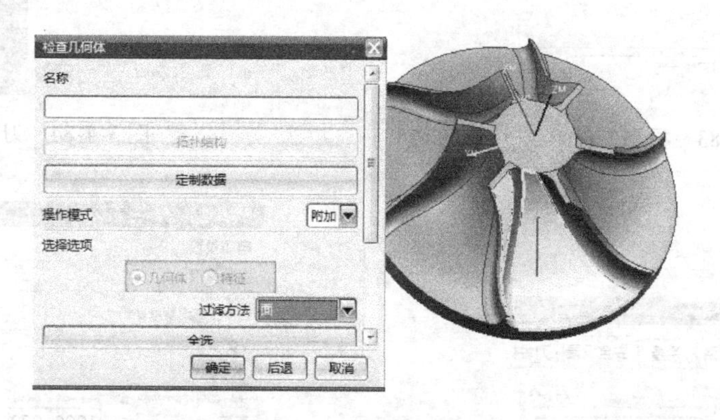


图 3-4-79　指定检查

（53）单击【驱动方法】，设置驱动方法为“曲面”，如图 3-4-80 所示，弹出曲面驱动方法对话框，设置刀具位置为“相切”，设置切削模式为“往复”，设置步距为“残余高度”，残余高度为“0.02”，如图 3-4-81 所示。

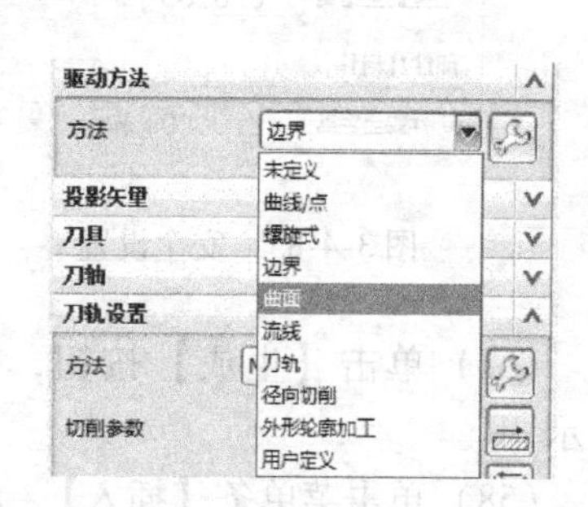


图 3-4-80　驱动方法

（54）单击【指定曲面】，弹出驱动几何体对话框，选择如图3-4-82所示曲面，单击【确定】完成选择。

（55）设置投影矢量为“刀轴”，如图 3-4-83 所示，设置刀轴为“朝向直线”，选择现有直线，然后点选图中直线，如图 3-4-84 所示，完成操作。

（56）单击【切削参数】，单击安全设置选项卡，设置检查安全距离为“0.01”，如图 3-4-85 所示。单击【进给和速度】，设置主轴转速为“4500”，进给速度为“1000”，如图 3-4-86 所示，单击【确定】，完成设置。

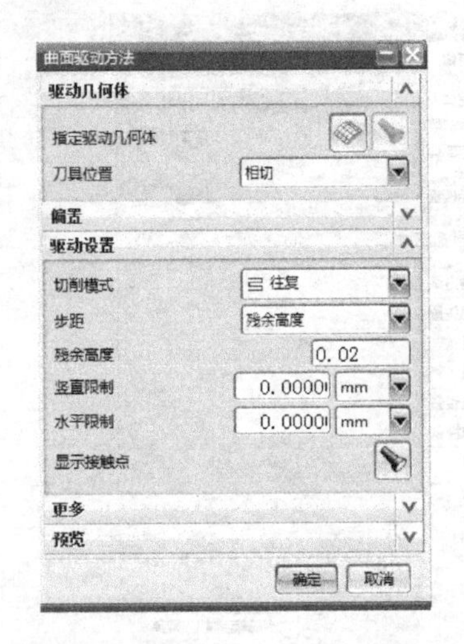


图 3-4-81　曲面驱动方法对话框

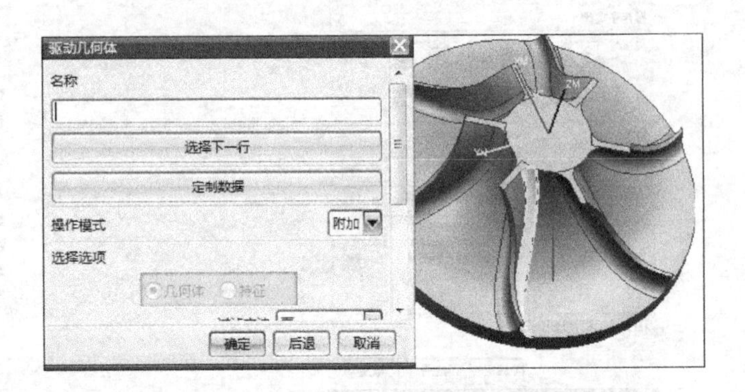


图 3-4-82　曲面选择

图 3-4-83　投影矢量

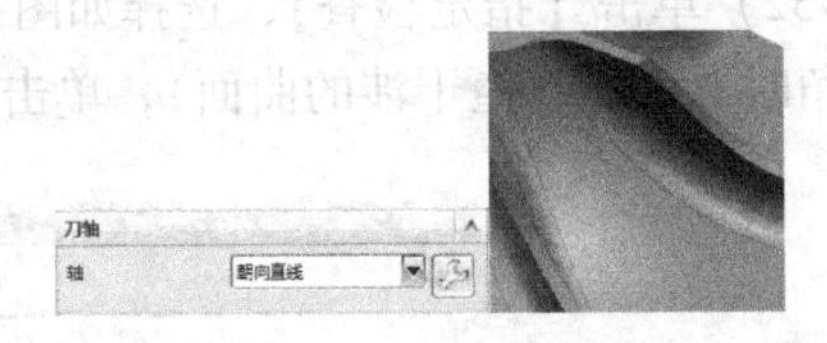


图 3-4-84　刀轴

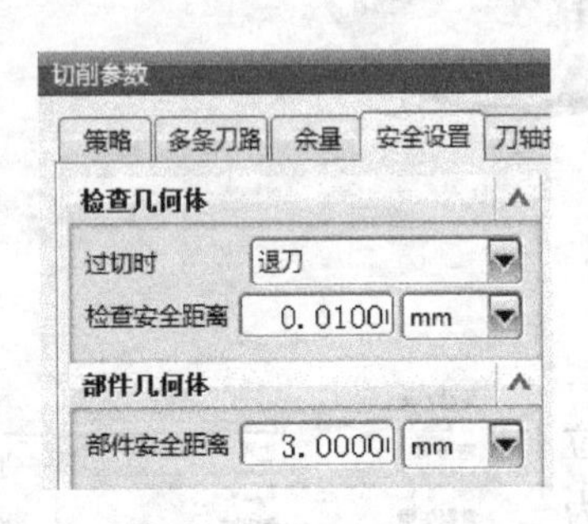


图 3-4-85　安全设置

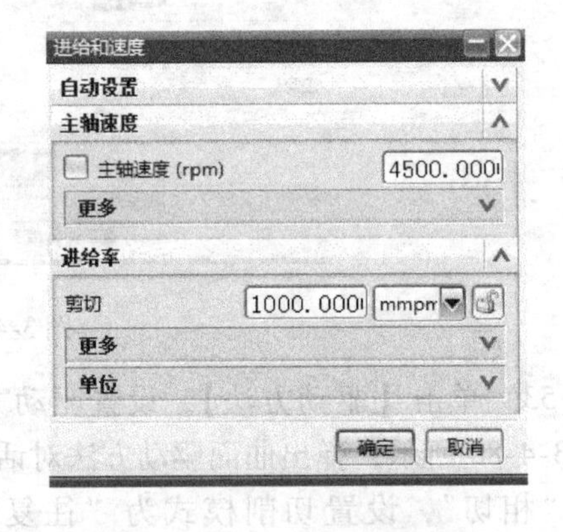


图 3-4-86　进给和速度

（57）单击【生成】按钮，得到加工刀路，如图 3-4-87 所示。

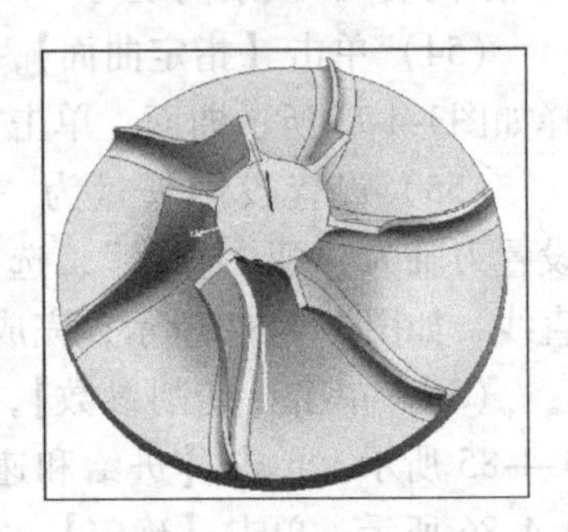

图 3-4-87　加工刀路

（58）单击菜单条【插入】→【操作】，弹出创建操作对话框，类型为“mill_multi_axis”，操作子类型为“VARIABLE_CONTOUR”，程序为“PROGRAM”，刀具为“D3R1.5”，几何体为“WORKPIECE”，方法为“MILL_FINISH”，名称为“MILL_FINISH-6”，如图 3-4-88 所示，单击【确定】，弹出可变轮廓铣对话框，如图 3-4-89 所示。

图 3-4-88　创建操作对话框

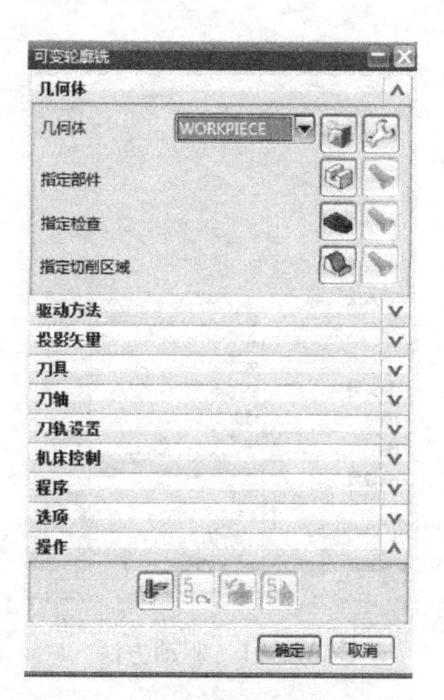


图 3-4-89　可变轮廓铣对话框

（59）单击【指定检查】，选择如图 3-4-90 所示曲面（注意，此部分曲面是加工叶片根部圆角时有可能产生干涉的曲面），单击【确定】，完成操作。

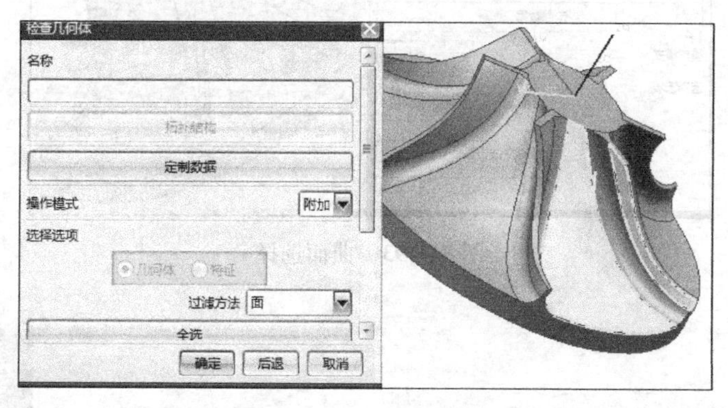


图 3-4-90　指定检查

（60）单击【驱动方法】，设置驱动方法为“曲面”，如图 3-4-91 所示，弹出曲面驱动方法对话框，设置刀具位置为“相切”，设置切削模式为“往复”，设置步距为“残余高度”，残余高度为“0.02”，如图 3-4-92 所示。

（61）单击【指定曲面】，弹出驱动几何体对话框，选择如图 3-4-93 所示曲面，点击【确定】完成选择。

（62）设置投影矢量为“刀轴”，如图 3-4-94 所示，设置刀轴为“朝向直线”，选择现有直线，点选图中直线，如图 3-4-95 所示，完成操作。

（63）单击【切削参数】，单击安全设置选项卡，设置检查安全距离为“0.01”，如图 3-4-96所示。单击【进给和速度】，设置主轴速度为“4500”，剪切进给率为“1000”，如图 3-4-97 所示，单击【确定】，完成设置。

（64）单击【生成】按钮，得到加工刀路，如图 3-4-98 所示。

（65）在操作导航器中右键选中操作 MILL_FINISH-5 和 MILL_FINISH-6，选择对象，选择变换，如图 3-4-99 所示，弹出对话框。

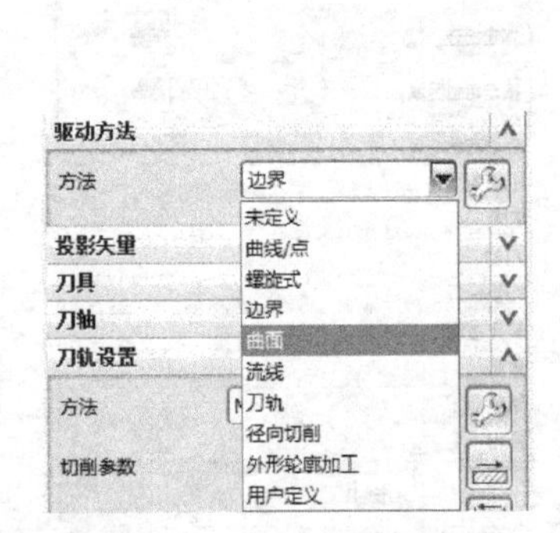


图 3-4-91　驱动方法

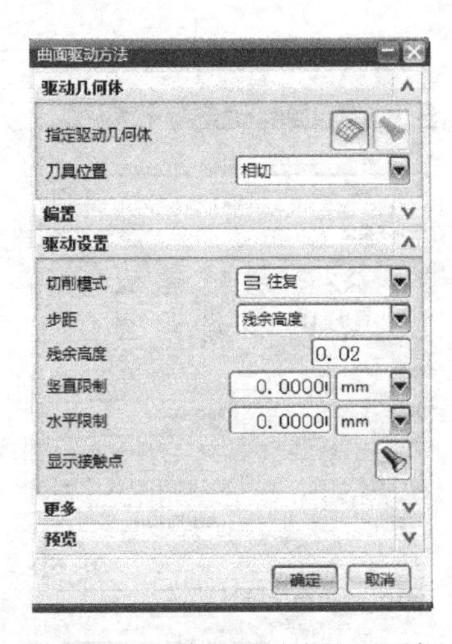


图 3-4-92　曲面驱动方法对话框

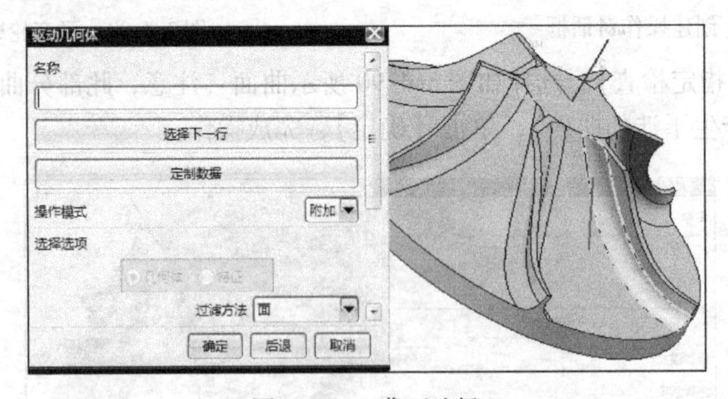


图 3-4-93　曲面选择

图 3-4-94　投影矢量

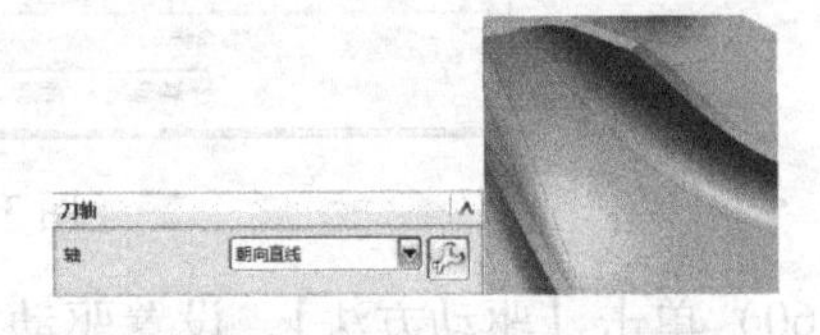

图 3-4-95　刀轴

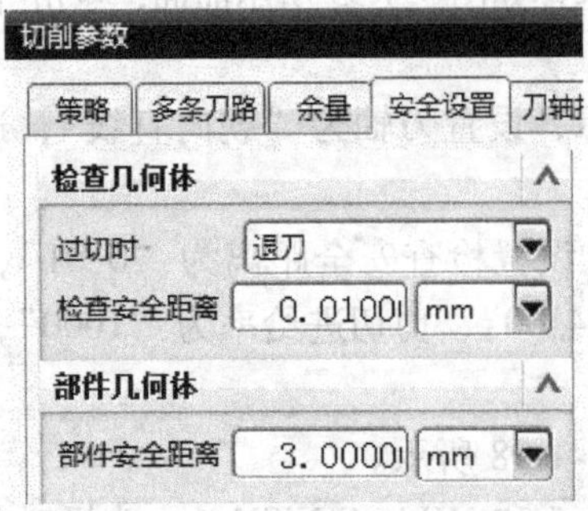

切削参数

| 策略 | 多条刀路 | 余量 | 安全设置 | 刀轴 |
|---|---|---|---|---|

**检查几何体**

| 过切时 | 退刀 | |
|---|---|---|
| 检查安全距离 | 0. 0100 | mm |

**部件几何体**

| 部件安全距离 | 3. 0000 | mm |
|---|---|---|

图 3-4-96　安全设置

图 3-4-97　进给和速度

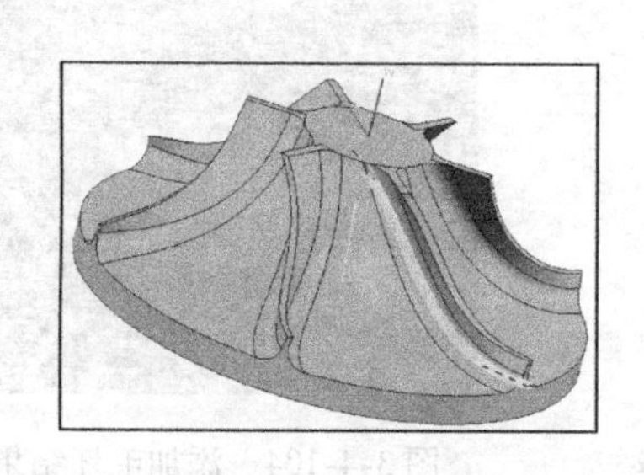

图 3-4-98　加工刀路

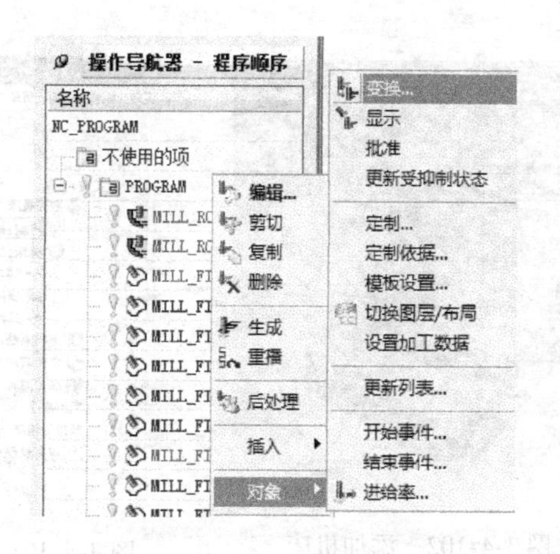


图 3-4-99　刀轨变换

（66）设定类型为“绕点旋转”，指定点为（0，0，0），指定角度为“60”，设定结果为“复制”，设定非关联副本数为“5”，如图 3-4-100 所示，单击【确定】，得到其他 5 个曲面的加工刀路，如图 3-4-101 所示。

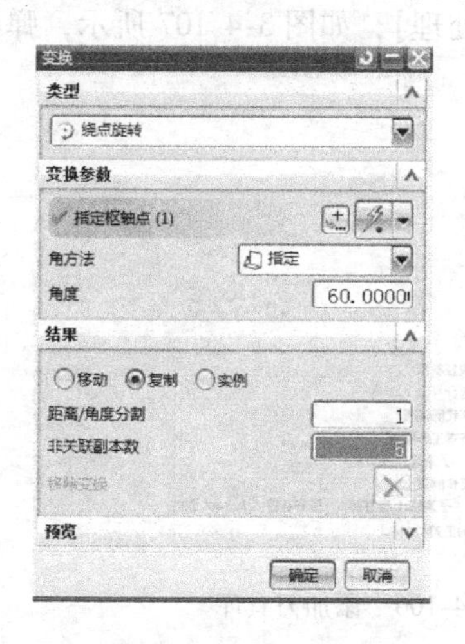


图 3-4-100　变换

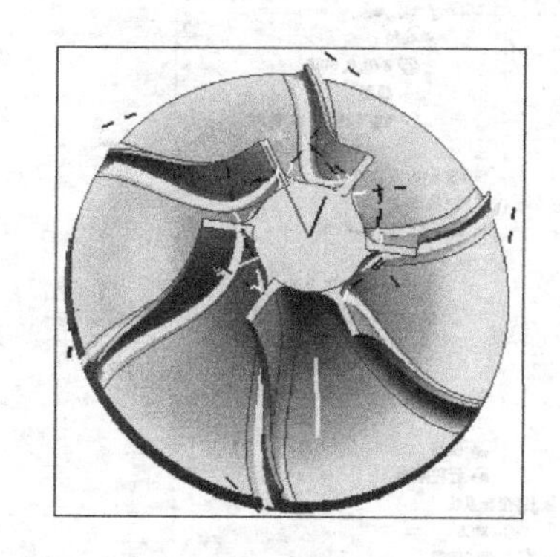

图 3-4-101　曲面加工刀路

## 三、仿真加工

（1）打开 VERICUT 软件，设置工作目录。新建一毫米制文件。

（2）添加机床。右键单击项目树中机床，单击打开命令，在打开机床对话框中选择 Mikron. mch 文件，如图 3-4-102 所示。

（3）添加控制文件。右键单击项目树控制，选择打开命令，在打开系统控制对话框中选择 hei530. ctl 控制系统，结果如图 3-4-103 所示。

（4）添加工装。右键单击 Stock，选择添加模型文件下的圆柱，设置高为“20”，半径为“28”，结果如图 3-4-104 所示。

（5）设置 G-代码偏置。选择项目树中的 G-代码偏置，单击添加按钮，偏置名为“程序零点”，寄存器为“1”，定位方式为从 Tool 到 Stock，如图 3-4-105 所示。

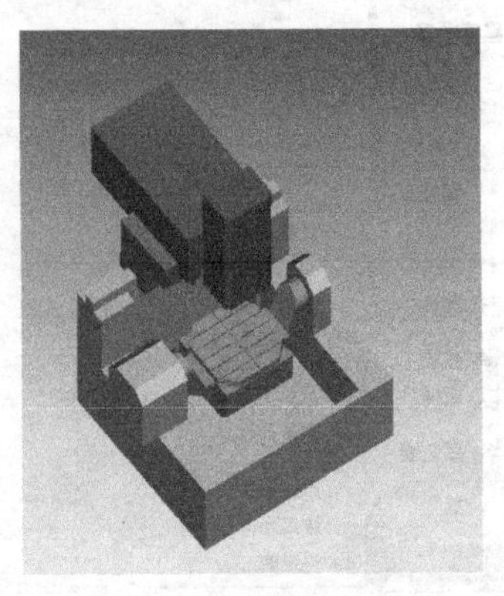

图 3-4-102　添加机床

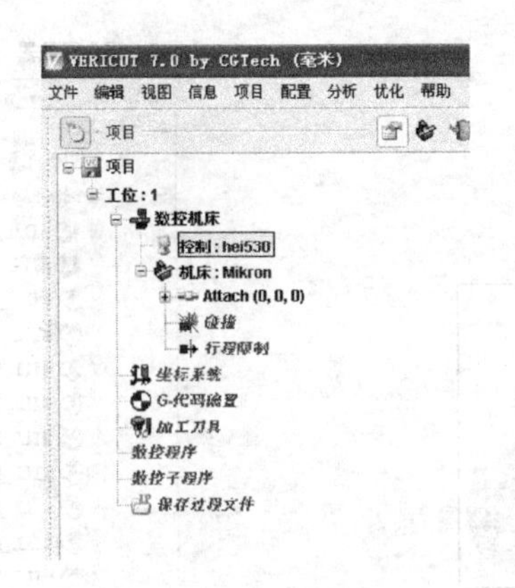

图 3-4-103　选择控制系统

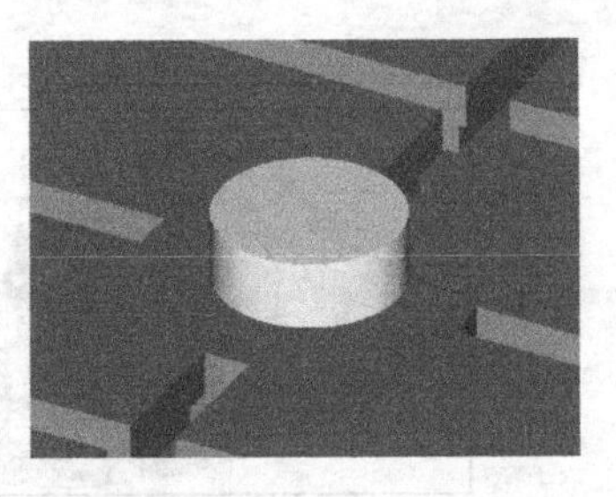
图 3-4-104　添加毛坯结果

（6）添加刀具库。右键单击项目树中加工刀具，选择打开命令，在打开刀具库对话框选择 tool. tls 文件，结果如图 3-4-106 所示。

（7）后处理得到加工程序。在 UG NX 软件的刀轨操作导航器中选中所有操作，单击【工具】→【操作导航器】→【输出】→【NX POST 后处理】，如图 3-4-107 所示，弹出后处理对话框。

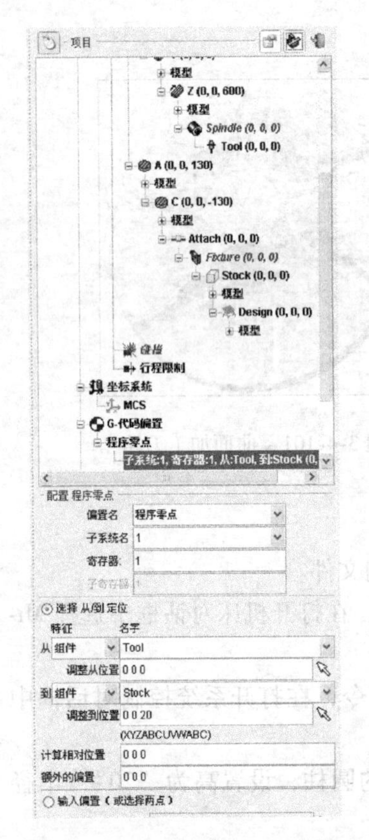

图 3-4-105　设置 G-代码偏置

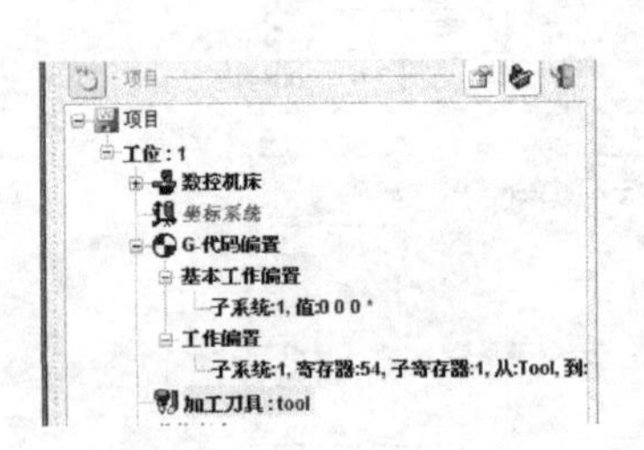

图 3-4-106　添加刀具库

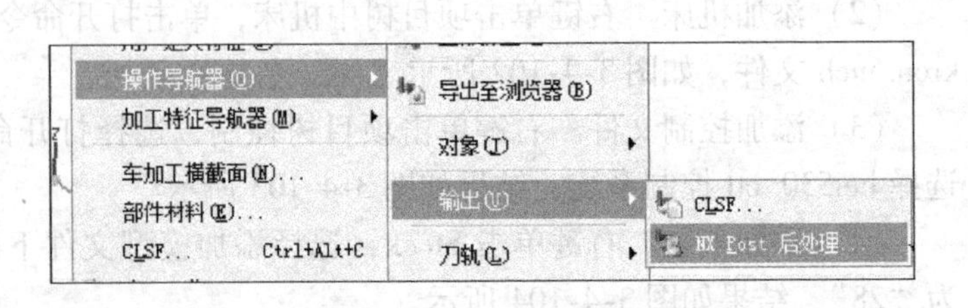

图 3-4-107　后处理命令

（8）后处理器选择“hai530_AC”，指定合适的文件路径和文件名，单位设置为“公制”，勾选“列出输出”，如图 3-4-108 所示，单击【确定】完成后处理，得到加工程序，如图 3-4-109 所示。

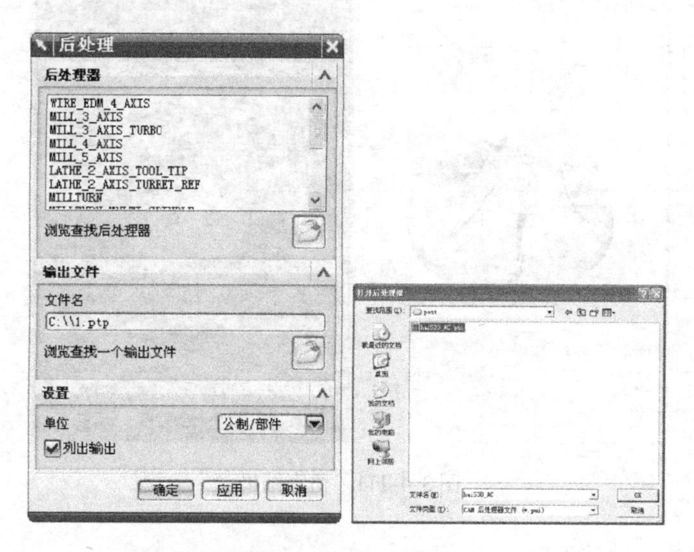


图 3-4-108　后处理

（9）添加数控程序。单击项目树中数控程序，选择添加 NC 程序文件，选择加工程序，结果如图 3-4-110 所示。

图 3-4-109　加工程序

图 3-4-110　添加数控程序

（10）单击仿真到末端按钮，进行加工仿真，结果如图 3-4-111 所示。

（11）保存项目。

## 四、零件加工

（1）安装刀具和零件。根据机床型号选择 BT40 刀柄，对照工序卡，安装刀具。所有刀具保证伸出长度大于 50mm。将自定心卡盘安装在加工中心工作台面上，并使用百分表校准并固定，将毛坯夹紧。

（2）对刀。零件加工原点设置毛坯上端面中心。使用机械式寻边器，找正毛坯中心，并设置 G54 参数，使用 Z 向对刀仪，分别找正每把刀的 Z 向补偿值，并设置刀具补偿参数。

（3）程序传输并加工。使用 WINPCIN 软件将后处理得到的加工程序传输到加工中心的数控系统，设置机床为自动加工模式，按循环启动键，机床即开始自动加工零件。

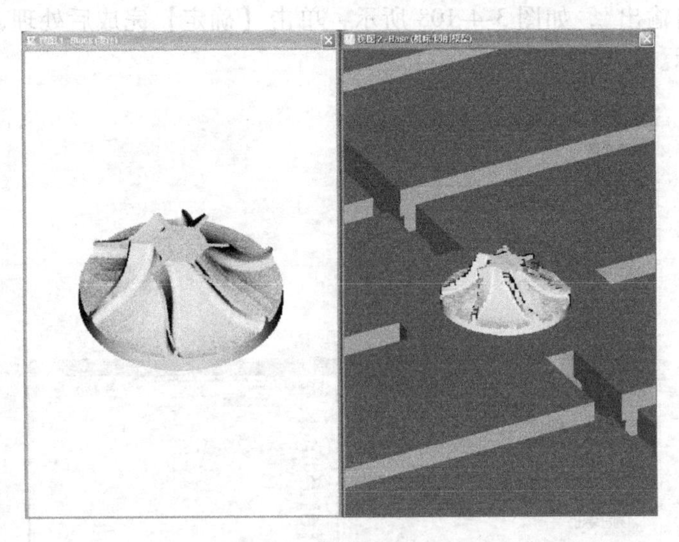

图 3-4-111　仿真结果

## 【专家点拨】

（1）加工叶轮，叶片之间的流道很窄，材料又不好加工时可以采用插铣的方法。

（2）在加工叶轮时，开槽和扩槽未必一次到底。根据情况可以分步骤完成。即开到一定深度后先做半精加工，然后再继续开槽。

（3）叶轮叶片的半精加工有两种走刀路线：在两个叶片之中进行区域式加工和对一个叶片环绕加工。

（4）清根是叶片、叶轮加工的难点之一。经常出现的问题是过切和抬刀。解决的方法是：

1）光顺根部曲面：叶根与轮毂相交的部分通常是几张曲面在此相交，所以刀具轨迹很容易凌乱，抬刀、下刀都会增多。要想解决这类问题，就要从根本上解决叶根部分曲面光顺的问题。可以采用曲面缝合、拼接、光顺等方法，甚至根据原有的数据重新生成整个叶根部分圆弧过渡面。目的就是要减少曲面的数量，规整刀具轨迹。

2）优化程序：有时刀具沿某一方向切削就会有许多次抬刀和下刀，而沿另一垂直方向就会少得多。另外连续环绕加工就比单向或往复加工的质量好，因为后者总会留下接刀痕。加工时的切削用量，即主轴转速、进给量和切削深度也会影响加工质量。如果选择不好，有可能刀具在叶根部分产生颤振，当刀具长径比较大时，这种颤振会引起过切。因此合理的走刀路线，合理的切削用量对于叶根部分的加工是非常重要的。

3）合理安排粗精加工工序：叶根部分与轮毂部分紧密相连，但又不是一张面，不能一刀加工出来。所以合理安排加工顺序十分重要。叶根和轮毂的加工余量要均衡。不要造成一面余量很小，而另一面余量很大，这样就会造成在切削余量大的一面时，由于反作用力的原因使刀具偏向余量小的一面，从而在余量小的一面产生过切现象。

4）合理选择切削刀具：叶根部分的圆角过渡一般都不会很大。有时球头铣刀半径稍微偏大，就会使抬刀下刀的现象增多。如果在不影响刀具刚性的情况下，适当更换稍小直径的球头铣刀，这种现象就会大大减少。有时为了加工叶根部分，还可以采用锥形的球头铣刀，目的就是既要减小前面的球头半径，而又要使刀具后面的部分粗一些，保证刀具有足够的刚性。

## 【课后训练】

根据图 3-4-112 所示头像零件的特征，制订合理的工艺路线，设置必要的加工参数，生成刀具路径，通过相应的后处理生成数控加工程序，并运用机床加工零件。

图 3-4-112　头像零件

# 参 考 文 献


［1］ 戴国洪．SIEMENS NX 6.0（中文版）数控加工技术［M］．北京：机械工业出版社，2007.

［2］ 陆启建，褚辉生．高速切削与五轴联动加工技术［M］．北京：机械工业出版社，2010.

［3］ 常赟．多轴加工编程及仿真应用［M］．北京：机械工业出版社，2011.

［4］ 郑贞平，黄云林，黎胜容．VERICUT 数控仿真技术与应用实例详解［M］．北京：机械工业出版社，2011.

［5］ 杨胜群．VERICUT 数控加工仿真技术［M］．北京：清华大学出版社，2010.